FORTSCHRITTE DER PHYSIKALISCHEN CHEMIE

FORTSCHRITTE DER PHYSIKALISCHEN CHEMIE

FORTSCHRITTE DER PHYSIKALISCHEN CHEMIE

HERAUSGEGEBEN VON

PROF. DR. DRES. h. c. W. JOST · GÖTTINGEN

BAND 1

DIFFUSION

DR. DIETRICH STEINKOPFF VERLAG

DARMSTADT 1972

DIFFUSION

METHODEN DER MESSUNG UND AUSWERTUNG

VON

PROF. DR. DRES. h. c. WILHELM JOST

Direktor des Instituts für Physikalische Chemie der Universität Göttingen

UND

PROF. DR. KARL HAUFFE

Institut für Physikalische Chemie der Universität Göttingen

2. neu bearbeitete und erweiterte Auflage

Mit 108 Abbildungen und 38 Tabellen

DR. DIETRICH STEINKOPFF VERLAG

DARMSTADT 1972

ISBN 978-3-642-85282-4   ISBN 978-3-642-85281-7 (eBook)
DOI 10.1007/978-3-642-85281-7

Gesamtherstellung: Universitätsdruckerei Mainz GmbH

Zweck und Ziel der Sammlung

Die vorliegende Monographienreihe verdankt ihre Entstehung noch einer Anregung H. ULICHS. Sie wird in anspruchslosen kleinen Bändchen die heutigen Kenntnisse aus verschiedenen Zweigen unseres Faches darstellen. Der in Industrie, Forschung oder Lehre tätige Wissenschaftler kann daraus den neuesten Stand eines Gebietes kennenlernen, der Studierende Ergänzungen über den knappen Rahmen vorhandener Lehrbücher hinaus finden. Auch mag diese Reihe in gewissem Sinne sich zu einem flexiblen Ersatz nicht existierender Handbücher entwickeln.

HERAUSGEBER UND VERLAG

Aus dem Vorwort zur 1. Auflage

Der vorliegende Band will bei knappem Umfang Grundlagen der Diffusionsvorgänge und Meßmethoden bringen, für den praktischen Gebrauch. Von den früheren Büchern des Verfassers unterscheidet ihn die Beschränkung in der Stoffauswahl, und dafür eine wesentlich ausführlichere Diskussion grundsätzlicher Fragen. Besonders der neuaufgenommene § 3 des I. Kapitels ist dafür gedacht, dem Leser bei auftauchenden Problemen allgemeinerer Art nach Möglichkeit Antwort, sonst aber wenigstens Hinweis auf weiterführende Originalarbeiten zu geben.

Da die Stoffauswahl naturgemäß begrenzt bleiben mußte, wurde in den Literaturverzeichnissen durch Aufnahme von Arbeiten, auch noch des laufenden Jahres, mit Hinweisen auf den Inhalt, ein Zugang zu einem breiteren Material zu geben versucht.

Göttingen, Mai 1957

W. Jost

Vorwort zur 2. Auflage

Das früher Gesagte gilt im wesentlichen noch heute. Es war weiter das Bestreben, allgemeine Zusammenhänge hervortreten zu lassen, in den formalen Grundlagen, besonders für konzentrationsabhängige Diffusionskoeffizienten, und für mehrphasige Systeme. Neu hinzugekommen sind Kapitel zum thermodynamischen Verständnis der Diffusionsvorgänge, zum Verständnis der Diffusion in fluiden Mischungen. Herr J. Meinrenken, Oldenburg, lieferte einen kurzen Abschnitt zur Thermodiffusion in Gasen: Trennschaukel, Herr K. Hauffe zwei Kapitel über Grenzflächendiffusion, Messungen in Festkörpern (außer IX,2) und eine ausgiebige Übersicht in Tabellen.

Göttingen, Juni 1972

W. Jost

Inhalt

I. Kapitel

Die allgemeinen Gesetze der Diffusion

I, 1. Grundgesetze für isotrope Systeme

Diffusion ist ein Prozeß, der zum Konzentrationsausgleich innerhalb einer einzelnen Phase*) führt. Die Diffusionsgesetze verknüpfen die Geschwindigkeit des Diffusionsstromes einer Substanz mit dem für diesen Strom verantwortlichen Konzentrationsgradienten. Da bei der Diffusion mindestens zwei Substanzen beteiligt sind, so wird man im allgemeinen mehrere Diffusionsgleichungen haben, die sich auf die verschiedenen vorhandenen Molekülarten beziehen. Bei zwei Komponenten haben wir zwei Gleichungen, die die Tatsache aussprechen, daß (bei geeigneter Definition) der Diffusionsstrom der zweiten Komponenten von entgegengesetzter Richtung aber gleicher Größe ist wie der der ersten**). Infolgedessen brauchen wir die zweite Gleichung nicht explizit zu berücksichtigen. Wir werden allgemein in diesem Kapitel nur eine Diffusionsgleichung schreiben, ohne Größen, die sich auf die einzelnen Komponenten beziehen, durch Indizes zu unterscheiden. Man darf aber nicht vergessen, daß im allgemeinen mindestens zwei Gleichungen existieren, eine für jede Molekülart.

Wir definieren den Diffusionsfluß J, das ist die Dichte des Diffusionsstroms einer Substanz in Mischung mit anderen Substanzen als diejenige Menge dieser Substanz, welche in der Zeiteinheit durch eine Bezugsfläche von 1 cm² senkrecht hindurchtritt.

Die Definition bezieht sich auf jede Mischung, ohne Rücksicht auf ihren Aggregatzustand. Die Dimension von J ist: Substanzmenge pro cm² und sec, wenn wir CGS-Einheiten für die Messung von Länge und Zeit wählen. Die Einheit für die Menge der Substanz haben wir nicht festgelegt, da die Diffusionsformeln von deren spezieller Wahl unabhängig sind. Wir können daher Masse

---

*) Phase ist nach GIBBS ein homogener Bereich der Materie. In Strenge sollte man also den Phasenbegriff bei Diffusionsvorgängen überhaupt nicht verwenden; denn für die Diffuision interessieren nur inhomogene Bereiche. Wir benutzen hier den Phasenbegriff ähnlich wie in der Metallkunde: für Bereiche von Zusammensetzungen, die bei stetiger Änderung der Konzentration ohne Phasenumwandlung ineinander übergehen können, oder auch für Bereiche, innerhalb deren Mischbarkeit besteht.

**) Damit der Diffusionsstrom der zweiten Komponenten vom gleichen Betrag wird wie der der ersten, muß man für die Messung ein rationelles Maß einführen, bei Gasen z. B. auf Mole oder Molekülzahlen beziehen; vgl. Kap. II, 2.

(in Gramm, Kilogramm, Pfund oder irgendeiner anderen Einheit), Molzahlen, Molekülzahlen, Kubikzentimeter Gas unter Normalbedingungen oder eine beliebige im Einzelfall bequeme Größe wählen.

Wenn x die Koordinate senkrecht zu der Bezugsfläche und c die Konzentration der diffundierenden Substanz bedeuten, gegeben als Substanzmenge pro Kubikzentimeter, in den gleichen Einheiten, die man für den Diffusionsstrom gewählt hatte, dann können wir das I. FICKsche Gesetz in der folgenden Form aussprechen

$$J = -D\, \partial c/\partial x, \qquad\qquad [\text{I - 1, 1}]$$

wo D der Diffusionskoeffizient der betrachteten Substanz ist. D ist von der Dimension [Länge^2 Zeit^{-1}], und ändert sich infolgedessen beim Übergang zu anderen Längen- und Zeiteinheiten, ist aber unabhängig von der Einheit, mit welcher die Substanzmenge in J und c gemessen wird. Die weitere, meist stillschweigend mit [I - 1, 1] eingeführte Annahme, daß D für gegebenes Medium, konstante Temperatur und konstanten Druck eine Konstante sei, ist nicht notwendig, und meist nur annähernd richtig.

Der Diffusionsstrom J könnte ebenso in der Form geschrieben werden

$$J = c\,\bar{v},$$

wobei c die Konzentration der diffundierenden Substanz ist, $\bar{v}$ deren mittlere Geschwindigkeit, unter der Voraussetzung, daß das betrachtete System sich in Ruhe befindet. Also

$$\bar{v} = -D\, d\ln c/dx.$$

Wir können [I - 1, 1] unabhängig von einem Koordinatensystem in Vektorschreibweise formulieren

$$\boldsymbol{J} = -D\,\operatorname{grad} c. \qquad\qquad [\text{I - 1, 2}]$$

Gl. [I - 1, 2] sagt aus, daß der Vektor $\boldsymbol{J}$ des Diffusionsstroms pro Einheitsfläche die entgegengesetzte Richtung des Konzentrationsgradienten, grad c, hat und dessen Betrag proportional ist. Die Bezugsfläche muß senkrecht zu diesem Vektor gewählt werden. Wenn wir ein spezielles rechtwinkliges Koordinatensystem einführen, dann hat der Vektor grad c die Komponenten

$$\partial c/\partial x, \quad \partial c/\partial y, \quad \partial c/\partial z.$$

Wenn wir die Diffusionskoeffizienten mittels Gl. [I - 1, 1] bestimmen wollen, so müssen wir eine Anordnung finden, in der sowohl J als auch $\partial c/\partial x$ der Messung zugänglich sind. Das ist in Spezialfällen möglich, vgl. unten. Im allgemeinen ist es jedoch nicht möglich, die Diffusion unter den Bedingungen eines konstanten Konzentrationsgradienten, d. h. in einem stationären Zustand zu untersuchen. Infolgedessen muß man die Änderung der Konzentration mit der Zeit verfolgen, welche durch Diffusion innerhalb einer Gasmischung, einer flüssigen Lösung oder einem Festkörper hervorgerufen wird. Wenn Diffusion nur in der x-Richtung fortschreitet, und wenn wir die

Zunahme der Substanzmenge in einem Volumenelement je Zeiteinheit betrachten, das von zwei parallelen Ebenen von 1 cm² Fläche bei x und $x + \Delta x$ begrenzt wird, dann ist diese Zunahme

$$\left.\begin{aligned}
(J)_x - (J)_{x + \Delta x} &= D\left[\left(\frac{\partial c}{\partial x}\right)_{x + \Delta x} - \left(\frac{\partial c}{\partial x}\right)_x\right] \\
&= D\left[\left(\frac{\partial^2 c}{\partial x^2}\right)_x \Delta x + \cdots\right].
\end{aligned}\right\} \qquad \text{[I - 1, 3]}$$

Nach Division von [I - 1, 3] durch Δx erhalten wir für die Geschwindigkeit der Konzentrationszunahme in der Grenze $\Delta x \to 0$

$$\partial c/\partial t = D\,\partial^2 c/\partial x^2, \qquad\qquad \text{[I - 1, 4]}$$

FICKS zweites Diffusionsgesetz, abgeleitet unter der Annahme eines konstanten Diffusionskoeffizienten. Wenn die Diffusion in einer willkürlichen Richtung stattfindet, so müssen wir zur rechten Seite von Gl. [I - 1, 4] zwei entsprechende Ausdrücke für die y- und z-Koordinate addieren

$$\frac{\partial c}{\partial t} = D\left\{\frac{\partial^2 c}{\partial x^2} + \frac{\partial^2 c}{\partial y^2} + \frac{\partial^2 c}{\partial z^2}\right\} = D\Delta c = D \operatorname{div} \operatorname{grad} c, \quad \text{[I - 1, 5]}$$

wo jetzt Δ den LAPLACE-Operator bedeutet, $\dfrac{\partial^2}{\partial x^2} + \dfrac{\partial^2}{\partial y^2} + \dfrac{\partial^2}{\partial z^2}$ im Falle Cartesischer Koordinaten. Der letzte Term von Gl. [I - 1, 5], in Vektorbezeichnung, ist unabhängig von einem speziellen Koordinatensystem. Gl. [I - 1, 5] kann auf andere Koordinatensysteme transformiert werden, z. B. auf Zylinder- oder Polarkoordinaten. Für praktische Zwecke sind die Fälle der Zylinder- oder Kugelsymmetrie am wichtigsten, wo c nur von dem Radius r abhängt, aber unabhängig ist von der Koordinate z (entsprechend der Zylinderachse) und dem Winkel φ (im Falle von Zylinderkoordinaten) bzw. unabhängig von den beiden Winkeln ϑ und φ (bei räumlichen Polarkoordinaten). Für diese Spezialfälle gilt unter der Voraussetzung eines konstanten Diffusionskoeffizienten

$$\frac{\partial c}{\partial t} = D\left[\frac{\partial^2 c}{\partial r^2} + \frac{1}{r}\frac{\partial c}{\partial r}\right] \text{axiale Symmetrie}, \qquad \text{[I - 1, 6]}$$

und

$$\frac{\partial c}{\partial t} = D\left[\frac{\partial^2 c}{\partial r^2} + \frac{2}{r}\frac{\partial c}{\partial r}\right] \text{Kugelsymmetrie}. \qquad \text{[I - 1, 7]}$$

Es ist nicht schwierig, Lösungen von [I - 1, 4], [I - 1, 5], [I - 1, 6] und [I - 1, 7] für passende Anfangs- und Randbedingungen zu finden.

Wie oben erwähnt (S. 2), ist die Annahme eines von der Konzentration und den Lagekoordinaten unabhängigen Diffusionskoeffizienten eine keineswegs immer gerechtfertigte Spezialisierung. Es ist nicht schwierig, die Gleichungen für nicht konstantes D zu formulieren. Gln. [I - 1, 1] und [I - 1, 2] bleiben unverändert, aber bei der Ableitung eines Ausdrucks für die Änderung der Konzentration mit der Zeit müssen wir D als variabel behandeln, und erhalten

$$\frac{\partial c}{\partial t} = \frac{\partial}{\partial x}\left(D\,\frac{\partial c}{\partial x}\right) \qquad\qquad [\text{I - 1, 8}]$$

an Stelle von Gl. [I - 1, 4]. Im allgemeinen Fall erhalten wir an Stelle von
Gl. [I - 1, 8]

$$\frac{\partial c}{\partial t} = \frac{\partial}{\partial x}\left(D\,\frac{\partial c}{\partial x}\right) + \frac{\partial}{\partial y}\left(D\,\frac{\partial c}{\partial y}\right) + \frac{\partial}{\partial z}\left(D\,\frac{\partial c}{\partial z}\right), \qquad [\text{I - 1, 9}]$$

bzw.

$$\partial c/\partial t = \operatorname{div}(D \operatorname{grad} c), \qquad\qquad [\text{I - 1, 10}]$$

und entsprechende Ausdrücke, wenn Gl. [I - 1, 9] auf Zylinder oder räumliche Polarkoordinaten transformiert wird. Wir geben wieder nur die Gleichungen für die Spezialfälle von Zylinder- oder Kugelsymmetrie [BARRER (6)]

$$\frac{\partial c}{\partial t} = \frac{1}{r}\,\frac{\partial}{\partial r}\left(r D\,\frac{\partial c}{\partial r}\right) \text{ Zylindersymmetrie.} \qquad [\text{I - 1, 11}]$$

$$\frac{\partial c}{\partial t} = \frac{1}{r^2}\,\frac{\partial}{\partial r}\left(r^2 D\,\frac{\partial c}{\partial r}\right) \text{ Kugelsymmetrie,} \qquad [\text{I - 1, 12}]$$

Wo der Diffusionskoeffizient eine merkliche Konzentrationsabhängigkeit
aufweist, ist man gezwungen, von einer der obigen Beziehungen Gebrauch zu
machen, aber es ist gewöhnlich ziemlich unbequem, mit diesen Gleichungen
umzugehen. Falls D nicht explizit von der Lagekoordinate abhängt, kann
man Gl. [I - 1, 8] transformieren in

$$\frac{\partial c}{\partial t} = D\,\frac{\partial^2 c}{\partial x^2} + \frac{dD}{dc}\left(\frac{\partial c}{\partial x}\right)^2. \qquad [\text{I - 1, 13}]$$

Wir wiederholen die Überlegung, welche zu den Gleichungen [I - 1, 3] und
[I - 1, 4] führte. Der Überschuß an Substanz, der in ein von zwei parallelen
Ebenen bei x und $x + \varDelta x$ und von Einheitsquerschnitt begrenztes Volumen-
element in der Zeiteinheit eintritt, ist

$$\left.\begin{aligned}
(J)_x - (J)_{x+\varDelta x} &= -\left(D\,\frac{\partial c}{\partial x}\right)_x + \left(D\,\frac{\partial c}{\partial x}\right)_{x+\varDelta x} = -\left(D\,\frac{\partial c}{\partial x}\right)_x \\
&\quad + (D)_x\left(\frac{\partial c}{\partial x}\right)_{x+\varDelta x} + \left(\frac{dD}{dc}\right)_x \varDelta c\left(\frac{\partial c}{\partial x}\right)_x + \cdots \\
&= (D)_x\left(\frac{\partial^2 c}{\partial x^2}\right)_x \varDelta x + \left(\frac{dD}{dc}\right)_x\left(\frac{\partial c}{\partial x}\right)_x^2 \varDelta x + \cdots,
\end{aligned}\right\} \qquad [\text{I - 1, 14}]$$

wo $\varDelta c$ die dem Abstand $\varDelta x$ entsprechende Konzentrationsdifferenz ist. Wenn
wir jetzt die Konzentrationsdifferenzen in unserem System genügend ver-
kleinern, dabei aber die mittlere Konzentration in dem betrachteten Volumenelement konstant halten, dann werden D und dD/dc unverändert bleiben,
während die Differentialquotienten nach x sich ungefähr proportional mit der
Änderung der Konzentration verändern werden. Folglich wird mit abnehmen-
dem $\varDelta c$ das Glied mit dD/dc auf der rechten Seite abnehmen wie $(\varDelta c)^2$, während
die vorangehenden Glieder nur wie $\varDelta c$ abnehmen. Für hinreichend kleine
Konzentrationsdifferenzen wird man daher das zweite Glied auf der rechten
Seite von Gl. [I - 1, 13], mit dD/dc, vernachlässigen dürfen. Konzentrations-

änderungen können als hinreichend klein betrachtet werden, wenn die Änderung von D in dem betrachteten Konzentrationsgebiet klein ist im Vergleich zu D. Folglich ist das einfachste Verfahren bei variablem D die Bestimmung differentieller Diffusionskoeffizienten innerhalb genügend enger Konzentrationsgebiete, unter Benutzung der Gleichungen für ein konstantes mittleres D.

I, 2. Diffusion in anisotropen Substanzen

Während Gase und Flüssigkeiten isotrop sind und die Diffusion einer Substanz durch einen einzigen Parameter D charakterisiert ist, sind Kristalle, mit Ausnahme derer des regulären Systems, im allgemeinen anisotrop und die Diffusion muß durch zwei oder drei unabhängige Größen charakterisiert werden, die Hauptdiffusionskoeffizienten. Folglich hat der Diffusionsstrom J in einem anisotropen Kristall die Komponenten J_x, J_y, J_z

$$J_x = -D_{xx}\frac{\partial c}{\partial x} \qquad J_y = -D_{yy}\frac{\partial c}{\partial y} \qquad J_z = -D_{zz}\frac{\partial c}{\partial z}, \qquad \text{[I - 2, 1]}$$

wobei wir angenommen haben, daß die Achsen x, y, z passend gewählt worden sind als die Hauptachsen der Diffusion [gegeben durch die Symmetrieeigenschaften des Kristalls, vgl. VOIGT (120)]. Dann wird der Diffusionsfluß J durch den Diffusionstensor D bestimmt, von dem hier nur die drei Hauptdiffusionskoeffizienten D_{xx}, D_{yy}, D_{zz} auftreten, während die Glieder außerhalb der Hauptdiagonale des Matrixschemas verschwinden. Es muß aber erwähnt werden, daß die Symmetrie des Diffusionstensors, das ist das Schema der Koeffizienten auf der rechten Seite von Gl. [I - 2, 1], keineswegs selbstverständlich ist. Selbst wenn die Gleichungen auf die Hauptdiffusionsachsen bezogen sind, könnten bei Betrachtung von Kristallen hinreichend niedriger Symmetrie antisymmetrische Komponenten auftreten

$$\begin{pmatrix} - & D_{xy} & D_{xz} \\ -D_{xy} & - & D_{yz} \\ -D_{xz} & -D_{yz} & - \end{pmatrix}, \qquad \text{[I - 2, 2]}$$

welche zusätzliche Terme in dem Diffusionsstrom verursachen

$$\begin{aligned} J'_x &= \quad * \qquad\quad -D_{xy}\frac{\partial c}{\partial y} - D_{xz}\frac{\partial c}{\partial z} \\ J'_y &= + D_{xy}\frac{\partial c}{\partial x} \quad * \quad -D_{yz}\frac{\partial c}{\partial z} \qquad \text{[I - 2, 3]} \\ J'_z &= + D_{xz}\frac{\partial c}{\partial x} + D_{yz}\frac{\partial c}{\partial y} \quad * \quad . \end{aligned}$$

Dieser zusätzliche Diffusionsstrom J', mit den Komponenten J'_x, J'_y, J'_z, welcher zu Gl. [I - 2, 1] zu addieren wäre, ist, wie leicht einzusehen, von verschwindender Divergenz

$$
\begin{aligned}
\operatorname{div} \boldsymbol{J}' &= \frac{\partial J'_x}{\partial x} + \frac{\partial J'_y}{\partial y} + \frac{\partial J'_z}{\partial z} \\[4pt]
&= \quad * \quad\; - D_{xy}\frac{\partial^2 c}{\partial y\,\partial x} - D_{xz}\frac{\partial^2 c}{\partial z\,\partial x} \\[4pt]
&\quad + D_{xy}\frac{\partial^2 c}{\partial x\,\partial y} \quad\; * \quad\; - D_{yz}\frac{\partial^2 c}{\partial z\,\partial y} \\[4pt]
&\quad + D_{xz}\frac{\partial^2 c}{\partial x\,\partial z} + D_{yz}\frac{\partial^2 c}{\partial y\,\partial z} \quad\; * \quad\; = 0.
\end{aligned}
\qquad\text{[I - 2, 4]}
$$

Nun ist die Änderung der Konzentration mit der Zeit gegeben durch die Divergenz des Diffusionsstroms, und infolgedessen sollten diese zusätzlichen Strömungskomponenten nicht zur Konzentrationsänderung beitragen. Wie auffallend diese Tatsache auch ist, so berechtigt sie doch nicht zu dem Schluß, daß solche antisymmetrischen Komponenten nicht existierten.

In der Kristallphysik [VOIGT (120)] kann man beweisen, daß der entsprechende Tensor bei reversiblen Prozessen symmetrisch sein muß, wie z. B. für die dielektrische Polarisation. Aber diese Beweise versagen bei irreversiblen Prozessen wie elektrischer Leitung, Wärmeleitung und natürlich auch Diffusion.

Trotzdem war die Existenz solcher Komponenten sehr unwahrscheinlich [VOIGT (120)], da alle Versuche fehlschlugen, „rotatorische" Komponenten der Wärmeleitung zu finden. Schließlich gelang es ONSAGER [(97, 98), vgl. auch MEIXNER (88 bis 93)], grundlegende Reziprozitätsbeziehungen für irreversible Prozesse zu beweisen, indem er von dem Prinzip der miskroskopischen Reversibilität ausging. Diese Reziprozitätsrelationen sagen aus, daß selbst bei irreversiblen Prozessen der entsprechende Tensor symmetrisch sein muß. Wenn die Komponenten irgend eines solchen Tensors mit a_{ik} bezeichnet werden, so bedeutet dies, daß $a_{ik} = a_{ki}$. Nun hatten wir in unserem Spezialfall die Achsen so gewählt, daß $D_{ik} = -D_{ki}$. Dies ist mit den ONSAGERschen Relationen nur verträglich, wenn $D_{ik} = D_{ki} = 0$. Es ist wieder zu betonen, daß diese spezielle Form von der Wahl des Koordinatensystems abhängig ist. Bei der Transformation auf andere Achsen werden Terme außerhalb der Hauptdiagonale auftreten, diese sind dann aber symmetrisch, ohne rotatorische Komponenten. Folglich ist Gl. [I - 2, 1] bereits die allgemeinste Gleichung für anisotrope Kristalle, falls diese passend orientiert sind, und natürlich mit der Einschränkung, daß D entweder nicht merklich mit der Konzentration variiert, oder daß nur kleine Konzentrationsdifferenzen betrachtet werden. Im Falle höherer Symmetrie des Kristalls können zwei oder alle drei Hauptdiffusionskoeffizienten gleich werden.

Bisher sind nur sehr wenige Untersuchungen über Diffusion und elektrolytische Leitung anisotroper Kristalle bekannt geworden. Wir sehen daher von einer ausführlichen Diskussion der komplizierteren Fälle ab, wo die Diffusion in anisotropen Stoffen von der Konzentration abhängt. Man erkennt aus Gl. [I - 2, 1], daß außer für die Richtungen der Hauptachsen des Diffusionstensors die Richtung des Diffusionsstroms nicht mit der des Konzentrationsgradienten zusammenfällt. Man kann aber durch Wahl einer passenden Anordnung ernstere Schwierigkeiten bei der Messung der Diffusion in anisotropen Substanzen vermeiden. Allerdings muß man statt *einer* Messung bei isotropen Substanzen *zwei* oder *drei* unabhängige Messungen für anisotrope Substanzen ausführen. Wenn wir eine Platte senkrecht zu einer der Hauptachsen ausschneiden (oder auch einen Zylinder, dessen Achse mit einer der Hauptachsen zusammenfällt), dann wird die Diffusion durch die Platte (oder parallel zur Zylinderachse) in genau der gleichen Weise verlaufen wie bei einem isotropen Körper. Infolgedessen können wir mittels zweier oder dreier solcher Messungen die zwei oder drei Hauptdiffusionskoeffizienten bestimmen, welche bei Kristallen ursprünglich um bis zu sechs Zehnerpotenzen voneinander verschieden gefunden wurden [SEITH (106)].

Neuere Messungen ergeben keine derartig extremen Effekte. BATRA hat die Richtungsabhängigkeit der Diffusion von radioaktivem Zink und Cadmium in Zinkeinkristallen untersucht. Außer der Richtungsabhängigkeit hat er auch Korrelationseffekte bestimmt, um daraus Schlüsse auf den Mechanismus zu ziehen. Er fand für Zn^{65} bei 411,6 °C die folgenden Diffusionskoeffizienten parallel und senkrecht zur hexagonalen Hauptachse

$$Zn^{65} \ (411{,}6 \ °C) \qquad D_{\parallel} = 1{,}3 \cdot 10^{-8} \qquad D_{\perp} = 7{,}9 \cdot 10^{-9} \ cm^2 \, sec^{-1}$$

$$Cd^{109} \ (410{,}1 \ °C) \qquad D_{\parallel} = 3{,}1 \cdot 10^{-8} \qquad D_{\perp} = 3{,}4 \cdot 10^{-9} \ cm^2 \, sec^{-1}.$$

Außerdem wurden noch Messungen mit Zn^{69m} und Cd^{115} ausgeführt. Auf die detaillierten Messungen bezüglich der Korrelationseffekte und ihrer Auswertung sei nur verwiesen. Nebenbei sprechen die Versuchsergebnisse gegen die von PRIGOGINE und BAK (3, 5, 10, 11) vermutete Massenabhängigkeit wie m^{-2} [vgl. auch BATRA und HUNTINGTON (9), HUNTINGTON (69), BOLTAKS und FEDOROVICH (12)].

Natürlich können wir in Platten oder Zylindern, die in der obigen Weise geschnitten sind, konzentrationsabhängige Diffusionskoeffizienten genau so bestimmen wie bei isotropen festen Stoffen*).

Gl. [I - 2, 1] ist das Analogon zum I. FICKschen Diffusionsgesetz, generalisiert für anisotrope Stoffe. An die Stelle des II. FICKschen Gesetzes für den eindimensionalen Fall tritt eine der Beziehungen

$$
\begin{aligned}
\frac{\partial c}{\partial t} &= D_{xx} \, \frac{\partial^2 c}{\partial x^2} \\
\frac{\partial c}{\partial t} &= D_{yy} \, \frac{\partial^2 c}{\partial y^2} \\
\frac{\partial c}{\partial t} &= D_{zz} \, \frac{\partial^2 c}{\partial z^2}
\end{aligned}
\qquad
\begin{aligned}
&\text{für eindimensionale Diffusion} \\
&\text{in Richtung einer} \\
&\text{der Hauptachsen,}
\end{aligned}
\qquad [\text{I - 2, 5}]
$$

je nachdem, welche Richtung man gewählt hat. Im dreidimensionalen Falle haben wir

---

*) Falls sich die Symmetrieeigenschaften des Kristalls mit der Konzentration merklich ändern, werden die Verhältnisse sehr kompliziert, außer wenn man sich auf sehr kleine Konzentrationsunterschiede beschränkt.

$$\frac{\partial c}{\partial t} = D_{xx}\frac{\partial^2 c}{\partial x^2} + D_{yy}\frac{\partial^2 c}{\partial y^2} + D_{zz}\frac{\partial^2 c}{\partial z^2}\,, \qquad\qquad [\text{I - 2, 6}]$$

wo jetzt die x-, y-, z-Achsen mit den Hauptachsen des Diffusionstensors zusammenfallen müssen. Natürlich könnte man durch Anwendung der Gesetze der Tensortransformation die Gln. [I - 2, 1], [I - 2, 5] und [I - 2, 6] auf beliebige Achsen transformieren. Im allgemeinen dürfte sich dies aber nicht lohnen, weil die resultierenden Gleichungen komplizierter wären als die von uns gewählten.

Für die mathematische Behandlung von Gl. [I - 2, 6] kann man diese in einen Ausdruck transformieren, der mit dem für die Diffusion in einem isotropen Körper identisch ist. Die Substitution [vgl. CARSLAW-JAEGER (13), FRANK-MISES (48)]

$$\xi = x\sqrt{\frac{D}{D_{xx}}}\,, \quad \eta = y\sqrt{\frac{D}{D_{yy}}}\,, \quad \zeta = z\sqrt{\frac{D}{D_{zz}}} \qquad\qquad [\text{I - 2, 7}]$$

gibt

$$\frac{\partial c}{\partial t} = D\left\{\frac{\partial^2 c}{\partial \xi^2} + \frac{\partial^2 c}{\partial \eta^2} + \frac{\partial^2 c}{\partial \zeta^2}\right\}. \qquad\qquad [\text{I - 2, 8}]$$

Diese Gleichung ist für die Wärmeleitung behandelt worden. Wir wollen eine Platte senkrecht zur z-Achse wählen, deren Dicke klein ist gegen die Dimensionen in den x- und y-Richtungen. Wir bringen nun eine punktförmige Wärmequelle auf das Zentrum 0 der Platte, die wir als unendlich ausgedehnt ansehen. Wenn die Platte isotrop ist, dann bestehen die Isothermen aus Kreisen um den Mittelpunkt 0. Falls die Platte anisotrop ist, werden diese Isothermen in Ellipsen transformiert, deren Hauptachsen mit der x- und y-Richtung zusammenfallen; denn diese sind entsprechend der kristallographischen Symmetrie gewählt worden. Für das Verhältnis der Längen x_0 und y_0 dieser Achsen folgt aus den Gln. [I - 2, 7] und [I - 2, 8]

$$x_0 : y_0 = \sqrt{D_{xx}} : \sqrt{D_{yy}}\,. \qquad\qquad [\text{I - 2, 9}]$$

Um dieses Verhältnis der Hauptwärmeleitfähigkeiten zu bestimmen, hatten DE SÉNARMONT (107, 107a, 108, 109) und spätere Beobachter [VOIGT (120, 121)] die Platte mit einer dünnen Schicht von Wachs mit einem passenden Schmelzpunkt bedeckt. Während eines Versuchs schmilzt das Wachs, von der Mitte aus bis zu derjenigen Isotherme, die dem Schmelzpunkt des Wachses entspricht. Infolgedessen wird das Gebiet der Schmelze von einer Ellipse begrenzt sein. Diese Grenzlinie läßt sich leicht nach Beendigung eines Experiments beobachten, und ebenso lassen sich die Hauptachsen der Ellipse ausmessen. Folglich braucht man für die Bestimmung der zwei oder drei Hautwärmeleitfähigkeiten eines Kristalls nur eine Absolutmessung auszuführen und eine oder zwei Relativmessungen nach der DE SÉNARMONTschen Methode.

Es sollte möglich sein, diese Methode auf die Messung von Diffusionskoeffizienten in anisotropen Kristallen zu übertragen, evtl. unter Verwendung radioaktiver Indikatoren.

I, 3. Einige grundsätzliche Bemerkungen und Überlegungen

In diesem ersten Kapitel führen wir explicit und implicit einige Voraussetzungen ein, die letzten Endes darauf hinauslaufen, daß man die FOURIERsche Theorie der Wärmeleitung mit gewissen Verallgemeinerungen auf die Diffusion anwenden kann. Da das Aufgeben dieser Voraussetzungen einerseits die Formulierungen ungeheuer komplizieren würde, da man andererseits auch bei komplizierteren Problemen doch immer wieder auf den obigen Typus zurückzukommen sucht, so halten wir diese Einschränkung für sinnvoll.

Schon die normalen Gleichungen der Wärmeleitungstheorie gelten streng nur für den festen Körper, und auch hier wieder nur unter der Einschränkung, daß entweder die thermische Ausdehnung null ist, oder daß man sich auf hinreichend kleine Temperaturunterschiede beschränkt. Tatsächlich hat man im Grunde auch bei der Diffusion in festen Stoffen formal einfachere Beziehungen als bei Flüssigkeiten und Gasen*), wo unter natürlichen Bedingungen fast immer Konvektion eine Rolle spielt, und unter den Bedingungen für Diffusionsmessungen jene entweder systematisch ausgeschaltet wird, oder aber so definiert gehalten wird, daß sie für die Messung ausgenutzt werden kann. Das bedeutet, daß wir in diesem Buch, welches sich ja nicht nur auf feste Körper beschränkt, grundsätzlich den Fall der Diffusion bei gleichzeitiger Strömung mit behandeln müssen.

Außer bei einem raumbeständigen festen Körper, wo man diesen als Bezugssystem wählen wird, tritt bei Diffusionsproblemen meist die Frage nach dem geeigneten Bezugssystem auf. Man braucht hier keine festen Vorschriften zu machen, sondern hat erhebliche Freiheit in der Wahl des Bezugssystems, sofern man nur dieses eindeutig festlegt und sich klar ist, daß bei anderer Wahl die Bedeutung des Diffusionskoeffizienten sich eventuell ändern kann. Bei einem Gas wird man im allgemeinen den festen Behälter als Bezugssystem wählen. Diese Wahl ist identisch mit der Wahl des Schwerpunktes der Teilchenzahl (*nicht* Masse) als Bezugspunkt, sofern das Gas ideal ist; dieses System wird üblicherweise bei der strengen gaskinetischen Behandlung von Diffusionsprozessen zugrunde gelegt [CHAPMAN (16, 17, 18, 21, 22), ENSKOG (40); vgl. CHAPMAN u. COWLING (19, 20)]. Für grundsätzliche Betrachtungen mittels der Thermodynamik irreversibler Prozesse**) zieht man gelegentlich das auf den Massenschwerpunkt bezogene System vor. Zwischen dem Ausgleich der Temperatur durch Wärmeleitung und dem Ausgleich der Konzentration eines diffundierenden Stoffes durch Diffusion bestehen bei aller formalen Analogie einige grundsätzliche Unterschiede. Selbst bei inhomogenen Stoffen (wobei wir insbesondere an solche mit örtlich kontinuierlich variablen physikali-

---

*) Bei den Gasen muß man bei Wärmeleitung auch bei Ausschluß sog. Konvektion *immer* mit Strömung rechnen, wegen der mit T umgekehrt proportionalen Dichte! Nicht ohne Grund heißt die Monographie von CARSLAW u. JAEGER (13), Conduction of Heat in Solids.

**) Vgl. hierzu z. B. DE GROOT (55, 56), MEIXNER (88 bis 93), PRIGOGINE (102), HAASE (58). Die grundlegenden Beziehungen der Thermodynamik irreversibler Prozesse stammen von ONSAGER. Vgl. Kap. II, 3 u. 4.

schen Eigenschaften denken) strömt die Wärme immer in Richtung fallender Temperatur, und die Gleichgewichtsbedingung ist immer $T = $ const., sowohl im Innern einer Phase als auch an der Grenze verschiedener Phasen. Das heißt u. a.: wenn wir in einem komplizierten System die Temperaturverteilung in einer Richtung auftragen, so wird, sofern wir wissen, daß Wärme in dieser Richtung, etwa der $+x$-Richtung, strömt, die Temperatur in der gleichen Richtung monoton abnehmen. An Phasengrenzen wird insbesondere die T-x-Kurve ohne Sprünge verlaufen, wenn sie auch diese im allgemeinen mit Knicken durchsetzen wird; denn Kontinuität des Wärmestroms ($= -\lambda \partial T/\partial x$) erfordert, daß zu beiden Seiten der Grenze $\lambda \partial T/\partial x$ (λ Wärmeleitfähigkeit) denselben Wert besitzt, also $\lambda^I \partial T^I/\partial x = \lambda^{II} \partial T^{II}/\partial x$; da die Wärmeleitfähigkeit beim Übergang von einer Phase I zur anderen II sich im allgemeinen diskontinuierlich ändert, so muß dies auch das Temperaturgefälle tun.

Bei der Diffusion innerhalb einer Phase*) ist Gleichheit der Konzentration nur dann die Gleichgewichtsbedingung, wenn wir gewisse Voraussetzungen bezüglich Idealität machen. Beim Übergang von einer Phase in eine andere wird Gleichheit der Konzentrationen an der Grenze nur in den seltensten Ausnahmefällen zu erwarten sein; im Gegensatz zum Problem der Wärmeleitung werden wir also bei Diffusion in mehrphasigen Systemen nicht nur einen Knick der Konzentrationskurve (Sprung im Differentialquotienten), sondern auch einen Sprung in der Konzentration selbst an der Grenze zu erwarten haben (vgl. siehe unten). Dabei kann der Sprung in Richtung des Diffusionsstromes sowohl nach unten als auch nach oben erfolgen (formal kann es also eine Diffusion „bergauf" geben, was bei der Wärmeleitung niemals eintritt). Diese nur auf den ersten Blick anomal erscheinende Tatsache verschwindet, wenn man statt Konzentrationen *absolute Aktivitäten***) aufträgt, ohne daß man nun

---

*) Über die Verwendung des Phasenbegriffs vgl. S. 1, Fußnote.

**) Aktivitäten werden in der Thermodynamik definiert durch eine Beziehung der Art

$$d\mu_i = RT \, d \ln a_i, \qquad\qquad [1]$$

wo μ_i das chemische Potential, a_i die Aktivität der Komponenten i bedeuten. Dabei kann man den Nullpunkt der logarithmischen Aktivitätsskala (d. h. den Wert $a_i = 1$) noch willkürlich normieren, und tut das zweckmäßigerweise auch. Dann gilt für Gleichgewicht zwischen verschiedenen Phasen zwar

$$\mu_i' = \mu_i'' = \ldots. \qquad\qquad [2]$$

aber nicht

$$a_i' = a_i'' = \ldots \qquad\qquad [3]$$

Setzt man aber definitionsmäßig:

$$\mu_i = RT \ln a_i, \qquad\qquad [4]$$

ohne additive Konstante, so folgt aus [2] auch die Gl. [3], und die so definierten Aktivitäten werden *absolute* Aktivitäten genannt [vgl. z. B. FOWLER-GUGGENHEIM (47), GUGGENHEIM (57)]. Für Überlegungen allgemeiner Art sind diese zweckmäßig.

einfach mit Ersetzen der Konzentrationen durch Aktivitäten in den Gleichungen die richtigen Beziehungen erhalten würde. Auch innerhalb einer Phase (in dem hier zweckmäßigen, erweiterten Sinne, vgl. S. 1, Fußnote) kann es eine Diffusion „bergauf"*) geben; wenn nämlich z. B. die Anwesenheit einer dritten, an der Diffusion selbst unbeteiligten Komponente für ein Gefälle der Aktivität bei gleichzeitiger Zunahme der Konzentration sorgt.

Gehen wir zurück zur Wärmeleitung in einem homogenen Stoff oder zur Diffusion in einer hinreichend idealen Mischung, wobei wir der leichteren Veranschaulichung halber annehmen, daß ein Temperatur-(Konzentrations-)**) Gefälle $-\partial\varphi/\partial x$ nur in der $+x$-Richtung vorliege. Aus einem Volumenelement zwischen x und $x + dx$ strömt dann mehr Wärme oder Substanz aus als ein, wenn $|(\partial\varphi/\partial x)_{x+dx}|$ größer ist als $|(\partial\varphi/\partial x)_x|$ (beide sind voraussetzungsgemäß negativ), also

$$(\partial\varphi/\partial x)_{x+dx} < (\partial\varphi/\partial x)_x;$$

die Konzentration (Temperatur) nimmt also ab, wenn $\partial^2\varphi/\partial x^2$ negativ ist und umgekehrt (Abb. I, 3 - 1). D. h. also anschaulich: ein Gebiet mit konkaver Krümmung gegen die Abszissenachse läuft durch Ausgleichsvorgänge leer, während ein gegen die Abszissenachse konvexes Gebiet sich auffüllt. Die Grenze, an der sich die Konzentration zeitlich nicht ändert, entspricht einem Wendepunkt der φ-x-Kurve. Es gibt zahlreiche Versuchsanordnungen***), bei

---

*) Unter „bergauf" soll natürlich verstanden werden: in Richtung zunehmender Konzentration, also anscheinend einem Konzentrationsausgleich entgegen. Diese paradoxe Formulierung ist in Wirklichkeit jedem geläufig; wenn wir etwa einen organischen Stoff aus einer wäßrigen Lösung „ausäthern", so wissen wir, daß der Stoff in das Lösungsmittel bevorzugt geht, das durch den Verteilungskoeffizienten bevorzugt ist. Bei der Wärmeleitung könnten wir zu denselben paradoxen Formulierungen gelangen, wenn wir den Wärmestrom statt durch $-\lambda\,\partial T/\partial x$ definieren würden durch $-\lambda\,\partial\overline{H}/\partial x$, wo $\overline{H}$ die spezifische Enthalpie ist. Der Unterschied zwischen Wärmeleitung und Diffusion kommt also letzten Endes daher, daß die Temperatur eine leicht meßbare Größe, das chemische Potential oder die absolute Aktivität das aber nicht sind. Es bleibt also praktisch meist nichts anderes übrig, als den Diffusionsstrom durch $-D\,\partial c/\partial x$ zu definieren. Die Formulierung: Wärmefluß proportional Enthalpiegefälle hat sich in der „Aerothermochemie" als nützlich erwiesen, vgl. z. B. L. Lees (81).

**) In Gleichungen und Überlegungen, die sich in gleicher Weise auf Temperatur und Konzentration beziehen, steht statt T bzw. c der indifferente Buchstabe φ.

***) Dieser Fall ist behandelt in I, 6 und I, 9. Man veranschaulicht sich aber auch ohne Rechnung, daß bei einer hinsichtlich $x = 0$ symmetrischen Versuchsanordnung (im allgemeinen etwa ein hinreichend langer Zylinder) in der für $x < 0$ und $t = 0$ die Konzentration φ_1, für $x > 0$: φ_2 vorlag, der Endzustand durch $\varphi = (\varphi_1 + \varphi_2)/2 = \text{const.}$ gegeben sein muß. Bei konstantem D ist dann der Konzentrationsverlauf gegeben durch

$$\varphi = (\varphi_1 + \varphi_2)/2 + \Phi(x, t),$$

wo $\Phi(x, t) = 0$ ist für $x = 0$ und $t > 0$, sowie für $t = \infty$ und alle x, wo ferner $\Phi(x, t) = -\Phi(-x, t)$ ist, und wo natürlich Φ der Diffusionsgleichung genügen muß. Die Verteilung ist also antisymmetrisch (ungerade) bezüglich $x = 0$ und dem Bezugsniveau $\varphi = (\varphi_1 + \varphi_2)/2$.

denen zwei Gebiete verschiedener Konzentrationen (φ_1 und φ_2) für $t = 0$ etwa bei $x = 0$ aneinander grenzten, und wo sich für $t > 0$ und $x = 0$ die Konzentration $(\varphi_1 + \varphi_2)/2$ einstellt. Solange diese Konzentration erhalten bleibt,

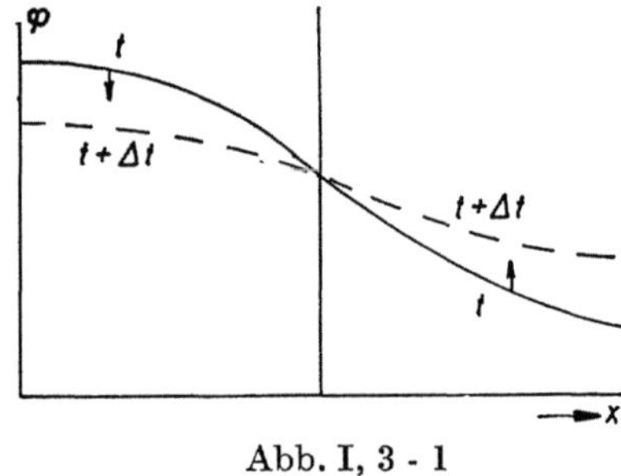

Abb. I, 3 - 1

muß also auch bei $x = 0$ ein Wendepunkt der φ-x-Kurve bestehen bleiben. Außerdem folgt, was anschaulich sofort klar ist und sich auch als Folge des GAUSSschen Satzes für beliebige Diffusionssysteme mit Konzentrationsgefälle nicht nur in der x-Richtung zeigen ließe: was durch die Begrenzung etwa bei $x = 0$ von links heraus diffundiert ist, muß nach rechts hineindiffundiert sein. Die gesamte Substanzabnahme links von $x = 0$ bis zu einem gewissen Zeitpunkt t_1 muß gleich der gesamten Substanzzunahme rechts von $x = 0$ für die gleiche Zeit t_1 sein, und beide gleich dem Integral

$$(\int_0^{t_1} q J_x \, dt)_{x=0} = - q D \int_0^{t_1} (\partial c/\partial x)_0 \, dt \, , \qquad [\text{I - 3, 1}]$$

welches nämlich den Substanzstrom $q J_x$ bei $x = 0$ durch die Fläche q in der Zeit von 0 bis t_1 ausdrückt; ist $\partial c/\partial x$ für $x = 0$ als Funktion von t bekannt, so läßt sich das obige Integral allgemein auswerten (vgl. I, 9). Für ein Zeitelement dt läßt sich die obige Aussage auch formulieren*)

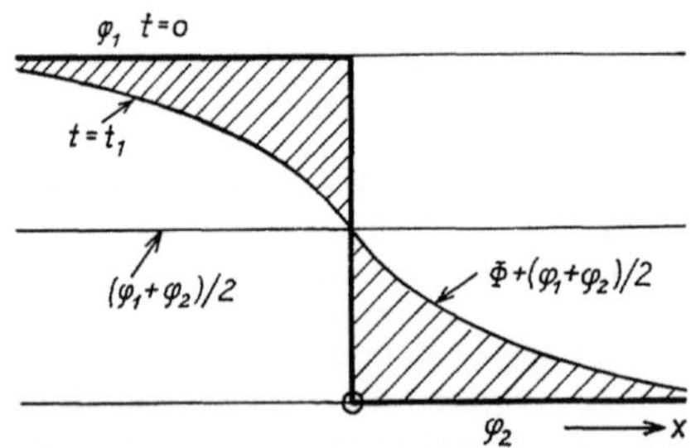

Abb. I, 3 - 2.   Konzentrationsverlauf für $t = 0$ und $t = t_1$.

*) Wir veranschaulichen uns Gl. [I - 3, 1] folgendermaßen: der Konzentrationsverlauf in dem System ist gegeben durch Abb. I, 3 - 2 (die Kurve ist für konstantes D gezeichnet).

Dies ist die Änderung der in Abb. I, 3 - 3 aufgetragenen Größe und damit bis auf einen Faktor die Änderung des Diffusionsstromes. Gl. [I - 3, 2] sagt also aus, daß die beiden schraffierten Flächen gleich sein müssen — $\partial \varphi/\partial x$ und — $\partial^2 \varphi/\partial x^2$ finden sich in Abb. 3 und 4.

$$dt\, q \int\limits_{-\infty}^{0} \frac{\partial J_x}{\partial x}\, dx = -\, dt\, q \int\limits_{0}^{\infty} \frac{\partial J_x}{\partial x}\, dx = (J_x)_0\, q\, dt \qquad\qquad [\text{I - 3, 2}]$$

als Spezialfall des GAUSSschen Satzes

$$\iiint\limits_{V} \operatorname{div} \boldsymbol{J}\, d\tau = \iint\limits_{F} J_n\, dt\, , \qquad\qquad [\text{I - 3, 3}]$$

wo das linke Integral über ein Volumen V, das rechte über dessen Begrenzungs-
fläche F zu erstrecken ist.

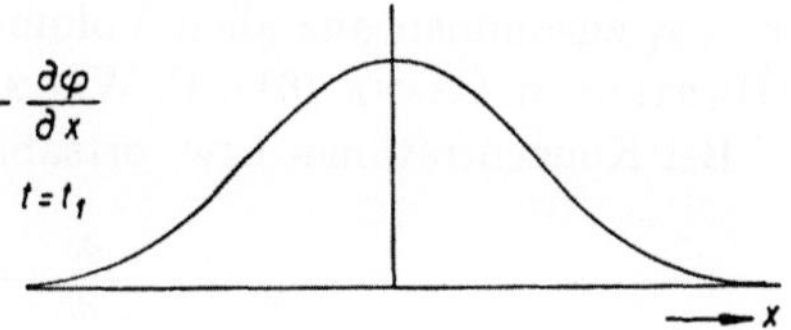

Abb. I, 3 - 3. $-\partial\varphi/\partial x$ aus Abb. I, 3 - 2.
Bis auf einen Faktor stellt diese
Größe den Diffusionsstrom dar.

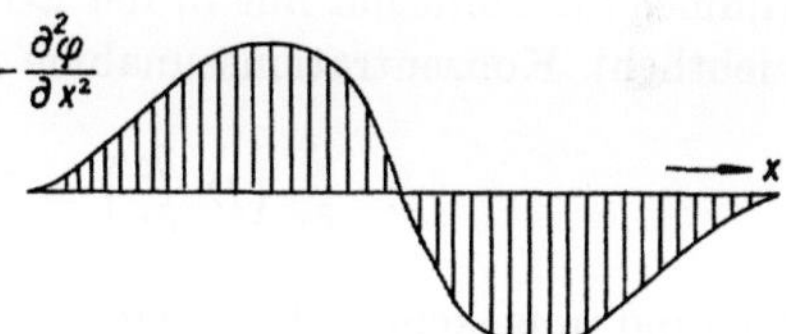

Abb. I, 3 - 4. $-\partial^2\varphi/\partial x^2$ aus Abb. I, 3 - 2.

Gl. [I - 3, 2] ist nicht davon abhängig, daß

$$\boldsymbol{J} = -\, D\, \operatorname{grad}\varphi \qquad\qquad [\text{I - 3, 4}]$$

ist, mit konstantem D. Die Aussage, daß bei reiner Diffusion durch die ursprüngliche Trennebene nach rechts soviel hineingegangen ist, wie links ver-
schwunden ist, gilt also allgemein. Wenn man bei Diffusionsversuchen beobachtet, daß (mit ursprünglicher Trennfläche bei $x = 0$) die durch die Bedingung definierte Ebene*) x_1

$$\int\limits_{-\infty}^{x_1} [c - c(0)]\, dx = -\int\limits_{x_1}^{\infty} [c - c(0)]\, dx \qquad\qquad [\text{I - 3, 5}]$$

nicht mit der Ebene $x = 0$ zusammenfällt, so muß also noch ein besonderer

---

*) In Gl. [I - 3, 5] bedeutet $c(0)$ die Konzentration zur Zeit $t = 0$, also etwa die
stufenförmige Kurve in Abb. I, 3 - 2

$$c(0) = c_0 \quad \text{für} \quad x < 0, \qquad c(0) = 0 \quad \text{für} \quad x > 0.$$

$c - c(0)$ $\{= c(t_1) - c(0)\}$, die Differenz der Konzentrationen zur Zeit $t = t_1$
und zur Zeit $t = 0$, für eine Stelle x, ist also die (evtl. negative) Konzentrationszunahme an dieser Stelle während der Zeit t_1. Die beiden Integrale in Gl. [I - 3, 5]
bedeuten die gesamte Konzentrationszunahme bzw. Abnahme zu beiden Seiten
einer Bezugsebene bis zur Zeit t_1. Gl. [I - 3, 5] ist der Satz der Erhaltung der Masse.

Vorgang abgelaufen sein und es bedarf einer besonderen Diskussion (KIRKEN-DALL-Effekt bei Metallen!).

Im Falle von (nicht vernachlässigbaren) Volumenänderungen in dem Diffusionssystem hat man immer Strömungen. Da es nicht schwer ist, die Diffusionsgleichungen bei gleichzeitiger Strömung zu formulieren, so könnte man damit das Problem behandeln, wenn die Strömungsverhältnisse vorgegeben wären. In Wirklichkeit treten aber als Folge der Diffusion erst Volumenänderungen auf, und wenn man etwa das Diffusionsmedium in einem zylindrischen Behälter konstanten Querschnitts q hat, der bei $x = 0$ mit einem undurchdringlichen Boden verschlossen ist, so setzt sich die Bewegung bei $x = x_1$ zusammen aus allen Volumenänderungen zwischen $x = 0$ und $x = x_1$ [HARTLEY u. CRANK (61), C. WAGNER (122)].

Bei Konzentrations- bzw. ortsabhängigen Diffusionskoeffizienten gilt

$$\frac{\partial c}{\partial t} = \frac{\partial}{\partial x}\left(D\,\frac{\partial c}{\partial x}\right) \qquad\qquad [\text{I - 3, 6}]$$

(immer für Diffusion nur in der x-Richtung; die Verallgemeinerung ist offensichtlich). Konzentrationszunahme mit der Zeit findet also statt, wo

$$\frac{\partial}{\partial x}\left(D\,\frac{\partial c}{\partial x}\right) = D\,\frac{\partial^2 c}{\partial x^2} + \frac{dD}{dc}\left(\frac{\partial c}{\partial x}\right)^2 > 0 \qquad\qquad [\text{I - 3, 7}]$$

ist (und umgekehrt); bei positivem dD/dc z. B. gilt das also auch noch, wenn $\partial^2 c/\partial x^2 = 0$ ist, und darüber hinaus noch in dem Gebiet, wo

$$\frac{dD}{dc}\left(\frac{\partial c}{\partial x}\right)^2 > \left| D\,\frac{\partial^2 c}{\partial x^2} \right| \qquad\qquad [\text{I - 3, 8}]$$

ist, falls der letztere Ausdruck negativ ist. Das Gebiet der Konzentrationszunahme ist von dem der Konzentrationsabnahme nicht mehr durch einen Wendepunkt getrennt, sondern durch die Bedingung

$$D\,\frac{\partial^2 c}{\partial x^2} + \frac{dD}{dc}\left(\frac{\partial c}{\partial x}\right)^2 = 0\,. \qquad\qquad [\text{I - 3, 9}]$$

Je nachdem $dD/dc \lessgtr 0$ ist, liegt also die Grenze links oder rechts vom Wendepunkt, Abb. I, 3 - 5. Eine einfache Beurteilung der Konzentrationsänderung mit der Zeit aus dem räumlichen Konzentrationsverlauf ist also nur möglich, wenn man entweder weiß, daß der Diffusionskoeffizient konstant ist, oder dessen Konzentrationsabhängigkeit kennt (bei Metallsystemen kommen Variationen des Diffusionskoeffizienten bei konstanter Temperatur mit der Konzentration um eine ganze Zehnerpotenz leicht vor). Wenn in einem System Volumen oder Temperatur bzw. beide nicht konstant sind, so kann offenbar der Gleichgewichtszustand hinsichtlich der Konzentration nicht durch räumliche Konstanz gegeben sein.

Wenn in einem System die Temperatur nicht konstant ist, so kann ohne Ausgleich der Temperatur überhaupt kein Gleichgewichtszustand bestehen.

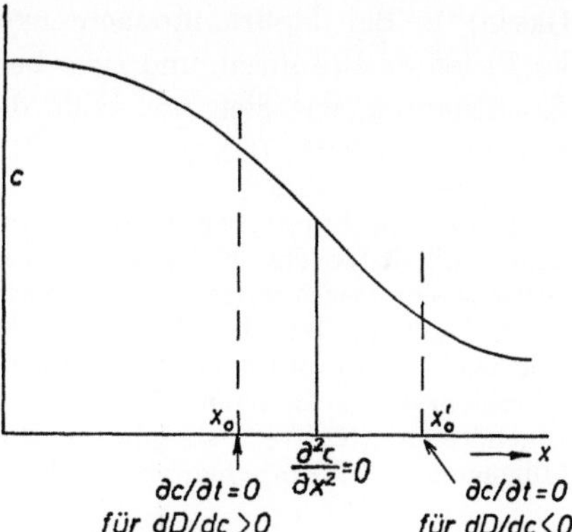

Abb. I, 3 - 5. Diffusion bei konzentrationsabhängigem D. Die Stelle $\partial c/\partial t = 0$, die bei $D = \mathrm{const}$ (Abb. I, 3 - 4 in den Wendepunkt fällt, liegt bei $dD/dc > 0$ links des Wendepunktes, bei x_0, bei $dD/dc < 0$ rechts des Wendepunktes, bei x_0'.

Hält man von außen ein stationäres Temperaturgefälle aufrecht, so wird sich auch in dem System ein stationärer Zustand einstellen, bei dem kein Materiestrom fließt. Dieser stationäre Zustand, besonders eines Gases, kann jedenfalls *nicht* durch Konstanz der Konzentrationen der einzelnen Komponenten gekennzeichnet sein, da ja die Gesamtkonzentration temperaturabhängig ist. Man wird also höchstens Konstanz des Molenbruchs erwarten können. Beobachtet man tatsächlich im stationären Zustand Abweichungen von der Konstanz des Molenbruchs, so nennt man diese Erscheinung *Thermodiffusion* (vgl. II; III; VII, 1). Den gewöhnlichen Diffusionsstrom definiert man dementsprechend durch die Gleichung

$$J_1 = - D_{12}\, c\, \frac{\partial N_1}{\partial x}\,, \qquad\qquad [\text{I - 3, 10}]$$

mit D_{12} Diffusionskoeffizient in dem binären Gemisch aus 1 und 2,

$$N_1 = c_1/(c_1 + c_2), \quad c = c_1 + c_2;$$

c_1, c_2 molare Konzentrationen, wenn wir an ein binäres Gemisch denken. Bei Volumen- bzw. Temperaturkonstanz ist $c = c_1 + c_2 = \mathrm{konst.}$ und Gl. [I - 3, 10] geht in die übliche Form über. Andernfalls ist Gl. [I - 3, 10] die geeignete Form zur Berücksichtigung der Thermodiffusion. Es ist zweckmäßig, definitionsgemäß unter Diffusion die gegenseitige Diffusion mindestens *zweier* Komponenten, charakterisiert durch *einen* Diffusionskoeffizienten zu verstehen, indem man z. B. verfügt*), daß

$$J_1 + J_2 = 0, \qquad\qquad [\text{I - 3, 11}]$$

wobei man noch verschiedene Bezugssysteme wählen kann, z. B. so, daß kein resultierender Massestrom durch Diffusion bleibt (Schwerpunktssystem) oder auch, daß kein resultierender Teilchenstrom bleibt (zweckmäßige Definition bei

---

*) Wesentlich ist nicht die Form der Nebenbedingung Gl. [I - 3, 11], sondern die Tatsache, daß immer eine Nebenbedingung mit entsprechender Reduktion der Zahl unabhängiger Diffusionskoeffizienten resultiert.

Gasen)*). Bei Mehrkomponentensystemen muß man mehrere Diffusionskoeffizienten einführen, und zwar bei n Komponenten $n(n-1)/2$ unabhängige Koeffizienten, wie sich mit Hilfe der Thermodynamik irreversibler Prozesse begründen läßt**) (ONSAGERsche Reziprozitätsbeziehungen, vgl. **).

---

*) Wir erwähnten bereits oben, daß in der Wahl des Bezugssystems wesentliche Freiheit besteht. Entscheidend ist hier nur, daß *jede* Festlegung eines Bezugssystems eine Bedingungsgleichung zwischen den Strömen hereinbringt.

**) Die ONSAGERschen Reziprozitätsbeziehungen sind in ihrer allgemeinen Form sehr leicht zu formulieren: Bedeuten z. B. J_i irgendwelche Ströme (speziell die drei Diffusionsströme in einem Dreikomponentensystem, $i = 1, 2, 3$), sind die X_i die zugehörigen „Kräfte", so gilt ein phänomenologischer Ansatz, zunächst mit 9 (allgemein: n^2) Komponenten α_{ik} des „Diffusionstensors"

$$\begin{aligned} J_1 &= \alpha_{11}X_1 + \alpha_{12}X_2 + \alpha_{13}X_3 \\ J_2 &= \bar{c}_{21}X_1 + \alpha_{22}X_2 + \alpha_{23}X_3 \\ J_3 &= \alpha_{31}X_1 + \alpha_{32}X_2 + \alpha_{33}X_3 \end{aligned} \qquad \text{[I - 3, 12a]}$$

allgemein $J_i = \sum_k \alpha_{ik} X_k$.

Im Falle der Diffusion reduzieren Nebenbedingungen und die ONSAGERschen Reziprozitätsbeziehungen

$$\alpha_{ik} = \alpha_{ki} \qquad \text{[I - 3, 13]}$$

die ursprüngliche Zahl von 9 Koeffizienten auf drei unabhängige Komponenten [(allgemein auf $n(n-1)/2)$].

Die Gl. [I - 3, 12a] entsprechende Gleichung hatten wir für den speziellen Fall der Diffusion in einem anisotropen Körper auf S. 5 explizit angegeben. Jetzt sind die α_{ik} einfach nicht mit den gewöhnlichen Diffusionskoeffizienten und ebensowenig die X_i einfach mit den Konzentrationsgradienten zu identifizieren. Eine eingehende Behandlung würde zu weit führen; wir verweisen daher auf die zitierten Originalarbeiten [ONSAGER, MEIXNER (97, 98, 88 bis 93), DE GROOT (55, 56), PRIGOGINE (102), HAASE (58)] sowie auf Kap. II.

Bei der Formulierung von [I - 3, 12a] hat man zunächst weitgehende Freiheit in der Definition der Ströme J_i; dann liegen die treibenden Kräfte X_i aber bereits fest; denn es existiert eine *Dissipationsfunktion* Φ (so genannt nach der entsprechenden, von RAYLEIGH in die Hydrodynamik eingeführten Funktion):

$$\Phi = \sum_i J_i X_i = \sum_i \sum_k \alpha_{ik} X_i X_k \equiv T\sigma, \qquad \text{[I - 3, 14]}$$

wo σ die Geschwindigkeit der lokalen Entropieproduktion ist; es muß also auch $\Phi \geqq 0$ sein, was Schlüsse auf die Koeffizienten der quadratischen Form $\sum_i \sum_k \alpha_{ik} X_i X_k$ gestattet.

Die Koeffizienten α_{ik} sind durch die gewöhnlichen Diffusionskoeffizienten ausdrückbar. Im Fall des auf den Schwerpunkt bezogenen binären Systems gilt z. B. [es bleibt nur ein Koeffizient α übrig (HAASE)]:

$$D = \alpha \bar{V} \frac{(M_1 x_1 + M_2 x_2)^2}{M_1^2 M_2^2 x_2} \frac{\partial \mu_1}{\partial x_1} ; \qquad \text{[I - 3, 15]}$$

$x_{1,2}$ Molenbrüche, $\bar{V}$ Molvolumen, $M_{1,2}$ Molmassen; also eine wenig übersichtliche Beziehung. Vgl. Kap. II.

Die Beschreibung der Diffusion in einem n-Komponenten-System ist auf vielerlei Weise möglich. Man kann z. B. eine Verallgemeinerung des Ansatzes [I - 1, 1] machen

$$J_i = - \sum_k D_{ik}\, \partial c_k/\partial x, \qquad i, k = 1, 2 \ldots n, \qquad \text{[I - 3, 12]}$$

mit insgesamt n^2 (nicht unabhängigen) Koeffizienten D_{ik} (s. II, 4). Die so definierten D_{ik} haben aber eine wesentlich andere Bedeutung als gewöhnliche Diffusionskoeffizienten. Man kann dann zunächst durch Berücksichtigung der Nebenbedingungen*) zeigen, daß nur $(n-1)^2$ unabhängige Koeffizienten übrig bleiben, deren Zahl durch die Reziprozitätsbeziehungen weiter auf $n(n-1)/2$ reduziert wird. Es gilt aber nicht etwa einfach $D_{ik} = D_{ki}$, sondern kompliziertere Beziehungen. Es wird $R_{ik} = R_{ki}$, wobei die R mit dem D verknüpft sind nach:

$$\sum R_{ij}D_{jk} = V\, \partial \mu_i/\partial N_k, \qquad \text{[I - 3, 16]}$$

vgl. ONSAGER, l. c.

Für Gase ist es zweckmäßig (29, 68), ein System von Diffusionskoeffizienten D_{ik} so zu definieren, daß $D_{ii} \equiv 0$ wird. Zwischen den verbleibenden $n(n-1)$ Koeffizienten D_{ik} ($i \neq k$) müssen dann noch $\frac{1}{2}n(n-1)$ Beziehungen bestehen, und $\frac{1}{2}n(n-1)$ unabhängige Koeffizienten müssen übrig bleiben. $\frac{1}{2}n(n-1)$ ist aber gerade die Zahl unabhängiger Diffusionskoeffizienten $\mathfrak{D}_{ik}$ für die $\frac{1}{2}n(n-1)$ möglichen *binären* Gemische. Tatsächlich lassen sich die D_{ik} durch die $\frac{1}{2}n(n-1)$ binären Diffusionskoeffizienten $\mathfrak{D}_{ik}$ (HIRSCHFELDER l. c.) ausdrücken.

Daß im allgemeinen, z. B. für die Beschreibung der Diffusion in einem Dreistoffsystem, nicht einfach der Ansatz ausreicht

$$J_1 = -D_1 \operatorname{grad} c_1$$
$$J_2 = -D_2 \operatorname{grad} c_2 \qquad \text{[I - 3, 17]}$$
$$J_3 = -D_3 \operatorname{grad} c_3,$$

machen wir uns an einem Beispiel klar. Wir betrachten etwa drei Komponenten 1, 2 und 3 in einem Lösungsmittel, um dessen Rolle wir uns hier nicht kümmern wollen. Benutzen wir den für binäre Gemische eingeführten Ansatz

$$J_1 = -(c_1 u/N_L)\, \partial \mu_1/\partial x, \qquad \text{[I - 3, 18]}$$

und setzen weiter voraus, daß c_1 und c_2 räumlich konstant seien, dann würde nach dem einfachsten Ansatz

$$J_1 = -D_1 \partial c_1/\partial x \qquad \text{[I - 3, 19]}$$

---

*) Z. B., daß keine Strömung der Flüssigkeit als ganzes gegen das Bezugssystem resultiert

$$v = \sum_i V_i J_i = 0,$$

V_i partielles molares Volumen der Komponente i;

$$\sum_i V_i D_{ik} = 0.$$

der Diffusionsstrom J_1 verschwinden. Wenn wir aber eine nicht-ideale Mischung haben, so hängt μ_1 ja nicht nur von c_1, sondern auch von den übrigen Konzentrationen ab, und von [I - 3, 17] bleibt

$$J_1 = - \frac{c_1 u}{N_L} \frac{\partial \mu_1}{\partial c_3} \frac{\partial c_3}{\partial x} . \qquad [\text{I - 3, 20}]$$

Es ist wesentlich, daß in diesem Ausdruck der Faktor c enthalten ist! Mit c muß ja auch der durch eine andere Komponente verursachte Diffusionsfluß verschwinden.

Das zeigt uns, daß wir zweifellos in dem Diffusionsstrom für die Komponente 1 auch einen, dem Gefälle der Komponente 3 proportionalen Anteil hineinnehmen müssen:

$$J_1 = - \cdots - D_{13} \partial c_3 / \partial x \qquad [\text{I, - 3, 21}]$$

und das läßt vermuten, daß der allgemeinste Ansatz bei einem Dreistoffsystem lauten muß

$$J_i = - D_{i1} \frac{\partial c_1}{\partial x} - D_{i2} \frac{\partial c_2}{\partial x} - D_{i3} \frac{\partial c_3}{\partial x} ; \quad i = 1, 2, 3 . \qquad [\text{I - 3, 22}]$$

Das ergäbe für ein Dreistoffsystem formal $9 (= n^2)$ Diffusionskoeffizienten, deren Zahl sich aber aus den oben erwähnten Gründen reduziert.

Daß auch in Gemischen aus drei (oder mehr) idealen Gasen Koppelungsglieder für die Diffusion auftreten können, folgt aus der S. 17 erwähnten Behandlung nach HIRSCHFELDER, wonach die Diffusionskoeffizienten D_{ik} des polynären Gemisches durch die $n(n - 1)/2$ Diffusionskoeffizienten D_{ik} der $n(n - 1)/2$ binären Gemische darstellbar sind. Tatsächlich fand HELLUND (62) entsprechende Effekte, welche er als „osmotische" Diffusion bezeichnete und auch theoretisch behandelte. Er betrachtete ternäre Gemische aus $H_2(1)$, $CH_4(2)$ und $CO_2(3)$, mit den Werten für die binären Diffusionskoeffizienten: $D_{12} = 0,625$, $D_{23} = 0,153$, $D_{31} = 0,538 \ \text{cm}^2 \text{sec}^{-1}$. Es wurden, zunächst in der Mitte geschlossene, Rohre derart gefüllt, daß der CO_2-Druck zu beiden Seiten der gleiche war, während auf der einen Seite H_2, auf der anderen CH_4 bis zu einem Gesamtdruck von 1140 Torr aufgefüllt wurden. Nach Herstellen der Verbindung fand nicht nur ein Konzentrationsausgleich zwischen H_2 und CH_4 statt, sondern auf der ursprünglich nur $H_2 + CO_2$ enthaltenden Seite stieg auch der CO_2-Druck im Lauf eines Versuchs um bis zu 68,2 Torr. Qualitativ, im Sinne einer stark vereinfachten kinetischen Behandlung, könnte man das so verstehen: ohne die Nebenbedingung der Druckkonstanz würde H_2 schneller nach der Methan-Seite diffundieren als umgekehrt. Für die Druckkonstanz sorgt eine überlagerte Strömung; diese erfaßt auch die in gleichmäßiger Konzentration vorhandene dritte Komponente.

Während wir bei der Wärmeleitung nur die Ausbreitung innerer Energie haben, rechnen wir also bei der Diffusion grundsätzlich mit der wechselseitigen Diffusion von mindestens zwei Stoffen, wenn wir auch die Gleichungen im allgemeinen nur für eine Komponente ausschreiben. In den meisten Fällen ist das selbstverständlich; wenn wir z. B. in einem vertikalen Zylinder, durch einen horizontalen Schieber getrennt, unten CO_2, oben H_2 haben, so findet nach Herausziehen des Schiebers Konzentrationsausgleich durch Diffusion statt. Wenn aber der Wasserstoff im oberen Teil gefehlt hatte, so wird der Ausgleich des CO_2 auf den ganzen Raum nicht als Diffusion bezeichnet. Es gibt aber Fälle, wo so formale oder reale Schwierigkeiten auftreten. Wenn z. B. (vgl. Kap. II) in einem Teilgebiet von Palladium-Metall eingelagerter Wasserstoff sich durch „Diffusion" durch das ganze Metall ausbreitet, so gelten alle formalen Gesetze der Diffusion, aber das Metall ist an dem Vorgang unbeteiligt. Hier faßt man zweckmäßig die mit H-Atomen (bzw. Protonen) besetzbaren Lücken zwischen den Pd-Atomen des Gitters als einen weiteren Bestandteil auf, und die Diffusion der Protonen als einen Austausch zwischen diesen und freien Plätzen (die Summe der Konzentrationen beider ist konstant). Analoges

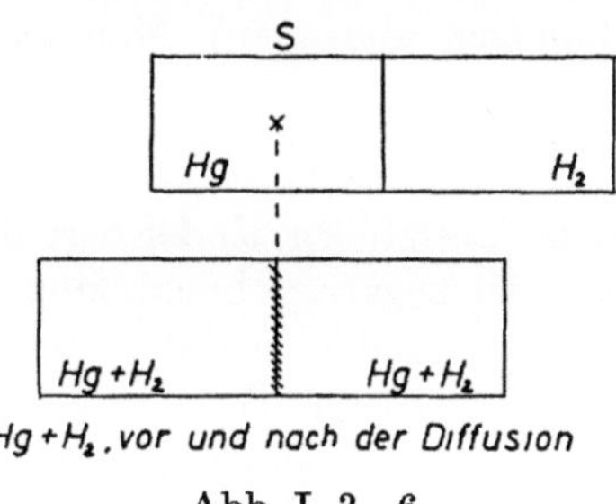

Hg + H₂ vor und nach der Diffusion

Abb. I, 3 - 6.

gilt etwa für die Diffusion gelöster Gase in Zeolithen. Schwerer unter dieses Bild zu bringen ist natürlich ein Vorgang wie etwa die Diffusion von Neutronen in Graphit, die man aber mindestens formal ebenso behandeln kann.

Der schon oben erwähnte Vorgang der Diffusion in Metallen mit einseitiger Materieverschiebung bedarf besonderer Überlegungen. Wir betrachten dazu erst einige Beispiele anderer Art. In einem, durch einen masselosen Schieber unterteilten masselosen Kasten befinde sich links Quecksilberdampf, rechts Wasserstoff; Konvektion denken wir uns ausgeschlossen (nötigenfalls durch Einbringen eines masselosen, hinreichend engen horizontalen Wabensystems). Lassen wir durch Herausziehen des Schiebers Diffusion einsetzen, so wandert der Schwerpunkt des Systems von wenig rechts der Mitte der Quecksilberhälfte bis zur Mitte des Kastens. Wenn dieser reibungslos aufgehängt ist, verschiebt sich dadurch der Kasten in der angedeuteten Weise um nahe $^1/_4$ seiner Länge *).

---

*) Aus dieser Feststellung folgt nebenbei, daß die Diffusion mit Druckeffekten verbunden ist, welche für die Verrückung des Kastens verantwortlich sind. Man macht sich das auch sehr einfach klar: Während der Diffusion bestehen lokal verschiedene Abweichungen vom MAXWELLschen Geschwindigkeitsverteilungsgesetz. Und zwar erhalten die Hg-Atome im obigen Fall eine zusätzliche Geschwindigkeit nach rechts, die H_2-Moleküle eine sehr nahe gleiche Geschwindigkeit nach links; da die Massen sich um einen Faktor ~ 100 unterscheiden, sind die Impulse relativ sehr verschieden und das bedeutet einen Druckgradienten im Gas. Dessen Größenordnung kann man sich auch veranschaulichen. Das mittlere Verschiebungsquadrat

Man wird dieses Wandern des Kastens nicht „Diffusion" nennen; vielmehr wird man sagen, daß eine normale Diffusion stattgefunden hat, gekoppelt mit einer Verschiebung des Behälters wegen der Notwendigkeit der Erhaltung des Schwerpunkts.

Die exakte formale Behandlung des sog. KIRKENDALL-Effektes ist allein schon dadurch schwierig, daß dabei Leerstellen (die eventuell zu Löchern koagulieren) auch im Innern des Kristalls (z. B. an Versetzungen) neu gebildet oder vernichtet werden können. Man muß also eine eigene Diffusionsgleichung für die Diffusion unbesetzter Gitterpunkte einführen (die in einem binären Gemisch gewissermaßen die Rolle einer dritten Teilchensorte spielen), wobei für diese Teilchen aber kein Erhaltungsgesetz gilt, d. h. wir müssen eine Diffusionsgleichung mit räumlich verteilten Quellen und Senken annehmen, über deren Ergiebigkeit von vornherein kaum Aussagen möglich sind (sie wird z. B. auch von mechanischen Spannungen abhängen). Man hätte also eine Gleichung der Form:

$$\partial c_l/\partial t = -\operatorname{div} J_l + Q\,, \qquad\qquad [\text{I - 3, 23}]$$

wo c_l die Konzentration der Leerstellen, J_l der Strom der Leerstellen ist, und wo die spontane (positive oder negative) Lochbildungsgeschwindigkeit Q eine Funktion von Konzentrationen und vom Orte, eventuell auch noch weiterer Variabler sein kann. Läßt man diesen Term in [I - 3, 23] weg, so darf man jedenfalls nicht hoffen, alle bei der Metalldiffusion auftretenden Effekte zu verstehen*). Vergleiche hierzu Kap. II, 5.

Bei mit der Diffusion verbundener Volumenänderung bedarf die Frage eines geeigneten Bezugssystems besonderer Beachtung. Diese Frage wurde u. a. von HARTLEY u. CRANK (61) WAGNER (122) und COHEN, WAGNER u. REYNOLDS (24) diskutiert. Die Behandlung läuft darauf hinaus, daß man ein Koordinatensystem einführt, in welchem gleichen Zunahmen der Ortskoordinate gleiche Mengenzunahmen entsprechen, also z. B.

$$d\xi = \varrho\, dx \qquad\qquad [\text{I - 3, 24}]$$

bei einer Massenbasis der Rechnungen, oder

$$d\xi = dx/\bar{V}\,, \qquad\qquad [\text{I - 3, 25}]$$

$\bar{V}$ Molvolumen, bei Rechnung in Molenbrüchen.

In diesen Koordinaten wird dann die Diffusionsgleichung, für konzentrationsabhängigen Diffusionskoeffizienten, in der üblichen Form geschrieben, aber mit

---

ist $\overline{\varDelta x^2} = 2\,Dt$; rechnen wir dazu ein „mittleres Quadrat der Verschiebungsgeschwindigkeit" aus, $\approx \overline{\varDelta x^2}/t^2 = 2D/t$, so wird z. B. für $t = 1$ sec, $D \sim 10^{-1}\mathrm{cm^2 sec^{-1}}$ (geschätzt): $\overline{\varDelta x^2}/t^2 \approx 2 \cdot 10^{-1}$. Die entsprechende mittlere gerichtete Geschwindigkeit also $\approx 0{,}5$ cm sec^{-1}. Da beim Quecksilber eine Geschwindigkeit von $10^4\,\mathrm{cm\,sec^{-1}}$ bei Normalbedingungen einem Druck von ~ 1 At entspricht, so sind hier mindestens Druckdifferenzen von $\sim (0{,}5 \cdot 10^{-4})^2 \mathrm{At} \approx 0{,}2 \cdot 10^{-5} \mathrm{Torr}$ zu erwarten.

*) Man versucht unter Weglassen dieses Terms dadurch eindeutige Verhältnisse zu schaffen, daß man lokal eingestelltes Fehlstellen-Gleichgewicht voraussetzt.

geänderter Bedeutung des Diffusionskoeffizienten, wegen der ungewöhnlichen Dimensionen der Ortskoordinaten. Einzelheiten der Rechnung und Umrechnungsformeln auf die gewöhnlichen Diffusionskoeffizienten werden in der WAGNERschen Arbeit angegeben.

I, 4. Stationärer Zustand

Während eines stationären Zustands ändert sich die Konzentration nicht mit der Zeit. Infolgedessen ist der stationäre Zustand charakterisiert durch

$$\partial c/\partial t = 0. \qquad\qquad [\text{I - 4, 1}]$$

Je nach dem betrachteten Falle wird man dafür verschiedene Konzentrationsverteilungen erhalten. Für lineare Diffusion liefert Substitution von Gl. [I - 4, 1] in Gl. [I - 1, 4]

$$D\,\partial^2 c/\partial x^2 = 0, \ \partial c/\partial x = \text{const}, \quad c = c_0 + c_1 x, \qquad [\text{I - 4, 2}]$$

und infolgedessen einen konstanten Konzentrationsgradienten und eine lineare Konzentrationsverteilung, sofern der Diffusionskoeffizient als konstant angesehen werden darf. Den Fall variablen D werden wir später behandeln. Einen stationären Zustand, wie er durch Gl. [I - 4, 2] gegeben ist, können wir einfach verwirklichen, z. B. bei der Diffusion eines Dampfes durch Luft oder ein anderes Gas [vgl. hierzu STEFAN (115, 116)]. Wenn wir eine flüchtige Substanz, z. B. Äther, in den unteren Teil eines oben offenen vertikalen Zylinders geben, so diffundiert der Äther von unten in die freie Atmosphäre oberhalb des Zylinders. Für praktische Zwecke wird man einen Zylinder von nicht zu großem Querschnitt wählen, q, und von ausreichender Länge, l, um Konvektionsströme zu vermeiden*). Dabei ist die Länge von der Ätheroberfläche bis zum oberen Zylinderende zu messen, sie wird sich während der Verdampfung langsam ändern, aber so lange, als die Längenänderung klein ist gegen deren Betrag, bleiben unsere Betrachtungen gültig. Nach einer gewissen Zeit, deren Länge aus den Gleichungen für nicht stationäre Diffusion abgeschätzt werden kann, wird sich ein stationärer Zustand mit hinreichender Annäherung eingestellt haben. Während dieses stationären Zustandes wird der Äther mit konstanter Geschwindigkeit verdampfen und mit derselben konstanten Geschwindigkeit durch eine Luftschicht der Höhe l diffundieren. Die Gleichgewichtskonzentration des Dampfes unmittelbar oberhalb der Ätheroberfläche, c_0, ist bestimmt durch den Dampfdruck bei der Versuchstemperatur und ist infolgedessen bekannt. Die Äthermenge s, die während der Zeit t verdampft, kann leicht bestimmt werden. Wenn einerseits Konvektionsströme innerhalb des Zylinders unterdrückt werden, während andererseits der Äther, der am oberen Zylinderende entweicht, durch leichte, in der freien Atmosphäre immer vorhandene Konvektionsströme hinweggeführt wird, dann

---

*) Das bedeutet, daß man Temperaturdifferenzen innerhalb des Zylinders hinreichend klein halten muß.

kann die Ätherkonzentration c am oberen Ende des Zylinders gleich 0 gesetzt werden. Infolgedessen ist der Konzentrationsgradient, $\partial c/\partial x$, für die gesamte Zylinderlänge gegeben durch

$$\partial c/\partial x = (c - c_0)/l = - c_0/l, \qquad [\text{I - 4, 3}]$$

wenn wir die x-Achse mit der Zylinderachse zusammenfallen lassen. Dann wird die verdampfte Menge von Äther sein

$$s = J \cdot q \cdot t = (D q\, t\, c_0)/l, \qquad [\text{I - 4, 4}]$$

und

$$D = s\, l/q\, t\, c_0. \qquad [\text{I - 4, 5}]$$

D ist der Diffusionskoeffizient von Ätherdampf in Luft*).

Ein stationärer Zustand läßt sich noch einfacher als im vorangehenden Beispiel erzielen bei der Diffusion durch kolloide Membranen oder durch Festkörper, wie z. B. bei der Diffusion von Wasserstoff durch viele Metalle, ins-

---

*) Die obigen Beziehungen sind nur angenähert richtig, aus folgendem Grunde: Bei der Diffusion von Gasen müssen (auf molarer Basis) gleiche Mengen beider Komponenten in entgegengesetzter Richtung durch eine Bezugsfläche diffundieren (bei Flüssigkeiten ist die Definition zu modifizieren). In unserem Falle ist jedoch das untere Rohrende (d. h. die Flüssigkeitsoberfläche) für Luft undurchlässig. Daher muß die Diffusion der Luft nach unten einen aufwärts gerichteten Strom der Mischung verursachen, der Geschwindigkeit v. Die Diffusionsgleichung für den stationären Zustand wird in diesem Falle

$$0 \approx \frac{\partial c}{\partial t} = D\,\frac{\partial^2 c}{\partial x^2} - v\,\frac{\partial c}{\partial x} \qquad [1]$$

$$0 \approx \frac{\partial C}{\partial t} = D\,\frac{\partial^2 C}{\partial x^2} - v\,\frac{\partial C}{\partial x}, \qquad [2]$$

wo c und C die molaren Konzentrationen von Dampf und Luft bedeuten. Die Randbedingungen sind

$$\begin{aligned}
&\text{bei } x = 0\!: \quad c = 0, \qquad C = C_0 \\
&\text{bei } x = -h\!: \; C = C_0 - c_0, \quad c = c_0, \qquad\qquad [3] \\
&\qquad\qquad -D\,\frac{\partial C}{\partial x} + v(C_0 - c_0) = 0,
\end{aligned}$$

wobei die letztere Bedingung die Undurchlässigkeit der Flüssigkeitsoberfläche gegen Luft ausdrückt. C_0 ist die Konzentration der Luft in der Umgebung, c_0 ist die Sättigungskonzentration des Dampfes über der Flüssigkeit. Weiter gilt (wegen der vorausgesetzten Druck- und Temperaturkonstanz) unabhängig von x

$$c + C = C_0. \qquad [4]$$

Die Methoden von I, 13 geben als Lösung

$$c = c_0\,\frac{1 - \exp\left(\dfrac{v}{D}x\right)}{1 - \exp\left(-\dfrac{vh}{D}\right)}. \qquad [5]$$

(Fortsetzung →)

besondere durch Palladium. Wenn man die stationäre Konzentration der diffundierenden Substanz an beiden Seiten der Membran bestimmen kann, dann gelten genau die obigen Überlegungen. Aber die Konzentration der diffundierenden Substanz in unmittelbarer Nähe der Oberfläche der Membran

---

(Fortsetzung der Fußnote von S. 22)

Im Zusammenhang mit Gln. [3] und [4] läßt sich daraus die Gleichung für v gewinnen

$$-D\frac{\partial C}{\partial x} + v(C_0 - c_0) = -v\,c_0 \frac{\exp\left(-\dfrac{vh}{D}\right)}{1 - \exp\left(-\dfrac{vh}{D}\right)} + v(C_0 - c_0) = 0 \qquad [6]$$

und

$$\frac{vh}{D} = \log\frac{C_0}{C_0 - c_0}. \qquad [7]$$

Somit haben wir schließlich für den gesamten Dampfstrom bei $x = 0$, wo wegen $c = 0$ der Konvektionsstrom verschwindet,

$$J = -D\left(\frac{\partial c}{\partial x}\right)_0 = \frac{c_0\dfrac{D}{h}\log\dfrac{C_0}{C_0 - c_0}}{1 - \dfrac{C_0 - c_0}{C_0}} = C_0\frac{D}{h}\log\frac{C_0}{C_0 - c_0}, \qquad [8]$$

eine Beziehung, welche an die Stelle unserer früheren Gl. [I - 4, 4] tritt. Für den Grenzfall $c_0 \ll C_0$ gilt dies in dem früheren Ausdruck über

$$J = C_0\frac{D}{h}\log\left(\frac{1}{1 - \dfrac{c_0}{C_0}}\right) \approx \frac{c_0\,D}{h}, \qquad [9]$$

entspr. Gl. [I - 4, 4]. Diese Rechnungen stammen von STEFAN (116).

Diese Beziehungen lassen sich, worauf mich Herr G. HERTZ, Karlsruhe, freundlicherweise aufmerksam machte, am einfachsten ableiten, wenn man von der in der theoretischen Gaskinetik (vgl. III, 4) benutzten Beziehung ausgeht

$$\bar{v}_1 - \bar{v}_2 = -\frac{D_{12}}{N_1 N_2}\frac{dN_1}{dx} = -\frac{C_0}{cC}D_{12}\frac{dc}{dx}, \qquad [10]$$

wobei c, C die obigen Bedeutungen haben, N_1 und N_2 die Molenbrüche sind

$$N_1 = \frac{c}{c + C}; \qquad N_2 = \frac{C}{c + C} \quad \text{mit } c + C = C_0 = \text{const}. \qquad [11]$$

Darin sind $\bar{v}_1$ und $\bar{v}_2$ die mittleren Geschwindigkeiten von Dampf- und Luftmolekülen. Wählen wir die Luftmoleküle als Bezugssystem, also $\bar{v}_2 = 0$, so wird der Strom der Dampfmoleküle $J_1 = \bar{v}_1 \cdot c$

$$1. \quad J_1 = -\frac{C_0}{C}D_{12}\frac{dc}{dx} = -\frac{C_0}{C_0 - c}D_{12}\frac{dc}{dx} \qquad [12]$$

$$2. \quad J_2 = 0.$$

Da Quasistationarität, d. h. $J_1 \approx$ const., vorausgesetzt wird, läßt sich Gl. [12] integrieren zwischen $x = 0$ und $x = -h$, und man erhält

$$J_1 \cdot h = C_0 D_{12} \ln\left[\frac{C_0}{C_0 - c_0}\right] \qquad [13]$$

identisch mit Gl. [8].

ist nicht immer durch den Gas- oder Dampfdruck der Substanz oder ihre
Konzentration in einer Lösung gegeben. Denn an der Grenzfläche Membran/
Gas oder Flüssigkeit wird das Gleichgewicht in solchen Fällen nicht eingestellt
sein, wo der Übergang Gas (oder Flüssigkeit) → Membran nicht schnell verläuft im Vergleich mit der Diffusion. In solchen Fällen ist eine absolute Bestimmung der Diffusionskonstanten ohne zusätzliche Messungen nicht möglich.

Der Durchgang von Gasen oder Dämpfen durch Membranen infolge von
Diffusion wird Permeation genannt. Wenn die entsprechenden Konzentratio-
nen zu beiden Seiten innerhalb der Membran nicht bekannt sind, pflegt man
eine Permeationskonstante zu definieren durch eine Gleichung, in die nur die
Gasdrucke außerhalb der Membran eingehen. Eine gebräuchliche Definition der
Permeationskonstanten P ist die folgende: P ist gegeben in cm^3 Gas unter
Normalbedingung, welche pro Sekunde durch 1 cm^2 Fläche einer 1 mm dicken
Membran diffundieren, wenn zwischen beiden Seiten der Membran ein Druck-
unterschied von 1 cm Quecksilber besteht [BARRER (7)]. P ist also der Wert
des Diffusionsstroms unter bestimmten Standardbedingungen, es enthält
infolgedessen nicht nur den Diffusionskoeffizienten, sondern das Produkt
$D\,\partial c/\partial x$.

Der Begriff der „Quasi-Stationarität" spielt bei kinetischen Vorgängen
eine bedeutende Rolle, und wir werden damit bei verschiedenen Problemen
zu tun haben. In unserem ersten Beispiel, der Verdampfung von Äther in Luft
hatten wir tatsächlich nicht einen stationären Zustand im strengen Sinne des
Wortes, sondern nur einen quasi-stationären Zustand. Denn die Höhe der
Luftsäule in dem Zylinder nahm langsam mit der Zeit zu. Infolgedessen waren
weder die Konzentrationen selbst, noch der Konzentrationsgradient genau
konstant, d. h. unabhängig von der Zeit. Wir hätten deshalb an Stelle von
Gl. [I - 4, 1] schreiben sollen

$$\partial c/\partial t \approx 0, \qquad\qquad\qquad [I\text{ - }4,\,6]$$

womit angedeutet ist, daß $\partial c/\partial t$ nicht exakt 0 ist, jedoch so klein ist, daß kein
ernstlicher Irrtum auftritt, wenn wir Gl. [I - 4, 6] durch Gl. [I - 4, 1] ersetzen.
Natürlich darf man Gl. [I - 4, 1] nicht benutzen, wenn man an der Bestimmung
der langsamen Variation der Konzentrationsverteilung mit der Zeit interessiert ist.

Alle quasi-stationären Zustände sind durch ähnliche Beziehungen charakterisiert. Man muß sich in jedem Falle vergewissern, daß die so eingeführte
Vereinfachung keinen ernstlichen Fehler hervorruft. Im folgenden werden wir
noch ein weiteres Beispiel von Quasi-Stationarität behandeln.

Eine mit der des konstanten Konzentrationsgradienten verwandte Methode
ist die der quasi-stationären Diffusion durch ein Diaphragma, wie sie z. B. von
NORTHROP und ANSON (96a), und von McBAIN (82a) und GORDON (54a)
angewandt wurde. Eine, im allgemeinen wässerige Lösung befindet sich oberhalb eines Diaphragmas aus gesintertem Glas, der gelöste Stoff diffundiert in
ein gleiches Volumen Lösungsmittel unterhalb des Diaphragmas. Da ohne
Rühren die höchste Konzentration im oberen Teil jedes Behälters herrschen

würde, so setzt automatisch eine Rührung durch Konvektion ein und die
Konzentrationen in jedem Behälter gleichen sich aus (für Präzisionsmessungen
ist Rührung erforderlich, STOKES). Wenn q der effektive Querschnitt des Diaphragmas ist, δ dessen Dicke, c und c' die Konzentrationen der Lösung oberhalb und unterhalb des Diaphragmas sind, dann haben wir für den Diffusionsstrom, bezogen auf den gesamten Querschnitt

$$J = \frac{q(c - c')D}{\delta}. \qquad [\text{I - 4, 7}]$$

Die Annahme von Quasi-Stationarität hat zur Folge, daß der Konzentrationsgradient innerhalb des Diaphragmas mit hinreichender Annäherung als konstant angesehen werden darf, $\partial c/\partial x \approx (c' - c)/\delta$, während er nicht unabhängig
von der Zeit ist. Wenn V das Volumen jedes der beiden Behälter*) ist, dann
wird die Geschwindigkeit der Konzentrationsänderung infolge Diffusion gegeben sein durch

$$\frac{\partial c'}{\partial t} = -\frac{\partial c}{\partial t} = \frac{J}{V} = \frac{q(c' - c)D}{V\delta}. \qquad [\text{I - 4, 8}]$$

Für die Integration schreiben wir

$$\frac{1}{c - c'} \cdot \frac{d(c - c')}{dt} = -\frac{2qD}{V\delta}, \quad c - c' = c_0 \exp\left\{\frac{-2\,q\,D\,t}{V\delta}\right\}, \quad [\text{I - 4, 9}]$$

und erhalten, da $c + c' = c_0$ ist, wo c_0 die Anfangskonzentration in der oberen
Zelle bedeutet,

$$\text{a) } c = \frac{c_0}{2}\left[1 + \exp(-\beta D t)\right],$$

$$[\text{I - 4, 10}]$$

$$\text{b) } c' = \frac{c_0}{2}\left[1 - \exp(-\beta D t)\right], \quad \beta = \frac{2q}{V\delta}.$$

Da q und δ nicht direkt gemessen werden können, so muß man die Zellenkonstante β empirisch ermitteln, durch Eichung mit einer Lösung von bekanntem D.

Im eindimensionalen Falle hatten wir konstanten Querschnitt für den
Diffusionsstrom, und infolgedessen einen konstanten Konzentrationsgradienten. Für andere geometrische Anordnungen wird $\partial c/\partial x$ bzw. grad c mit der
Lagekoordinate variieren. Eine Anzahl von Beispielen sind leicht zu behandeln,
und können bei Diffusionsmessungen benutzt werden, darunter die Kugelschale und der Hohlzylinder.

Die Kugelschale

In diesem Falle nimmt der Querschnitt für die Diffusion mit zunehmendem
Radius r zu wie r^2. Infolgedessen wird sich der stationäre Zustand für eine in
Richtung wachsenden r diffundierende Substanz einstellen, wenn $\partial c/\partial r$ sich
ändert wie $1/r^2$, also c wie $1/r$. Wenn die Schale durch $r = r_1$ und r_2 begrenzt

---

*) Es ist auch der Fall ungleicher Volumina behandelt (vgl. VI, 2).

ist und bei r_1 und r_2 die stationären Konzentrationen c_1 und c_2 aufrechterhalten werden, so erhält man für die stationäre Konzentrationsverteilung [vgl. BARRER (6)]

$$c = \frac{c_1 r_1 - c_2 r_2}{r_1 - r_2} + \frac{c_1 - c_2}{\left(\dfrac{1}{r_1} - \dfrac{1}{r_2}\right) r}, \qquad \frac{\partial c}{\partial r} = + \frac{c_2 - c_1}{\left(\dfrac{1}{r_1} - \dfrac{1}{r_2}\right) r^2}. \qquad [\text{I - 4, 11}]$$

Man hätte Gl. [I - 4, 11] durch Integration von G. [I - 1, 7], mit Gl. [I - 4, 6], erhalten können. Im Grenzfalle, $r_2 - r_1 = \delta \ll r_1$, geht dieses in den früheren Ausdruck für eine ebene Schicht über

$$\partial c / \partial r \approx (c_2 - c_1)/\delta .$$

Folglich können Schichten beliebiger geometrischer Form immer dann in hinreichender Annäherung als eben behandelt werden, wenn ihre Dicke klein ist im Vergleich zum Krümmungsradius.

Der Hohlzylinder

In diesem Falle lauten die Gl. [I - 4, 11] entsprechenden Ausdrücke

$$c = \frac{c_1 \ln r_2 - c_2 \ln r_1}{\ln r_2 - \ln r_1} + \frac{c_1 - c_2}{\ln \left(\dfrac{r_1}{r_2}\right)} \ln r, \qquad \frac{\partial c}{\partial r} = \frac{c_1 - c_2}{\ln \left(\dfrac{r_1}{r_2}\right)} \frac{1}{r}. \qquad [\text{I - 4, 12}]$$

Wie früher gibt dies in dem Grenzfall, $r_2 - r_1 = \delta \ll r_1$

$$\partial c / \partial r \approx (c_2 - c_1)/\delta .$$

Im allgemeinen wird D nicht konstant sein, sondern von der Konzentration oder der Lagekoordinate oder von beiden abhängen. Die kinetische Gastheorie zeigt [vgl. CHAPMAN-COWLING (19)], daß für Gasmischungen die Konzentrationsabhängigkeit des Diffusionskoeffizienten verhältnismäßig klein ist. Infolgedessen kann man für Gase bei konstantem Druck und konstanter Temperatur im allgemeinen die Gleichungen mit konstantem D verwenden. Betrachten wir aber ein extremes Beispiel. Die Brennschicht eines Bunsenbrenners [vgl. JOST (71), LEWIS u. v. ELBE (82)] ist ungefähr 10^{-2} cm dick oder weniger. Innerhalb dieser Schicht steigt die Temperatur von Zimmertemperatur auf die Temperatur der verbrannten Gase, irgendwo zwischen 1000 und 3000 °C, je nach der Natur der Gasmischung. Infolgedessen kann der Diffusionskoeffizient für eine Verbindung in dieser Mischung um einen Faktor 10 bis 100 ansteigen, wenn man von dem kalten zu dem warmen Gas fortschreitet. In diesem Falle ist also die Annahme eines konstanten Diffusionskoeffizienten keineswegs gerechtfertigt. Trotzdem existiert ein stationärer Zustand.

Es ist praktisch immer zulässig, mit hinreichend kleinen Konzentrationsdifferenzen zu arbeiten, und dann mit einem mittleren konstanten D zu rechnen. Wo das nicht möglich ist, muß man die unten erwähnten Methoden benutzen. Man kann die Gleichungen für den stationären Zustand angeben, wenn D nicht konstant ist, BARRER (6). Von den Gln. [I - 1, 8], [I - 1, 11] und [I - 1, 12], erhalten wir die Beziehungen für den stationären Zustand

$$0 \approx \frac{\partial}{\partial x}\left\{ D\,\frac{\partial c}{\partial x} \right\} \qquad \text{ebene Platte ;} \qquad\qquad \text{[I - 4, 13]}$$

$$0 \approx \frac{\partial}{\partial r}\left\{ rD\,\frac{\partial c}{\partial r} \right\} \qquad \text{Zylinder, achsiale Symmetrie,} \qquad \text{[I - 4, 14]}$$

$$0 \approx \frac{\partial}{\partial r}\left\{ r^2 D\,\frac{\partial c}{\partial r} \right\} \qquad \text{Kugelsymmetrie ;} \qquad\qquad \text{[I - 4, 15]}$$

und nach einer ersten Integration

$$D\,\partial c/\partial x = A \qquad \text{Platte,} \qquad\qquad \text{[I - 4, 16]}$$

$$rD\,\partial c/\partial r = B \qquad \text{Zylinder,} \qquad\qquad \text{[I - 4, 17]}$$

$$r^2 D\,\partial c/\partial r = G \qquad \text{Kugel.} \qquad\qquad \text{[I - 4, 18]}$$

I, 5. Spezielle Lösungen der Diffusionsgleichungen

[vgl. CARSLAW-JAEGER (13), FRANK-MISES (48), FÜRTH (49), SOMMERFELD (112)]

Quellenintegrale

Da in vielen Fällen die Koordinaten x und t in den resultierenden Ausdruck nur in der Kombination x^2/t eingehen, könnte man versuchen, eine Lösung der Gleichung für den eindimensionalen Fall

$$\partial c/\partial t = D\,\partial^2 c/\partial x^2 \qquad\qquad \text{[I - 5, 1]}$$

zu erhalten, indem man setzt $c = f\!\left(\dfrac{x^2}{t}\right)$, oder spezieller $c \sim \exp\left(-\dfrac{\lambda x^2}{t}\right)$. Einsetzen in Gl. [I - 5, 1] zeigt, daß die einfachst mögliche Lösung*) nicht von dieser Form ist, wohl aber in der Form erhalten werden kann

$$c = \frac{\alpha}{\sqrt{t}}\,\exp\left(-\frac{x^2}{4\,Dt}\right), \qquad\qquad \text{[I - 5, 2]}$$

wie durch Substitution in Gl. [I - 5, 1] verifiziert wird*). Gl. [I - 5, 2] ist symmetrisch bezüglich $x = 0$, und für $t = 0$ verschwindet sie überall außer für $x = 0$, wo sie unendlich wird. Das Integral $\int\limits_{-\infty}^{+\infty} c\,dx$ bleibt jedoch selbst für $t = 0$ endlich, indem es eine von t unabhängige Invariante ist. Aus physikalischen

---

*) Auf direkterem Wege hätte man diese Lösung finden können, indem man einen Ansatz versucht hätte $c = g(x)h(t)\exp(-\lambda x^2/t)$, und verlangt hätte, daß die Lösung die einfachst mögliche wäre, welche für $x = 0$ endlich bleibt, außer für $t = 0$. Nach Substitution in Gl. [I - 5, 1] findet man, daß die den obigen Bedingungen genügende Lösung die der Gl. [I - 5, 2] ist, d. h., daß

$$g(x) = \text{const}, \quad h(t) = 1/\sqrt{t}, \quad \lambda = 1/4D$$

sein müssen.
(Fortsetzung s. nächste Seite)

Gründen erscheint dies selbstverständlich. Denn wenn wir einen Zylinder von unendlicher Länge und 1 cm² Querschnitt betrachten, der beliebige Form haben darf, so ist die gesamte vorhandene Substanzmenge $\dot{s}$ gerade durch dieses Integral gegeben.

$$s = (1\ \mathrm{cm}^2) \cdot \int_{-\infty}^{+\infty} c\ dx. \qquad\qquad [\mathrm{I} \text{-} 5, 3]$$

Infolgedessen verlangt das Gesetz von der Erhaltung der Masse die Invarianz dieses Integrals, die natürlich ebenso aus mathematischen Gründen folgt. Indem wir die Integration in Gl. [I - 5, 3] ausführen*), sehen wir, daß

$$\alpha = s/2\sqrt{\pi D}$$

sein muß, und infolgedessen haben wir

$$c = \frac{s}{2\sqrt{\pi D t}} \exp\left(-\frac{x^2}{4 D t}\right). \qquad\qquad [\mathrm{I} \text{-} 5, 4]$$

Die Lösung, Abb. I, 5 - 1, bezieht sich auf folgendes physikalische Problem, wenn wir übereinkommen, einen unendlichen Zylinder von Einheitsquerschnitt zu betrachten. Bei $t = 0$ hat sich die Substanzmenge s in unmittelbarer Nachbarschaft der Ebene $x = 0$ befunden, und für $1 > 0$ gibt Gl. [I - 5, 4] die resultierende Konzentrationsverteilung an. Die Exponentialfunktion ist die GAUSSsche Fehlerkurve (nicht zu verwechseln mit dem Fehlerintegral, das durch Integration dieser Exponentialfunktion erhalten wird). Unsere Lösung bezieht sich also auf eine momentane Flächenquelle bei $x = 0$ und $t = 0$. Gl. [I - 5, 4] kann zur Lösung praktischer Diffusionsprobleme verwendet werden, welche den obigen Bedingungen hinreichend genau entsprechen. Wie wir sehen werden, kann Gl. [I - 5, 4] auch für den Fall eines einseitig unendlichen Zylinders benutzt werden, der durch eine Ebene bei $x = 0$ begrenzt ist; dieser Fall ist praktisch wichtiger als der des beidseitig unendlichen Zylinders.

(Fortsetzung der Fußnote von S. 27)

Die systematische Lösung der Diffusionsgleichung $\partial c/\partial t = D\,\partial^2 c/\partial x^2$ durch den Ansatz $c = u(x/\sqrt{t}\,)$ verläuft mit $\xi = x/\sqrt{t}$ wie folgt:

$$\frac{\partial u}{\partial t} = \frac{\partial u}{\partial \xi}\frac{\partial \xi}{\partial t} = -u_\xi t^{-1}\xi/2; \quad \frac{\partial u}{\partial x} = \frac{du}{d\xi}\frac{\partial \xi}{\partial x} = u_\xi \frac{1}{\sqrt{t}}; \quad \frac{\partial^2 u}{\partial x^2} = \frac{d^2 u}{d\xi^2}\frac{1}{t} = u_{\xi\xi}\,t^{-1}.$$

Nach Einsetzen in die Differentialgleichung folgt

$$2 D u_{\xi\xi} + \xi u_\xi = 0\,; \quad \frac{d\ln u_\xi}{d\xi} = -\frac{\xi}{2D}\,; \quad \ln u_\xi = -\frac{\xi^2}{4D} + \mathrm{const}.$$

$$u = \frac{C}{\sqrt{Dt}} \int \exp[-x^2/4\,D\,t]\,dx\,,$$

d. h. das Fehlerintegral. Da man die Differentialgleichung differenzieren darf, muß auch die Ableitung von u eine Lösung sein, das ist das Quellenintegral.

*) Bei Integrationen wie dieser substituiert man $x^2/4\,D\,t = \xi^2$, und man muß wissen, daß $\int_{-\infty}^{+\infty} \exp(-\xi^2)\,d\xi = \sqrt{\pi}$ ist.

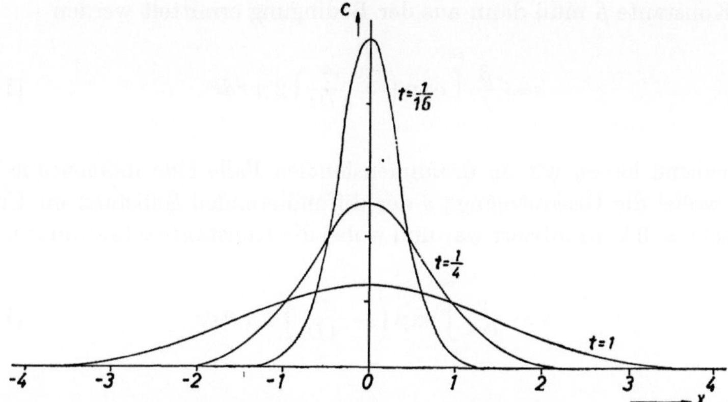

Abb. I, 5 - 1. Quellenintegral, Gl. [I - 5, 4] für die Zeiten $t = 1, \frac{1}{4}, \frac{1}{16}$.

Die Gl. [I - 5, 4] entsprechenden Lösungen für den zwei- und dreidimensionalen Fall können ebenfalls leicht erhalten werden, d. h. die entsprechenden Lösungen der Differentialgleichungen für achsiale und radiale Symmetrie

$$\frac{\partial c}{\partial t} = D \left[\frac{\partial^2 c}{\partial r^2} + \frac{1}{r} \frac{\partial c}{\partial r} \right] \qquad \text{[I - 5, 5]}$$

$$\frac{\partial c}{\partial t} = D \left[\frac{d^2 c}{dr^2} + \frac{2}{r^2} \frac{\partial c}{\partial r} \right]. \qquad \text{[I - 5, 6]}$$

Wenn wir in Analogie zu Gl. [I - 5, 2] eine Lösung der Form finden wollen,

$$c = h(t) \exp\left(- \frac{r^2}{4Dt} \right), \qquad \text{[I - 5, 7]}$$

so erhalten wir durch Substitution in [I - 5, 5] und [I - 5, 6] die Differentialgleichungen für h

$$\frac{d \ln h}{dt} = - \frac{1}{t}, \quad \text{und} \quad \frac{d \ln h}{dt} = - \frac{3}{2} t, \qquad \text{[I - 5, 8]}$$

mit den Lösungen

$$h = \beta/t \quad \text{und} \quad h = \gamma/t^{3/2} \qquad \text{[I - 5, 9]}$$

für den zweidimensionalen bzw. dreidimensionalen Fall, also

$$c = \frac{\beta}{t} \exp\left(- \frac{r^2}{4Dt} \right) \text{ für axiale Symmetrie,} \qquad \text{[I - 5, 10]}$$

$$c = \frac{\gamma}{t^{3/2}} \exp\left(- \frac{r^2}{4Dt} \right) \text{ für sphärische Symmetrie.} \qquad \text{[I - 5, 11]}$$

Wenn wir eine unendlich ausgedehnte Platte der Dicke 1 cm betrachten, so kann Gl. [I - 5, 10] gedeutet werden als die Lösung für eine momentane lineare Quelle bei $t = 0$ und $r = 0$, wo die Gesamtmenge s von Substanz in der unmittelbaren Nachbarschaft der Achse $r = 0$ (senkrecht zu der Platte) auf eine Länge von 1 cm konzentriert gewesen war.

Die Konstante β muß dann aus der Bedingung ermittelt werden

$$s = \frac{\beta}{t} \int\limits_0^\infty \exp\left(-\frac{r^2}{4Dt}\right) 2\,\pi\,r\,dr\ . \qquad\qquad [\text{I - 5, 12}]$$

Entsprechend haben wir im dreidimensionalen Falle eine momentane Punktquelle, wobei die Gesamtmenge s der diffundierenden Substanz im Ursprung $r = 0$ bei $t = 0$ konzentriert war und wobei die Konstante γ bestimmt ist durch

$$s = \frac{\gamma}{t^{3/2}} \int\limits_0^\infty \exp\left(-\frac{r^2}{4Dt}\right) 4\,\pi\,r^2 dr\ . \qquad\qquad [\text{I - 5, 13}]$$

Da

$$\int\limits_0^\infty \exp(-\xi^2)\,\xi\,d\xi = 1/2 \quad\text{und}\quad \int\limits_0^\infty \exp(-\xi^2)\,\xi^2 d\xi = \sqrt{\pi}/4\ , \quad [\text{I - 5, 14}]$$

sind, wird

$$\beta = \frac{s}{4\,\pi D} \quad\text{und}\quad \gamma = \frac{s}{(4\,\pi D)^{3/2}}\ . \qquad\qquad [\text{I - 5, 15}]$$

Von Gl. [I - 5, 4] aus kann man weitere Lösungen für lineare Diffusion erhalten. Wir bemerken zunächst, daß es zulässig ist, den unendlich ausgedehnten Zylinder durch eine Ebene bei $x = 0$, senkrecht zur x-Achse, zu zerschneiden*), indem wir die Konzentrationen für negatives x an dieser Ebene reflektieren lassen. Wir erhalten so eine Lösung für den einseitig unendlichen Zylinder, der bei $x = 0$ durch eine undurchdringliche Ebene begrenzt ist

$$c = \frac{s}{\sqrt{\pi\,Dt}} \exp\left(-\frac{x^2}{4Dt}\right), \qquad\qquad [\text{I - 5, 16}]$$

wo wiederum die Menge s diffundierender Substanz in unmittelbarer Nachbarschaft von $x = 0$ bei $t = 0$ enthalten war. Die durch Gl. [I - 5, 16] gegebenen Konzentrationen sind das Doppelte der durch Gl. [I - 5, 4] gegebenen, was aus physikalischen Gründen einleuchtend ist. Im ersten Fall war die Hälfte der Substanz in der Richtung von negativem x diffundiert, die andere Hälfte in der Richtung von positivem x, während jetzt alle Substanz in der Richtung von positivem x diffundiert.

Man sieht auch ohne weiteres, daß die Methode der Spiegelung mathematisch einwandfrei ist. Denn Spiegelung bei $x = 0$ bedeutet Überlagerung von zwei Lösungen der Differentialgleichung [I - 5, 1], welche in unserem Fall zufällig identisch sind. Da die Differentialgleichung linear ist, ist eine solche Superposition zulässig. Weiter ist durch den Vorgang des Schneidens eine neue Grenzfläche in das System eingeführt worden, welche eine neue Randbedingung

---

*) Wir könnten ebensogut durch irgend eine andere Ebene senkrecht zur x-Achse schneiden und das Prinzip der Reflexion anwenden. Aber die so erhaltenen Lösungen würden von geringerem praktischem Wert sein.

zur Folge hat. Da die Begrenzung undurchlässig sein soll, so ist diese Randbedingung (Verschwinden des Diffusionsstromes bei $x = 0$)

$$\partial c/\partial x = 0 \quad \text{für} \quad x = 0. \qquad [\text{I - 5, 17}]$$

In unserem Beispiel wird dieser Bedingung automatisch genügt, weil bereits
bei der ursprünglichen Lösung Gl. [I - 5, 4] $\partial c/\partial x$ bei $x = 0$ verschwindet, und
dies bleibt ungeändert durch die Spiegelung bei $x = 0$, vgl. Abb. I, 3 - 4.

Aber selbst wenn wir eine ursprüngliche Lösung haben mit $\partial c/\partial x = \delta \neq 0$
an der Grenze, so liefert die Spiegelung eine Konzentrationsverteilung mit
$\partial c/\partial x = 0$ an der Grenze. Denn in diesem Falle haben wir Überlagerung von zwei
Kurven mit Neigungen δ und $-\delta$, und infolgedessen die Neigung 0 der resultierenden Kurve. STEFAN (115) hat diese Methode der Spiegelung und Superposition bei der Berechnung seiner Tabellen für die Auswertung von Diffusionsmessungen verwandt; diese Tabellen sind in der ihnen von KAWALKI (77)
gegebenen Form weitgehend benutzt worden und werden gelegentlich noch
benutzt (vgl. unten).

Lösungen für unendliche Systeme können auf tatsächliche Versuchssysteme
angewandt werden, solange merkliche Konzentrationsänderungen die Begrenzungen nicht erreichen; denn in diesem Falle ist die Anwesenheit der
Grenzen ohne Einfluß auf die Konzentrationsverteilung.

Bei eindimensionaler Diffusin von einer ebenen Anfangsverteilung verschwindender Dicke aus gilt nach Gl. [I - 5, 4]:

$$c = \frac{s}{(\pi Dt)^{1/2}} \exp\left(-\frac{x^2}{4\,Dt}\right). \qquad [\text{I - 5, 18}]$$

Diese Anordnung wird oft verwirklicht, indem radioaktive Indikatoren auf
die Basis einer hinreichend langen zylindrischen Probe gedampft (oder ander-
weitig aufgebracht) werden. In diesem Falle ist die Diffusion nicht immer streng
eindimensional, nämlich dann nicht, wenn die Belegung der Grundfläche nicht
gleichmäßig war. Es muß die Frage auftauchen, ob in diesem Falle noch die
Auswertung nach Gl. [I - 5, 4] für eindimensionale Diffusion statthaft ist. Da
das für die mittlere Konzentration in einer beliebigen Ebene senkrecht zur
Zylinderachse wirklich exakt zutrifft, wurde von TANNHAUSER (117) bewiesen.

I, 6. Weitere aus dem Quellenintegral abgeleitete Lösungen

Wir betrachten wieder einen unendlichen Zylinder von Einheitsquerschnitt,
diesmal nicht mit einer momentanen ebenen Quelle bei $x = 0$, sondern mit
einer Anfangsverteilung, die gegeben ist durch

$$\left.\begin{array}{l} c = c_0 \ \text{für} \ x < 0 \\[2mm] c = 0 \ \text{für} \ x > 0 \end{array}\right\} \ \text{für} \ t = 0\,. \qquad [\text{I - 6, 1}]$$

Wir gehen von Gl. [I - 5, 4] aus, behandeln aber die Quelle als gleichmäßig verteilt über ein kleines Volumenelement der Höhe $\varDelta x$ und von Ein-

heitsquerschnitt, bei $x = 0$. Folglich müssen wir s ersetzen durch $c'\varDelta x$. Die frühere Lösung stellt die aus dieser Volumenquelle folgende Verteilung um so besser dar, je kleiner $\varDelta x$ ist. Die von der Anfangsverteilung Gl. [I - 6, 1] herrührende Konzentrationsverteilung werden wir als Superposition der Effekte kleiner Volumenquellen erhalten, die gleichmäßig über die negative x-Achse verteilt sind. Im Grenzfall, $\varDelta x \to 0$, gilt G. [I - 5, 2] exakt, und die Summe geht in ein Integral über, so daß wir erhalten

$$c(x,t) = \frac{c'}{\sqrt{t}} \int_x^\infty \exp\left(- \frac{\xi^2}{4 Dt}\right) d\xi = c'' \int_{\frac{x}{2\sqrt{Dt}}}^\infty e^{-\eta^2}\, d\eta \qquad\qquad \text{[I - 6, 2)}$$

mit $\eta = \xi/2\sqrt{Dt}$. Indem wir setzen

$$\mathrm{erf}\,(x) = \frac{2}{\sqrt{\pi}} \int_0^x e^{-\eta^2}\, d\eta, \quad \mathrm{erf}(-x) = -\,\mathrm{erf}(x), \quad \mathrm{erf}(\infty) = 1, \quad \text{[I - 6. 3]}$$

wo $\mathrm{erf}(x)$ das Gausssche Fehlerintegral ist, können wir statt Gl. [I - 6, 2] schreiben

$$c(x, t) = c''' \left[\mathrm{erf}(\infty) - \mathrm{erf}\left(\frac{x}{2\sqrt{Dt}}\right)\right]. \qquad\qquad \text{[I - 6, 4]}$$

Für $t = 0$ ist die rechte Seite von [I - 6, 4] entweder $2c'''\,\mathrm{erf}(\infty)$ oder 0, je nachdem x kleiner oder größer als 0 ist. Da $\mathrm{erf}(\infty) = 1$, müssen wir $c''' = c_0/2$ setzen, um in Übereinstimmung mit den Anfangsbedingungen Gl. [I - 6, 1] zu sein, und wir erhalten schließlich

$$c(x, t) = \frac{c_0}{2}\left[1 - \mathrm{erf}\left(\frac{x}{2\sqrt{Dt}}\right)\right]. \qquad\qquad \text{[I - 6, 5]}$$

Tabellen des Fehlerintegrals und von e^{-x^2} sind im Anhang reproduziert. Das Integral Gl. [I - 6, 5] ist für viele praktische Zwecke wertvoll, vgl. auch

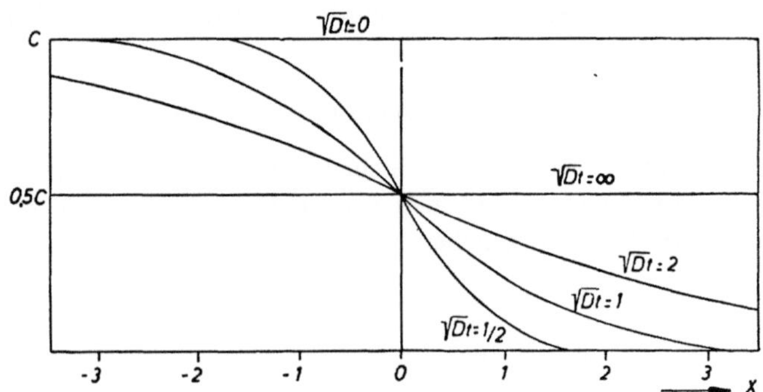

Abb. I, 6 - 1. Fehlerintegral-Lösung Gl. [I - 6, 5], zu den Anfangsbedingungen Gl. [I - 6, 1].

Abb. I, 6 - 1. Wir betonen nochmals, daß die Lösung für unendliche Systeme auf endliche Systeme angewandt werden darf, solange Konzentrationsänderungen in der Nähe der Enden vernachlässigbar sind.

Eine den obigen Bedingungen angepaßte Versuchsanordnung läßt sich für Gase, Flüssigkeiten und Festkörper finden. Bei diesen braucht man nur zwei Zylinder mit planen Endflächen in engen Kontakt zu bringen, deren einer die diffundierende „gelöste" Substanz enthält, während der andere aus dem „Lösungsmittel" besteht, entweder einer reinen Komponenten oder einer homogenen Mischung, die sich in der Zusammensetzung von der des ersten Zylinders unterscheidet. Das gleiche ist für Gase möglich, wenn man ein an beiden Enden geschlossenes, hinreichend langes Rohr verwendet, das durch einen Hahn mit Bohrung gleich dem Rohrdurchmesser in zwei gleiche Teile geteilt ist. Die beiden Seiten enthalten entweder zwei verschiedene Gase oder passende Mischungen; der Anfang eines Versuchs ist durch das Öffnen des Hahnes gegeben, der am Ende wieder geschlossen wird. Danach können die Mischungen auf beiden Seiten analysiert werden. In älteren Versuchen war es üblich, hierfür Gewehrläufe zu verwenden. Offensichtlich muß die Rohrlänge groß sein im Vergleich zum Durchmesser, damit durch den Hahn verursachte Fehler vermieden werden. Bei Flüssigkeiten verwendet man einen vertikalen Zylinder, der zunächst mit der Komponenten von geringerer Dichte gefüllt wird. Zu Beginn eines Versuchs läßt man die schwerere Komponente (gewöhnlich eine Lösung) durch eine Kapillare unter das Lösungsmittel oder die weniger konzentrierte Lösung fließen. Zu Ende eines Experiments werden beide Schichten analysiert. In allen diesen Fällen muß man sich vergewissern, daß Konzentrationsänderungen die Begrenzungen nicht erreicht haben, wenn die obigen Gleichungen angewandt werden sollen.

Im allgemeinen mißt man bei Versuchen, wie den eben beschriebenen, nicht die Konzentrationsverteilung selbst, entsprechend Gl. [I - 6, 5], sondern die Gesamtmenge von Substanz in zwei oder mehr Teilen des Systems. Diese Menge folgt aus Gl. [I - 6, 5] durch eine weitere Integration. Die Substanzmenge in einem Zylinder vom Querschnitt q, der durch die Ebenen $x = x_1$ und $x = x_2$ begrenzt ist, ist gegeben durch

$$ s = q \int_{x_1}^{x_2} c \, dx = q \, \frac{c_0}{2} \left[x_2 - x_1 - \int_{x_1}^{x_2} \mathrm{erf}\left(\frac{x}{2 \sqrt{Dt}} \right) dx \right] . \qquad \text{[I - 6, 6]} $$

Die Integration kann numerisch ausgeführt werden, mittels der SIMPSONschen Regel oder einer anderen Näherungsformel, ist aber auch exakt möglich, vgl. CARSLAW-JAEGER (13). Tabellen der integrierten Fehlerfunktion sind bei CARSLAW-JAEGER (13) zu finden.

Wenn nur die gesamte Substanzmenge für $x > 0$ und für $x < 0$ bestimmt worden ist, so ist eine strenge Auswertung bequemer möglich. Differentiation von Gl. [I - 6, 5] nach x gibt für $x = 0$

$$ \left(\frac{\partial c}{\partial x} \right)_{x=0} = - \frac{c_0}{2 \sqrt{\pi D t}} . \qquad \text{[I - 6, 7]} $$

Folglich ist der Diffusionsstrom bei $x = 0$

$$(J)_{x=0} = - D\left(\frac{\partial c}{\partial x}\right)_{x=0} = \frac{c_0\sqrt{D}}{2\sqrt{\pi t}}\,. \qquad \text{[I - 6, 8]}$$

Die gesamte Substanzmenge, die man für $x > 0$ findet, ist dorthin durch Diffusion durch die Ebene $x = 0$ während der Zeit t gelangt. Dies ist also für einen Zylinder vom Querschnitt q

$$s = q \int\limits_0^t J\,dt = q\,c_0\sqrt{\frac{Dt}{\pi}}\,; \quad D = \frac{s^2\pi}{q^2 c_0^2 t}\,. \qquad \text{[I - 6, 9]}$$

Also gibt Gl. [I - 6, 9] einen expliziten Ausdruck für den Diffusionskoeffizienten.

Man kann auch Lösungen für einen Zylinder von endlicher Länge erhalten, indem man von dem Integral für eine momentan ebene Quelle ausgeht.

Diese Lösung, in etwas anderer Form, läßt sich durch die allgemeinen Integrationsmethoden gewinnen, vgl. I, 9; aber hier wollen wir STEFANS (115) [vgl. hierzu SOMMERFELD (112)] Ableitung folgen, nach der Methode der Spiegelung. Wir betrachten erst ein unendliches System mit der folgenden Anfangsverteilung

$$\begin{aligned} c &= c_0 \quad \text{für} \quad -h < x < +h \\ c &= 0 \quad \text{für} \quad |x| > h. \end{aligned} \qquad \text{[I - 6, 10]}$$

Wie früher finden wir die resultierende Konzentrationsverteilung durch eine Integration über die Lösung für die ebene Quelle

$$c = \frac{c_0}{2\sqrt{\pi}} \int\limits_{\frac{x-h}{2\sqrt{Dt}}}^{\frac{x+h}{2\sqrt{Dt}}} \exp(-\xi^2)\,d\xi = \frac{c_0}{2}\left[\mathrm{erf}\left(\frac{h+x}{2\sqrt{Dt}}\right) + \mathrm{erf}\left(\frac{h-x}{2\sqrt{Dt}}\right)\right]. \qquad \text{[I - 6, 11]}$$

Da für $x = 0$ und alle t $\partial c/\partial x = 0$ ist, wie man aus Gl. [I - 6, 11] und Abb. I, 6 - 2 sieht, können wir das System durch eine Ebene bei $x = 0$ zerschneiden, ohne die Konzentrationsverteilung zu beeinträchtigen. Folglich ist Gl. [I - 6, 11] auch eine Lösung für einen einseitig unendlichen Zylinder mit der Anfangsverteilung

$$\left.\begin{aligned} c &= c_0 \quad \text{für} \quad 0 < x < h \\ c &= 0 \quad \text{für} \quad x > h \end{aligned}\right\} \quad \text{und } t = 0. \qquad \text{[I - 6, 12]}$$

Dies entspricht tatsächlichen Experimenten, wo sich in einem vertikalen Zylinder „Lösung" von $x = 0$ bis $x = h$ erstreckt, während eine hohe Schicht „Lösungsmittel" sich darüber befindet, und wobei dafür gesorgt ist, daß während der Zeit eines Versuchs Konzentrationsänderungen die obere Grenze des Lösungsmittels nicht erreichen.

Wir können jetzt weitergehen und eine zweite Begrenzung einführen, die in beliebiger Höhe liegen dürfte, für die wir aber die Höhe $x = 4h$ wählen, um in Übereinstimmung mit einer oft benutzten experimentellen Anordnung zu

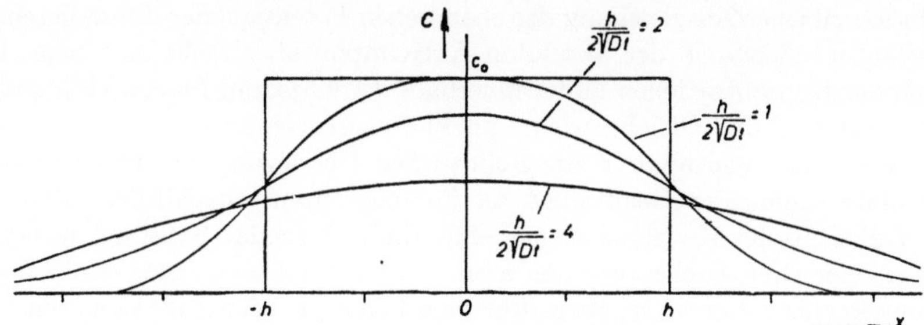

Abb. I, 6 - 2. Konzentrationsverlauf für Zeiten wie $1^2 : 2^2 : 4^2$,
für eine Rechteckverteilung bei $t = 0$.

bleiben und mit den Tabellen, die von STEFAN (115) berechnet und von KA-
WALKI (77) für die Auswertung dieser Versuche modifiziert worden sind. Wir
erhalten die Lösung für das endliche System aus der für das einseitig unendliche
System, indem wir die Kurve für die Konzentrationsverteilung zunächst bei
$x = 4h$ reflektieren lassen; die reflektierte Kurve lassen wir dann wieder bei
$x = 0$ spiegeln, dann wieder bei $x = 4h$ usw. Wir behaupten, daß wir durch
Überlagerung dieser Kurven die strenge Lösung unseres Problems erhalten.
Das ist leicht einzusehen. Die so erhaltene Lösung stellt eine unendliche Reihe
dar, die jedoch sehr schnell konvergiert; gewöhnlich genügen die ersten Glieder.
Da die Differentialgleichung linear ist, ist die Superposition zulässig, und der
resultierende Ausdruck ist eine Lösung der ursprünglichen Differentialgleichung.
Wir brauchen uns also nur noch zu vergewissern, daß die Anfangs- und Randbedingungen erfüllt sind. Für die Anfangsbedingungen ist dies offensichtlich,
da der Spiegelungsprozeß diese Bedingungen nicht beeinträchtigt. Aber auch
den Randbedingungen ist genügt, denn bei jeder Spiegelung überlagern wir an
der Grenze zwei Kurven mit Differentialquotienten von gleichem absolutem
Betrag, aber entgegengesetzten Vorzeichen. Folglich wird an jeder Grenze
$\partial c / \partial x = 0$, was Verschwinden des Diffusionsstroms bedeutet, gleichbedeutend
mit Undurchlässigkeit der Wand.

So können wir die Konzentrationsverteilung für unser System der endlichen
Länge $4h$ erhalten. Es ist üblich, das System nach einem Versuch in vier
Schichten gleicher Höhe zu zerlegen und die einzelnen Schichten zu analysieren.
Die experimentell für eine einzelne Schicht bestimmte Substanzmenge folgt
aus der Konzentrationsverteilung durch eine weitere Integration über die
Höhe einer Schicht.

Lösungen für die Fälle achsialer und radialer Symmetrie werden wir im
Zusammenhang mit den allgemeinen Integrationsmethoden, I, 12, behandeln.

Es ist zu betonen, daß alle bisher gegebenen Lösungen nur für homogene
Systeme gültig sind (zu verstehen im Sinne von einphasigen Systemen. Die
Konzentrationsverteilung innerhalb der einzelnen Phase ist natürlich nicht
homogen)*). In Systemen, die aus mehr als einer Phase bestehen, führt die

---

*) Siehe Fußnote S. 1.

Diffusion zu einer Ausgleichung der chemischen Potentiale der diffundierenden Substanzen oder auch der absoluten Aktivitäten, aber nicht zu einem Ausgleich der Konzentrationen außer innerhalb der einzelnen Phasen. Wir wollen hier annehmen, daß Gleichgewichte an Phasengrenzen immer eingestellt sind, d. h. wir wollen von unserer augenblicklichen Überlegung den Fall geschwindigkeitsbestimmender Reaktionen an Phasengrenzen ausschließen. Dann ist das Verhältnis der Konzentrationen einer diffundierenden Substanz zu beiden Seiten einer Grenzfläche zwischen zwei Phasen durch den NERNSTschen Verteilungskoeffizienten, $\varkappa$, gegeben. Für jede Phase gilt eine Diffusionsgleichung mit individuellen Werten des Diffusionskoeffizienten. Es treten Randbedingungen auf, die die Tatsache ausdrücken, daß die aus einer Phase herausdiffundierende Substanzmenge gleich der in die Nachbarphase hineindiffundierenden Menge ist. In diesem Falle sind exakte Lösungen für unendlich ausgedehnte Zylinder möglich [JOST (70)]. Charakteristische Konzentrationsverteilungen für verschiedene Werte von $\varkappa$ und verschiedene Verhältnisse der Diffusionskoeffizienten in den beiden Phasen sind in den folgenden Abbildungen gegeben (I, 6 - 3 bis I, 6 - 10), die vom Verfasser (1937) berechnet sind.

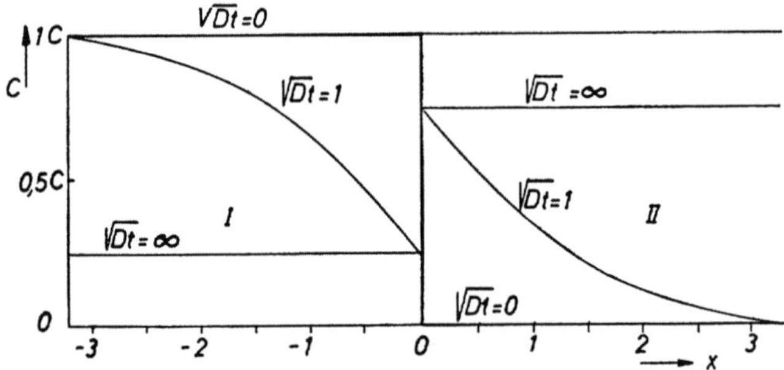

Abb. I, 6 - 3. Diffusion. Jedoch zwei verschiedene Phasen I ($x < 0$) und II ($x > 0$); dabei ist angenommen: $D^{\mathrm{I}} = D^{\mathrm{II}}$, jedoch Verteilungskoeffizient $\varkappa = (c^{\mathrm{II}})_0/c^{\mathrm{I}})_0 = 3$ (vgl. Text). Nach JOST, Diffusion und chemische Reaktion in festen Stoffen (Dresden u. Leipzig 1937).

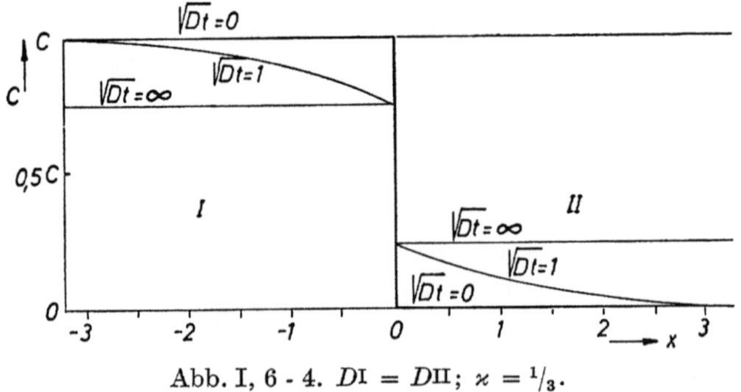

Abb. I, 6 - 4. $D^{\mathrm{I}} = D^{\mathrm{II}}$; $\varkappa = {}^1/_3$.

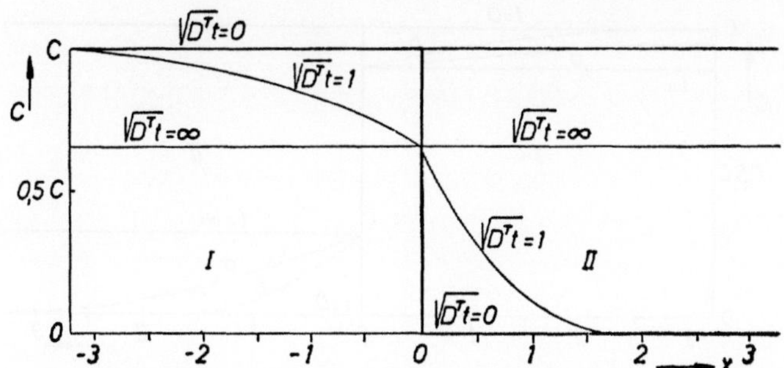

Abb. I, 6 - 5. $D^I = 4D^{II} : \varkappa = 1$. Für $D^I \neq D^{II}$ stimmt der Zustand für $t = \infty$ nicht mehr mit dem überein, den ein aus zwei gleichlangen endlichen Stücken bestehendes System aufweisen würde, sondern mit dem eines solchen Systems, bei dem I im Verhältnis $\sqrt{D^I/D^{II}}$ ($= 2$) länger wäre als II.

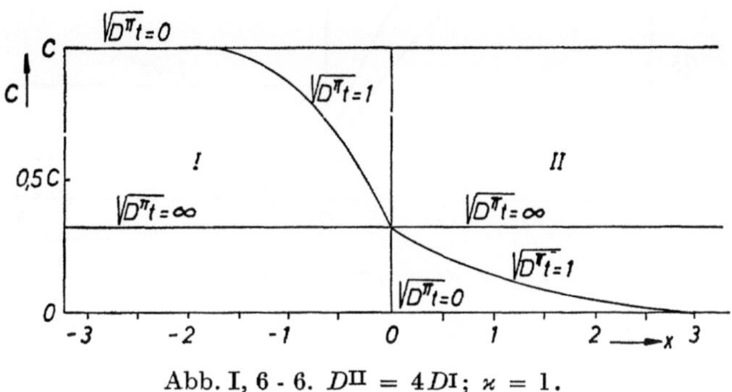

Abb. I, 6 - 6. $D^{II} = 4D^I$; $\varkappa = 1$.

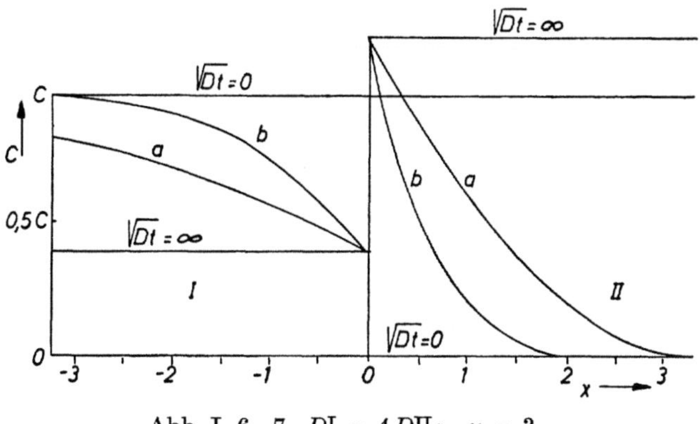

Abb. I, 6 - 7. $D^I = 4D^{II}$; $\varkappa = 3$.

a) $\sqrt{D^{II}t} = 1$; $\sqrt{D^I t} = 2$;   b) $\sqrt{D^{II}t} = 0{,}5$; $\sqrt{D^I t} = 1$.

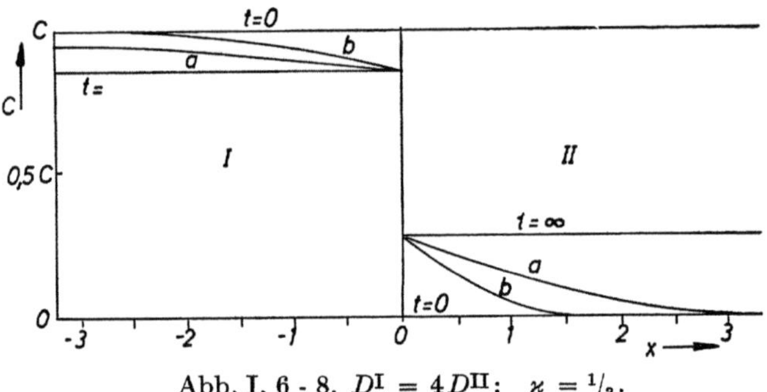

Abb. I, 6 - 8. $D^{\mathrm{I}} = 4 D^{\mathrm{II}}$; $\varkappa = {}^1/_3$.

a) $\sqrt{D^{\mathrm{II}}t} = 1$; $\sqrt{D^{\mathrm{I}}t} = 2$;   b) $\sqrt{D^{\mathrm{II}}t} = 0{,}5$; $\sqrt{D^{\mathrm{I}}t} = 1$.

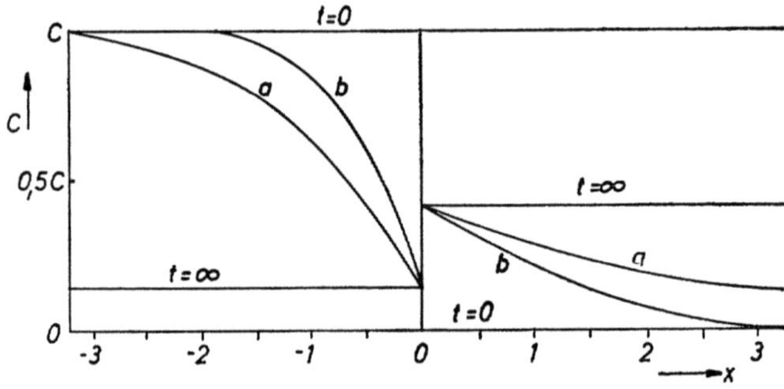

Abb. I, 6 - 9. $D^{\mathrm{II}} = 4 D^{\mathrm{I}}$; $\varkappa = 3$.

a) $\sqrt{D^{\mathrm{I}}t} = 1$; $\sqrt{D^{\mathrm{II}}t} = 2$; b) $\sqrt{D^{\mathrm{I}}t} = 0{,}5$; $\sqrt{D^{\mathrm{II}}t} = 1$.

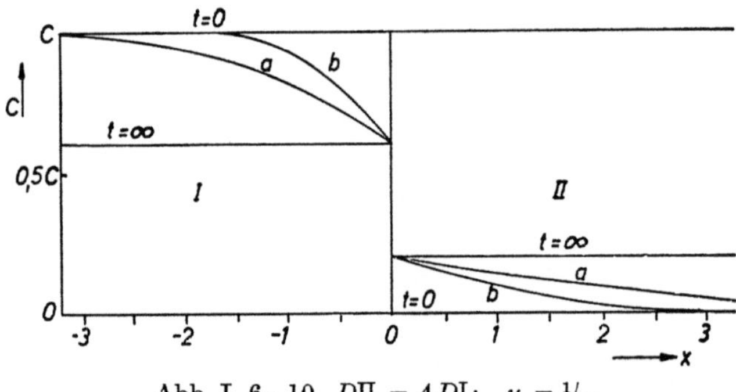

Abb. I, 6 - 10. $D^{\mathrm{II}} = 4 D^{\mathrm{I}}$; $\varkappa = {}^1/_3$.

a) $\sqrt{D^{\mathrm{I}}t} = 1$; $\sqrt{D^{\mathrm{II}}t} = 2$;   b) $\sqrt{D^{\mathrm{I}}t} = 0{,}5$; $\sqrt{D^{\mathrm{II}}t} = 1$.

Noch etwas allgemeinere Fälle von Diffusion in mehrphasigen Systemen hat
C. WAGNER durchgerechnet (private Mitteilung an den Verf.); auch diese
Lösungen sind unten auszugsweise wiedergegeben.

I, 7. Mittlere Verschiebung eines diffundierenden Teilchens
Brownsche Bewegung

Gl. [I - 5, 4] gibt die Konzentrationsverteilung in einem unendlich ausgedehnten Zylinder, wenn zur Zeit $t = 0$ die gesamte diffundierende Substanz bei $x = 0$ enthalten war. Wir können jetzt fragen, welchen Abstand wird ein bestimmtes diffundierendes Teilchen während der Zeit t zurücklegen? Offenbar ist die Frage in dieser Form bedeutungslos, da ein Teilchen in einem einzelnen Experiment jeden Abstand zwischen 0 und sehr großen Werten zurückgelegt haben kann. Aber wir können unsere Beobachtung viele Male wiederholen und den durchschnittlichen Abstand zu finden versuchen, den ein Molekül während der Zeit t zurückgelegt hat [EINSTEIN (40 a, b), SMOLUCHOWSKI (110, 110 a), vgl. ferner (14, 38, 49)]. Im Falle eines einzelnen Teilchens gibt die erwähnte Gleichung nicht die resultierende Konzentrationsverteilung, sondern die Wahrscheinlichkeit $p(x)dx$ für eine Verschiebung zwischen x und $x + dx$ während der Zeit t.

$$p(x)dx = \frac{\dfrac{\alpha}{\sqrt{t}}\exp\left(-\dfrac{x^2}{4Dt}\right)dx}{\displaystyle\int_{-\infty}^{+\infty}\frac{\alpha}{\sqrt{t}}\exp\left(-\frac{x^2}{4Dt}\right)dx}. \qquad [\text{I - 7, 1}]$$

Der Nenner muß eingefügt werden, damit wir absolute Wahrscheinlichkeiten erhalten. So wird die Wahrscheinlichkeit dafür, daß das Teilchen irgendwo zwischen $-\infty$ und $+\infty$ gefunden wird, gleich 1, wie es sein muß. Wir berechnen das mittlere Quadrat der Verschiebungen, $\overline{\varDelta x^2}$; die mittlere Verschiebung selbst ist Null, da positive und negative Verschiebungen gleich wahrscheinlich sind. Wir erhalten dafür

$$\overline{\varDelta x^2} = \int_{-\infty}^{+\infty} x^2 p(x)dx = 2Dt , \qquad [\text{I - 7, 2}]$$

wo $\xi^2 = (x^2/4Dt)$ substituiert worden ist, und wo die Formeln benutzt worden sind

$$\int_{-\infty}^{+\infty} e^{-\xi^2}\,d\xi = \sqrt{\pi}, \quad \int_{-\infty}^{+\infty} \xi^2 e^{-\xi^2}\,d\xi = \frac{\sqrt{\pi}}{2}. \qquad [\text{I - 7, 3}]$$

Bei der BROWNSCHEN Bewegung ist es möglich, die Verschiebung einzelner Partikeln zu beobachten und $\overline{\varDelta x^2}$ als das Mittel vieler Beobachtungen zu berechnen. Dies ist also eine direkte Methode zur Bestimmung von Diffusionskoeffizienten suspendierter Partikeln. Formel [I - 7, 2] ist aber auch in vielen anderen Fällen nützlich, nicht nur wo es sich um einzelne Partikeln handelt.

Denn der Abstand $\sqrt{\overline{\varDelta x^2}}$ ist vergleichbar mit der Halbwertsbreite der Fehlerkurve. Wenn wir also wissen wollen, bis zu welcher Tiefe eine diffundierende

Substanz während der Zeit t in ein Medium eingedrungen ist, dann erlaubt Gl. [I - 7, 2] eine befriedigende Abschätzung. Wir bemerken, daß es nur auf das Produkt $D \cdot t$ ankommt und daß $\sqrt{\overline{\Delta x^2}}$ nur wie die Wurzel aus diesem Produkt ansteigt.

Wir betrachten einige charakteristische Beispiele. Diffusionskoeffizienten von Gasen unter Normalbedingungen sind von der Größenordnung 0,1 bis 1 $cm^2 sec^{-1}$. Für Flüssigkeiten liegen bei Zimmertemperatur viele Werte in dem Bereich von 0,1 bis 1 $cm^2 Tag^{-1}$, annähernd $1 \cdot 10^{-6}$ bis 10^{-5} $cm^2 sec^{-1}$. Für Festkörper hat man in den Temperaturbereichen, in denen Diffusion merkbar ist, Diffusionskoeffizienten mit Werten zwischen denen für Flüssigkeiten und etwa 10^{-20} $cm^2 sec^{-1}$ beobachtet. Folglich brauchen Gasmoleküle zum Zurücklegen eines mittleren Abstandes von 1 cm etwa einige Sekunden bei Normalbedingungen, Flüssigkeitsmoleküle bei Zimmertemperatur brauchen dafür einige Tage, und Moleküle in Festkörpern, in einem der Messung zugänglichen Temperaturbereich, brauchen für die gleiche Verschiebung eine Zeit zwischen etwa einem Tag und 10^{12} Jahren. Man sieht daher, daß es für die Messung von Diffusionskoeffizienten zweckmäßig sein wird, mit Abständen von der Größenordnung Dezimetern bei Gasen zu arbeiten, von Zentimetern oder weniger bei Flüssigkeiten und mit Abständen zwischen Zentimetern und einigen 10^{-7} cm bei Kristallen.

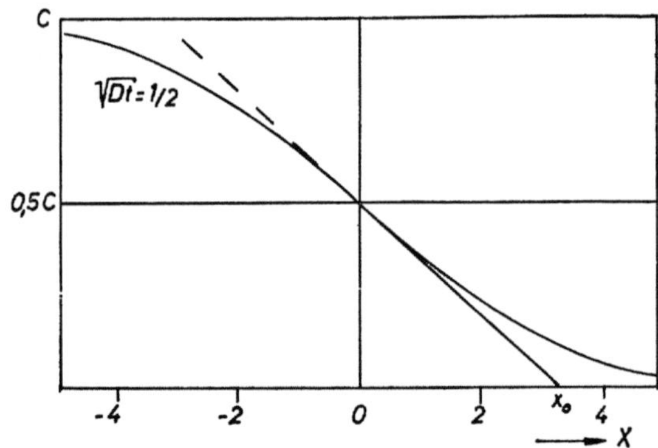

Abb. I, 7 - 1. Verteilung um $x = 0$ für anfängliche Stufenverteilung nach Gl. [I - 6, 5] und $(\partial c/\partial x)_0$ nach Gl. [I - 6, 7].

Die Formel für das mittlere Verschiebungsquadrat ist verwandt mit Gl. [I - 7, 4] für den Konzentrationsgradienten bei $x = 0$ in einem System, wo die Konzentration für $t = 0$ konstant war für negative x, und Null für positive x. Wenn man eine Tangente an die Konzentrationskurve bei $x = 0$ legt so schneidet sie die Abszisse bei $x = x_0$ (Abb. I, 7 - 1), wo

$$x_0 = \sqrt{\pi D t}, \quad x_0^2 = \pi D t, \quad D = x_0^2/\pi t. \qquad [I - 7, 4]$$

Wenn die Konzentrationskurve experimentell bekannt ist, kann man auch Gl. [I - 7, 4] für die Auswertung von D verwenden.

Bei der Behandlung der BROWNschen Bewegung hätten wir auch den umgekehrten Weg gehen können, indem wir zunächst einen Ausdruck für das mittlere Verschiebungsquadrat aus Wahrscheinlichkeitsbetrachtungen abgeleitet hätten und dann bewiesen hätten, daß die so erhaltenen Resultate im Einklang mit der Diffusionsgleichung stehen [vgl. FÜRTH (50)].

I, 8. Modelle zur Diffusion frei beweglicher Teilchen *)

I. 8, 1. Elementare Beschreibung

In Abb. I, 8 - 1 ist die Bewegung eines Einzelteilchens dargestellt. Beginnend zur Zeit $t = 0$ bei der Abszisse $x = 0$ sind die möglichen Verschiebungen des Teilchens um $+ l$, $+ 2l$, usw. nach rechts, und um $- l$, $- 2l$, usw. nach links aufgetragen. Es wird angenommen, daß sich das Teilchen in der Zeit τ um $|l|$ verschieben kann; die für τ, 2τ usw. möglichen Verschiebungen können in

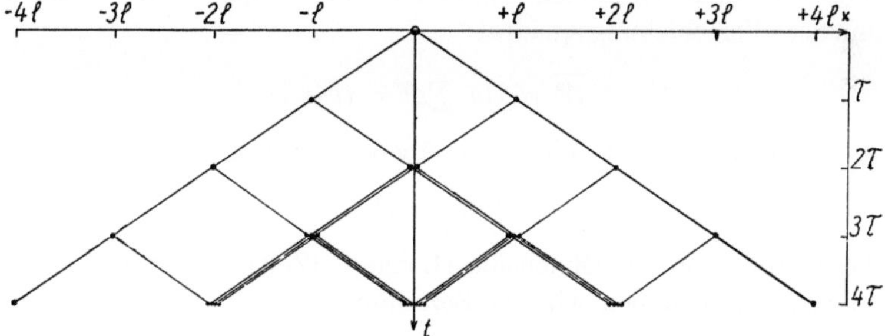

Abb. I, 8 - 1. Modell der ungeordneten Bewegung für die Bewegung eines Teilchens in der Zeit $t = 0$ bis $t = 4\tau$.

Abb. I, 8 - 1 abgelesen werden. Jede Verschiebung um $\pm l$ während der Zeit τ soll gleich wahrscheinlich sein, das Teilchen kann sich also für $t = \tau$ bei $\pm l$ für 2τ bei 0, $\pm 2l$ befinden, usw. Für $t = \tau$ können die Lagen $\pm l$ je auf eine Weise erreicht werden, für $t = 2\tau$ gibt es je eine Möglichkeit für die beiden Lagen $\pm 2l$, zwei Möglichkeiten für $x = 0$, usw. Es ist sinnvoll, die Wahrscheinlichkeit ein Teilchen zu einem bestimmten Zeitpunkt, an einer bestimmten Stelle anzutreffen, proportional zu setzen der Zahl der Möglicheiten, nach denen das Teilchen dorthin gelangen kann.

In Tab. 1 ist in der zweiten Spalte die Zahl der Verschiebungsmöglichkeiten n für $t = 0\tau$, $t = 1\tau$, usw. gemäß Abb. I, 8 - 1 angegeben, und die folgende Spalte gibt die möglichen Verschiebungsbeträge $\varDelta$ an, Spalte 4 die Summe

---

*) Dieser Abschnitt stellt eine zum allgemeinen Text parallele Behandlung der Diffusion als molekulares Modell dar. Er kann bei einer Lektüre, die die *praktische Anwendung* zum Ziele hat, ohne Schaden ausgelassen werden. Dem Leser, der über die formale phänomenologische Theorie hinaus ein qualitatives oder quantitatives Verständnis sucht, mag aber dieser Abschnitt zur Einführung und als Quelle für vertieftes Studium dienen.

Tabelle I, 8, 1. Mittleres Verschiebungsquadrat $\overline{\Delta^2}$ bei ungeordneter Bewegung als Funktion der Diffusionszeit t; n Zahl der Verschiebungsmöglichkeiten

t	n	Δ	$\Sigma \Delta^2$	$\Sigma \Delta^2/n = \overline{\Delta^2} = tl^2/\tau$
$0\,\tau$	1	0	0	0
$1\,\tau$	2×1	$\pm l$	$2l^2$	$1 \times l^2$
$2\,\tau$	2×2	$0,\ \pm 2l$	$8l^2$	$2 \times l^2$
$3\,\tau$	2×4	$\pm l,\ \pm 3l$	$24l^2$	$3 \times l^2$
$4\,\tau$	2×8	$0,\ \pm 2l,\ \pm 4l$	$64l^2$	$4 \times l^2$

der Verschiebungquadrate, $\sum \Delta^2$, wobei jede einzelne Verschiebung so oft gezählt wird, wie sie vorkommt (also z. B. für $t = 3\tau$ je einmal die Verschiebungen $\pm 3l$, je dreimal die Verschiebungen $\pm l$, also insgesamt $2 \cdot 4 = 8$ Verschiebungen. Spalte 5 schließlich enthält die Summe über alle Verschiebungsquadrate, geteilt durch die Zahl n der Verschiebungen.

Aus diesem einfachen Modell erhalten wir also empirisch die Beziehung für das „mittlere Verschiebungsquadrat"

$$\overline{\Delta^2} = 1/n \ \sum \Delta^2 = tl^2/\tau \,,$$

also proportional der Zeit. Wenn wir übereinkommen, zu setzen

$$l^2/2\tau = D\,,$$

und diese Größe von der Dimension [Länge]$^2 \cdot$ [Zeit]$^{-1}$ einen Diffusionskoeffizienten nennen, so haben wir die Beziehung

$$\overline{\Delta^2} = 2\,Dt$$

gefunden, die von einem anderen Ausgangspunkt aus von EINSTEIN 1905 abgeleitet wurde.

In Diffusionsversuchen beobachten wir nicht die mittlere Verschiebung eines einzelnen Teilchens (wie wir dies bei der BROWNschen Bewegung tatsächlich können), sondern die Konzentrationsverteilung zu einer bestimmten Zeit t, wenn wir für $t = 0$ von einer bestimmten Anfangsverteilung ausgehen. Das mittlere Verhalten in dem obigen Beispiel sollte sich für hinreichend großes t und x der Konzentrationsverteilung annähern, die man aus einer Differentialgleichung erhält.

In den Abb. I, 8 - 2 wird die nach Gl. [I - 5, 2] gegebene Konzentrationsverteilung mit den aus dem Modell folgenden Verteilungen für 256 Teilchen, welche sich für $t = 0$ bei $x = 0$ befanden, verglichen. In der ersten Abbildung zeigen wir eine Diffusionskurve, die nach der Gl. [I - 5, 2] berechnet ist. Dabei wurde angenommen, daß in einem beiderseits unbegrenzten Zylinder von 1 cm^2 Querschnitt die gesamte Substanzmenge (hier wurde $2s = 256$ angenommen) zur Zeit $t = 0$ in der Ebene $x = 0$ vereinigt war. Die mit t bezeichnete, berechnete Konzentrationskurve würde sich für die Diffusion thermischer Neutronen in Graphit etwa in 10^{-5} sec einstellen, für Wasserstoff, der in Sauerstoff

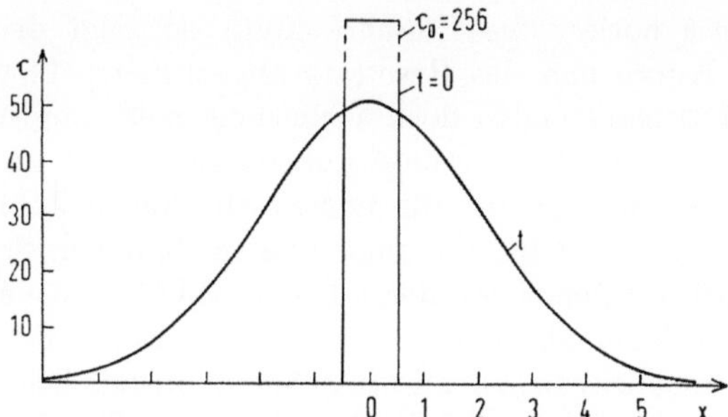

Abb. I, 8 - 2. Konzentrationsverteilung für 256 Teilchen gemäß Gl. [I - 5, 2] für die Fälle: a) $D = 2 \cdot 10^5$ cm²/sec; $t = 10^{-5}$ sec; b) $D = 0,7$ cm²/sec; $t = 3$ sec (H_2-O_2); c) $D = 0,6 \cdot 10^{-5}$ cm²/sec; $t = 3 \cdot 10^5$ sec; d) $D = 5 \cdot 10^{-8}$ cm²/sec; $t = 4 \cdot 10^7$ sec.

diffundiert, in etwa 3 sec, für einen in Wasser gelösten niedermolekularen Stoff, oder auch für Cu^+-Ionen in festem α-Silberjodid oberhalb 147 °C (d. i. rund 400 °C unterhalb des Schmelzpunkts) in etwa $3^1/_2$ Tagen, und für in Wasser diffundierende Eiweißmoleküle in größenordnungsmäßig 1 Jahr.

Im Modell der ungeordneten Bewegung (Abb. I - 8, 3) ist das gleiche angedeutet. Für $t = \tau$ haben wir gleiche Wahrscheinlichkeiten für Verschiebungen um $\pm l$, d. h. es besteht die größte Wahrscheinlichkeit dafür, daß sich je 128 Teilchen bei $\pm l$ befinden, wenn sich 256 Teilchen für $t = 0$ bei $x = 0$ befanden. Für $t = 2\tau$ hätte man 128 Teilchen bei $x = 0$, je 64 Teilchen bei $x = \pm 2l$, usw. Schließlich finden wir für $t = 8\tau$ die in der Figur eingetragene Verteilung, nämlich 70 Teilchen bei $x = 0$, je 56 Teilchen bei $x = \pm 2l$, je 28 Teilchen bei $x = \pm 4l$, je 8 Teilchen bei $x = \pm 6l$, und je 1 Teilchen bei $x = \pm 8l$.

Natürlich ist die Zahl der betrachteten diskreten Schritte hier noch recht klein für einen Vergleich mit der kontinuierlichen Verteilung. Erinnert man

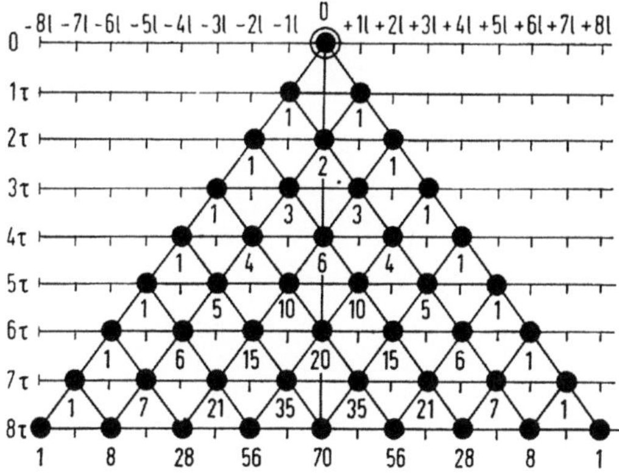

Abb. I, 8 - 3. Wahrscheinlichste Verteilung für 256 Teilchen, die für $t = 0$ bei $x = 0$ waren, für verschiedene Zeiten. Für $t = 8\tau$ gelten die Werte der letzten Zeile.

sich aber an diese notwendige Einschränkung, so zeigt der Vergleich der kontinuierlichen Kurve und des Resultats ungeordneter Bewegung mit diskreten Zeit- und Ortsabständen doch schon eine recht eindrucksvolle Übereinstimmung. Die vorhandenen Abweichungen sind nicht größer, als sie die Verschiedenheit der Modelle für die noch recht kleine Zahl von Schritten (maximal acht) erwarten läßt. Bei einer großen Zahl von Schritten müssen beide Modelle natürlich übereinstimmen. Die in Abb. I, 8 - 3 und I, 8 - 4 eingetragene diskrete Verteilung bedeutet, zumindest bei kleiner Zahl von Schritten, immer noch eine Idealisierung; denn wir nehmen an, daß sich die 256 Teilchen gemäß der maximalen Wahrscheinlichkeit bewegen. Tatsächlich wird man, neben der wahrscheinlichsten Verteilung, auch andere (insbesondere asymmetrische) Verteilungen beobachten, aber im Mittel vieler Versuche wird man mit zunehmender Genauigkeit die Verteilung gemäß der Abbildung erhalten.

Nach dem vorangehenden haben wir eine gewisse Vorstellung von der Eindringtiefe Δ diffundierender Teilchen, mit dem mittleren Quadrat $\overline{\Delta^2} = 2Dt$. Wir fragen jetzt aber weiter: Normalerweise haben wir nicht eine diskontinuierliche Quelle bei $x = 0$, sondern eine bestimmte Konzentrationsverteilung über eine endliche Strecke x. Was das Ergebnis sein wird, sehen wir wieder leicht ein. In Abb. I, 8 - 3 zeigen wir eine Anfangsverteilung, entsprechend vier „momentanen Quellen", je von der Stärke $2s$ bei $x = \pm h/4$ und $x = \pm 3h/4$. Wir sehen dies als eine gewisse Annäherung für eine kontinuierliche, homogene Konzentrationsverteilung c_0 zwischen $x = -h$ und $x = +h$ an, die man natürlich noch besser approximieren könnte, wenn wir die doppelte Zahl der Quellen von jeweils der halben Ergiebigkeit und nur im halben Abstand voneinander annähmen, usw.

Wir behaupten: die Konzentrations(Partikel)-Verteilung erhält man einfach als Überlagerung der Verteilungen, die sich jeweils für die einzelnen Quellen ergeben. Mathematisch ist dies eine einfache Folgerung aus der

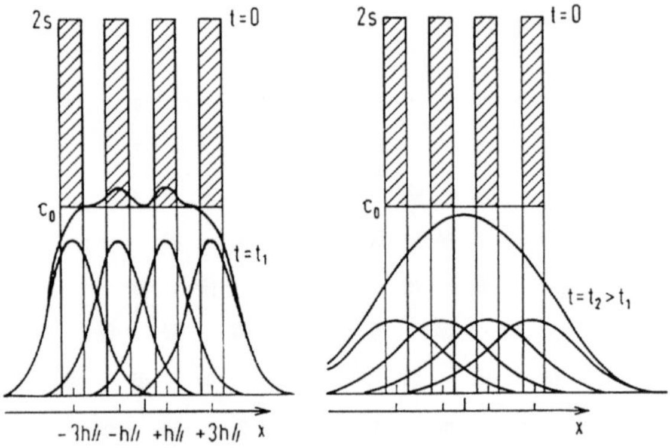

Abb. I, 8 - 4. Approximation einer kontinuierlichen Verteilung durch Überlagerung diskontinuierlicher Verteilungen. Verteilung von vier Quellen bei $-3h/4$, $-h/4$, $+h/4$, $+3h/4$ zur Zeit $t = 0$ (oben) sowie für zwei Zeiten $t_2 > t_1 > 0$ (unten).

Linearität der Differentialgleichung [I - 1, 4]. Im Partikelbild folgt dies ohne weiteres, da wir ja die Teilchen als unabhängig voneinander betrachten.

I. 8, 2. Quantitative Behandlung

Was in den vorangehenden Abbildungen halbquantitativ behandelt, läßt sich für ungeordnete Bewegungen auch quantitativ formelmäßig darstellen, M. v. SMOLUCHOWSKI (110), CHANDRASEKHAR (15), FRANCIS H. REE, TERESA, REE a. HENRY EYRING (104), E. M. HOFSTETTER (67). Wir wollen die Ausdrücke für die Verschiebung von Teilchen exakt behandeln, und dann den Übergang zur Diffusionsgleichung, zur FOKKER-PLANCK-Gleichung und zur Behandlung der BROWNschen Bewegung andeuten.

Wir überlegen uns die Wahrscheinlichkeit einer bestimmten Verrückung um m Schritte, wenn insgesamt N Schritte stattfinden, $m \leq N$, wobei die Bewegung eindimensional, immer vom gleichen Betrag $|l|$, und in beiden Richtungen gleich wahrscheinlich sei. Für die Wahrscheinlichkeit, daß das Teilchen nach N Schritten die Entfernung m zurückgelegt habe (die Länge eines einzelnen Schrittes schreiben wir nicht explizit dazu), bezeichnen wir mit

$$W(m, N).$$

Da die Wahrscheinlichkeit eines Einzelschritts in einer vorgegebenen Richtung (als eine aus zwei Möglichkeiten) gleich $1/2$ ist, so ist die Wahrscheinlichkeit für irgendeine Reihe von N Schritten gleich $(1/2)^N$. Da eine bestimmte Verschiebung m aber auf mannigfaltige Weise zustande kommen kann, sofern nur insgesamt $(N + m)/2$ Schritte in positiver und $(N - m)/2$ Schritte in negativer Richtung kombiniert werden, so müssen wir also noch die Realisierungsmöglichkeiten aller solcher Folgen abzählen*). Die Zahl der unterscheidbaren Verteilungen ist

$$\frac{N!}{[1/2\,(N + m)]!\,[1/2(N - m)]!}\,,$$

die man in bekannter Weise erhält, indem man die Zahl der Permutationen aller Schritte bildet, und diese dividiert durch die Permutationen gleichwertiger Schritte, die keine neuen Verteilungen liefern. Also wird schließlich

$$W(m, N) = \left(\frac{1}{2}\right)^N \frac{N!}{[1/2(N + m)]!\,[1/2(N - m)]!}\,. \qquad \text{[I - 8, 1]}$$

Der Bruch ist offenbar gleich den Binomial-Koeffizienten

$$\binom{N}{1/2\,(N + m)},$$

und infolgedessen

$$\sum_{m=0}^{N} W(m, N) = (1/2 + 1/2)^N = 1,$$

---

*) Damit nur ganzzahlige Werte auftreten, ist es nicht notwendig, daß N und m geradzahlig sind; es genügt, wenn m und N gleichzeitig gerade oder ungerade sind.

wie dies für die Summe aller möglichen Wahrscheinlichkeiten sein muß. Man nennt dies eine BERNOULLIsche Verteilung.

Man überlegt sich leicht, daß der Mittelwert von $1/2(N + m)$ gleich $N/2$ sein muß, da die Binomialkoeffizienten für $m = N/2 + k$ und $m = N/2 - k$ gleich sind

$$\binom{N}{N/2 + k} = \binom{N}{N - (N/2 + k)} = \binom{N}{N/2 - k},$$

und so kommen bei der Mittelwertsbildung jede positive Abweichung von $N/2$ ebenso oft vor wie jede negative, d. h. es wird*)

$$1/2\langle N + m\rangle = N/2. \qquad [I - 8, 2]$$

Wir erhalten dasselbe Ergebnis, wenn wir den Ausdruck für den Mittelwert als Summe aller möglichen Werte, jeder mit seiner Wahrscheinlichkeit multipliziert, anschreiben:

$$1/2\langle N + m\rangle = \sum_{m=0}^{N} 1/2(N + m) \frac{N!}{[1/2(N + m)]! \, [1/2(N - m)]!} \left(\frac{1}{2}\right)^N$$

$$= \frac{N}{2} \sum_{m=0}^{N-1} \left(\frac{1}{2}\right)^{N-1} \frac{[N - 1]!}{[1/2(N + m - 2)]! \, [1/2(N - m)]!} = N/2, \qquad [I - 8, 3]$$

d. h.

$$\langle m\rangle = 0. \qquad [I - 8, 4]$$

Allgemein kann man für eine BERNOULLIsche Verteilung*) schreiben

$$w(x) = \frac{n!}{x! \, (n - x)!} p^x q^{n-x} \; ; \; p < 1; \; q = 1 - p; \; 0 \leqq x \text{ (ganzzahlig)} \leqq n,$$

$$= \binom{n}{x} p^x q^{n-x}, \qquad [I - 8, 5]$$

wobei natürlich

$$\sum_{x=0}^{n} w(x) = \sum_{x=0}^{n} \binom{n}{x} p^n q^{n-x} = 1; \quad p + q = 1. \qquad [I - 8, 6]$$

Entwickelt man $(p + qy)^n$, dann sieht man, daß $w(x)$ der Koeffizient von y^x in $(p + qy)^n$ ist**).

---

*) Wir schreiben der Bequemlichkeit halber spitze Klammern für die Mittelwertsbildung.

**) Wir deuten hier diese sogenannte Methode der erzeugenden Funktion für $w(x)$ nur kurz an. Es gilt

$$f(y) = (p + q\,y)^n = \sum_{x=0}^{n} w(x)y^x.$$

(Fortsetzung →)

Wir leiten das folgende hier nicht ab, da wir es einfacher für den Grenzfall
großer n mittels der GAUSS-Verteilung erhalten. Es ergibt sich für das Quadrat
der mittleren Abweichung vom Mittelwert

$$\left\langle \left[\frac{1}{2}(N+m) - \frac{N}{2} \right]^2 \right\rangle = N/4 \,, \qquad\qquad [\text{I} - 8, 7]$$

und

$$\langle m^2 \rangle = N \,; \quad \sqrt{\langle m^2 \rangle} = \sqrt{N} \,. \qquad\qquad [\text{I} - 8, 8]$$

Den Übergang zu einer GAUSS-Verteilung gewinnen wir, indem wir die
STIRLINGsche Formel für die Fakultäten benutzen, in der hier erforderlichen
Näherung *)

$$\log n! = \left(n + \frac{1}{2}\right) \ln n - n + \frac{1}{2} \ln 2\pi + 0\,(n^{-1}) \,, \qquad\qquad [\text{I} - 8, 9]$$

wobei das letzte Symbol besagt, daß für $n \to \infty$ das letzte Glied wie n^{-1} verschwindet. Wir setzen voraus, daß $m \ll N$, und $m \to \infty$, und wenden nun
Gl. I - 8, 9] auf unseren früheren Ausdruck für $W(m, N)$ an

$$\log W(m, N) \approx \left(N + \frac{1}{2}\right) \log N - \frac{1}{2}(N + m + 1) \log \left[\frac{N}{2}\left(1 + \frac{m}{N}\right) \right]$$

$$- \frac{1}{2}(N - m + 1) \log \left[\frac{N}{2}\left(1 - \frac{m}{N}\right) \right] - \frac{1}{2}\log 2\pi - N \log 2.$$

$$[\text{I} - 8, 10]$$

(Fortsetzung der Fußnote von S. 46)

Differentiation nach y gibt

$$\frac{df(y)}{dy} = n \cdot q\,(p + qy)^{n-1} = \sum_{x=1}^{n} x\,w(x)\,y^{x-1} .$$

Für $y = 1$ wird daraus

$$\bar{x} = n \cdot q \qquad (\text{da } p + q = 1 \text{ ist}).$$

Durch nochmalige Differentiation

$$\frac{d^2 f(y)}{dy^2} = n\,(n - 1)\,(p + qy)^{n-2}\,q^2 = \sum_{x=2}^{n} x\,(x - 1)\,w(x)\,y^{x-2} .$$

Wiederum mit $y = 1$

$$\overline{x^2} - \bar{x} = n\,(n - 1)\,q^2.$$

Addiert man dazu $nq - n^2 q^2 = \bar{x} - \bar{x}^2$, so folgt

$$\overline{x^2} - \bar{x}^2 = nq - nq^2 = nq(1 - q) = n \cdot p \cdot q.$$

Oder mit σ für die Streuung

$$\sigma^2 = npq = \overline{x^2} - \bar{x}^2.$$

Falls $q \ll p$ und $p \approx 1$, so wird die Streuung annähernd gleich dem Mittelwert.
Für $p = q = 1/2$ wird

$$\langle x^2 \rangle - \langle x \rangle^2 = npq = n/4.$$

*) Den natürlichen Logarithmus schreiben wir ln oder auch log, wo die Klarheit
der Schreibweise dies vorziehen läßt. In *allgemeinen* Formeln erscheint *niemals*
der dekadische Logarithmus.

Wegen der Voraussetzung $m \ll N$ können wir entwickeln

$$\log\left(1 \pm \frac{m}{N}\right) = \pm\,\frac{m}{N} - \frac{m^2}{2N^2} + 0\,(m^3/N^3) \qquad [\text{I - 8, 11}]$$

und damit wird die frühere Gleichung

$$\log W(m, N) \approx -\frac{1}{2}\log N + \log 2 - \frac{1}{2}\log 2\,\pi - \frac{m^2}{2N}\,, \qquad [\text{I - 8, 12}]$$

und in der Grenze für hinreichend kleines m/N

$$W(m, N) = \left(\frac{2}{\pi N}\right)^{1/2}\exp\left[-\frac{m^2}{2N}\right]. \qquad [\text{I - 8, 13}]$$

Dies ist bereits die GAUSS-Verteilung, in der aber D und t noch nicht explizit erscheinen.

Wir haben bisher nur die Anzahl der Verschiebungen, m, berechnet, nicht deren, für das obige irrelevante Größe. Wir hatten diese Größe für den Einzelschritt bereits mit l eingeführt, bei m Schritten in der gleichen Richtung wird also die Verschiebung

$$x = ml. \qquad [\text{I - 8, 14}]$$

Die Wahrscheinlichkeit $W(x, N)\Delta x$, daß das Teilchen in einem   tervall $x, x + \Delta,\ l \ll \Delta x$ zu finden ist, wird nun

$$W(x, N)\Delta x = W(m, N)\Delta x/2l \qquad [\text{I - 8, 15}]$$

(rechts steht $2l$ im Nenner, da m sich immer nur um 2 ändern kann, nämlich entweder gerade oder ungerade bleiben muß), also die Verteilungsfunktion

$$W(x, N) = W(m, N)1/2l,$$

oder

$$W(x, N) = \left(\frac{1}{2\pi N l^2}\right)^{1/2}\exp\left[-\frac{x^2}{2N l^2}\right]. \qquad [\text{I - 8, 16}]$$

Hier führen wir noch die Zeit ein durch die Festsetzung, daß das Teilchen in einer Sekunde n Verschiebungen erfährt, also in t Sekunden $nt = N$ Verschiebungen,

$$t = N/n, \qquad [\text{I - 8, 17}]$$

und schließlich

$$W(x, t)\Delta x = \frac{1}{(2\pi n l^2 t)^{1/2}}\exp\left[-\frac{x^2}{2n t l^2}\right]\Delta x. \qquad [\text{I - 8, 18}]$$

Mit der Abkürzung

$$(1/2)n l^2 = D \qquad [\text{I - 8, 19}]$$

erhalten wir die Gleichung in der uns gewohnten Form

$$W(x, t)\Delta x = \frac{1}{2\sqrt{\pi D t}}\exp\left[-\frac{x^2}{4D t}\right]\Delta x\,. \qquad [\text{I - 8, 20}]$$

Damit haben wir den Anschluß an das frühere gewonnen; und da Gl. [I - 8, 20] die Lösung der Diffusionsgleichung für eine Dimension ist, haben wir gezeigt, daß das Modell der ungeordneten Bewegung dem der Diffusionsgleichung äquivalent ist, und das oben definierte D wirklich mit dem makroskopischen Diffusionskoeffizienten übereinstimmt. Das tiefer gehende Verfahren besteht natürlich darin, die obigen Überlegungen zur Ableitung der Differentialgleichung für die Diffusion heranzuziehen. Das wollen wir nur andeuten. Zunächst erwähnen wir noch, daß auch die anderen modellmäßig behandelten Fälle nach der Methode der ungeordneten Bewegung direkt behandelt werden können, wofür auf SMOLUCHOWSKI und CHANDRASEKHAR verwiesen sei.

Die adäquate allgemeine mathematische Form der Behandlung geht auf MARKOW zurück. Diese Methode erlaubt nicht nur die relativ triviale Verallgemeinerung auf ungeordnete Bewegungen in beliebigen Richtungen, aber weiterhin von konstantem Betrag l, sondern sie erlaubt auch viel allgemeinere Ansätze, zunächst richtungsunabhängige Verschiebungen, die aber durch eine Verteilungsfunktion für beliebige Längen charakterisiert sind; und schließlich läßt sich auch noch der Fall richtungsabhängiger Verteilungen lösen, welcher der Diffusionsgleichung anisotroper Systeme entspricht.

Wie bei dem früheren Beispiel läßt sich in allen Fällen leicht die Gültigkeit der Diffusionsgleichung verifizieren, wofür auf CHANDRASEKHAR (l. c.) verwiesen sei. Wir erwähnen in diesem Zusammenhang nur das Quellenintegral für den anisotropen dreidimensionalen Fall

$$W = \frac{\text{const.}}{(D_1 D_2 D_3 t^3)^{1/2}} \exp\left[-\frac{(X - X_0 + \beta_1)^2}{4 D_1 t} - \frac{(Y - Y_0 + \beta_2)^2}{4 D_2 t} - \frac{(Z - Z_0 + \beta_3)^2}{4 D_3 t} \right]$$

zu der verallgemeinerten Diffusionsgleichung, die sich durch Transformation reduzieren läßt auf

$$\frac{\partial U}{\partial t} = D_1 \frac{\partial^2 U}{\partial X^2} + D_2 \frac{\partial^2 U}{\partial Y^2} + D_3 \frac{\partial^2 U}{\partial Z^2},$$

mit der Lösung

$$U = \frac{\text{const}}{(D_1 D_2 D_3 t^3)^{1/2}} \exp\left[-\frac{(X - X_0)^2}{4 D_1 t} - \frac{(Y - Y_0)^2}{4 D_2 t} - \frac{(Z - Z_0)^2}{4 D_3 t} \right].$$

Erwähnt sei weiter, daß man die Bewegung eines Einzelteilchens in einer fluiden Phase durch eine Differentialgleichung beschreiben kann, die nach LANGEVIN benannt wird, und in der das auftretende Kraftglied den ständig wechselnden Einflüssen der Stöße aus der Umgebung ($\sim 10^{21}\ \text{sec}^{-1}$) Rechnung tragen muß. Diese stochastische Differentialgleichung läßt sich daher nicht im üblichen Sinne lösen, sondern man kann nur eine Wahrscheinlichkeitsverteilung definieren, die gewissen Nebenbedingungen zu gehorchen hat. Die systematische Weiterverfolgung des Problems führt insbesondere auf die wichtige FOKKER-PLANCKsche Gleichung, auf die wir aber nicht eingehen, da sie in diesem Buch nicht benutzt wird (man vergleiche die früher zitierte Literatur).

I, 9. Allgemeine Eigenschaften von Lösungen der Diffusionsgleichungen

Wir können überlegen, ob es neben den üblichen Integralen der Diffusionsgleichungen allgemeinere Beziehungen gibt, die zur Beurteilung von Diffusionsproblemen, und gelegentlich zur Versuchsplanung und zur Auswertung nützlich oder notwendig werden können.

Wir gehen von den Diffusionsgleichungen für konstanten, oder auch konzentrationsabhängigen Diffusionskoeffizienten aus, beschränken uns zunächst auf Diffusion in nur einer Richtung (ein-dimensionaler Fall) und weitgehend auf den Fall des unbegrenzten Systems, d. h. Eindringungstiefe der Diffusion Δx sehr klein gegen Länge l des Systems, d. h. $2Dt \ll l^2$ (bei konstantem D; bei nicht konstantem D sind die Voraussetzungen sicher erfüllt, wenn $2D_{max}\,t \ll l^2$ ist, wo D_{max} der im vorliegenden Intervall größtmögliche Wert des Diffusionskoeffizienten ist).

Zunächst bemerken wir, daß bei zeitabhängigem*) Diffusionskoeffizienten $D(t)$, der aber vom Ort und von der Konzentration unabhängig sein muß, folgende Transformation der Zeit naheliegt. Man setze

$$d\tau = D(t)\,dt; \quad \tau = \int\limits_0^\tau D(t)\,dt \qquad\qquad \text{[I - 9, 1]}$$

und daraus

$$\partial c/\partial\tau = \partial^2 c/\partial x^2. \qquad\qquad \text{[I - 9, 2]}$$

Diese einfache allgemeine Gleichung gilt nun noch bei zeitabhängigem D. Daß man die Gl. [I - 9, 2] wirklich mit Nutzen anwenden kann, hat in meinem Institut J. Nölting (96) gezeigt.

Für konstantes D und beiderseits unendliches System hatten wir bereits das Quellenmaterial abgeleitet

$$c = \frac{s}{2\sqrt{\pi Dt}} \exp[-x^2/4Dt]. \qquad\qquad \text{[I - 9, 3]}$$

Konstanz der Masse, was als Bedingung bereits implizit in der Diffusionsgleichung enthalten ist, erfordert natürlich, daß

$$\int\limits_{-\infty}^{+\infty} c\,dx = s = \text{const.} \qquad\qquad \text{[I - 9, 4]}$$

ist. Man verifiziert dies unmittelbar an Gl. [I - 9, 3]. Man überzeugt sich weiter, durch zweimaliges Differenzieren, daß die Wendepunkte der Glockenkurve (Gl. [I - 9, 3]) bei $x = \pm\sqrt{2Dt}$ gelegen sind. Falls also die gesamte Konzentrationskurve als Funktion der Zeit gemessen werden kann, so läßt sich aus dem Vorrücken der Wendepunkte der Diffusionskoeffizient ermitteln**).

---

*) Einen zeitabhängigen Diffusionskoeffizienten erhält man z. B., wenn man nach einem vorgegebenen Zeitprogramm einen äußeren Parameter ändert, z. B. den Druck oder die Temperatur, dies besonders bei festen Stoffen.

**) Wir merken weiter an, daß das Vorrücken der Wendepunkte demselben Gesetz genügt wie das Vorrücken der Wurzel aus dem mittleren Verschiebungsquadrat.

Nebenbei bemerken wir, daß für $x = 0$ auch $\partial c/\partial x$ gleich Null ist, daß also durch die Symmetrieebene $x = 0$ keine Materie transportiert wird, wie dies natürlich auch aus Symmetriegründen sein muß.

Rechnen wir, vgl. I, 7, die mittlere Verschiebung mittels des Quellenintegrals aus

$$\bar{x} = \int\limits_{-\infty}^{+\infty} x\,p\,(x)\,dx = 0, \qquad [\text{I - 9, 5}]$$

so erhalten wir natürlich Null, wie es wieder bereits aus Symmetriegründen sein muß. Interessieren wir uns dagegen für den Betrag der mittleren Verschiebung $|\bar{x}|$

$$|\bar{x}| = 2\int\limits_{0}^{\infty} x\,p\,(x, t)\,dx = \int\limits_{0}^{\infty} x \exp\,[-\,x^2/4Dt]\,dx/\sqrt{\pi Dt}, \qquad [\text{I - 9, 6}]$$

so erhalten wir den endlichen Wert

$$|\bar{x}| = 2\,\sqrt{Dt/\pi}, \qquad [\text{I - 9, 7}]$$

während wir für $\overline{x^2}$ den uns schon bekannten Wert erhalten

$$\overline{x^2} = \int\limits_{-\infty}^{+\infty} x^2\,p\,(x, t)\,dx = \int\limits_{-\infty}^{+\infty} x^2/(2\,\sqrt{\pi Dt}\,\exp\,[-\,x^2/4Dt]\,dx = 2Dt\,. \qquad [\text{I - 9, 8}]$$

Es wird also

$$|\bar{x}|^2/\overline{x^2} = 2/\pi < 1, \qquad [\text{I - 9, 9}]$$

wie das zu erwarten war.

Der Ausdruck $|\bar{x}| = 2\,\sqrt{Dt/\pi}$ ist die Größe, die für reaktionskinetische Probleme interessiert (Kettenabbruch, Ketteneinleitung an der Wand, evtl. Grenzwert für katalytische Reaktionen).

Tiefergehende Einsichten erhalten wir, wenn wir bei $t = 0$ mit einer Stufenverteilung beginnen.

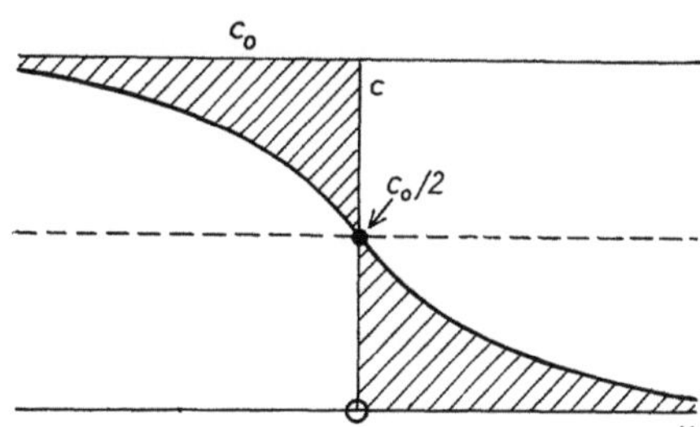

Abb. I, 9 - 1. Stufenverteilung $c = c_0$ für $x < 0$ und $t = 0$. Auf die Gerade $c = c_0/2$ wird unten zurückgekommen.

Wir denken uns die Anfangsverteilung vorgegeben

$$c = c_0 \quad \text{für} \quad x \leqq 0 \quad \text{und} \quad t = 0$$

$$c = 0 \quad \text{für} \quad x > 0 \quad \text{und} \quad t = 0. \qquad [\text{I - 9, 10}]$$

Wir können qualitativ überlegen, wie die Verteilung zu einem späteren Zeitpunkt aussehen wird. In der Grenze $t \to \infty$ wird sich die Konzentration völlig ausgeglichen haben, d. h. überall gleich $c_0/2$ sein. Dazwischen wird der Verlauf offenbar so sein, wie ihn die ausgezogene Kurve in Abb. 1 wiedergibt, und zwar wird für $0 < t < \infty$ bei $x = 0$ und $c = c_0/2$ ein Wendepunkt gelegen sein, und die Kurve wird antisymmetrisch gegenüber dem Punkt $x = 0$ und $c = c_0/2$ verlaufen ($c - c_0/2$ wird eine ungerade Funktion von x sein). Eine Funktion, die diesen qualitativen Voraussagen entspricht, und die nebenbei der Differentialgleichung der Diffusion und den Anfangsbedingungen genügt, ist das GAUSSsche Fehlerintegral

$$c(x, t) = (c_0/2)\,[1 - \mathrm{erf}(x/2\,\sqrt{Dt}], \qquad [\text{I - 9, 11}]$$

vgl. Gl. [I - 6, 3].

Systematisch abgeleitet hätte man die Gl. [I - 9, 11] als Lösung folgendermaßen. Wir können die Lösung des Quellenintegrals, die GAUSS-*Funktion* (im Gegensatz zum GAUSSschen Fehler-*Integral*)

$$c(x, t) = \frac{s}{2\,\sqrt{\pi D t}}\, \exp[-x^2/4Dt]. \qquad [\text{I - 9, 12}]$$

Stellen wir uns die negative x-Achse mit Quellen kontinuierlich belegt vor (der Übergang von einer Fehlerfunktion zu 4 Quellen mit Überlagerung von vier Fehlerfunktionen wurde in I, 8 am Modell der ungeordneten Bewegung veranschaulicht, so wird eine Quelle bei $x = -\xi$ an der Stelle x denselben Beitrag liefern, wie eine Quelle bei $x = 0$ an der Stelle $x + \xi$, also

$$c(x, t;\ -\xi) = [s/(2\,\sqrt{\pi D t})]\, \exp[-(x + \xi)^2/4Dt)]; \qquad [\text{I - 9, 13}]$$

s bedeutete bisher die Ergiebigkeit einer Quelle bei $x = 0$; betrachten wir nun ein Abszissenstück der Länge $d\xi$ als Quelle der Ergiebigkeit $c_0\,d\xi$ je cm², so erhalten wir sinngemäß

$$dc = [c_0\,d\xi/(2\,\sqrt{\pi D t})]\, \exp[-(x + \xi)^2/4Dt]. \qquad [\text{I - 9, 14}]$$

Die Wirkungen verschiedener Quellen an der Stelle x dürfen wir durch Überlagerung der Einzelquellen berechnen; denn da die Differentialgleichung der Diffusion linear ist, so sind mit $f_1(x)$ und $f_2(x)$ als Lösungen der Differentialgleichung auch alle Linearkombinationen

$$c_1 f_1(x) + c_2 f_2(x)$$

wieder Lösungen der Differentialgleichung. Für den Beitrag ζ der kontinuierlich verteilten Quellen an der Stelle x erhalten wir daher

$$\zeta = \int\limits_x^\infty c(x, t;\ -\xi)\,d\xi = \int\limits_x^\infty [c_0/(2\,\sqrt{\pi D t})]\, \exp[-(x + \xi)^2/4Dt]\,d\xi$$

$$= [\int\limits_0^\infty [c_0/(2\,\sqrt{\pi D t})]\, \exp[-(x + \xi)^2/4Dt]\,d\xi$$

$$- \int\limits_0^x [c_0/(2\,\sqrt{\pi D t})]\, \exp[-(x + \xi)^2/4Dt]\,d\xi]\,. \qquad [\text{I - 9, 15}]$$

Mit

$$\eta = \xi/(2\,\sqrt{Dt})$$

erhalten wir

$$\zeta = (c_0/2)\,[(2/\sqrt{\pi})\int_0^\infty e^{-\eta^2}d\eta - (2/\sqrt{\pi})\int_0^{x/2\sqrt{Dt}} e^{-\eta^2}d\eta] = (c_0/2)\,[1 - \mathrm{erf}\,(x/2\sqrt{Dt})]\,,$$

$$[\text{I - 9, 16}]$$

das vorweg genommene Resultat von I, 6.

Ohne explizite Rechnung sehen wir, daß bei einer Integration des „Quellen-integrals“

$$\int \exp[-\,\xi^2/4Dt]\,(1/2\,\sqrt{Dt})d\xi$$

mittels der üblichen Substitution

$$\xi^2/4Dt = \eta^2;\ \ d\eta = d\xi/2\,\sqrt{Dt}$$

die explizite Abhängigkeit der Lösung von t verlorengeht. Wir haben jetzt wirklich Lösungen, die nur von $x/2\,\sqrt{Dt}$, d. h. von $x/\sqrt{t}$ abhängen, wie im vorangehenden bereits bemerkt. Was im Falle der Fehlerkurve nur für die Wendepunkte galt, wird jetzt für die Abszisse jeder gegebenen Konzentration c gelten, sie wird mit der Zeit wandern gemäß

$$(x/2\,\sqrt{Dt})_1 = (x/2\,\sqrt{Dt})_2,\qquad\qquad [\text{I - 9, 17}]$$

wie auch die Wurzel aus dem mittleren Verschiebungsquadrat. Wir sahen schon, daß bei den gewählten Anfangsbedingungen für die Konzentration $c\,(x,\,t)$ gelten muß:

$$c\,(x,\,t) = c_0/2 + \text{ungerade Funktion von } x/2\,\sqrt{Dt}.\qquad [\text{I - 9, 18}]$$

Man überlegt sich leicht eine Reihe von Möglichkeiten, wie man Versuche mit den obigen Anfangsbedingungen auswerten kann. Natürlich ist die Zerlegung des Systems in eine Reihe von Schichten die empfehlenswerteste (wenn auch nicht die bequemste) Methode, mit den zuverlässigsten Resultaten und gleich-zeitiger Kontrolle über mögliche Störungen. Aber es mag manchmal bequemer oder auch notwendig sein, einfachere Anordnungen zu wählen. In der obigen Abb. I, 9 - 1 sind offensichtlich die beiden schraffierten Flächen gleich, nämlich gleich der Substanzmenge S, die zwischen 0 und t durch die Fläche bei $x = 0$ je Flächeneinheit hindurch diffundiert ist. Formal entspricht dies der Anwendung des GAUSSschen Satzes .Wir können explizit schreiben

$$S = -\int_0^t D\,(\partial c/\partial x)_{x=0}\,d\tau = c_0\,\sqrt{Dt/\pi}\,{}^*),\qquad [\text{I - 9 19}]$$

wenn man $\partial c/\partial x$ für $x = 0$ aus der Fehler-Funktion berechnet. Auch wenn die Beziehung [I - 9, 19] nicht sehr weitreichend oder tiefgehend ist, so ist doch

---

*) Es bedeuten darin also: S Substanzmenge je Flächeneinheit; c Substanz-menge je Volumeneinheit; $\sqrt{Dt}$ entspricht einer Länge!

an ihr bemerkenswert, daß sie einen expliziten Ausdruck für den Diffusionskoeffizienten liefert

$$D = S^2\pi/c_0^2 t.$$ [I - 9, 20]

Wir hatten bereits bemerkt, daß $c(0, t)$ konstant gleich $c_0/2$ sein muß, für $t > 0$, weil für $t > 0$ eine von dem Argument $x/\sqrt{t}$ abhängige Funktion für $x = 0$ konstant sein muß. Nebenbei muß für $t > 0$, $x = 0$ immer ein Wendepunkt sein.

Für konstantes c muß, wie wir bereits sahen, $x/\sqrt{t}$ konstant sein, d. h. das zugehörige x muß wie $\sqrt{t}$ zunehmen. Es folgt weiter, daß $\partial c/\partial x$ wie $1/\sqrt{t}$ abnehmen muß; das gilt auch noch in der Grenze $x \to 0$. Wir dürfen daher setzen

$$(\partial c/\partial x)_{0,\,t} = (\partial c/dx)_{0,\,t(e)}\,\sqrt{t(e)/t}\,; \quad (\partial c/\partial x)\,\sqrt{t} = \text{const.}$$ [I - 9, 21]

und

$$S = -D(\partial c/\partial x)_{0,\,t(e)}\,\sqrt{t(e)}\int\limits_0^{t(e)} dt/\sqrt{t} = -D(\partial c/\partial x)_{0,\,t(e)}\cdot 2t(e).$$ [I - 9, 22]

Hier ist $(\partial c/\partial x)_{0,\,t(e)}$ der Konzentrationsgradient bei $x = 0$ zur Zeit $t(e)$, d. h. zur Zeit des Endpunkts eines Versuchs. Es ist also möglich, einen Versuch auszuwerten, ohne Kenntnis der analytischen Lösung, wenn nur die Substanzmenge je cm² gemessen wird, die während der Zeit $t(e)$ von $x < 0$ nach $x > 0$ diffundiert ist, und gleichzeitig das Konzentrationsgefälle $(\partial c/\partial x)_{0,\,t(e)}$ bei $x = 0$ zu Ende des Versuchs bestimmt wird.

Die zur Ableitung dieses Resultats gemachten Voraussetzungen sind sehr schwach, es ist dies insbesondere, daß

$$c = c(x/\sqrt{t}),$$ [I - 9, 23]

d. h. die Konzentration hängt nur von dem Quotienten $x/\sqrt{t}$ ab. Wir haben insbesondere *nicht* zu benutzen brauchen, daß der Diffusionskoeffizient konzentrations*unabhängig* sei. Denn wir haben uns immer nur auf *einen* Wert der Konzentration bezogen, nämlich den bei $x = 0$ vorliegenden, für $t > 0$. Das

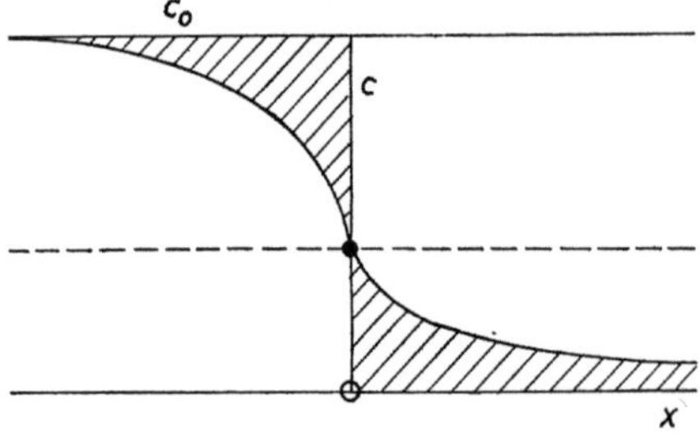

Abb. I, 9 - 2. Konzentrationsverteilung für konzentrationsabhängiges $D(c)$. Die schraffierten Flächen links und rechts sind einander immer noch gleich (Erhaltung der Masse!).

ist eine Folge von Gl. [I- 9, 23] für $x = 0$. Wir haben nicht benutzt, daß $c(x, t)$ eine ungerade Funktion ist, und wir haben auch nicht benutzen müssen, daß $c = c_0/2$ für $x = 0$ und $t > 0$. Wir haben lediglich benutzt, daß für $t > 0$ die Konzentration bei $x = 0$ eine Konstante ist.

Das bedeutet also, daß bei einer Konzentrationsverteilung wie in der folgenden Abb. I, 9 - 2, mit $c(0, t)$ konstant für $t > 0$ und natürlich aus Gründen der Massenerhaltung

$$\int_{-\infty}^{0} (c_0 - c)\,dx = \int_{0}^{\infty} c\,dx\,, \qquad\qquad [\text{I - 9, 24}]$$

d. h. Gleichheit der beiden schraffierten Flächen, alle Argumente gültig bleiben, die zur Ableitung der Gl. [I - 9, 22] benutzt wurden. Es muß lediglich gezeigt werden, daß

$$c = c(x/\sqrt{t}) \qquad\qquad [\text{I - 9, 25}]$$

gilt. Es sollte nochmals betont werden, daß selbst bei konzentrationsabhängigem D, der Diffusionskoeffizient in Gl. [I - 9, 22] konstant ist, da er für die festgehaltene Konzentration $c(0, t)$ zu nehmen ist. Wir haben damit eine spezielle Lösung für die Gleichung mit konzentrations*abhängigem* D gefunden, vorausgesetzt, daß wir Gl. [I - 9, 25] beweisen können.

Diese Lösung ist noch unnötig spezialisiert. Wir brauchen nicht die Konzentration bei $x = 0$ als Bezugskonzentration zu wählen. Wir könnten fast identisch denselben Gedankengang anstellen für jede beliebige Konzentration. Wir tun dies gemäß der folgenden Abb. I, 9 - 3 für eine Konzentration c_1, bei $x < 0$; das Resultat bleibt aber auch gültig, wenn wir eine Konzentration bei $x > 0$ wählen.

Abb. I, 9 - 3. Konzentrationsverteilung analog zu Abb. I, 9 - 2. Zur Veranschaulichung der Boltzmannschen Methode.

Wir fragen: welche Substanzmenge ist von Konzentrationen $> c_1$ während der Zeit $t(e)$*) zu Konzentrationen $< c_1$ hindiffundiert. Für $x = 0$ wäre dies das gleiche, wie zu fragen, welche Substanzmenge ist von $x < 0$ nach $x > 0$ diffundiert. Für $x \neq 0$ ist aber nur die vorangehende Formulierung sinnvoll. Analog den früheren Überlegungen finden wir

$$S = -D_1(c_1) \int_{0}^{t(e)} (\partial c/\partial x)_{c(1)}\,dt = -D(c_1)\,(\partial c/\partial x)_{c(1),\,t(e)} \cdot \sqrt{t(e)} \int_{0}^{t(e)} d\tau/\sqrt{\tau}$$

$$= + 2D\,t(e)\,|\partial c/\partial x|_{c(1),\,t(e)}\,. \qquad\qquad [\text{I - 9, 26}]$$

---

*) Wir vermeiden es, einem Index nochmals einen Index zu geben, es bedeutet daher $t(e)$ dasselbe wie t_e und $c(1)$ dasselbe wie c_1.

Dies ist offensichtlich gleich der schraffierten Fläche in der Abb. I, 9 - 3,

$$S = \int_{c_0}^{c_1} x\, dc \qquad\qquad [\text{I - 9, 27}]$$

(das Integral [I - 9, 27] ist positiv!). Folglich haben wir

$$\int_{c_0}^{c_1} x\, dc = -2\,D(c_1)\,(\partial c/\partial x)_{c\,(1),\,t\,(e)} \cdot t(e)\,. \qquad\qquad [\text{I - 9, 28}]$$

Die Abb. I, 9 - 3 und die Gln. [I - 9, 27] und [I - 9, 28] beziehen sich auf den Endzustand des Systems bei $t = t(e)$, d. h. auf konstante Zeit. Es ist daher statthaft, Gl. [I - 9, 28] umzuschreiben

$$\int_{c_0}^{c_1} x\, dc/\sqrt{t(e)} = -2\,D(c_1)\,(\partial c/\partial x)_{c\,(1),\,t\,(e)} \cdot \sqrt{t(e)}\,, \qquad\qquad [\text{I - 9, 29}]$$

und daraus mit der neuen Variablen

$$y = x/\sqrt{t}\,, \qquad\qquad [\text{I - 9, 30}]$$

$$\int_{c_0}^{c_1} y\, dc = -2\,D(c_1)\partial c/\partial y\,. \qquad\qquad [\text{I - 9, 31}]$$

Es ist also unter allgemeineren Bedingungen mit konzentrationsabhängigen Diffusionskoeffizienten möglich, Versuche auszuwerten, vorausgesetzt, daß sich Gl. [I - 9, 25] beweisen läßt.

Eine experimentelle Prüfung: in der Abb. I, 9 - 4 sind Versuche von RHINES und MEHL für die Diffusion von Kupfer und Zink in ein einziges Diagramm eingetragen. Diese Versuche beziehen sich auf drei verschiedene Versuchsdauern von 5,73, 11,99 und 23,76 Tagen; die Konzentrationen c sind gegen $x/\sqrt{t}$ aufgetragen. Alle Versuchspunkte fallen innerhalb der Fehlergrenzen auf eine glatte Kurve.

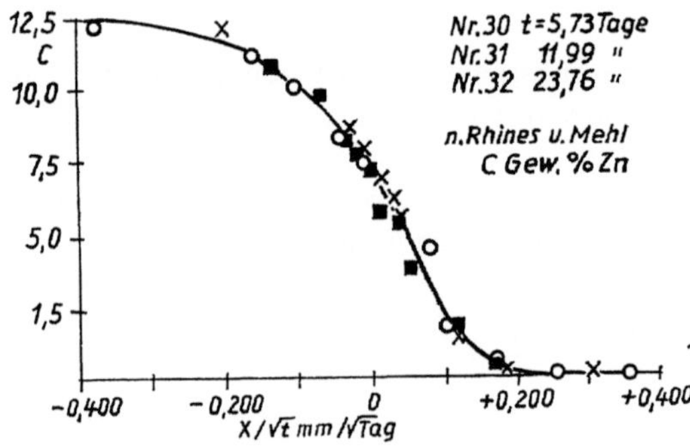

Abb. I, 9 - 4. Gemessene Konzentrationsverteilungen zum System *Cu-Zn*. Messungen bei verschiedenen Zeiten, aufgetragen gegen gegen $x/\sqrt{t}$, fallen auf die gleiche Kurve. Nach Versuchen von RHINES und MEHL.

Wir stellen nachträglich fest: die auf elementarem Wege erhaltene Gl. [I - 9, 31] ist identisch mit dem Resultat, daß man nach der BOLTZMANN-schen Methode für konzentrationsabhängige Diffusionskoeffizienten ableitet. Wir deuter den Beweis an.

I, 10. Die Boltzmannsche Methode

Weitere allgemeine Beziehungen für nicht konstantes D

Wir gehen von der früher abgeleiteten Differentialgleichung für konzentrationsabhängige Diffusionskoeffizienten aus

$$\frac{\partial c}{\partial t} = D(c)\,\frac{\partial^2 c}{\partial x^2} + \frac{dD(c)}{dc}\left(\frac{\partial c}{\partial x}\right)^2, \qquad [\text{I - 10, 1}]$$

und führen versuchsweise nach BOLTZMANN, die neue Variable $y = x/\sqrt{t}$ ein; dazu ist erforderlich, daß auch Anfangs- und Randbedingungen sich in dieser Variablen ausdrücken lassen; das bedeutet praktisch, daß wir ein zweiseitig unendliches System betrachten, mit einer Stufenverteilung bei $x = 0$, d. h. einer Konzentrationsunstetigkeit bei $x = 0$ und $t = 0$. Wir haben

$$D' = \frac{dD}{dc}\;;\quad \frac{\partial c}{\partial t} = \frac{dc}{dy}\left(-\frac{x}{2t^{3/2}}\right)\;;\quad \frac{\partial c}{\partial x} = \frac{dc}{dy}\cdot\frac{1}{\sqrt{t}}\;;\quad \frac{\partial^2 c}{\partial x^2} = \frac{d^2 c}{dy^2}\frac{1}{t}\cdot$$

$$\frac{dc}{dy}\left[-\frac{y}{2t}\right] = D\,\frac{d^2 c}{dy^2}\frac{1}{t} + D'\left[\frac{dc}{dy}\right]^2\frac{1}{t} \qquad [\text{I - 10, 2}]$$

oder

$$\frac{d^2 c}{dy^2} + \frac{y}{2D}\frac{dc}{dy} + \frac{D'}{D}\left[\frac{dc}{dy}\right]^2 = 0\,. \qquad [\text{I - 10, 3}]$$

Dies wird umgeschrieben

$$\frac{d}{dy}\left[D\,\frac{dc}{dy}\right] = -\frac{y}{2}\frac{dc}{dy}\,, \qquad [\text{I - 10, 4}]$$

und zwischen c_0 und c integriert (ζ Integrationsvariable)

$$D\,dc/dy = -\,1/2\int_{c_0}^{c} y\,d\zeta\,; \qquad [\text{I - 10, 5}]$$

dabei ist benutzt, daß $dc/dx = 0$ ist für $c = c_0$ (d. h. für $y = -\infty$). Wir erhalten also den expliziten Ausdruck für D

$$D = -\,1/2(/dc/dy)\int_{c_0}^{c} y\,d\zeta\,, \qquad [\text{I - 10, 6}]$$

der identisch ist mit Gl. [I - 9, 31].

Wir wollen noch einige einfache Beziehungen von allgemeiner Gültigkeit kennenlernen. Nehmen wir quasistationäre Diffusion zwischen zwei Behältern 2 und 1 an, die z. B. durch ein Rohr, eine Kapillare, oder auch durch ein poröses Diaphragma (McBAIN-Zelle) voneinander getrennt sein können, dann haben wir einen Diffusionsfluß

$$J = -D\,\frac{\partial c}{\partial x} = -\,D\,\frac{\Delta c}{\Delta x} = D\,\frac{c_1 - c_2}{x_2 - x_1}\,, \qquad [\text{I - 10, 7}]$$

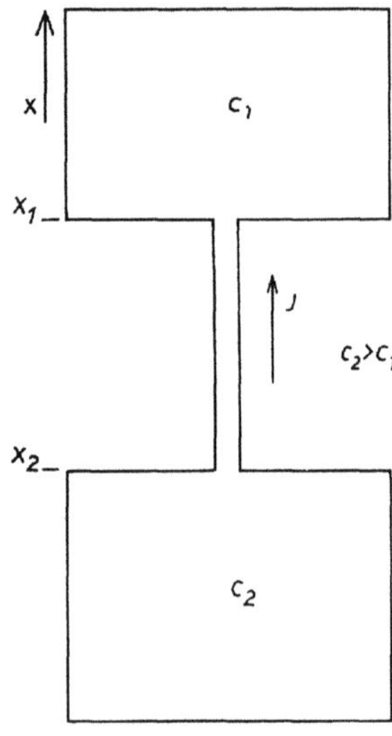

Abb. I, 10 - 1. Diffusion aus einem Behälter 2 in einen zweiten Behälter 1, durch ein Rohr der Länge $(x_1 - x_2)$.

wenn Diffusion in der $+x$-Richtung stattfindet und c_1 und c_2 die quasistationären Konzentrationen bei x_1 und x_2 bezeichnen. Dies ist trivial für konstantes D. Ändert sich aber D mit der Konzentration, so bleibt im stationären Zustand trotzdem J über die ganze Rohrlänge konstant, nämlich

$$J = -D(c)\,dc/dx = \text{const., d. h. unabhängig von } c \text{ und } x. \quad [\text{I} - 10, 8]$$

Integrieren wir diese Beziehung beiderseits zwischen x_1 und x_2, so erhalten wir

$$\int_{x_1}^{x_2} J\,dx = J(x_2 - x_1) = -\int_1^2 D(c)\,(dc/dx)dx = \int_1^2 D(c)\,dc, \quad [\text{I} - 10, 9]$$

$$J = -\frac{\int_1^2 D(c)\,dc \cdot (c_2 - c_1)}{(c_2 - c_1)(x_2 - x_1)} = -\bar{D}\,\frac{\Delta c}{\Delta x} \qquad [\text{I} - 10, 10]$$

$$\bar{D} = \int_1^2 D(c)\,dc/(c_2 - c_1).$$

Also wird die einfache Beziehung Gl. [I - 10, 7] einfach ersetzt durch den analogen Ausdruck, in dem an Stelle des Diffusionskoeffizienten D jetzt der Mittelwert $\bar{D}$ des variablen Diffusionskoeffizienten getreten ist. Wie aus Gl. [I - 10, 10] zu erkennen ist, bedeutet $\bar{D}$ den Mittelwert bezüglich der Konzentration. Es existiert also eine sehr einfache Methode zur Bestimmung der Mittelwerte konzentrationsabhängiger Diffusionskoeffizienten.

Es ist oft nützlich, Ausdrücke der Form zu betrachten

$$M_n = \int c\,x^n\,dx, \qquad\qquad [\text{I} - 10, 11]$$

die wir Momente nennen können. In einfachen Fällen, d. h. insbesondere bei einer anfänglichen Stufenverteilung und Lösung der Diffusionsgleichung durch das Fehlerintegral, lassen sich einige allgemeine Voraussagen machen, bzw. die Momente explizit ausrechnen. Da bei einer ungeraden Funktion das Integral von $-\infty$ bis $+\infty$ immer verschwindet (die Beträge verschiedenen Vorzeichens zu beiden Seiten von $x = 0$ heben sich immer auf), so folgt für ungerades c (d.h. z.B. für die Funktion des Integrals [I - 9, 16] und [I - 9, 18], vermindert um $c_0/2$), daß alle „geraden" Momente verschwinden müssen, bei einer „geraden" Funktion umgekehrt alle Momente ungerader Ordnung. Rechnen wir nicht von $-\infty$ bis $+\infty$, sondern von 0 bis $+\infty$, so stellt das 0-te Moment,

$$M_0 = \int\limits_0^\infty c\,dx \qquad\qquad \text{[I - 10, 12]}$$

gerade die bis zum betrachteten Zeitpunkt von $x < 0$ nach $x > 0$ diffundierte Substanzmenge dar, wie mehrfach diskutiert.

Differenzieren wir [I - 10, 12] beiderseits, so finden wir eine bekannte Beziehung wieder

$$\frac{dM_0}{dt} = \int\limits_0^\infty \frac{\partial c}{\partial t}\,dx = \int\limits_0^\infty D\,\frac{\partial^2 c}{\partial x^2}\,dx = \int\limits_0^\infty D\,\frac{\partial}{\partial x}\left(\frac{\partial c}{\partial x}\right)dx = D\,\frac{\partial c}{\partial x}\bigg|_0^\infty, \text{[I - 10, 13]}$$

wobei wir erst, gemäß der Differentialgleichung, $\partial c/\partial t$ gleich $D\,\partial^2 c/\partial x^2$ gesetzt haben, und dann benutzt haben, daß $(\partial c/\partial x)_\infty = 0$ ist, und weiter

$$\frac{dM_0}{dt} = -D\,\frac{\partial c}{\partial x}\bigg|_0^\infty = \frac{c_0}{2}\sqrt{\frac{D}{\pi t}} \qquad\qquad \text{[I - 10, 14]}$$

vgl. Gl. [I - 6, 8].

Wir wiederholen die gleiche Überlegung für das erste Moment

$$M_1 = \int\limits_0^\infty c\,x\,dx, \qquad\qquad \text{[I - 10, 15]}$$

$$\frac{dM_1}{dt} = \int\limits_0^\infty \frac{\partial c}{\partial t}\,x\,dx = \int\limits_0^\infty D\,\frac{\partial^2 c}{\partial x^2}\,x\,dx, \quad \text{für } D = \text{const.} \qquad \text{[I - 10, 16]}$$

Partielle Integration, $\partial^2 c/\partial x^2 = u'$; $x = v$ liefert

$$D\,\frac{\partial c}{\partial x}\,x\bigg|_0^\infty - \int\limits_0^\infty D\,\frac{\partial c}{\partial x}\,dx, \qquad\qquad \text{[I - 10, 17]}$$

da für $x \to \infty$ $\partial c/\partial x$ verschwindet, bleibt

$$dM_1/dt = -\int\limits_0^\infty D\,dc = +\,Dc_0/2; \qquad\qquad \text{[I - 10, 18]}$$

für eine anfängliche Stufenverteilung $c = c_0$ für $x \leq 0$ folgt also

$$M_1 = \int\limits_0^t \frac{dM_1}{dt}\,dt = \frac{Dc_0 t}{2}. \qquad\qquad \text{[I - 10, 19]}$$

Wenn es also gelingt, M direkt experimentell zu bestimmen, so erhalten wir damit einen t-proportionalen Effekt, während sonst Diffusionseffekte meist nur mit Wurzel aus t und Wurzel aus D gehen.

Stellen wir uns das Diffusionssystem der Abb. I, 9 - 2, vor, bei dem etwa bei $x \leq 0$ festes Gold, bei $x > 0$ festes Silber vorhanden war, so würde bei konstantem Diffusionskoeffizienten der Ausschlag einer Waage dem Ausdruck Gl. [I - 10, 19] proportional sein, wo für c_0 die Differenz der Dichten von Gold und Silber einzusetzen wäre. W. KARGER (76) hat in meinem Institut diesen Versuch realisiert. Es läßt sich zeigen, daß für die Auswertung die Voraussetzung konstanten D's nicht notwendig ist. Falls D konzentrationsabhängig ist, tritt an die Stelle von Gl. [I - 10, 16]

$$\frac{dM_1}{dt} = \int\limits_0^t \frac{\partial c}{\partial t}\, x\, dx = \int\limits_0^\infty \frac{\partial}{\partial x}\left(D\,\frac{\partial c}{\partial x}\right) x\, dx\ , \qquad [\text{I} - 10, 20]$$

und mit $u' = \dfrac{\partial}{\partial x}\left(D\,\dfrac{\partial c}{\partial x}\right)$, $x = v$ partiell integriert

$$\frac{dM_1}{dt} = D\,\frac{\partial c}{\partial x}\cdot x\,\Big|_0^\infty - \int\limits_0^\infty D\,\frac{\partial c}{\partial x}\, dx = \int\limits_0^\infty D(c)\, dc\ ; \qquad [\text{I} - 10, 21]$$

da wieder $\partial c/\partial x = 0$ für $x \to \infty$, wird

$$dM_1/dt = + (c_0 - c_\infty)\bar{D}, \qquad [\text{I} - 10, 22]$$

wenn wir mit $\bar{D}$ den nach der Konzentration gemittelten Diffusionskoeffizienten bezeichnen ($c_\infty = 0$)

$$\bar{D} = \frac{\int\limits_0^\infty D(c)\, dc}{c_0 - c_\infty}\ ; \qquad [\text{I} - 10, 23]$$

also nach der Zeit integriert

$$M_1 = c_{x=0}\,\bar{D}t, \qquad [\text{I} - 10, 24]$$

in Analogie zu Gl. [I - 10, 19]. Wo früher $c_0/2$, die Konzentration bei $x = 0$ für $t > 0$ stand, steht jetzt der Wert $c_{x=0}$, die neue Konzentration für $x = 0$ und $t > 0$, und statt des konstanten D steht jetzt das nach der Konzentration gemittelte $\bar{D}$.

Versuche mit konzentrationsabhängigem Diffusionskoeffizienten können nach den obigen Überlegungen, BOLTZMANN-Methode, ausgeführt werden. Man überlegt sich aber, daß es vielfach einfacher und genauer sein dürfte, zu einem engen Intervall gehörige mittlere Diffusionskoeffizienten zu bestimmen, indem man die Konzentrationsdifferenzen in dem zu untersuchenden System hinreichend klein hält. Daß die zugrunde liegende Überlegung korrekt ist, machen wir uns an der Gleichung für konzentrationsabhängiges $D(c)$ klar

$$\frac{\partial c}{\partial t} = \frac{\partial}{\partial x}\left(D\,\frac{\partial c}{\partial x}\right) = D(c)\,\frac{\partial^2 c}{\partial x^2} + \frac{dD}{dc}\left(\frac{\partial c}{\partial x}\right)^2 . \qquad [\text{I} - 10, 25]$$

Vergleichen wir zwei ähnliche Konzentrationskurven, wo bei der zweiten alle Konzentrationen auf $1/n$ der früheren reduziert worden seien (vgl. I, 1), dann wird $\partial^2 c/\partial x^2$ auf $1/n$ seines ursprünglichen Wertes verkleinert sein, $(\partial c/\partial x)^2$ wird dagegen auf $1/n^2$ seines ursprünglichen Wertes verkleinert. Also kann man bei hinreichender Verkleinerung des benutzten Konzentrationsintervalls die obige Gleichung mit zunehmender Näherung durch die einfache Gleichung ersetzen

$$\partial c/\partial t \approx \bar{D}(c)\,\partial^2 c/\partial x^2, \qquad\qquad \text{[I - 10, 26]}$$

wobei $\bar{D}(c)$ der mittlere Diffusionskoeffizient in dem betrachteten engen Intervall ist.

Wir machen uns zum Schluß noch einmal die der BOLTZMANN-Methode zugrunde liegenden Verhältnisse anschaulich klar. Der explizite Ausdruck Gl. [I - 9, 31], den wir für den Diffusionskoeffizienten $D(c)$ nach BOLTZMANN erhielten, stellt ja nicht etwa die Integration der Differentialgleichung dar. Wir haben *keine* Lösung der *nicht-linearen* Differentialgleichung für konzentrationsabhängiges $D(c)$ angegeben. Was wir in Wirklichkeit getan haben, war, daß wir eine experimentelle Lösungskurve als vorgegeben angenommen haben, d. h. für *eine* bestimmte Zeit t die Konzentration als Funktion des Ortes gemessen haben, Abb. I, 9 - 3.

Wir sind von der Stufenverteilung der Abb. I, 9 - 2 ausgegangen und haben nach der Versuchsdauer $t(e)$ etwa das System in eine größere Zahl von Schichten, jeweils zwischen x_i und $x_i + \Delta x_i$, zerlegt und in jeder dieser Schichten die Menge der diffundierten bzw. noch vorhandenen Substanz bestimmt, und damit die (mittlere) Konzentration für jeweils ungefähr die Mitte des Intervalls (d. h. bei $x_i + 1/2\Delta x_i$) bestimmt und als Funktion von x (oder auch von $x/\sqrt{t(e)}$) aufgetragen. Da sich die Messung auf die feste Endzeit $t(e)$ bezieht, sind Auftragungen für x und $x/\sqrt{t(e)}$ einander ähnlich. Die BOLTZMANN-Methode gibt nun ein graphisches Verfahren an, wie man aus dem Wert des Konzentrationsgefälles bei jedem Punkt c und einer Integration über die freigewordene Fläche unterhalb $c = c_0$ bis zum dem betrachteten Punkt c den wahren Diffusionskoeffizienten für die Konzentration c ermitteln kann.

Wir haben schon früher überlegt, daß bei Kenntnis der Verteilung für $t = t_e$ eine solche für eine beliebige Zeit t erhalten werden kann, wenn man die Abszisse im Verhältnis $\sqrt{t}/\sqrt{t_e}$, dilatiert oder komprimiert. Dies gilt auch noch für die Grenze $t \to 0$, wo dann die ursprüngliche Kurve in die Stufenverteilung für $t = 0$ übergeht. Umgekehrt ist es natürlich nicht möglich, aus der ausgearteten Verteilung von $t = 0$ eine solche für $t > 0$ abzuleiten (die experimentelle Prüfung des Tatbestandes für einen speziellen Fall ist in Abb. I, 9 - 4, enthalten).

Da c eine Funktion nur von $x/\sqrt{t}$ ist, so bleibt $c(0, t)$, die Konzentration bei $x = 0$, für alle Zeiten $t > 0$ konstant, wovon wir uns mehrfach überzeugt haben. Wenn wir also die Konzentrationsverteilung um $x = 0$ messen, und daraus die

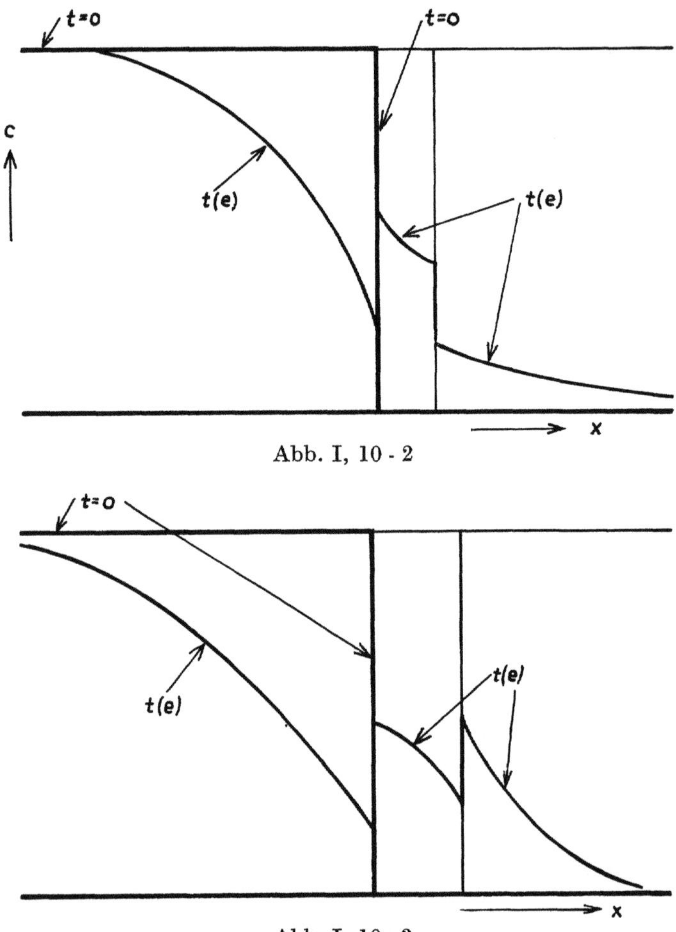

Abb. I, 10 - 2

Abb. I, 10 - 3

Hier sind zwei mögliche Konzentrationsverteilungen für drei-phasisches System dargestellt. Je nach den Werten der Verteilungskoeffizienten und der Funktion $D(c)$ sind Sprünge verschiedenen Vorzeichens und verschiedene Krümmungen möglich.

experimentellen Werte von $(\partial c/\partial x)_0$ und $(\partial^2 c/\partial x^2)_0$ mit hinreichender Genauigkeit entnehmen können, so erhalten wir aus der BOLTZMANN-Gleichung

$$\left(\frac{D}{D'}\right)_0 = -\frac{(\partial c/\partial x)_0}{(\partial^2 c/\partial x^2)_0} \; ; \quad D' = dD(c)/dc \,. \qquad [\text{I - 10, 27}]$$

Wir können also auch D' bestimmen, wenn wir für $x = 0$ D nach BOLTZMANN bestimmt haben. Natürlich gewinnen wir D' auch, wenn wir D für mehrere Abszissenwerte ermittelt haben.

Man überzeugt sich, daß bei Anwendung der BOLTZMANN-Methode nirgends von der Voraussetzung Gebrauch gemacht wird, daß die Konzentrationskurve stetig verlaufe. Es ist aber nötig, daß von einer für $t > 0$ beobachteten diskontinuierlichen Kurve für $t \to 0$ wieder die Stufenverteilung extrapoliert wird; d. h. eine (oder mehrere) Diskontinuität(en) muß (müssen) für $t = 0$ bei $x = 0$ gelegen haben (die Anfangs- und Randbedingungen müssen in $y = x/\sqrt{t}$ fomulierbar sein!).

Man kann auf diese Weise für $t > 0$ z. B. Kurven erhalten, wie sie in den beiden folgenden Abb I, 10 - 2 und I, 10 - 3 dargestellt sind.

Unstetige Diffusionskurven sind vom Verfasser erstmalig 1937 in der ersten Version dieses Buches (70) veröffentlicht worden, und sind S. 36–38 reproduziert. EntsprechendeBeobachtungen wurden erstmals 1948 von Darken (34) mitgeteilt.

I, 11. Diffusion in Medien mit variablen Eigenschaften (28)

Es interessiert die Absorptions- und Desorptionsgeschwindigkeit bei variablem Diffusionskoeffizienten (z. B. in Kunststoffen). Die Diffusionsgleichung

$$\frac{\partial c}{\partial t} = \frac{\partial}{\partial x}\left(D\,\frac{\partial c}{\partial x}\right) \qquad\qquad [\text{I - 11, 1}]$$

soll gelöst werden für die Randbedingungen

$$c = c_0 \quad \text{für} \quad x = \pm l \quad \text{und} \quad t > 0 \qquad\qquad [\text{I - 11, 2}]$$

mit der Anfangsbedingung

$$c = 0 \quad \text{für} \quad -l < x < l \quad \text{und} \quad t = 0. \qquad\qquad [\text{I - 11, 3}]$$

Es werden dimensionslose Variable eingeführt

$$\zeta = c/c_0;\ \ \xi = x/l;\ \ \tau = D_0 t/l^2;\ \ \Delta = D/D_0, \qquad\qquad [\text{I - 11, 4}]$$

wo angenommen war

$$D = D_0[1 + f(c)]; \qquad\qquad [\text{I - 11, 5}]$$

also

$$\Delta = 1 + f(c/c_0) = 1 + f(\zeta). \qquad\qquad [\text{I - 11, 6}]$$

Wir haben dann das Gleichungssystem

$$\text{a)} \ \ \frac{\partial \zeta}{\partial \tau} = \frac{\partial}{\partial \xi}\left(\Delta\,\frac{\partial \zeta}{\partial \xi}\right)$$

$$\text{b)} \ \ \zeta = 1 \quad \text{für} \quad \xi = \pm 1 \quad \text{und} \quad \tau > 0; \qquad\qquad [\text{I - 11, 7}]$$

$$\text{c)} \ \ \zeta = 0 \quad \text{für} \quad -1 < \xi < +1 \quad \text{und} \quad \tau = 0.$$

Im Anfangsstadium der Diffusion in die Platte der Dicke $2l$ haben Konzentrationsänderungen die Mitte noch nicht erreicht, und wir können daher den Halbraum $\xi < 1$ mit Randbedingung im Unendlichen betrachten. Wir führen daher nach Boltzmann (vgl. I, 9) die Variable ein

$$\eta = (1 - \xi)/2\,\sqrt{\tau} \qquad\qquad [\text{I - 11, 8}]$$

mit den Rand- und Anfangsbedingungen

a) $\zeta = 1$ für $1 - \xi = 0$ und $c = 0$ für $1 - \xi = \infty$ und $\tau > 0$,   [I - 11, 9]

also

$$\zeta = 1 \quad \text{für} \quad \eta = 0 \quad \text{und} \quad c = 0 \quad \text{für} \quad \eta = \infty,$$

und

$$\zeta = 0 \quad \text{für} \quad \eta > 0 \quad \text{und} \quad \tau = 0. \qquad [\text{I - 11, 10}]$$

Die Differentialgleichung wird dann

$$-2\eta \frac{d\zeta}{d\eta} = \frac{d}{d\eta}\left(\Delta \frac{d\zeta}{d\eta}\right). \qquad [\text{I - 11, 11}]$$

Numerische Lösungen sind für gegebenes $\Delta(\zeta)$ durch Iteration zu erhalten. Zunächst schreiben wir Gl. [I - 11, 11] um

$$\frac{2\eta}{\Delta} d\eta = -\frac{1}{\Delta \frac{d\zeta}{d\eta}} d\left(\Delta \frac{d\zeta}{d\eta}\right) = -d \ln\left[\Delta \frac{d\zeta}{d\eta}\right]. \qquad [\text{I - 11, 12}]$$

Integriert zwischen $\eta = 0$ und η:

$$\int_0^\eta \frac{2\eta'}{\Delta} d\eta' = -\ln\left[\Delta \frac{d\zeta}{d\eta}\right] + \text{const}. \qquad [\text{I - 11, 13}]$$

also

$$\Delta \frac{d\zeta}{d\eta} = -A \exp\left[-\int_0^\eta \frac{2\eta'}{\Delta} d\eta'\right], \qquad [\text{I - 11, 14}]$$

und durch nochmalige Integration zwischen 0 und η, unter Berücksichtigung von Gl. [I - 8, 9]

$$\zeta_1 - 1 = -A \int_0^{\eta_1} \frac{1}{\Delta} \exp\left[-\int_0^\eta \frac{2\eta'}{\Delta} d\eta'\right] d\eta. \qquad [\text{I - 11, 15}]$$

(Die Integrationskonstante ist willkürlich mit $-A$ eingesetzt; Vergleich von Gl. [I - 11, 15] mit den Randbedingungen zeigt, daß dann A selbst positiv wird).

Jetzt wird folgendermaßen vorgegangen: Für $\Delta = 1$ (vgl. Gl. [I - 11, 6]) erhält man als 0-te Näherung den Fall konstanten Diffusionskoeffizienten, und so aus Gl. [I - 11, 15] nach Bestimmung der Konstanten mittels Gl. [I - 11, 9] die wohlbekannte Lösung

$$\zeta = 1 - \text{erf}(\eta), \qquad [\text{I - 11, 16}]$$

wo erf das Fehlerintegral ist.

Mit diesem Ansatz wird die Konzentrationsverteilung berechnet, damit mittels Gl. [I - 11, 6] die I. Näherung für den Verlauf des Diffusionskoeffizienten Δ; dieser Wert wird in Gl. [I - 11, 15] eingesetzt und durch numerische

oder graphische Integration ein verbesserter Wert für die Konzentrationsverteilung gefunden usw.

Für die späteren Stadien des Versuchs, wenn das System nicht mehr als unendlich ausgedehnt betrachtet werden kann, geht man nach einem Differenzen-
verfahren vor (27a).

Eine offenbar sehr weitgehender Anwendung fähige Methode zur numerischen
Lösung der Differentialgleichung bei konzentrationsabhängigem Diffusionskoeffizienten, allerdings nur für den einseitig unendlichen Körper, ist von PHILIP
(99a) angegeben worden.

I, 12. Die allgemeinen Methoden zur Auswertung der Diffusionsgleichungen für konstantes D [vgl. (13, 48, 59)]

I, 12, 1. Unendliches System

In den vorangehenden Abschnitten haben wir mit elementaren Methoden
eine Anzahl von Spezialfällen behandelt, darunter die der üblichen Anordnungen zur Bestimmung von Diffusionskoeffizienten. Diese Methoden reichen in-
dessen nicht aus für alle praktisch wichtigen Fälle.

Im allgemeinen ist es einfach nach der Methode der Separation der Variablen
partikuläre Integrale der Diffusionsgleichung zu finden. So können wir in dem
linearen Falle

$$\partial c/\partial t = D\,\partial^2 c/\partial x^2 \qquad\qquad [\text{I - 12, 1, 1}]$$

versuchen, eine Lösung durch den Ansatz zu finden

$$c = X(x) \cdot T(t), \qquad\qquad [\text{I - 12, 1, 2}]$$

wo X und T Funktionen von x bzw. t sind. Nach Einsetzen in Gl. [I - 12, 1, 1]
erhalten wir

$$\text{a)}\ \ XT' = DTX''; \qquad \text{b)}\ \ T'/T = DX''/X, \qquad [\text{I - 12, 1, 3}]$$

wo die Striche Differentiation nach den entsprechenden Variablen bedeuten.
In Gl. [I - 12, 1, 3] haben wir auf der linken Seite einen Ausdruck, der nur von t
abhängt, während der auf der rechten Seite nur von x abhängt. Sie können
daher nur gleich sein, wenn jeder von ihnen gleich einer von x und t unabhängigen Konstanten ist, die wir der Bequemlichkeit halber gleich $-\lambda^2 D$ setzen
wollen. So erhalten wir die gewöhnlichen Differentialgleichungen

$$\text{a)}\ \ T'/T = -\lambda^2 D; \qquad \text{b)}\ \ X''/X = -\lambda^2 \qquad [\text{I - 12, 1, 4}]$$

mit den Lösungen

$$\text{a)}\ \ T = \exp(-\lambda^2 D\,t), \qquad \text{b)}\ \ X = A\cos\lambda x + B\sin\lambda x. \quad [\text{I - 12, 1, 5}]$$

Offenbar muß $\lambda^2 > 0$ sein, wenn die Lösung für alle Werte von t endlich
bleiben soll. Solange wir keine Randbedingungen einführen, bestehen sonst
keine Einschränkungen für λ. Die allgemeinste Lösung für das unbegrenzte
lineare System erhalten wir aus Gl. [I - 12, 1, 5], wenn wir A und B als Funk-

tionen von λ ansehen und den so für c erhaltenen Ausdruck nach λ über dessen Variationsbereich integrieren

$$c = \int_0^\infty [A(\lambda)\cos\lambda x + B(\lambda)\sin\lambda x]\exp(-\lambda^2 D t)d\lambda. \qquad [\text{I - 12, 1, 6}]$$

Infolge von FOURIERS Integraltheorem kann man Gl. [I- 12, 1, 6] gegebenen Anfangsbedingungen anpassen. Wenn die ursprüngliche Konzentrationsverteilung bei $t = 0$ gegeben war durch $c = \varphi(x)$, so ist die diesen Anfangsbedingungen genügende Lösung

$$c = \frac{1}{\pi}\int_{-\infty}^{+\infty}\varphi(\alpha)\,d\alpha\int_0^\infty \exp(-\lambda^2 D t)\cos\lambda(\alpha - x)\,dx, \qquad [\text{I - 12, 1, 7}]$$

wo α eine Integrationsvariable ist. Indem wir nach λ integrieren, erhalten wir nach längerer Zwischenrechuung die allgemeine Gleichung [vgl. (47)].

$$c = \frac{1}{2\sqrt{\pi D t}}\int_{-\infty}^{+\infty}\varphi(\alpha)\exp\left(-\frac{[\alpha - x]^2}{4 D t}\right)d\alpha. \qquad [\text{I - 12, 1, 8}]$$

Wir bemerken zunächst, daß Gl. [I - 1, 1, 8] das Integral für eine ebene Quelle bei $x = 0$ gibt, wenn wir $\alpha = 0$ setzen und zu der Grenze $d\alpha \to 0$ übergehen, mit der Nebenbedingung $\int \varphi(\alpha)d\alpha = \text{const.}$ Weiter erhalten wir aus Gl. [I - 12, 1, 8] unmittelbar die Lösung für das unendlich ausgedehnte System mit der Anfangsverteilung

$$c = c_0 = \varphi(\alpha) \quad \text{für} \quad x < 0 \ \text{bei} \ t = 0 \quad (\text{d. h. } \alpha < 0)$$

und

$$c = \varphi(\alpha) = 0 \quad \text{für} \quad x > 0 \ \text{bei} \ t = 0 \quad (\text{d. h. } \alpha > 0).$$

Wir erhalten vermittels der Substitution $\xi = \dfrac{\alpha - x}{2\sqrt{Dt}}$

$$c = \frac{c_0}{\sqrt{\pi}}\int_{-\infty}^{-\frac{x}{2\sqrt{Dt}}} e^{-\xi^2}\,d\xi = \frac{c_0}{2}\left[1 - \text{erf}\left(\frac{x}{2\sqrt{Dt}}\right)\right]. \qquad [\text{I - 12, 1, 9}]$$

Wenn weiter $\varphi(\alpha) = c_0$ für $-h < x < +h$ und $\varphi(\alpha) = 0$ für $|x| > h$ und $t = 0$, so erhalten wir mittels der gleichen Substitution wie im vorangehenden Beispiel

$$c = \frac{c_0}{\sqrt{\pi}}\int_{-\frac{h-x}{2\sqrt{Dt}}}^{\frac{h-x}{2\sqrt{Dt}}} e^{-\xi^2}\,d\xi = \frac{c_0}{2}\left[\text{erf}\left(\frac{h-x}{2\sqrt{Dt}}\right) + \text{erf}\left(\frac{h+x}{2\sqrt{Dt}}\right)\right]. \qquad [\text{I - 12, 1, 10}]$$

Infolge der Symmetrie dieser Lösung bezüglich $x = 0$ können wir das System bei $x = 0$ zerschneiden und Gl. [I - 12, 1, 10] stellt ebenso die Lösung für das einseitig unendliche System dar, das bei $x = 0$ von einer undurchdringlichen Wand begrenzt wird, mit den Anfangs- und Randbedingungen

$$\left.\begin{array}{ll} c = c_0 & \text{für} \quad 0 < x < h \\ c = 0 & \text{für} \quad h < x < \infty \end{array}\right\} \quad \text{bei} \quad t = 0, \text{ und } \partial c/\partial x = 0 \text{ für } x = 0 \text{ und alle } t.$$

Nach den gleichen Methoden könnten wir ebenso die allgemeinen Lösungen für unbegrenzte zwei- und dreidimensionale Systeme erhalten. Diese Lösungen sind aber nicht von ebenso großem praktischen Wert wie die für den eindimensionalen Fall und wir verweisen deshalb auf die Literatur (13, 48, 49).

Die allgemeine Lösung im zweidimensionalen Falle ist

$$c = \int\limits_{-\infty}^{+\infty} \int\limits_{-\infty}^{+\infty} B(\xi, \eta) \, \frac{1}{t} \exp\left\{-\frac{(x-\xi)^2 + (y-\eta)^2}{4Dt}\right\} d\xi\, d\eta, \quad [\mathrm{I} \text{-} 12, 1, 11]$$

wo $B(\xi, \eta)$ entsprechend den Anfangsbedingungen gewählt werden muß.

Für den dreidimensionalen Fall erwähnen wir die spezielle Lösung für die Anfangsbedingungen mit radialer Symmetrie

$$c = c_0 \text{ für } r < r_0, \quad c = 0 \text{ für } r > r_0 \text{ bei } t = 0:$$

$$\left.\begin{array}{l} c = \dfrac{c_0}{2}\left[\operatorname{erf}\left(\dfrac{r_0 - r}{2\sqrt{Dt}}\right) + \operatorname{erf}\left(\dfrac{r_0 + r}{2\sqrt{Dt}}\right) + \dfrac{2\sqrt{Dt}}{r\sqrt{\pi}}\left\{\exp\left(-\dfrac{[r+r_0]^2}{4Dt}\right)\right. \\ \left.\left. - \exp\left(-\dfrac{[r_0 - r]^2}{4Dt}\right)\right\}\right]. \end{array}\right\} \quad [\mathrm{I} \text{-} 12, 1, 12]$$

I, 12, 2. Endliches System, linearer Fall

Wir betrachten ein System, das von zwei zur x-Achse senkrechten Ebenen begrenzt ist, und das senkrecht zur x-Achse entweder unendlich ausgedehnt sein darf, oder von einer undurchdringlichen Zylinderoberfläche begrenzt sein darf, von beliebiger Gestalt, aber mit Zylinderachse parallel der x-Achse. Anfangs- und Randbedingungen hängen nur von x ab. Um ein partikuläres Integral der Diffusionsgleichung

$$\partial c/\partial t = D\, \partial^2 c/\partial x^2 \qquad [\mathrm{I} \text{-} 12, 2, 1]$$

zu erhalten, gehen wir genau wie im vorangehenden Abschnitt bei unendlichem System vor. Die so erhaltene Lösung ist wieder

$$c = X(x) \cdot T(t) = [A \sin \lambda x + B \cos \lambda x]\exp(-\lambda^2 D t). \quad [\mathrm{I} \text{-} 12, 2, 2]$$

Aber während im früheren Beispiel keine weiteren Bedingungen für die Konstante λ bestanden, außer daß $\lambda^2 > 0$, werden jetzt die Werte von λ auf eine unendliche Schar positiver diskreter Werte begrenzt sein. Infolgedessen wird jetzt das allgemeine Integral durch eine unendliche Summe über diskrete Werte von λ dargestellt sein, und nicht wie vorher durch ein Integral über kontinuierlich variable Werte von λ. Wir wollen einige praktisch wichtige Fälle behandeln.

Diffusion aus einer Platte (oder in eine Platte). Im Zeitpunkt $t = 0$ soll in der zur x-Achse senkrechten Platte der Dicke h eine konstante Konzentration c_0 geherrscht haben, und für $t > 0$ soll zu beiden Seiten der Platte bei $x = 0$ und $x = h$ die Konzentration 0 herrschen. Also

$$c = c_0 \quad \text{für} \quad 0 < x < h \quad \text{bei} \quad t = 0, \quad \text{und}$$

$$c = 0 \quad \text{für} \quad x = 0 \quad \text{und} \quad x = h \quad \text{und} \quad t > 0.$$

Aus Gl. [I - 12, 2, 2] sehen wir, daß die Randbedingungen erfüllt sind für

$$B = 0, \quad \lambda = n\,\pi/h. \qquad\qquad \text{[I - 12, 2, 3]}$$

Folglich ist die allgemeine Lösung von der Form

$$c = \sum_{n=1}^{\infty} A_n \exp\left(-\frac{n^2\,\pi^2 Dt}{h^2}\right) \sin\frac{n\,\pi\,x}{h}. \qquad\qquad \text{[I - 12, 2, 4]}$$

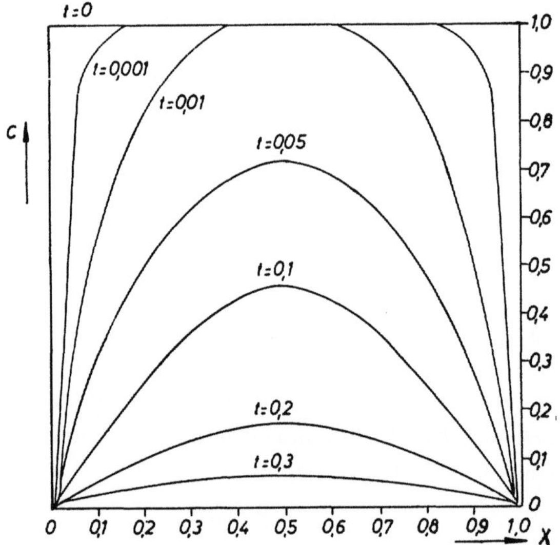

Abb. I, 12, 2 - 1. Gl. [I - 12, 2, 8] für verschiedene Zeiten t.

Die willkürlichen Konstanten A_n müssen so bestimmt werden, daß den Anfangsbedingungen genügt wird, d. h. es muß gelten

$$c_0 = \sum_{1}^{\infty} A_n \sin\frac{n\pi x}{h}, \quad \text{für} \quad 0 < x < h. \qquad\qquad \text{[I - 12, 2, 5]}$$

Nach dem FOURIERschen Theorem ist dies möglich. Indem wir allgemein für die Anfangsverteilung $\varphi(x)$ setzen an Stelle von c_0, erhalten wir, wenn wir

Gl. [12, 2, 5] mit $\sin n\pi x/h$ multiplizieren und bezüglich x von 0 bis h integrieren,

$$A_n = \frac{2}{h} \int_0^h \varphi(x) \sin \frac{n\pi x}{h} \, dx \; . \qquad\qquad \text{[I - 12, 2, 6]}$$

In unserem speziellen Falle, $\varphi(x) = c_0$, ergibt sich

$$A_n = \frac{4 c_0}{(2\nu + 1)\pi} \, , \; \nu = 0, 1, 2 \ldots \qquad\qquad \text{[I - 12, 2, 7]}$$

und

$$c = \frac{4 c_0}{\pi} \sum_{\nu=0}^{\infty} \frac{1}{2\nu + 1} \sin \frac{(2\nu + 1)\pi x}{h} \exp\left(- \left[\frac{(2\nu + 1)\pi}{h}\right]^2 D t\right). \qquad \text{[I - 12, 2, 8]}$$

Das obige Problem bezieht sich auf die Diffusion aus einer Platte, wenn die Konzentration an ihren Oberflächen $= 0$ gehalten wird. Aus Gl. [I - 12, 2, 8] können wir auch die Lösung für das umgekehrte Problem erhalten, Diffusion in eine Platte, wenn die Anfangskonzentration 0 gewesen war und die Konzentration $c = c_0$ an ihren Grenzflächen für $t > 0$ aufrechterhalten wird. Denn wenn Gl. [I - 12, 2, 8] eine Lösung der Diffusionsgleichung [I - 12, 2, 1] ist, so ist das Negative davon ebenfalls eine Lösung. Infolgedessen ist mit dem durch Gl. [I - 12, 2, 8] gegebenen c der Ausdruck $c_0 - c$ die Lösung unseres Problems mit der Anfangsverteilung $c = 0$ für $0 < x < h$, und $c = c_0$ für $x = 0$ und $x = h$ und $t > 0$. Daher lautet die Lösung für Diffusion in eine Platte

$$\left. \begin{aligned} c = c_0\Big\{1 &- \frac{4}{\pi} \sum_{\nu=0}^{\infty} \frac{1}{2\nu + 1} \sin \frac{(2\nu + 1)\pi x}{h} \times \\ &\times \exp\left[-\left\{\frac{2\nu + 1)\pi}{h}\right\}^2 D t\right]\Big\}. \end{aligned} \right\} \qquad \text{[I - 12, 2, 9]}$$

Die Gln. [I - 12, 2, 8] und [I - 12, 2, 9] geben für die obigen Randbedingungen die lokalen Konzentrationen als Funktionen der Zeit. In praktischen Experimenten bestimmt man aber oft nicht lokale Konzentrationen, sondern die gesamte Substanzmenge, die von der Platte abgegeben oder aufgenommen worden ist. Aus solchen Messungen läßt sich sofort die mittlere Konzentration $\bar{c}$ ableiten. Für diesen Ausdruck erhalten wir aus den Gln. [I - 12, 2, 8] und [I - 12, 2, 9]

$$\left. \begin{aligned} \bar{c} = \frac{1}{h} \int_0^h c \, dx = \frac{8 c_0}{\pi^2} \sum_{\nu=0}^{\infty} \frac{1}{(2\nu + 1)^2} \exp\left\{-\left[\frac{2\nu + 1)\pi}{h}\right]^2 D t\right\} \\ \text{für Diffusion aus einer Platte,} \end{aligned} \right\} \quad \text{[I - 12, 2, 10]}$$

$$\left. \begin{aligned} \bar{c} = c_0\left\{1 - \frac{8 c_0}{\pi^2} \sum_{\nu=0}^{\infty} \frac{1}{(2\nu + 1)\pi} \exp\left\{-\left[\frac{(2\nu + 1)\pi}{h}\right]^2 D t\right\}\right. \\ \text{für Diffusion in eine Platte.} \end{aligned} \right\} \quad \text{[I - 12, 2, 11]}$$

Die resultierenden Ausdrücke werden etwas einfacher, wenn wir die relative

Konzentrationsänderung $\dfrac{\bar{c} - c_e}{c_a - c_e}$ berechnen, wo c_e die End- und c_a die Anfangs-
konzentrationen innerhalb der Platte bedeuten. Die so für Diffusion in die
Platte oder aus der Platte erhaltenen Ausdrücke sind identisch, nämlich

$$\frac{\bar{c} - c_e}{c_a - c_e} = \frac{8}{\pi^2} \sum_{v=0}^{\infty} \frac{1}{(2v+1)^2} \exp\left\{ - \left[\frac{(2v+1)\pi}{h} \right]^2 D t \right\}, \qquad [\text{I - 12, 2, 12}]$$

für Diffusion in eine Platte oder aus einer Platte.

Für hinreichend großes t gibt das erste Glied in der Reihe [I - 12, 2, 12] eine
gute Annäherung

$$\frac{\bar{c} - c_e}{c_a - c_e} \approx \frac{8}{\pi^2} \exp\left(-\frac{t}{\tau} \right), \quad \text{mit} \quad \tau = \frac{h^2}{\pi^2 D}. \qquad [\text{I - 12, 2, 13}]$$

Die Funktion [I - 12, 2, 12] ist graphisch dargestellt in Abb. I, 12, 2 - 2, aus einer

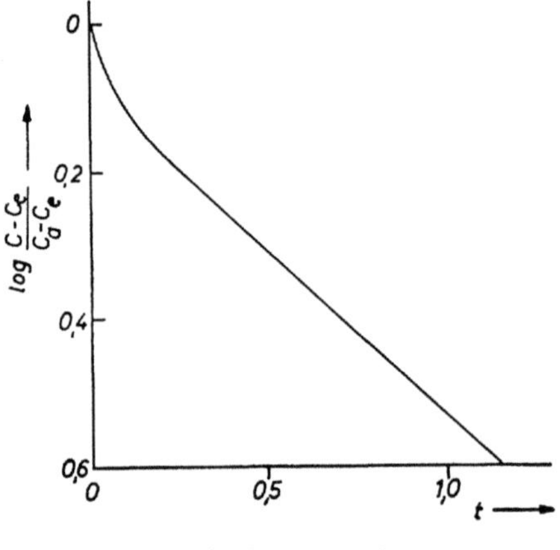

Abb. I, 12, 2 - 2

Arbeit von Dünwald u. Wagner (38a). Man erhält annähernd aus
[I - 12, 2, 13]

$$\ln\left[\frac{\bar{c} - c_e}{c_a - c_e} \right] \approx \text{const.} - \frac{t}{\tau}. \qquad [\text{I - 12, 2, 14}]$$

Man kann also τ und D aus der Neigung des gradlinigen Teils der Kurve in
Abb. I, 12, 2 - 1 erhalten.

An Stelle der obigen Lösung in Form einer trigonometrischen Reihe können
wir auch eine Lösung als Reihe von Fehlerfunktionen erhalten. Im ersten Teil
dieses Kapitels, S. 34, haben wir solche Lösungen nach der Spiegelungs-
methode konstruiert. Ein explizit durchgerechnetes Beispiel findet sich
bei Jost (73).

I, 12, 3. *Gasdurchgang durch Membranen*

Die Lösung Gl. [I - 12, 2, 4], für das endliche eindimensionale System läßt sich leicht verallgemeinern, so daß ein Integral für den Gasdurchgang durch Membranen erhalten wird.

Der Gasfluß durch eine Membran je cm² ist proportional D $(\partial c/\partial x)$; man kann D also nur bestimmen, wenn c in der Membran bekannt ist. Anderenfalls kann man nur einen Permeabilitätskoeffizienten definieren und messen.
Sei h die Dicke der Membran, dann haben wir die Diffusionsgleichung

$$\frac{\partial c}{\partial t} = D \frac{\partial^2 c}{\partial x^2} \qquad\qquad \text{[I - 12, 3, 1]}$$

mit den Anfangs- und Randbbediegungen

$$c = \varphi(x) \quad \text{für } 0 < x < h \text{ und } t = 0,$$
$$c = 0 \qquad \text{für } x = 0 \text{ und } c = c_1 \text{ für } x = h \text{ und } t > 0^*). \qquad \text{[I - 12. 3, 2]}$$

Wir können das Problem lösen durch den Ansatz [vgl. (48)],

$$c = \zeta_1 + \zeta_2,$$

wo ζ_1 und ζ_2 so gewählt werden müssen, daß den obigen Bedingungen genügt ist:

$$\zeta_1 = \varphi(x) \quad \text{für} \quad 0 < x < h \quad \text{und} \quad t = 0,$$
$$\zeta_1 = 0 \quad \text{für} \quad x = 0 \quad \text{und} \quad x = h, \quad \text{für} \quad t > 0, \qquad \text{[I - 12, 3, 3]}$$

und

$$\zeta_2 = 0 \quad \text{für} \quad 0 < x < h \quad \text{und} \quad t = 0,$$
$$\zeta_2 = 0 \quad \text{für} \quad x = 0, \ \zeta_2 = c_1 \quad \text{für} \quad x = h \quad \text{und} \quad t > 0. \qquad \text{[I - 12, 3, 4]}$$

Die Lösung für ζ_1 ist die oben gegebene, Gl. [I - 12, 2, 4]. Wir brauchen daher nur noch ζ_2 zu bestimmen.

Für hinreichend große t muß die Lösung sein $c_1 x/h$, das ist die lineare Konzentrationsverteilung im stationären Zustand. Hierzu ist eine zeitabhängige Konzentrationsverteilung hinzuzufügen, welche für $t \to \infty$ verschwindet und gleich $-c_1 x/h$ ist für $t = 0$. Die allgemeine Gl. [I - 12, 2, 4], gibt für diese Funktion

$$-\frac{2c_1}{h^2} \sum_{n=1}^{\infty} \exp\left\{-\left[\frac{n\pi}{h}\right]^2 Dt\right\} \sin\frac{n\pi x}{h} \int_0^h \xi \sin\frac{n\pi\xi}{h}\, d\xi. \qquad \text{[I - 12, 3, 5]}$$

Indem wir das Integral in Gl. [I - 12, 3, 5] auswerten und $c_1 x/h$ hinzufügen, erhalten wir für ζ_2

$$\zeta_2 = c_1 \left[\frac{x}{h} + \frac{2}{\pi} \sum_{n=1}^{\infty} (-1)^n \frac{1}{n} \exp\left\{-\left[\frac{n\pi}{h}\right]^2 Dt\right\} \sin\frac{n\pi x}{h}\right] \qquad \text{[I - 12, 3, 6]}$$

---

*) Der allgemeinere Fall mit $c = c_{00} \neq 0$ bei $x = 0$ für $t > 0$ läßt sich auf den obigen reduzieren durch die Substitution $c' = c - c_{00}$. Natürlich muß diese Substitution auch auf die Randbedingungen angewandt werden, so daß man erhält $c' = 0$ für $x = 0$ und $c' = c_1 - c_{00}$ für $x = h$, und $\varphi(x) - c_{00}$ an Stelle von $\varphi(x)$.

und schließlich

$$c = \zeta_1 + \zeta_2 = \frac{c_1 x}{h} + 2 \sum_{n=1}^{\infty} \left[\exp\left\{ -\left[\frac{n\pi}{h}\right]^2 Dt \right\} \sin \frac{n\pi x}{h} \right.$$
$$\left. \times \left\{ \frac{(-1)^n c_1}{n\pi} + \frac{1}{h} \int_0^h \varphi(\xi) \sin \frac{n\pi\xi}{h}\, d\xi \right\} \right]. \qquad [\text{I - 12, 3, 7}]$$

Wir wollen diese Gleichungen benutzen, um ein zuerst von DAYNES (35) und BARRER (7) behandeltes Permeationsproblem zu diskutieren. Unsere Formeln sind im Vergleich zu denen von BARRER etwas vereinfacht. Um BARRERS Resultate zu erhalten, müssen wir die in der Fußnote von S. 71 angegebenen Substitutionen einführen. Indem wir $\varphi(\xi) = c_0$ setzen, erhalten wir

$$c = \frac{c_1 x}{h} + \frac{2 c_1}{\pi} \sum_{n=1}^{\infty} \frac{(-1)^n}{n} \sin \frac{n\pi x}{h} \exp\left\{ -\left[\frac{n\pi}{h}\right]^2 Dt \right\}$$
$$+ \frac{4 c_0}{\pi} \sum_{n=0}^{\infty} \frac{1}{2n+1} \sin \frac{(2n+1)\pi x}{h} \exp\left\{ -\left[\frac{(2n+1)\pi}{h}\right]^2 Dt \right\}. \qquad [\text{I - 12, 3, 8}]$$

Und daraus erhält man den Wert von $\partial c/\partial x$ bei $x = 0$

$$\left(\frac{\partial c}{\partial x}\right)_{x=0} = \frac{c_1}{h} + \frac{2 c_1}{h} \sum_{n=1}^{\infty} (-1)^n \exp\left\{ -\left[\frac{n\pi}{h}\right]^2 Dt \right\}$$
$$+ \frac{4 c_0}{h} \sum_{n=0}^{\infty} \exp\left\{ -\left[\frac{(2n+1)\pi}{h}\right]^2 Dt \right. . \qquad [\text{I - 12, 3, 9}]$$

Wir wollen jetzt annehmen, daß die Oberfläche der Membran bei $x = 0$ mit einem Gasvolumen V verbunden ist und daß die Strömungsgeschwindigkeit des Gases durch die Membran gemessen wird mittels der Änderung der Gaskonzentration, c_g, in diesem Volumen V. Wir müssen natürlich annehmen, daß diese Änderung hinreichend klein ist und die Gleichgewichtskonzentration an der Grenzfläche von Membran bei $x = 0$ nicht merklich beeinflußt. So erhalten wir (q Fläche der Membran)

$$V \frac{dc_g}{dt} = D \left(\frac{\partial c}{\partial x}\right)_{x=0} \cdot q. \qquad [\text{I - 12, 3, 10}]$$

Setzen wir den obigen Ausdruck (I - 12, 3, 9) für $\partial c/\partial x$ ein, und integrieren, so erhalten wir

$$c_g = \frac{qD}{V} \int_0^t \left(\frac{\partial c}{\partial x}\right)_{x=0} dt = \frac{qD c_1 t}{V h} + \frac{q 2 c_1 h}{V \pi^2} \sum_{n=1}^{\infty} \frac{(-1)^n}{n^2} \times$$
$$\times \left[1 - \exp\left\{ -\left[\frac{n\pi}{h}\right]^2 Dt \right\} \right] +$$
$$+ \frac{q 4 c_0 h}{V \pi^2} \sum_{n=0}^{\infty} \frac{1}{(2n+1)^2} \left[1 - \exp\left\{ -\left[\frac{(2n+1)\pi}{h}\right]^2 Dt \right\} \right], \qquad [\text{I - 12, 3, 11}]$$

und als Grenzwert für hinreichend großes t

$$c_g = \frac{qDc_1t}{Vh} - \frac{c_1hq}{6V} + \frac{c_0\,hq}{2V} \qquad [\text{I-12,3,12}]$$

mit

$$\sum_{n=1}^{\infty} \frac{(-1)^n}{n^2} = -\frac{\pi^2}{12}\,, \quad \sum_{n=1}^{\infty} \frac{1}{n^2} = \frac{\pi^2}{6}\,, \quad \sum_{n=0}^{\infty} \frac{1}{(2n+1)^2} = \frac{\pi^2}{8}\,.$$

Ohne Induktionszeit wäre der gesamte Gasfluß gewesen

$$c_g V = \frac{qDc_1t}{h}\,, \quad c_g = \frac{qDc_1t}{hV}\,. \qquad [\text{I-12,3,13}]$$

Man sieht also, daß die Induktionszeit τ, wie in Abb. I, 12, 3 - 1 definiert, gegeben ist durch

$$\tau = \frac{h^2}{6D} - \frac{c_0\,h^2}{2D\,c_1}\,. \qquad [\text{I-12,3,14}]$$

Für den allgemeineren Fall, wie in Fußnote S. 71 angegeben, wo bei $x = 0$ die Konzentration $c = c_{00}$ ist, müssen wir die obigen Konzentrationen durch $c - c_{00}$ ersetzen und erhalten

$$\tau = \frac{h^2}{D(c_1 - c_{00})} \left[\frac{c_1}{6} + \frac{c_{00}}{3} - \frac{c_0}{2} \right]\,, \qquad [\text{I-12,3,15}]$$

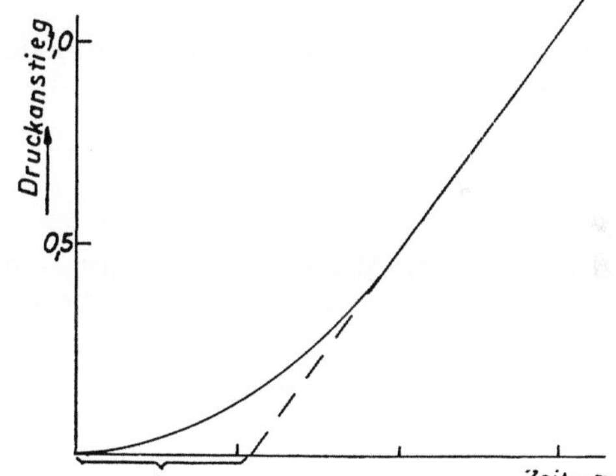

Abb. I, 12, 3 - 1. Einstellung des stationären Zustandes bei der Diffusion durch eine Membran, nach BARRER, Definition der Induktionszeit $\tau = L$.

die von BARRER angegebene Formel, mit geringfügiger Änderung in der Bezeichnung. Wenn insbesondere $c_0 = c_{00} = 0$ ist, so haben wir den einfachen Ausdruck

$$\tau = h^2/6D\,. \qquad [\text{I-12,3,16}]$$

Folglich läßt sich D direkt aus Permeationsmessungen berechnen, wenn diese sich auch auf die Anlaufperiode erstrecken, welche für die Einstellung des stationären Zustands notwendig ist. Permeationsmessungen während des stationären Zustands geben nur $P = D\,\partial c/\partial x$. In Kap. II werden wir von diesen Beziehungen Gebrauch machen.

1, 12, 4. *Diffusion in einen Zylinder oder eine Kugel*
bzw. aus einem Zylinder oder aus einer Kugel (38a)

Wir wollen hier nicht den allgemeinen Fall behandeln, sondern wir geben die Formeln, die denen für eine Platte, I, 12, 2, entsprechen. Im Falle eines Zylinders nehmen wir an, daß wir es entweder mit einem unendlich langen Zylinder zu tun haben, oder aber mit einem Zylinder endlicher Länge und mit undurchlässigen Endflächen, wobei in beiden Fällen Diffusion nur in radialer Richtung auftritt. Die Formeln beziehen sich auf eine mittlere Konzentration, $\bar{c}$, in einem Zylinder vom Radius r_0, in dem zu Beginn die gleichförmige Konzentration c_a geherrscht hatte, während die Endkonzentration c_e ist. Dies schließt die folgenden Spezialfälle ein

$$c = 0 \quad \text{für} \quad 0 < r < r_0 \quad \text{und} \quad t = 0,$$
$$c = c_e \neq 0 \quad \text{für} \quad r = r_0 \quad \text{und} \quad t > 0, \qquad [\text{I - 12, 4, 1}]$$

und

$$c = c_a \neq 0 \quad \text{für} \quad 0 < r < r_0 \quad \text{und} \quad t = 0,$$
$$c = c_e = 0 \quad \text{für} \quad r = r_0 \quad \text{und} \quad t > 0, \qquad [\text{I - 12, 4, 2}]$$

und den allgemeinen Fall

$$c = c_a \neq 0 \quad \text{für} \quad 0 < r < r_0 \quad \text{und} \quad t = 0,$$
$$c = c_e \neq 0 \quad \text{für} \quad r = r_0 \quad \text{und} \quad t > 0, \qquad [\text{I - 12, 4, 3}]$$

wo c_a größer oder kleiner als c_e sein kann. Die zu Gl. [I - 12, 2, 12], analoge Lösung ist

$$\frac{\bar{c} - c_e}{c_a - c_e} = \sum_{\nu=1}^{\infty} \frac{4}{\xi_\nu^2} \exp\left(-\frac{\xi_\nu^2 D t}{r_0^2}\right). \qquad [\text{I - 12, 4, 4}]$$

Hier sind ξ_ν die Wurzeln der Gl. $J_0(x) = 0$, wo $J_0(x)$ die BESSEL-Funktion der nullten Ordnung ist ($\xi_\nu = 2{,}405,\ 5{,}520,\ 8{,}654,\ 11{,}792,\ 14{,}931,\ 18{,}071$ für $\nu = 1, 2, 3, 4, 5, 6$). Für hinreichend großes t stellt das erste Glied der Reihe eine gute Annäherung dar

$$\frac{\bar{c} - c_e}{c_a - c_e} \approx \frac{4}{(2{,}405)^2} \exp\left(-\frac{t}{\tau}\right), \qquad [\text{I - 12, 4, 5}]$$

mit

$$\tau = \frac{r_0^2}{(2{,}405)^2 D}.$$

Die entsprechenden Lösungen für eine Kugel mit denselben Anfangs- und Randbedingungen ist

$$\frac{\bar{c} - c_0}{c_a - c_e} = \frac{6}{\pi^2} \sum_{\nu=1}^{\infty} \frac{1}{\nu^2} \exp\left(-\frac{\nu^2 \pi^2 D t}{r_0^2}\right) \approx \frac{6}{\pi^2} \exp\left(-\frac{t}{\tau}\right), \qquad [\text{I - 12, 4, 6}]$$

wo

$$\tau = r_0^2 / \pi^2 D.$$

Wenn für die obigen Anfangs- und Randbedingungen c als Funktion des Radius r gemessen worden ist, so sind ebenfalls Lösungen verfügbar, welche in den zitierten Monographien (11), (48) zu finden sind. Für den zylindrischen Fall siehe auch unten I, 13, 5.

Von H. H. GERMOND (zitiert bei J. I. MASTERS, s. u.) ist die sogenannte P-Funktion eingeführt und tabuliert worden:

$$P\left(\frac{Z}{\sigma}, \frac{P}{\sigma}\right) = \int\limits_0^{2\pi} \int\limits_0^z \frac{\exp\left(-x^2/2\sigma^2\right)}{2\pi\sigma^2} \, r \, dv \, d\vartheta, \qquad [\text{I - 12, 4, 7}]$$

wo $x^2 = R^2 + r^2 - 2rR\cos\vartheta$. Sie wurde näher diskutiert und weiter tabuliert von JOSEPH I. MASTERS (83) und scheint geeignet zur Behandlung mancher Diffusionsprobleme in Zylinderkoooodinaten.

I, 13. Diffusion und Konvektion
Diffusion unter dem Einfluß von äußeren Kräften [vgl. (13, 48)]

I, 13, 1. Diffusion und Konvektion, allgemeine Gleichungen

In vielen praktisch wichtigen Diffusionsproblemen bei Flüssigkeiten oder Gasen ist das betrachtete Medium nicht in Ruhe. Dann müssen neben Konzentrationsänderungen infolge von Diffusion auch solche durch Konvektion berücksichtigt werden. Wir wollen zunächst das eindimensionale Problem betrachten, mit Strömung nur in der x-Richtung. Wenn v die Strömungsgeschwindigkeit ist, c die Konzentration der diffundierenden Substanz, dann ist die durch Konvektion während der Zeit Δt in einem Volumenelement von Einheitsquerschnitt zwischen den Ebenen x und $x + \Delta x$ durch Konvektion hervorgerufene Konzentrationsänderung

$$\Delta c = -\frac{1}{\Delta x}\left[(vc)_{x+\Delta x} - (vc)_x\right]\Delta t = -\frac{\partial}{\partial x}(vc)\Delta t + \ldots \qquad [\text{I - 13, 1, 1}]$$

Folglich lautet die Differentialgleichung für die Konzentrationsänderung, die durch eindimensionale Diffusion und Konvektion hervorgerufen ist

$$\frac{\partial c}{\partial t} = D\frac{\partial^2 c}{\partial x^2} - \frac{\partial}{\partial x}(vc). \qquad [\text{I - 13, 1, 2}]$$

Die Verallgemeinerung auf drei Dimensionen ist evident

$$\begin{aligned}
\frac{\partial c}{\partial t} &= D\left(\frac{\partial^2 c}{\partial x^2} + \frac{\partial^2 c}{\partial y^2} + \frac{\partial^2 c}{\partial z^2}\right) - \frac{\partial}{\partial x}(v_x c) - \frac{\partial}{\partial y}(v_y c) - \frac{\partial}{\partial z}(v_z c) \\
&= D\Delta c - \operatorname{div}(vc),
\end{aligned} \qquad [\text{I - 13, 1, 3}]$$

wo Δ jetzt der LAPLACE-Operator, v der Geschwindigkeitsvektor. Wenn v konstant ist, reduzieren sich die Gln. [I - 13, 1, 2] und [I - 12, 1, 3] auf

$$\partial c/\partial t = D\,\partial^2 c/\partial x^2 - v\,\partial c/\partial x \qquad [\text{I - 13, 1, 4}]$$

und

$$\left.\begin{aligned}
\partial c/\partial t &= D\Delta c - v_x\,\partial c/\partial x - v_y\,\partial c/\partial y - v_z\,\partial c/\partial z \\
&= D\,\mathrm{div}\,\mathrm{grad}\,c - (v\,\mathrm{grad}\,c),
\end{aligned}\right\} \qquad [\text{I - }13,1,5]$$

wo v_x, v_y, v_z die rechtwinkligen Komponenten des Geschwindigkeitsvektors v sind.

I, 13, 2. *Diffusion unter dem Einfluß äußerer Kräfte* (vgl. 48, 49)]; *allgemeine Gleichungen*

Wenn wir uns auf den eindimensionalen Fall beschränken, so verursacht Diffusion alleine einen Materiefluß

$$J' = -D\,\partial c/\partial x. \qquad\qquad [\text{I - }13,2,1]$$

Wenn eine äußere Kraft F in der x-Richtung auf die gelösten Moleküle, auf kolloide Partikeln oder auf Gasmoleküle einer bestimmten Art wirkt, und wenn u die Beweglichkeit dieser Partikeln ist (das ist die stationäre Geschwindigkeit unter der Wirkung der Einheitskraft), dann wird die stationäre Geschwindigkeit dieser Partikeln sein $v = Fu$, und der daraus resultierende Materiestrom

$$J'' = cFu = cv. \qquad\qquad [\text{I - }13,2,2]$$

Infolgedessen wird der totale Fluß J, verursacht durch Diffusion und Wirkung einer äußeren Kraft, sein

$$J = J' + J'' = -D\,\partial c/\partial x + cv, \quad v = Fu, \qquad [\text{I - }13,2,3]$$

und die Geschwindigkeit der Konzentrationsänderung als Folge dieser Strömung

$$\frac{\partial c}{\partial t} = D\,\frac{\partial^2 c}{\partial x^2} - \frac{\partial}{\partial x}\,(cv). \qquad\qquad [\text{I - }13,2,4]$$

Wenn die Kraft F und infolgedessen auch die stationäre Geschwindigkeit v unabhängig von x sind, reduziert sich Gl. (I - 13, 2, 4] auf

$$\partial c/\partial t = D\,\partial^2 c/\partial x^2 - v\,\partial c/\partial x, \qquad\qquad [\text{I - }13,2,5]$$

und dies ist identisch mit der Gleichung, die im vorangehenden Abschnitt für Diffusion und Konvektion abgeleitet worden ist.

Es ist sogar möglich, das Problem der Gl. [I - 13, 2, 5] auf das der gewöhnlichen Diffusion zu reduzieren [vgl. (51)] vermittels der Transformation

$$c = c^* \exp\left[\frac{v}{2D}\,(x - x_0) - \frac{v^2 t}{4D}\right]. \qquad\qquad [\text{I - }13,2,6]$$

Substitution in Gl. [I - 13, 2, 5] ergibt die Differentialgleichung für c^*

$$\partial c^*/\partial t = D\,\partial^2 c^*/\partial x^2. \qquad\qquad [\text{I - }13,2,7]$$

Folglich bestehen keine Schwierigkeiten bei der Behandlung solcher Probleme.

Die Diffusion zweier Isotopen kann zu einer Trennung führen. CHEMLA (23), der systematische Versuche zur Isotopendiffusion ausgeführt hat, wies bereits darauf hin, daß durch Anlegen eines elektrischen Feldes die Trennung verbessert werden kann, und MANNING (85) gab eine formale Behandlung dieser Verhältnisse. Im stationären eindimensionalen Fall (s. o.) gilt einfach die Gleichung für Diffusion und Konvektion [I - 13, 2, 5]

$$\partial c / \partial t = D\,\partial^2 c / \partial x^2 - v\,\partial c / \partial x, \qquad \text{[I - 13, 2, 8]}$$

wo für die hier konstant vorausgesetzte Konvektionsgeschwindigkeit v die stationäre Geschwindigkeit im Felde F zu setzen ist, mit der Beweglichkeit u im Feld 1 Volt/cm

$$\partial c / \partial t = D\,\partial^2 c / \partial x^2 - uF\,\partial c / \partial x. \qquad \text{[I - 13, 2, 9]}$$

Für unbegrenztes System mit den Substanzmengen S_1 und S_2 der radioaktiven Isotopen 1 und 2 bei $x = 0$ für $t = 0$ gelten die Lösungen

$$c_1 = \frac{S_1}{2\sqrt{\pi D_1 t}} \exp\left[- \frac{(x - u_1 F t)^2}{4 D_1 t} \right] \qquad \text{[I - 13, 2, 10]}$$

$$c_2 = \frac{S_2}{2\sqrt{\pi D_2 t}} \exp\left[- \frac{(x - u_2 F t)^2}{4 D_2 t} \right]. \qquad \text{[I - 13, 2, 11]}$$

Der Schwerpunkt der Isotopen-Profile bewegt sich je mit der mittleren Ionengeschwindigkeit, d. h. die Lage $\bar{x}(t)$ ist gegeben durch

$$\bar{x}_1 = u_1 F t; \qquad \bar{x}_2 = u_2 F t. \qquad \text{[I - 13, 2, 12]}$$

Zur bequemen und exakten Auswertung schlägt MANNING das folgende Verfahren vor: Man bilde das Verhältnis

$$\frac{c_1}{c_2} = K \exp\left[\frac{x^2}{4D}\left(\frac{1}{D_2} - \frac{1}{D_1} \right) + \frac{xF}{2}\left(\frac{u_1}{D_1} - \frac{u_2}{D_2} \right) \right], \quad \text{[I - 13, 2, 13]}$$

(das von x unabhängige Glied ist in K enthalten!; es wird hier nicht benötigt).

Modellmäßige Überlegungen lassen erwarten, daß

$$u_1/D_1 = u_2/D_2 \qquad \text{[I - 13, 2, 14]}$$

ist [wie z. B. ohne Korrelationseffekte unmittelbar aus der NERNST-EINSTEIN-Beziehung folgen würde]

$$D = ukT \qquad \text{[I - 13, 2, 15]}$$

(bzw. u/ekT, u/e Beweglichkeit je Einheit der Kraft), daß also Gl. [I - 13, 2, 13] mit sehr guter Näherung oder exakt ersetzt werden kann durch

$$\frac{c_1}{c_2} = K \exp\left[\frac{x^2}{4 D_1 t}\,\frac{\Delta D}{D_2} \right], \qquad \text{[I - 13, 2, 16]}$$

wobei $\Delta D = D_1 - D_2$, und wo der nicht von x abhängige Ausdruck K sich aus [I - 13, 2, 10] und [I - 13, 2, 11] ergibt, für die hier vorgeschlagene Auswertung aber nicht benötigt wird. Nach Gl. [I - 13, 2, 16] ergibt $\ln(c_1/c_2)$

gegen x aufgetragen eine Parabel, während sich bei Auftragen gegen x^2 eine gerade Linie ergibt mit der Steigung

$$d \ln(c_1/c_2)/d(x^2) = (1/4\,D_1 t)\,\Delta D/D_2. \qquad [\text{I - 13, 2, 17}]$$

Diese Neigung ergibt also $\Delta D/D_2$ und somit auch D_2, wenn vorher auf normalem Weg D_1 bestimmt worden ist (85a, 80). Für weitere Auswertungsmöglichkeiten und Diskussion der Genauigkeit, sowie der Ergebnisse und Auswertungsmethode von CHEMLA sei auf die Originalarbeit verwiesen.

I, 13,3. Stationärer Zustand bei der Diffusion unter der Einwirkung äußerer Kräfte oder in Gegenwart gleichförmiger Konvektion

Für den stationären Zustand erhalten wir aus Gl. [I - 13, 1, 4]

$$0 = D\,\frac{d^2 c}{dx^2} - v\,\frac{dc}{dx}\,. \qquad [\text{I - 13, 3, 1}]$$

Wir nehmen an, daß die diffundierende Substanz in einem vertikalen Zylinder enthalten sei, der sich von $x = 0$ unbegrenzt in Richtung positiver x erstreckt, wobei v die stationäre Geschwindigkeit in Richtung negativer x infolge Gravitation sei. Dann haben wir

$$c = c_0 \exp\left(-\frac{vx}{D}\right), \qquad [\text{I - 13, 3, 2}]$$

wenn am Boden des Zylinders bei $x = 0$ die Konzentration $c = c_0$ ist. Machen wir Gebrauch von den Beziehungen

$$v = Fu \quad \text{und} \quad D = uRT/N_L,$$

welche im Falle von Gasen als Definition der Beweglichkeit u angesehen werden müssen, so folgt aus Gl. [I - 13, 3, 2]

$$c = c_0 \exp\left(-\frac{F N_L \omega}{RT}\right), \qquad [\text{I - 13, 3, 3}]$$

Im Falle eines Gases ist $F N_L$, die auf N_L Gasmoleküle wirkende Kraft, gleich gM, wo M die molekulare Masse ist („Molekulargewicht"), g die Erdbeschleunigung. Folglich ist

$$c = c_0 \exp\left(-\frac{Mgx}{RT}\right), \qquad [\text{I - 13, 3, 4}]$$

die wohlbekannte Formel für die Abnahme der Gaskonzentration mit der Höhe in der Atmosphäre.

Im Falle einer Zentrifuge [vgl. SVEDBERG (113), ARCHIBALD (1, 2), J. W. WILLIAMS (126)] mit Winkelgeschwindigkeit ω ($\omega = 2\,\pi n$, wenn n die Zahl der Umdrehungen pro Sekunde ist), ist die auf eine einzelne Partikel wirkende Kraft $= + m x \omega^2$, wenn wir x mit der Richtung des Radius identifizieren. Dann ist Gl. [I - 13, 2, 5] nicht mehr anwendbar, da sie für eine ortsunabhängige Kraft abgeleitet ist. Wenn wir stattdessen Gl. [I - 13, 2, 4] benutzen, können wir sofort für den stationären Zustand schreiben

$$D\,dc/dx - mx\omega^2 u \cdot c = 0, \qquad [\text{I - 13, 3, 5}]$$

da infolge der Randbedingung, Zylinder am unteren Ende geschlossen, der resultierende Materiestrom J dort nicht nur konstant sein, sondern verschwinden muß. Aus [I - 13, 3, 5] folgt unmittelbar

$$c = c_0 \exp\left(+ \frac{N_L\, m\, \omega^2}{2\,RT}\, [x^2 - x_0^2]\right), \qquad [\text{I - 13, 3, 6}]$$

wo für den Boden des Zylinders im Abstand $x = x_0$ von der Rotationsachse $c = c_0$. Es ist wieder die Annahme enthalten, daß der Zylinder hinreichend hoch ist (oder der Konzentrationsgradient hinreichend hoch), so daß wir den Zylinder als unendlich lang betrachten können und die Anwesenheit einer oberen Begrenzung ohne Einfluß auf die resultierende Konzentrationsverteilung ist.

Wenn in Gl. [I - 13, 3, 6] c nur für einen Abstand $\xi = x_0 - x$ von x_0 von 0 merklich verschieden ist, der sehr klein im Vergleich zu x_0 ist, dann läßt sich Gl. [I - 13, 3, 6] transformieren in

$$c = c_0 \exp\left(- \frac{M\, \omega^2\, x_0}{RT}\, \xi\right), \qquad [\text{I - 13, 3, 7}]$$

wo $\xi \ll x_0$, $\xi = 0$ für $x = x_0$ und ξ gegen die Rotationsachse gerichtet ist. Gl. [I - 13, 3, 7] ist in völliger Übereinstimmung mit Gl. [I - 13, 3, 4], wobei die Beschleunigung g des Erdfeldes ersetzt ist durch die Zentrifugalbeschleunigung $\omega^2 x_0$.

I, 13, 4. Diffusion und Strömung

Für ein Gas oder eine Flüssigkeit, welche in der x-Richtung zwischen zur x-Achse parallelen Platten strömen, ist die Gleichung für den stationären Zustand

$$D\left(\frac{\partial^2 c}{\partial x^2} + \frac{\partial^2 c}{\partial y^2}\right) - v\,\frac{\partial c}{\partial x} = 0, \qquad [\text{I - 13, 4, 1}]$$

wenn der Ursprung des Koordinatensystems in der Mitte zwischen den Platten gewählt ist, die y die Koordinate senkrecht zu diesen Platten ist, und wenn weiterhin die Strömungsgeschwindigkeit v als konstant angesehen werden kann. Wir wollen dieses Problem behandeln für die Randbedingungen

$$c = c_0 \quad \text{bei} \quad x = 0,$$
$$c = 0 \quad \text{bei} \quad y = \pm a \;\; \text{und} \;\; x > 0, \qquad [\text{I - 13, 4, 2}]$$

entsprechend der Diffusion einer Komponente, welche in der Konzentration c vorhanden ist, und welche an den Ebenen $x = \pm a$ zerstört oder entfernt wird, so daß die Konzentration dort 0 ist.

Ein partikuläres Integral von Gl. [I - 13, 4, 1] wird auf dem üblichen Wege erhalten, indem man $c = X(x) \cdot Y(y)$ setzt und in [I - 13, 4, 1] substituiert. Indem wir die Separationskonstante mit $\lambda^2 D$ bezeichnen, erhalten wir die beiden gewöhnlichen Differentialgleichungen

$$D\,\frac{d^2 X}{dx^2} - v\,\frac{dX}{dx} - \lambda^2 D X = 0 \qquad [\text{I - 13, 4, 3}]$$

und

$$Dd^2Y/dy^2 + \lambda^2 DY = 0. \qquad \text{[I - 13, 4, 4]}$$

Aus Gl. [I - 13, 4, 4] finden wir das partikuläre Integral für Y

$$Y = \left.\begin{matrix}\sin\\\cos\end{matrix}\right\} \lambda y. \qquad \text{[I - 13, 4, 5]}$$

Die Randbedingung $c = 0$ bei $y = \pm a$ wird erfüllt durch

$$Y = \cos\frac{(2n+1)\pi y}{2a}, \qquad \lambda^2 = \frac{(2n+1)^2\,\pi^2}{4a^2}. \qquad \text{[I - 13, 4, 6]}$$

Substitution in Gl. [I - 13, 4, 3] liefert die Differentialgleichung für X

$$\frac{d^2X}{dx^2} - \frac{v}{D}\frac{dX}{dx} = \frac{(2n+1)^2\pi^2}{4a^2}\,X\,, \qquad \text{[I - 13, 4, 7]}$$

mit der Lösung

$$X = \exp\left[\left(\frac{v}{2D} - \sqrt{\frac{(2n+1)^2\,\pi^2}{4a^2} + \frac{v^2}{4D^2}}\right)x\right] = \exp\,(\beta_n x). \qquad \text{[I - 13, 4, 8]}$$

Die allgemeine Lösung ist also von der Form

$$c = \sum_{n=0}^{\infty} a_n \cos\frac{(2n+1)\pi y}{2a}\exp\,(\beta_n x). \qquad \text{[I - 13, 4, 9]}$$

Mittels der Randbedingung $c = c_0$ bei $x = 0$ erhalten wir schließlich

$$\left.\begin{aligned} c = \frac{4c_0}{\pi}\sum_{n=0}^{\infty}\frac{(-1)^2}{2n+1}\cos\frac{(2n+1)\pi y}{2a} \times \\ \times\exp\left[\left(\frac{v}{2D} - \sqrt{\frac{(2n+1)^2\,\pi^2}{4a^2} + \frac{v^2}{4D^2}}\right)x\right]. \end{aligned}\right\} \quad \text{[I - 13, 4, 10]}$$

I, 13, 5. *Strömung in einem Rohr*

Wir können das entsprechende Problem auch für ein Gas oder für eine Flüssigkeit lösen, die in einem Rohr strömen. Wenn wir zunächst Diffusion in Richtung der Rohrachse vernachlässigen, haben wir die Differentialgleichung

$$D\left(\frac{\partial^2 c}{\partial r^2} + \frac{1}{r}\frac{\partial c}{\partial r}\right) - v\frac{\partial c}{\partial x} = 0\,, \qquad \text{[I - 13, 5, 1]}$$

wobei die x-Achse mit der Zylinderachse und der Strömungsrichtung zusammenfällt. Die Randbedingungen sind

$$\begin{aligned} c &= c_0 \quad \text{bei} \quad x = 0,\\ c &= 0 \quad \text{bei} \quad r = r_0 \text{ und } x > 0. \end{aligned} \qquad \text{[I - 13, 5, 2]}$$

Mit $c = R(r)\cdot X(x)$ finden wir die gewöhnlichen Differentialgleichungen, wo $\lambda^2 D$ die Separationskonstante ist,

$$\frac{d^2R}{dr^2} + \frac{1}{r}\frac{dR}{dr} + \lambda^2 R = 0 \qquad \text{[I - 13, 5, 3]}$$

und

$$\frac{dX}{dx} + \frac{\lambda^2 D}{v} X = 0 \,. \qquad\qquad \text{[I - 13, 5, 4]}$$

Aus Gl. [I   13, 5, 4] erhalten wir

$$X = \exp\left(-\frac{\lambda^2 D x}{v}\right). \qquad\qquad \text{[I - 13, 5, 5]}$$

Wir vereinfachen Gl. [I - 13, 5, 3] ein wenig durch die Substitution

$$\varrho = \lambda r \qquad\qquad \text{[I - 13, 5, 6]}$$

und erhalten

$$\frac{d^2 R}{d\varrho^2} + \frac{1}{\varrho}\frac{dR}{d\varrho} + \lambda^2 R = 0 \,, \qquad\qquad \text{[I - 13, 5, 7]}$$

die Differentialgleichung der BESSEL-Funktion von nullter Ordnung, $J_0(\varrho)$. Wir haben also das partikuläre Integral

$$c = J_0(\lambda r)\exp\left(-\frac{\lambda^2 D x}{v}\right). \qquad\qquad \text{[I - 13, 5, 8]}$$

Um der Randbedingung $c = 0$ für $r = r_0$ zu genügen, müssen wir setzen

$$\lambda = \xi_\nu/r_0, \ \nu = 1, 2 \ldots, \qquad\qquad \text{[I - 13, 5, 9]}$$

wo die ξ_ν die Wurzeln der Gl. $J_0(x) = 0$ sind, s. [I - 12, 4, 4]. Die allgemeine Lösung ist dann

$$c = \sum_1^\infty A_\nu J_0\left(\frac{\xi_\nu r}{r_0}\right)\exp\left[\left(-\frac{\xi_\nu^2 D}{v r_0^2}\right)x\right]. \qquad\qquad \text{[I - 13, 5, 10]}$$

Die Koeffizienten A_ν müssen analog wie bei einer FOURIER-Reihe bestimmt werden [vgl. z. B. (48, 13)], damit der Randbedingung $c = c_0$ bei $x = 0$ genügt wird, und man erhält

$$c = 2 c_0 \sum_{\nu=1}^\infty \frac{1}{\xi_\nu J_1(\xi_\nu)} J_0\left(\frac{\xi_\nu r}{r_0}\right)\exp\left[\left(-\frac{\xi_\nu^2 D}{v r_0^2}\right)x\right]. \qquad \text{[I - 13, 5, 11]}$$

$J_1(x)$ ist die BESSEL-Funktion der ersten Ordnung, die Zahlen $J_1(\xi_\nu)$ müssen aus Tabellen der BESSEL-Funktionen (69 a) entnommen werden, ebenso die Werte der Funktion $J_0(x)$. Für die meisten praktischen Zwecke ist es möglich, die BESSEL-Funktionen zu eliminieren durch Berechnung von $\bar{c}$, der mittleren Konzentration in einem Querschnitt $x = $ const. Da $c(r)$ die Konzentration für den Wert r ist, so ist die mittlere Konzentration für konstantes x

$$\bar{c} = \frac{2}{r_0^2}\int_0^{r_0} c(r)\, r\, dr, \qquad\qquad \text{[I - 13, 5, 12]}$$

wo $c(r)$ aus Gl. [I - 13, 5, 11] eingesetzt werden muß. Infolgedessen müssen wir das Integral auswerten

$$\int_0^{r_0} J_0\left(\frac{\xi_\nu r}{r_0}\right) r\, dr, \qquad\qquad \text{[I - 13, 5, 13]}$$

das wir transformieren in

$$\frac{r_0^2}{\xi_\nu^2} \int\limits_0^{\xi\nu} J_0(y)\,y\,dy \qquad\qquad [\text{I - }13,5,14]$$

mittels der Substitution $\xi_\nu r / r_0 = y$. Aus der Theorie der BESSEL-Funktion ist bekannt, daß

$$\int J_0(y)\,y\,dy = y J_1(y). \qquad\qquad [\text{I - }13,5,15]$$

Folglich

$$\frac{r_0^2}{\xi_\nu^2} \int\limits_0^{\xi\nu} J_0(y)\,y\,dy = \frac{r_0^2}{\xi_\nu^2} J_1(\xi_\nu). \qquad\qquad [\text{I - }13,5,16]$$

Durch Substitution in Gl. [I - 13, 5, 12] erhalten wir schließlich

$$\bar{c} = 4c_0 \sum_{n=1}^{\infty} \left(\frac{1}{\xi_\nu^2}\right) \exp\left[-\frac{\xi_\nu^2 D}{r_0^2 v}\,x\right], \qquad\qquad [\text{I - }13,5,17]$$

wo für ξ_ν die Werte von [I - 12, 4, 4] benutzt werden müssen.

Wenn wir berücksichtigen, daß die Flüssigkeit die Zeit $t = x/v$ braucht, um von $x = 0$ bis $x = x$ zu strömen, so wird Gl. [I - 13, 5, 17] identisch mit der Gleichung für Diffusion aus einem Zylinder oder in einen Zylinder, die wir ohne Beweis in [I - 12, 4, 4] gegeben haben. Es ist hervorzuheben, daß die Lösung für den stationären Zustand in dem System mit Strömung identisch ist mit der für den zeitabhängigen Zustand in einem System ohne Strömung.

Bisher haben wir die Diffusion in der Strömungsrichtung vernachlässigt; das ist nur unter speziellen Bedingungen erlaubt, wie wir unten sehen werden. Wir taten dies, weil wir so zugleich die ohne Beweis gegebene Gl. [I - 12, 4, 4] ableiten konnten. Ohne diese Vernachlässigung würden wir für den stationären Zustand die Gleichung gehabt haben

$$D\left(\frac{\partial^2 c}{\partial r^2} + \frac{1}{r}\frac{\partial c}{\partial r} + \frac{\partial^2 c}{\partial x^2}\right) - v\frac{\partial c}{\partial x} = 0, \qquad\qquad [\text{I - }13,5,18]$$

wo wiederum die Variablen getrennt werden können durch den Ansatz $c = R(r) \cdot X(x)$. Wir erhalten die beiden gewöhnlichen Differentialgleichungen

$$\left.\begin{array}{l} \text{a) } \dfrac{d^2 R}{dr^2} + \dfrac{1}{r}\dfrac{dR}{dr} + \lambda^2 R = 0, \\[2ex] \text{b) } \dfrac{d^2 X}{dx^2} - \dfrac{v}{D}\dfrac{dX}{dx} - \lambda^2 X = 0. \end{array}\right\} \qquad [\text{I - }13,5,19]$$

Infolgedessen bleibt die Lösung für R unverändert, während wir für X erhalten

$$X = \exp\left[\frac{v}{2D}\left(1 - \sqrt{1 + \frac{4D^2\lambda^2}{v^2}}\right)x\right], \qquad\qquad [\text{I - }13,5,20]$$

was nur für

$$4D^2\lambda^2/v^2 \ll 1 \qquad\qquad [\text{I - }13,5,21]$$

in den früheren Ausdruck übergeht; das ist für hinreichend hohe Werte der Strömungsgeschwindigkeit v:

$$X \approx \exp\left(-\frac{D\lambda}{v}x\right). \qquad [\text{I - 13}, 5, 22]$$

I, 13, 6 Trennung von Gasmischungen durch Diffusion in einem Strömungssystem

[G. HERTZ (65, 66)]

Für das eindimensionale Problem eines Gases, das in der x-Richtung strömt und dem bei $x = 0$ eine Komponente in der Konzentration c_0 zugemischt wird, hatten wir gefunden Gl. [I - 13, 3, 2].

$$c = c_0 \exp\left(-\frac{vx}{D}\right). \qquad [\text{I - 13}, 6, 1]$$

Wir nehmen jetzt an, daß zwei Komponenten zugemischt werden, in den Konzentrationen c_0' und c_0'' bei $x = 0$, dann folgt für das Verhältnis der Konzentrationen dieser Komponenten an der Stelle x aus Gl. [I - 13, 6, 1]

$$\frac{c'}{c''} = \frac{c_0'}{c_0''} \exp\left[-vx\left(\frac{1}{D'} - \frac{1}{D''}\right)\right]. \qquad [\text{I - 13}, 6, 2]$$

Wenn man diesen Effekt zur Trennung der beiden Komponenten verwenden will, so muß man das Gas an einer Stelle, etwa bei $x = l$ abpumpen. Die so erreichte Trennung ist gegeben durch

$$\frac{\dfrac{c'}{c''}}{\dfrac{c_0'}{c_0''}} = \exp\left[-vl\left(\frac{1}{D'} - \frac{1}{D''}\right)\right]. \qquad [\text{I - 13}, 6, 3]$$

Um große Ausbeuten zu erhalten, wird man l möglichst klein und v möglichst hoch wählen, da der Effekt nur von dem Produkt $v \cdot l$ abhängt.

Wir können auch das analoge Problem für radiale Strömung behandeln. Wir nehmen an, Abb. I, 13, 6 - 1, daß ein Gas oder eine Flüssigkeit zwischen zwei parallelen kreisförmigen Platten I und II strömt, die in der Abbildung im Schnitt gezeichnet sind, und daß eine zweite Komponente durch einen kreisförmigen Spalt bei $r = r_1$ zugefügt wird. Diese Komponente wird dem strömenden Gas entgegen diffundieren, das vom Mittelpunkt wegströmen soll. Die Differentialgleichung für den stationären Zustand ist

$$D\left(\frac{\partial^2 c}{\partial r^2} + \frac{1}{r}\frac{\partial c}{\partial r}\right) - \frac{v_0 r_0}{r}\frac{\partial c}{\partial r} = 0, \qquad [\text{I - 13}, 6, 4]$$

wo v_0 die radiale Gasgeschwindigkeit bei einem bestimmten Wert $r = r_0$ ist. Wie in den früheren Beispielen nehmen wir an, daß der Gasdruck gleichförmig ist. Gl. [I - 13, 6, 4] läßt sich durch einen einfachen Potenzansatz integrieren, $c = \beta r \alpha$, welcher nach Substitution in Gl. [I - 13, 6, 4] auf die Gleichungen führt

$$c = \beta r^{\frac{v_0 r_0}{D}} + \gamma, \quad \alpha = \frac{v_0 r_0}{D}. \qquad [\text{I - 13, 6, 5}]$$

Wenn bei $r = r_1$ $c = c_0$ ist, dann erhält man für die Konzentration bei einem kleineren Wert von r aus Gl. [I - 13, 6, 5]

$$c = c_0 \left(\frac{r}{r_1}\right)^{\frac{v_0 r_0}{D}}. \qquad [\text{I - 13, 6, 6}]$$

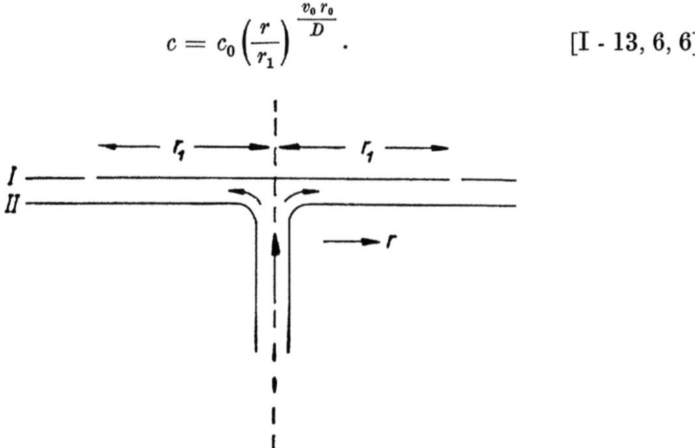

Abb. I, 13, 6 - 1. Diffusion und Konvektion in einem durch zwei parallele Ebenen begrenzten Raum, bei axialer Symmetrie. Querschnitt.

Die Lösung gilt nur für $r < r_1$, während für $r > r_1$ c konstant ist, nämlich gleich c_0. Aber es läßt sich eine entsprechende Lösung gewinnen für $r > r_1$, wenn die Strömungsrichtung umgekehrt wird.

I, 13,7. Diffusion aus einem strömenden Gas in einen Festkörper [C. Wagner
(123)]. *Diffusion in einem schiefen Geschwindigkeitsfeld*

Wagner hat das folgende Diffusionsproblem von technischer Wichtigkeit behandelt. Für die Oberflächenbehandlung von Metallen kann man über die Metalloberfläche einen Gasstrom leiten, der eine in das Metall eindiffundierende Komponente enthält. So kann man eine Oberflächenschicht von Chrom herstellen, indem man über Eisen bei höheren Temperaturen ein Gemisch von $CrCl_2 + H_2 + HCl$ darüber leitet. In dem Gas nimmt die Konzentration der diffundierenden Komponenten ab in dem Maße, wie der Gasstrom über dem Metall fortschreitet. Wir wollen die Verteilung der diffundierenden Komponenten in dem Metall als Funktion der Ortskoordinaten und der Zeit wissen. Abb. I, 13, 7 - 1 gibt eine schematische Zeichnung der experimentellen Anordnung. Die Gasströmung fällt in die x-Richtung, y ist die Koordinate senkrecht zur Metalloberfläche, c die Konzentration im Metall, C die in der Gasphase. Der Einfachheit halber nehmen wir an, daß an der Metall-Gas-Grenzfläche Gleichgewicht eingestellt ist, und daß das Verhältnis der Konzentrationen im Metall und im Gas durch einen Verteilungskoeffizienten $\varkappa$ gegeben ist, also

$$c = \varkappa C, \qquad\qquad [\text{I - 13, 7, 1}]$$

für $y = 0$ und alle Werte von x und t. In der Gasphase soll die Konzentration als unabhängig von y angenommen werden, Diffusion soll nur im Metall berücksichtigt werden:

$$\frac{\partial c}{\partial t} = D\,\frac{\partial^2 c}{\partial y^2}. \qquad\qquad [\text{I - 13, 7, 2}]$$

Wir nehmen weiter an, was praktisch immer zutreffen wird, daß die Tiefe der Diffusionsschicht in dem Metall klein ist verglichen mit der Dicke des Metalls. Daraus folgt weiter, daß wir Diffusion in der x-Richtung vernachlässigen dürfen im Vergleich mit der in der y-Richtung. Die Materieströmung in das Metall an einem Punkt x ist $-D\left(\dfrac{\partial c}{\partial y}\right)_{y=0}$. Im quasi-stationären Zustand muß dies gleich der Abnahme des Substanzgehaltes im Gas sein, d. h., wenn h die Höhe des Gasstromes ist, gleich

$$-vh\,\partial C/\partial x,$$

wo v die Strömungsgeschwindigkeit ist. Diese nehmen wir als unabhängig von x und y an, eine für unsere Zwecke ausreichende Näherung. Folglich haben wir mit Gl. [I - 13, 7, 1]

$$\left(\frac{\partial c}{\partial y}\right)_{y=0} = \frac{hv}{D}\,\frac{\partial C}{\partial x} = \frac{hv}{\varkappa D}\left(\frac{\partial c}{\partial x}\right)_{y=0}. \qquad\qquad [\text{I - 13, 7, 3}]$$

Das Gas, das bei $x = 0$ eintrifft, hat die Konzentration C_0, folglich gilt bei $x = 0$ und $y = 0$

$$c_0 = \varkappa C_0$$

für alle $t > 0$. Wir nehmen weiter an, daß $c = 0$ ist für $t = 0$. Wir versuchen eine Lösung zu erhalten mit Hilfe des Ansatzes

$$\xi = \frac{\varkappa D}{hv}\,\frac{x}{2\sqrt{Dt}}, \qquad \eta = \frac{y}{2\sqrt{Dt}}. \qquad\qquad [\text{I - 13, 7, 4}]$$

Abb. I, 13, 7 - 1. Diffusion aus einem strömenden Gas in ein Metall, nach WAGNER.

Durch Substitution in Gl. [I - 13, 7, 2] erhalten wir so

$$\frac{\partial^2 c}{\partial \eta^2} + 2\left[\xi\frac{\partial c}{\partial \xi} + \eta\frac{\partial c}{\partial \eta}\right] = 0. \qquad [\text{I - 13, 7, 5}]$$

In den neuen Koordinaten lauten die Randbedingungen

$$c = c_0 \text{ bei } \xi = 0 \text{ und } \eta = 0, \qquad c = 0 \text{ bei } \xi = \infty \text{ und } \eta = \infty,$$

$$\partial c/\partial \xi = \partial c/\partial \eta \text{ bei } \eta = 0. \qquad [\text{I - 13, 7, 6}]$$

Wir erhalten eine den Randbedingungen [I - 13, 7, 6] genügende Lösung von Gl. [I - 13, 7, 5], indem wir setzen

$$c(\xi, \eta) = c(\sigma), \qquad \sigma = \xi + \eta.$$

Nach Substitution in Gl. [I - 13, 7, 5] erhalten wir die gewöhnliche Differentialgleichung

$$\frac{d^2 c}{d\sigma^2} + 2\,\sigma\frac{dc}{d\sigma} = 0, \qquad [\text{I - 13, 7, 7}]$$

welche durch das Fehlerintegral gelöst wird, erf(σ),

$$\left.\begin{aligned}
c &= c_0[1 - \text{erf}(\sigma)] = c_0[1 - \text{erf}(\xi + \eta)]\\
&= c_0\left[1 - \text{erf}\left(\left\{\frac{\varkappa D}{vh}\,x + y\right\}\frac{1}{2\sqrt{Dt}}\right)\right],
\end{aligned}\right\} \qquad [\text{I - 13, 7, 8}]$$

wobei gleichzeitig den Randbedingungen genügt ist. Die relative Abnahme der Konzentration C im Gas mit wachsendem Abstand x ist annähernd gegeben durch

$$\left.\begin{aligned}
\frac{C(x,t)}{C_0} = \frac{c(x, y_0 = 0, t)}{c_0} &\approx 1 + x\left(\frac{\partial c}{\partial x}\right)_{x=0,\ y=0}\\
&= 1 - \frac{2}{\sqrt{\pi}}\frac{\varkappa D}{hv}\frac{x}{2\sqrt{Dt}}.
\end{aligned}\right\} \qquad [\text{I - 13, 7, 9}]$$

Also ist der Substanzverbrauch im Gas am ausgeprägtesten für kleine Werte von t. Eine graphische Darstellung der Lösung ist bei WAGNER (123) zu finden.

    H. A. LAUWERIER (78) hat das folgende Problem behandelt: Flüssigkeit strömt in der x-Richtung mit der ungleichförmigen Geschwindigkeit

$$v = v_0(1 + ay). \qquad [\text{I - 13, 7, 10}]$$

y, z sind die Koordinaten senkrecht zu x; es wird aber eine von z unabhängige Verteilung betrachtet, so daß nur die von x und y abhängige Lösung (für den stationären Fall) betrachtet zu werden braucht, mit der Differentialgleichung

$$D\frac{\partial^2 c}{\partial y^2} = v_0(1 + ay)\frac{\partial c}{\partial x}. \qquad [\text{I - 13, 7, 11}]$$

Dabei ist also einerseits Inkompressibilität der Flüssigkeit vorausgesetzt, andererseits wird, was nicht selbstverständlich ist, und in der Arbeit auch nicht begründet wird, die Diffusion in der x-Richtung vernachlässigt, also das Glied $D\,\partial^2 c/\partial x^2$ als sehr klein gegenüber $v_0(1 + ay)\partial c/\partial x$ angesehen. Die linienförmige Quelle bei $x = y = 0$ ist gegeben durch die Bedingung

$$- (\partial c/\partial y)_{y=+0} + (\partial c/\partial y)_{y=-0} = Q\,\delta(x)\,, \qquad [\text{I - 13, 7, 12}]$$

wo $\delta(x)$ die Dirac-Funktion bedeutet

$$\delta(x) = 0 \ \text{für} \ x \neq 0 \quad \text{und} \ \int\limits_{-\infty}^{+\infty} \delta(x)dx = 1; \qquad [\text{I - 13, 7, 13}]$$

wo also Q die Ergiebigkeit der Quelle für die Längeneinheit in der z-Richtung bedeutet. Für die weitere Behandlung sei auf das Original verwiesen.

Es wird die Diffusion von einer kontinuierlichen Punktquelle aus in der Achse eines Rohres bei gleichförmiger Strömungsgeschwindigkeit der Flüssigkeit behandelt. Es werden die allgemeinen Lösungen gewonnen, und zwar für den Fall *anisotroper* Diffusion, axialer Diffusionskoeffizient $D_a \neq D_r$, radialer Diffusionskoeffizient; darin sind die Spezialfälle $D_a = D_r$, isotrope Diffusion, und $D_a = 0$, axiale Diffusion zu vernachlässigen, enthalten. Lösungen sind mittels Bessel-Funktionen möglich; es werden eine Reihe graphischer Darstellungen dafür gegeben.

Diffusion in Systemen mit diskontinuierlich variierenden Diffusionskoeffizienten ist von Crank (26) behandelt worden. Die Ergebnisse sind von Interesse für die Aufnahme von Gasen oder Flüssigkeiten durch Hochpolymere. Die Rechnung zeigt, daß so z. B. charakteristische Unterschiede in der Geschwindigkeit von Absorption und Desorption zustande kommen können.

I, 14. Diffusion, Konvektion und chemische Reaktion

[vgl. insbes. Damköhler (30, 31, 32, 33)]

Wenn wir die Geschwindigkeit der Konzentrationsänderung einer einzelnen Komponente als Folge von Diffusion und von chemischer Reaktion betrachten, so erhalten wir im eindimensionalen Fall

$$D\,\partial^2 c/\partial x^2 + f(c) = \partial c/\partial t. \qquad [\text{I - 14, 1}]$$

Hier ist $f(c)$ das Gesetz der Reaktionsgeschwindigkeit, welches die Zunahme der Konzentration c mit der Zeit angibt. $f(c)$ kann von den Konzentrationen anderer Komponenten und von äußeren Einflüssen abhängen, z. B. von der Belichtung. Das so formulierte Problem ist eng verwandt mit dem der Wärmeleitung bei gleichzeitiger Wärmeproduktion, vgl. (13, 48). Wir wollen nur den Spezialfall behandeln, wo alle anderen Einflüsse unabhängig von den Ortskoordinaten und von der Zeit sind, und wo $f(c)$ proportional mit c ist, d. h. den Fall der Reaktion I. Ordnung. Indem wir $f(c) = -kc$ setzen, erhalten wir

$$D\,\partial^2 c/\partial x^2 - kc = \partial c/\partial t. \qquad [\text{I - 14, 2}]$$

Diese Gleichung läßt sich separieren durch den Ansatz

$$c(x, t) = X(x) \cdot T(t).$$

Nach Einsetzen in Gl. [I - 14, 2] erhalten wir

$$D\,\partial^2 X/\partial x^2 \cdot T - kXT = dT/dt \cdot X, \qquad \text{[I - 14, 3]}$$

und

$$D/X \cdot d^2 X/dx^2 - k\,(1/T)\,\partial T/dt = \lambda, \qquad \text{[I - 14, 4]}$$

wo λ eine Konstante ist.

Wir wollen die beiden Fälle behandeln mit den Randbedingungen

a) $\partial c/\partial x = 0$ für $x = \pm a$ (undurchlässige Wände),
b) $c = 0$ für $x = \pm a$ und $t > 0$,

mit $c = c_0$ bei $t = 0$ für alle x in beiden Fällen.

a) führt zu dem trivialen Resultat mit ortsunabhängiger Konzentration

$$c = c_0 \exp(-kt).$$

Im Falle b) erhalten wir

$$\frac{d^2 X}{dx^2} - \frac{k + \lambda}{D} X = 0, \quad X = \left.\begin{matrix}\cos\\\sin\end{matrix}\right\} \sqrt{-\frac{k + \lambda}{D}} \cdot x, \qquad \text{[I - 14, 5]}$$

$$T = \exp(\lambda t). \qquad \text{[I - 14, 6]}$$

Folglich muß $\lambda < 0$ sein, und Gl. [I - 14, 5] gibt cos und sin, und keine reellen Exponentialfunktionen. Infolge der Randbedingung $c = 0$ für $x = a$ erhalten wir

$$\sqrt{-\frac{k + \lambda}{D}} = \frac{n\pi}{2a}, \quad \lambda = -\frac{n^2 \pi^2 D}{4a^2} - k, \qquad \text{[I - 14, 7]}$$

$$T = \exp(-kt)\exp\left(-\frac{n^2 \pi D}{4a^2}t\right). \qquad \text{[I - 14, 8]}$$

Infolgedessen ist die Zeitabhängigkeit gegeben durch ein Produkt aus dem normalen Zeitgesetz für eine Reaktion I. Ordnung und einem von der Diffusion herrührenden Zeitfaktor.

Mit der Anfangsbedingung $c = c_0$ für alle x erhalten wir, wie früher,

$$X = \frac{4c_0}{\pi} \sum_{n=0}^{\infty} \frac{(-1)^n}{2n + 1} \cos \frac{(2n + 1)\pi x}{2a} ; \qquad \text{[I - 14, 9]}$$

und schließlich

$$\left. \begin{aligned} c &= \frac{4c_0}{\pi} \exp(-kt) \sum_{n=0}^{\infty} \frac{(-1)^n}{(2n + 1)} \cos \frac{(2n + 1)\pi x}{2a} \\ &\times \exp\left(-\left[\frac{(2n + 1)\pi}{2a}\right]^2 Dt\right). \end{aligned} \right\} \qquad \text{[I - 14, 10]}$$

Weitere Beispiele von Diffusion und chemischer Reaktion, sowie von Diffusion, Strömung und chemischer Reaktion sind behandelt bei Jost (73, 74).

Der Fall von Diffusion und gleichzeitiger chemischer Reaktion mit Gegenreaktion hat durch Crank (27) eine gründliche mathematische Behandlung erfahren, und zwar für die ebene Platte und den Zylinder, eine Anzahl von Tabellen sind berechnet und Abbildungen gezeichnet worden.

Der Fall des Wachstums einer neuen Phase mit Diffusion als geschwindigkeitsbestimmenden Schritt ist eingehend von F. C. FRANK (48a) behandelt worden.

Hierunter fällt also, da Radialsymmetrie vorausgesetzt wird (Zylindersymmetrie im zweidimensionalen, sphärische Symmetrie im dreidimensionalen Fall), insbesondere das Wachstum eines kugelförmigen Tröpfchens; mit guter Näherung fällt darunter aber auch das Wachstum eines Kristalls, bei Aufrechterhaltung der Form (Ähnlichkeit).

FRANK behandelt sowohl Wärmeströmung als Geschwindigkeit bestimmenden Faktor, als auch Diffusion, und schließlich beides zusammen. Hier soll nur auf den Fall der Diffusion bei sphärischer Symmetrie eingegangen werden. FRANK sucht nach einer quasi-stationären Lösung, bei der die Konzentration nur von dem dimensionslosen reduzierten Radius

$$\varrho = r D^{-1/2}\, t^{-1/2}/2 \qquad\qquad [\text{I - 14, 11}]$$

abhängt. Die Konzentration $c = c(r, t)$ soll also eine Funktion nur von ϱ werden, $c(\varrho)$. In die Diffusionsgleichung (mit konstantem Diffusionskoeffizienten D)

$$\partial c/\partial t = D\,[\partial^2 c/\partial r^2 + (2/r)\,\partial c/\partial r] \qquad\qquad [\text{I - 14, 12}]$$

ist also einzusetzen

$$\partial c/\partial t = (dc/d\varrho)\,d\varrho/dt = -c'\varrho/2t \qquad\qquad [\text{I - 14, 13}]$$

und

$$\partial c/\partial r = c'\, D^{-1/2}\, t^{-1/2}/2;\quad \partial^2 c/\partial r^2 = c''\, D^{-1}\, t^{-1}/4;\quad c'' = d^2 c/d\varrho^2; \qquad [\text{I - 14, 14}]$$

und aus [I - 14, 12] wird die gewöhnliche Differentialgleichung

$$c'' = -2c'\left(\varrho + \frac{1}{\varrho}\right). \qquad\qquad [\text{I - 14, 15}]$$

Für die weitere Behandlung muß auf das Original verwiesen werden.

Durch Diffusion kontrolliertes Phasenwachstum wurde weiter von H. L. FRISCH (43, 44) behandelt. Im eindimensionalen Falle (Phasengrenze senkrecht zu X-Achse, Wachstum in der X-Richtung) wird das Problem in großer Allgemeinheit formuliert und ein Störungsverfahren zur Lösung angegeben.

Im einfachsten Falle setzt man die Konzentration an der Grenzfläche konstant (wie bei dem Vorgang der Auflösung nach NERNST-BRUNNER, vgl. I, 19). FRISCH führt stattdessen die wesentlich allgemeinere Randbedingung ein (c Konzentration des diffundierenden Stoffes in der Mischung; λ Konstante):

$$\partial c/\partial x - \lambda c = g(t). \qquad\qquad [\text{I - 14, 16}]$$

Ferner wird die Diffusionsgleichung zwar mit konstantem Diffusionskoeffizienten angesetzt, es werden aber zusätzlich Quellen oder Senken für den diffundierenden Stoff zugelassen (so sind z. B. reagierende Mischungen zu beschreiben, in denen der diffundierende Stoff neu entsteht oder verbraucht wird); diese (positiven oder negativen) Quellen $Q'(t)$ werden explizit von der Zeit abhängig, aber unabhängig von c angenommen. Die Diffusionsgleichung wird so

$$\partial c/\partial t = D\,\partial^2 c/\partial x^2 + Q'(t) \quad \text{für} \quad \xi(t) < x < \infty \quad \text{und} \quad t > 0. \qquad [\text{I - 14, 17}]$$

Die Anfangsbedingung soll sein

$$c(x,0) = a \quad \text{für} \quad t = 0 \quad \text{und} \quad x > \xi(0). \qquad [\text{I - 14, 18}]$$

$\xi(t)$ ist dabei die zeitabhängige Grenze zwischen der wachsenden Phase (für $x < \xi$) und dem Diffusionsmedium (für $x > \xi$). Bei Vorhandensein zeitabhängiger Quellen wird die Randbedingung für c im Unendlichen

$$c(x,t) = a + \int\limits_0^t Q'(\tau)\,d\tau \quad \text{für} \quad x \to \infty \quad \text{und} \quad t > 0. \quad [\text{I - 14, 19}]$$

An der Grenzfläche bei $x = \xi(t)$ gelten die Randbedingungen

$$\partial c/\partial x - \lambda c = g(t) \quad \text{für} \quad x = \xi(t) \quad \text{und} \quad t > 0 \qquad [\text{I - 14, 20}]$$

und

$$\left. d\xi/dt = v(t) = kD\left(\frac{\partial c}{\partial x}\right)_{\xi(t)} \quad \begin{aligned} &\text{für} \quad x = \xi(t) \\ &\text{und} \quad t \geqq 0;\ \xi(0) = 0. \end{aligned} \right\} \qquad [\text{I - 14, 21}]$$

Die letzte Gleichung bestimmt die Lage der Grenzfläche bei $x = \xi(t)$, wobei für den Zeitpunkt $t = 0$ verfügt wurde, daß $\xi(0) = 0$ ist. $d\xi/dt$ ist proportional dem Diffusionsstrom; das drückt aus, daß die durch Diffusion an die Grenze herangeführte Substanz dort zum Aufbau der neuen Phase verwandt wird.

Mit den neuen Koordinaten $y = x - \xi(t)$ (das ist der Abstand von der variablen Phasengrenze) und t, sowie der reduzierten (dimensionslosen) Konzentration $\zeta = c(x,t)/a$ wird aus [I - 14, 17]

$$\frac{\partial \zeta}{\partial t} = D\,\frac{\partial^2 \zeta}{\partial y^2} + v(t)\,\frac{\partial \zeta}{\partial y} + Q(t), \qquad [\text{I - 14, 22}]$$

wobei $Q(t)$ die reduzierte Quellenergiebigkeit ist

$$Q(t) = Q'(t)/a.$$

Die Randbedingungen für c gehen jetzt in diejenigen für ζ über

$$\left. \begin{aligned} &\text{a)} \quad \zeta(y,t) = 1 + \int\limits_0^t Q(t)\,dt \quad \text{für} \quad y \to +\infty \quad \text{und} \quad t > 0; \\ &\text{b)} \quad \partial \zeta/\partial y - \lambda \zeta = g(t) \quad \text{für} \quad y = 0 \quad \text{und} \quad t > 0 \\ &\qquad\qquad\qquad\qquad \text{mit} \quad g(t) = g'(t)/a, \end{aligned} \right\} \qquad [\text{I - 14, 23}]$$

weiter

$$\frac{d\xi}{dt} = v(t) - \eta D\left(\frac{\partial \zeta}{\partial y}\right)_0 \quad \text{für} \quad t > 0, \quad \text{mit} \quad \eta = k'a. \qquad [\text{I - 14, 24}]$$

Die Lösung gelingt mit folgendem Ansatz: η wird als kleine Größe und „Störungsparameter" aufgefaßt; denn für $\eta = 0$ verschwindet auch $v(t)$, gemäß

[I - 14, 24]. Es wird daher ein Reihenansatz nach diesem Störparameter versucht

$$\text{a)} \quad \zeta(y, t) = \zeta_0(y, t) + \eta\,\zeta_1(y, t) + \eta^2\,\zeta_2(y, t) + \dots$$

$$\text{b)} \quad v(t) \quad = \eta\,v_1(t) + \eta^2 v_2(t) + \dots \qquad\qquad [I - 14, 25]$$

Damit durch Substitution in die Differentialgleichung [I - 14, 22]

$$\text{a)} \quad \frac{\partial \zeta_0}{\partial t} = D\,\frac{\partial^2 \zeta_0}{\partial y^2} + Q(t)$$

$$\text{b)} \quad \frac{\partial \zeta_j}{\partial t} = D\,\frac{\partial^2 \zeta_j}{\partial y^2} + \sum_{\substack{l+m=j \\ l,m=0}} v_l\,\frac{\partial \zeta_m}{\partial y}\,;\, j = 1, 2 \dots \qquad [I - 14, 26]$$

Für die weitere Behandlung dieser Gleichungen, die mit bekannten Funktionen möglich ist, sei auf das Original verwiesen.

Eine der vorstehend beschriebenen verwandte Methode wurde auch bei der Behandlung eines anderen Diffusionsproblems angewandt; der stationären Diffusion in eine in einem fluiden Medium bewegte Kugel bei kleinen REYNOLDS-Zahlen [FRISCH (44)]. Für Einzelheiten sei auf das Original verwiesen.

C. WAGNER (124) hat das folgende Problem behandelt: Bei der Erstarrung einer Legierung (speziell binäre Legierung) steht eine Schmelze bestimmter Zusammensetzung im allgemeinen mit einer festen Phase verschiedener Zusammensetzung im Gleichgewicht. Es wird angenommen, daß die Schmelze hinsichtlich der Konzentration der in geringerer Menge anwesenden Komponenten gegenüber dem Kristall im Gleichgewicht angereichert ist (was keine wesentliche Einschränkung für die Rechnung bedeutet). Diese Komponente 1 muß also ständig an der Grenzfläche wachsender Kristall/Schmelze in die Schmelze übergehen und von der Grenzfläche durch Diffusion weggeführt werden. Für Einzelheiten verweisen wir auf das Original

I, 15. Diffusions-kontrollierte Reaktion in Lösung

Wir behandeln das folgende Diffusionssystem, das bei manchen Lösungsreaktionen auftritt [auch bei Fluoreszenzlöschung, TH. FÖRSTER (45)].

Es ist bekannt, daß bei bimolekularen Reaktionen in Lösungen sehr häufig mit Stoßzahlen gerechnet werden kann, die von denen in Gasen nur wenig verschieden sind. Im einzelnen ist dies zuerst von J. FRANCK und E. RABINOWITSCH klar formuliert worden.

In einer Lösung sind zwar die Zahlen der Zusammenstöße vergleichbar mit denen in Gasen, sie kommen aber auf zweierlei ganz verschiedene Weisen zustande. Zwei weit voneinander entfernte Teilchen (weit bedeutet, daß der Abstand wesentlich größer als die Moleküldimensionen ist) können nur dadurch zusammenstoßen, daß sie sich durch Diffusion hinreichend nahe kommen. Das ist also ein langsamer, vom Lösungsmittel abhängiger Prozeß. Sind die beiden Teilchen aber einmal zusammengestoßen, so befinden sie sich in einem „Käfig" von Lösungsmittel-Molekülen, aus dem sie nur durch Diffusion, wiederum verhältnismäßig langsam, herauskommen können. Die erste Sorte von Stößen nennt man nach RABINOWITSCH Begegnungen, die zweiten Stöße. Auf eine, seltene, Begegnung folgen in der Regel zahlreiche Stöße. Die Zahl der Begegnungen und Stöße ist dann vergleichbar mit der Zahl der Stöße in einem Gas. Verläuft eine Reaktion mit nicht zu kleiner Aktivierungsenergie, so wird sie in der Lösung ähnlich fortschreiten wie in einem Gas, die Unterscheidung in Stöße und Begegnungen wird irrelevant.

Ist dagegen die Aktivierungsenergie klein, oder verschwindend, wie dies z. B. bei der Desaktivierung eines angeregten Teilchens, oder bei der Rekombination aktiver Teilchen, insbesondere freier Atome oder Radikale der Fall ist, so wird die Zahl der Begegnungen zeitbestimmend*).

In solchen Fällen spricht man von diffusionsbestimmten (oder kontrollierten) Vorgängen; diese sind dann oft, wie der Diffusionskoeffizient, der Viskosität des Lösungsmittels umgekehrt proportional. Der sog. „Käfig-Effekt" macht sich besonders bemerkbar bei photochemischen Primärprozessen in Lösungen. Wird etwa ein Brommolekül in der Gasphase durch Absorption eines Lichtsquants dissoziiert, so werden die entstandenen Bruchstücke fast immer auseinanderfliegen, während umgekehrt in der Lösung eine beträchtliche Wahrscheinlichkeit besteht, daß die Teilchen wieder rekombinieren, ehe sie sich auseinanderbewegen können. Dann wird also die Quantenausbeute in Lösung wesentlich kleiner werden können, als sie in der Gasphase wäre.

Hier wollen wir eine Abschätzung für den anderen Fall geben, d. h. für die Zahl der Begegnungen bei diffusionsbestimmten Reaktionen, wozu auch noch die Koagulation zweier Kolloid-Teilchen gehören kann [SMOLUCHOWSKI, VERWEIJ (118a)].

Wir betrachten zunächst eins der beiden Teilchen, 1, als in Ruhe befindlich und berechnen die Häufigkeit, mit der ein zweites Teilchen, 2, durch Diffusion auf das erste Teilchen trifft. Wir nehmen das Teilchen 1 vom Radius r_0 als im Nullpunkt eines Koordinatensystems befindlich an, und stellen uns die Kugel vom Radius r_0 als Senke für die Teilchen 2 vor, die von außen herausdiffundieren, wobei also die Differentialgleichung für Teilchen 2 gilt

$$D\left\{\frac{\partial^2 c_2}{\partial r^2} + \frac{2}{r}\,\frac{\partial c_2}{\partial r}\right\} = \frac{\partial c_2}{\partial t}, \qquad \text{[I - 15, 1]}$$

mit den Randbedingungen

$$c_2 = 0 \quad \text{für} \quad r = r_0;\ \lim c_2 = C_2 \quad \text{für} \quad \lim r \to \infty. \qquad \text{[I - 15, 2]}$$

---

*) Die Zahl der Stöße nach einer Begegnung läßt sich abschätzen, wenn man die Zeit berechnet, die im Mittel zwei Teilchen brauchen, um so weit auseinanderzudiffundieren, daß sie durch Lösungsmittelmoleküle voneinander getrennt sind. Nimmt man für diesen Abstand gut 3 Å an, für den Diffusionskoeffizienten $10^{-5}\mathrm{cm^2 sec^{-1}}$, so wird $\tau \approx 10^{-15} \cdot 10^5 \cdot (1/2) \approx 5 \cdot 10^{-11}\mathrm{sec}$. Nimmt man als „Abstand" der stoßenden Partikeln in dem Käfig etwa $3 \cdot 10^{-9}$ cm an, als Relativgeschwindigkeit etwa $5 \cdot 10^4 \mathrm{cm\ sec^{-1}}$, so folgt als Stoßzahl in dem Käfig

$$\sim 5 \cdot 10^4 \cdot 5 \cdot 10^{-11}/3 \cdot 10^{-9} \approx 10^3,$$

d. h. auf eine Begegnung folgen etwa tausend Stöße.

Wir behandeln nicht den tatsächlichen, zweitabhängigen Verlauf, sondern tun so, als wäre der Prozeß quasistationär, d. h. $\partial c_2/\partial t = 0$; damit bleibt die gewöhnliche Differentialgleichung

$$\frac{d^2 c_2}{dr^2} + \frac{2}{r}\,\frac{dc_2}{dr} = 0\,. \qquad\qquad \text{[I - 15, 3]}$$

Wir versuchen eine Lösung in der Form

$$c_2 = \zeta\left[\frac{1}{r} - \frac{1}{r_0}\right], \qquad\qquad \text{[I - 15, 4]}$$

die offensichtlich die Randbedingung bei $r = r_0$ bereits erfüllt.

Nach Einsetzen in [I - 15, 3]

$$\zeta\left[\frac{2}{r^3} - \frac{2}{r^3}\right] \equiv 0, \qquad\qquad \text{[I - 15, 5]}$$

die Gleichung ist also identisch erfüllt. Aus der Randbedingung im Unendlichen folgt

$$\zeta = -C_2\,r_0; \quad c_2 = -C_2\left[1 - \frac{r_0}{r}\right]. \qquad\qquad \text{[I - 15, 6]}$$

Für den Diffusionsstrom durch die Oberfläche bei r_0 der Größe $4\,\pi\,r_0{}^2$ erhalten wir

$$- J_{r0} = D\,4\,\pi\,r_0{}^2[dc_2/dr]_{r0} = +\,4\,\pi D\,C_2\,r_0\,. \qquad\qquad \text{[I - 15, 7]}$$

Wir suchen $-J_{r0}$, den nach *innen* gerichteten Strom herandiffundierender Substanz. Die Beziehung Gl. [I - 15, 7] stammt von SMOLUCHOWSKI.

Wir haben bisher das Teilchen 1 festgehalten gedacht und die Teilchen 2 diffundieren lassen, implizit mit ihrem individuellen Diffusionskoeffizienten D_2. In Wirklichkeit wird aber auch das Teilchen 1 mit einem Diffusionskoeffizienten D_1 diffundieren. Wie ändert sich dadurch das Resultat?

Zunächst läßt sich das richtige Ergebnis folgendermaßen erraten: Das Teilchen 1 wird in der $\pm\,x$-Richtung in einer Teit τ eine Verschiebung gemäß

$$\overline{\Delta x_1{}^2} = 2\,D_1\,\tau$$

erleiden, entsprechend das Teilchen 2 eine Verschiebung

$$\overline{\Delta x_2{}^2} = 2\,D_2\,\tau\,.$$

Rechnen wir so, als befände sich zu Beginn das Teilchen 1 bei $x = 0$, 2 bei x_0, und beachten, daß Verschiebungen gegeneinander und voneinander weg gleich wahrscheinlich sind, so werden wir erwarten, daß eine Begegnung stattfindet für alle $\sqrt{\overline{\Delta x_1{}^2}}$ und $\sqrt{\overline{\Delta x_2{}^2}}$ mit der Summe x_0, und dafür erwarten wir eine Zeit

$$\tau \approx \frac{\overline{\Delta x_1{}^2} + \overline{\Delta x_2{}^2}}{D_1 + D_2} \approx \frac{x_0{}^2}{D_1 + D_2}\,.$$

Wir vermuten also, daß in der Gl. [I - 15, 7] der Diffusionskoeffizient D durch die Summe $D_1 + D_2$ zu ersetzen sein wird.

Diese Frage ist ebenfalls von SMOLUCHOWSKI (111) behandelt worden.

Wir wissen, daß die Wahrscheinlichkeit $p(x)$ für Verschiebung eines Teilchens um eine Strecke zwischen x und $x + dx$ in der Zeit t gegeben ist durch

$$p(x)\,dx = (1/2\,\sqrt{\pi D\,t})\exp[-x^2/4D\,t]\,dx. \qquad [\text{I - 15, 8}]$$

Wir fragen nun nach der Wahrscheinlichkeit für eine relative Verschiebung zwischen ξ und $\xi + d\xi$ zweier Teilchen 1 und 2.

Diese Verschiebung kann so zustande kommen, daß 1 sich um x, 2 um $x + \xi$ bewegt haben; die Wahrscheinlichkeit dieser beiden unabhängigen Ereignisse wird als Produkt der Einzelwahrscheinlichkeiten

$$p(x,\xi)\,dx\,d\xi = p(x)\,dx \cdot p(x + \xi)\,d\xi, \qquad [\text{I - 15, 9}]$$

und die Wahrscheinlichkeit einer relativen Verschiebung ξ, unabhängig von der Größe x, durch Integration über alle Werte von x

$$p(\xi)\,d\xi = d\xi \int\limits_{-\infty}^{+\infty} p_1(x)\,p_2(x + \xi)\,dx = \frac{d\xi}{4\pi t\,\sqrt{D_1\cdot D_2}} \int\limits_{-\infty}^{+\infty} e^{\frac{-x^2}{4D_1 t}}\, e^{\frac{-(x+\xi)^2}{4D_2 t}}\, dx,$$

$$[\text{I - 15, 10}]$$

$$p(\xi)\,d\xi = \frac{d\xi}{2\,\sqrt{\pi\,(D_1 + D_2)\,t}}\, \exp\left[-\frac{\xi^2}{4(D_1 + D_2)t}\right] \qquad [\text{I - 15, 11}]$$

was sich von der Ausgangsgleichung nur dadurch unterscheidet, daß D durch $D_1 + D_2$ ersetzt ist*).

---

*) Wir deuten den Gang der Rechnung an, der von Gl. [I - 15, 10] zu Gl. [I - 15, 11] führt. Das in Gl. [I - 15, 10] erscheinende Integral läßt sich auf die Form bringen

$$e^{-l x^2 - m x}\, dx, \qquad [\text{I - 15, 12}]$$

da für die Integration nur x variabel ist. Wir gehen von der Γ-Funktion aus, die u. a. definiert ist durch

$$\Gamma(a) = \int\limits_{0}^{\infty} e^{-y}\, \eta^{(a-1)}\, d\eta. \qquad [\text{I - 15, 13}]$$

Für $a = 1/2$ folgt die bekannte Beziehung

$$\Gamma(1/2) = \sqrt{\pi} = e^{-y}\, \eta^{1/2-1}\, d\eta, \qquad [\text{I - 15, 14}]$$

die für $\eta = y^2$ wieder auf eine bekannte Beziehung führt

$$2\int\limits_{0}^{\infty} e^{-y^2}\, dy = \sqrt{\pi}\,; \quad \int\limits_{+\infty}^{-\infty} e^{-y^2}\, dy = \sqrt{\pi}. \qquad [\text{I - 15, 15}]$$

Durch die Substitution

$$y = x\left|\sqrt{l}\,\right| + \frac{m}{2\left|\sqrt{l}\,\right|} \qquad [\text{I - 15, 16}]$$

läßt sich Gl. [I - 15, 15] auf die Form bringen

$$\int\limits_{-\infty}^{+\infty} e^{-l\,x^2-m\,x}\; e^{-\left(\dfrac{m}{2\,|\sqrt{l}\,|}\right)^2}\; |\sqrt{l}\,|\; dx = \sqrt{\pi}\;. \qquad\qquad [\text{I}\text{-}15,\,17]$$

Aus Gl. [I - 15, 15] und Gl. [I - 15, 17] folgt

$$\int\limits_{-\infty}^{+\infty} e^{-l\,x^2-m\,x}\; dx = \sqrt{\pi/l}\;\exp[+m^2/4l]\;. \qquad\qquad [\text{I}\text{-}15,\,18]$$

Vergleich mit Gl. [I - 15, 10] lehrt, daß wir zu setzen haben

$$l = \frac{D_1 + D_2}{4\,D_1 D_2 \cdot t}\;;\qquad m = \xi/2D_2\,t\;. \qquad\qquad [\text{I}\text{-}15,\,19]$$

Also wird zunächst das Integral auf der rechten Seite von Gl. [I - 15, 10]

$$\int\limits_{-\infty}^{+\infty} e^{-\frac{x^2}{4D_1 t}}\; e^{-\frac{(x+\xi)^2}{4D_2 t}}\; dx = \int\limits_{-\infty}^{+\infty} e^{-\left\{\frac{x^2(D_1+D_2)}{4D_1 D_2 t} + \frac{2x\xi}{4D_2 t} + \frac{\xi^2}{4D_2 t}\right\}}\; dx. \quad [\text{I}\text{-}15,20]$$

Wenn stünde

$$\int\limits_{-\infty}^{+\infty} e^{-\left[x^2 l + x\,m + \frac{m^2}{4l}\right]}\; \sqrt{l}\; dx = \sqrt{\pi}\;, \qquad\qquad [\text{I}\text{-}15,\,21]$$

so wäre das Resultat $\sqrt{\pi}$. Gl. [I - 15, 20] unterscheidet sich von Gl. [I - 15, 21] auf der linken Seite um den konstanten Faktor

$$\exp[m^2/4l]\;\exp[-\,\xi^2/4D_2\,t]\cdot\sqrt{l}\;. \qquad\qquad [\text{I}\text{-}15,\,22]$$

Wir müssen also Gl. [I - 15, 21] durch diesen Faktor dividieren, um den richtigen Wert des Integrals in Gl. [I - 15, 20] zu erhalten. Fügen wir dazu noch den Vorfaktor von Gl. [I - 15, 10], so kommt:

$$p(\xi)d\xi = \frac{d\xi\cdot\sqrt{\pi}}{4\pi t\,\sqrt{D_1\cdot D_2}}\cdot\frac{2\,\sqrt{D_1 D_2\cdot t}}{\sqrt{D_1+D_2}}\;\exp\left[-\frac{\xi^2}{4D_2\,t}+\frac{\xi^2}{4D_2\,t}\frac{D_1}{(D_1+D_2)}\right]$$

$$= \frac{d\xi}{2\,\sqrt{\pi(D_1+D_2)t}}\;\exp\left[-\frac{\xi^2}{4(D_1+D_2)t}\right]\;, \qquad\qquad [\text{I}\text{-}15,\,23]$$

das gesuchte Resultat Gl. [I - 15, 11].

I, 16. Diffusion in einem zweiphasigen System

Wenn eine Komponente in einem zweiphasigen System diffundiert und wenn wir annehmen, daß Gleichgewicht an der Phasengrenzfläche eingestellt ist, so haben wir dort die Bedingung

$$\mu_{\text{I}} = \mu_{\text{II}}, \qquad\qquad [\text{I}\text{-}16,\,1]$$

wo μ das chemische Potential der als elektrisch ungeladen angenommenen Partikeln ist, und wo der Index sich auf die Phasen I bzw. II bezieht. Innerhalb des Gültigkeitsbereichs der Gesetze der idealverdünnten Lösungen ist Gl. [I-16,1] äquivalent mit dem NERNSTschen Verteilungssatz

$$c_\mathrm{I}/c_\mathrm{II} = \varkappa. \qquad\qquad [\mathrm{I} \text{-} 16, 2]$$

Wir wollen jetzt das lineare Problem behandeln, wo die Phasen I und II unendlich ausgedehnt in der $-x$- bzw. $+x$-Richtung, und von konstantem Querschnitt sind; die gemeinsame Begrenzung liege bei $x = 0$. Wenn wir die Diffusionskoeffizienten innerhalb der Phase I bzw. II mit D_I bzw. D_II bezeichnen, so haben wir die folgenden Differentialgleichungen sowie Anfangs- und Randbedingungen

$$\partial c/\partial t = D_\mathrm{I}\,\partial^2 c/\partial x^2 \quad \text{für} \quad x < 0,$$

$$\partial c/\partial t = D_\mathrm{II}\,\partial^2 c/\partial x^2 \quad \text{für} \quad x > 0, \qquad [\mathrm{I} \text{-} 16, 3]$$

$$c = c_0 \quad \text{für} \quad x < 0, \qquad c = 0 \quad \text{für} \quad x > 0 \quad \text{und} \quad t = 0,$$

$$(c)^\mathrm{I}_{x=0} : (c)^\mathrm{II}_{x=0} = \varkappa, \quad D_\mathrm{I}\left(\frac{\partial c}{\partial x}\right)^\mathrm{I}_{x=0} = D_\mathrm{II}\left(\frac{\partial c}{\partial x}\right)^\mathrm{II}_{x=0}. \qquad [\mathrm{I} \text{-} 16, 4]$$

Die letzte Gleichung drückt die Kontinuität der Strömung durch die Ebene $x = 0$ aus, beides für $t > 0$.

Die allgemeine Lösung unseres Problems ist [JOST (70)]:

$$c = c_0\left\{1 - \frac{\varkappa\,\sqrt{D_\mathrm{II}}}{\varkappa\,\sqrt{D_\mathrm{II}} + \sqrt{D_\mathrm{I}}}\left[1 + \mathrm{erf}\left(\frac{x}{2\,\sqrt{D_\mathrm{I}\,t}}\right)\right]\right\}, \quad \text{für} \quad x < 0,$$

$$\qquad\qquad\qquad\qquad\qquad\qquad\qquad\qquad\qquad\qquad\qquad\qquad\qquad [\mathrm{I} \text{-} 16, 5]$$

$$c = c_0\,\frac{\varkappa\,\sqrt{D_\mathrm{I}}}{\varkappa\,\sqrt{D_\mathrm{II}} + \sqrt{D_\mathrm{I}}}\left[1 - \mathrm{erf}\left(\frac{x}{2\,\sqrt{D_\mathrm{II}\,t}}\right)\right] \quad \text{für} \quad x > 0,$$

wo $\mathrm{erf}(x)$ das Fehlerintegral bezeichnet (vgl. I, A, 1). Für $D_\mathrm{I} = D_\mathrm{II} = D$ reduziert sich dieses auf

$$c = c_0\left\{\frac{\varkappa}{1+\varkappa}\left[1 - \mathrm{erf}\left(\frac{x}{2\,\sqrt{D\,t}}\right)\right] + \frac{1-\varkappa}{1+\varkappa}\right\} \quad \text{für} \quad x < 0,$$

$$\qquad\qquad\qquad\qquad\qquad\qquad\qquad\qquad\qquad\qquad\qquad\qquad\qquad [\mathrm{I} \text{-} 16, 6]$$

$$c = c_0\,\frac{\varkappa}{1+\varkappa}\left[1 - \mathrm{erf}\left(\frac{x}{2\,\sqrt{D\,t}}\right)\right] \quad \text{für} \quad x > 0.$$

Lösungen der Gln. [I - 12, 5] und [I - 12, 6] sind graphisch in den Abb. I, 6 - 3 bis I, 6 - 10 reproduziert.

I, 17. Weitere Integrale für mehrphasige Systeme

C. WAGNER*) hat Diffusionsprobleme in binären Systemen aus mehr als einer Phase behandelt. Im folgenden geben wir eine Übersicht über einige seiner Resultate, die von praktischem Nutzen sein können.

---

*) C. WAGNER, unveröffentlichte Ergebnisse. Der Verfasser ist Herrn C. WAGNER dankbar für die Erlaubnis, seine Ergebnisse hier benutzen zu dürfen.

I, 17, 1. Diffusion von einer Grenzfläche aus in ein heterogenes System von gegebener Brutto-Zusammensetzung (Abb. I, 17, 1 - 1)

Gegeben sei ein Konglomerat der Phasen I und II mit der mittleren Konzentration c_0 an diffundierender Substanz bei $t = 0$, von unendlicher Ausdehnung in der positiven x-Richtung. An der Oberfläche $x = 0$ sollen solche Bedingungen hergestellt werden, daß sich die Phase II mit der Oberflächen-

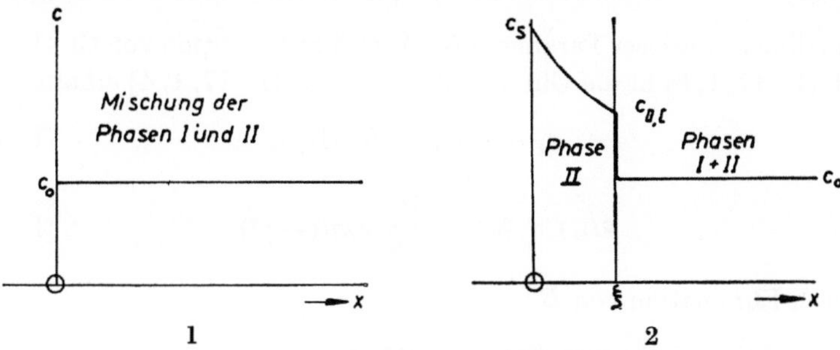

Abb. I, 17 - 1 u. 2. Diffusion in einem Zweiphasen-System nach C. Wagner. a) Verteilung der Brutto-Konzentration der Phasen I und II für $t = 0$. b) Verteilung der Konzentration für $t > 0$. Phase II für $x < \xi$, Konglomerat von Phasen I und II für $x > \xi$.

konzentration c_s bildet*). Dann wird Diffusion von der Oberfläche aus in der homogenen Phase II fortschreiten, und im Zeitpunkt t wird sich das Gebiet der Phase II von $x = 0$ bis $x = \xi$ erstrecken, Abb. I, 17, 1 - 2.

Für die Diffusion gilt die Gleichung

$$\partial c/\partial t = D\, \partial^2 c/\partial x^2, \qquad [\text{I - 17, 1, 1}]$$

wo ein konzentrationsunabhängiger Diffusionskoeffizient angenommen worden ist. Die Randbedingung ist

$$c = c_s \quad \text{bei} \quad x = 0 \quad \text{und} \quad t > 0. \qquad [\text{I - 17, 1, 2}]$$

An der Unstetigkeitsfläche, $x = \xi$, ist die Konzentration der diffundierenden Substanz in Phase II die dem Gleichgewicht zwischen den Phasen I und II entsprechende, also

$$c = c_{\text{II, I}} \quad \text{für} \quad x = \xi. \qquad [\text{I - 17, 1, 3}]$$

Während die Grenzfläche zwischen homogenem und inhomogenem Gebiet um das Stück $d\xi$ innerhalb der Zeit dt verschoben wird, muß der Betrag $[c_{\text{II, I}} - c_0]d\xi$ an diffundierender Substanz pro Einheits-Querschnitt aus dem Gebiet $x < \xi$ geliefert werden, also gilt (angenähert)

$$[c_{\text{II, I}} - c_0]d\xi = -D\,dt\left(\frac{\partial c}{\partial x}\right)_{\xi - 0}. \qquad [\text{I - 17, 1, 4}]$$

———————

*) Die Phasen I und II könnten z. B. Ferrit und Austenit bei 850° C sein, wobei die Oberfläche in Kontakt mit einem carburierenden Gas von definiertem Partialdruck sein müßte, z. B. $CO + CO_2$ oder $CH_4 + H_2$.

Ein partikuläres Integral von Gl. [17, 1, 1] ist

$$c = c_s - B\,\mathrm{erf}\left(\frac{x}{2\sqrt{Dt}}\right) \quad \text{für} \quad 0 < x < \xi \,.\qquad [17, 1, 5]$$

WAGNER nimmt versuchsweise an, daß die Diskontinuitätsfläche proportional zu $\sqrt{t}$ verschoben wird, also

$$\xi = \gamma \cdot \sqrt{Dt},\qquad [I\text{-}17, 1, 6]$$

wo γ ein dimensionsloser Parameter ist. Durch Substitution von Gl. [I - 17, 1, 5] und Gl. [I - 17, 1, 6] in die Gln. [I - 17, 1, 3] und [I - 17, 1, 4] erhalten wir

$$c_s - c_{\mathrm{II,\,I}} = B\,\mathrm{erf}(\gamma),\qquad [I\text{-}17, 1, 7]$$

und

$$c_{\mathrm{II,\,I}} - c_0 = \frac{B}{\gamma\sqrt{\pi}}\exp(-\gamma^2),\qquad [I\text{-}17, 1, 8]$$

und durch Elimination von B

$$\frac{c_s - c_{\mathrm{II,I}}}{c_{\mathrm{II,I}} - c_0} = \gamma\sqrt{\pi}\, e^{\gamma^2}\,\mathrm{erf}(\gamma)\,.\qquad [I\text{-}17, 1, 9]$$

Gl. [I - 17, 1, 9] erlaubt eine Bestimmung des Parameters γ. Man kann dann B aus den Gln. [I - 17, 1, 7] und [I - 17, 1, 8] ermitteln. Wenn D bekannt ist, läßt sich so die Geschwindigkeit der Verschiebung der Diskontinuitätsfläche sowie die Konzentrationsverteilung innerhalb der Phase II aus den obigen Gleichungen berechnen. Andererseits kann man D aus der beobachteten Verschiebung der Diskontinuitätsfläche mittels Gl. [I - 17, 1, 6] berechnen, welche ergibt

$$D = \xi^2/4\gamma t.\qquad [I\text{-}17, 1, 10]$$

I, 17, 2. Diffusion in eine homogene Phase,
wenn eine zweite Phase sich von der Oberfläche aus bildet (Abb. 17, 2 - 1 u. 2)

Die benutzte Bezeichnung geht aus Abb. I, 17, 2 - 1 u. 2 hervor. Wir haben jetzt die beiden Differentialgleichungen

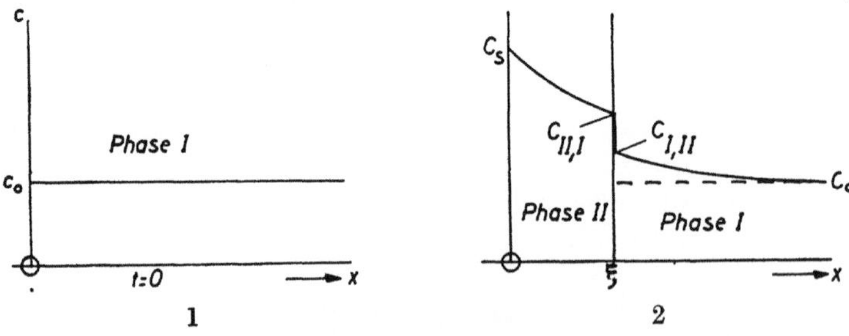

Abb. I, 17, 2 - 1 u. 2. Diffusion in Zweiphasen-System, nach C. WAGNER. a) Konzentration in Phase I für $t = 0$. b) Konzentration in Phase II $(x < \xi)$ und in Phase I $(x > \xi)$ für $t > 0$.

$$\partial c/\partial t = D_{II}\partial^2 c/\partial x^2 \quad \text{für} \quad 0 < x < \xi, \qquad [\text{I - } 17, 2, 1]$$

und

$$\partial c/\partial t = D_{I}\partial^2 c/\partial x^2 \quad \text{für} \quad x > \xi, \qquad [\text{I - } 17, 2, 2]$$

wo D_I und D_{II} die Konzentrationsunabhängigen Diffusionskoeffizienten innerhalb der beiden Phasen I und II sind, und wo ξ wiederum der Ort der Diskontinuitätsfläche ist.

Die Anfangsbedingung ist

$$c = c_0 \quad \text{bei} \quad x = 0 \quad \text{und} \quad t = 0 \qquad [\text{I - } 17, 2, 3]$$

und die Randbedingungen sind

$$c = c_s \qquad \text{bei} \quad x = 0 \quad \text{und} \quad t > 0, \qquad [\text{I - } 17, 2, 4]$$

$$c = c_{II, I}, \quad \text{bei} \quad x = \xi - 0 \quad (\text{Phase II}) \qquad [\text{I - } 17, 2, 5]$$

und

$$c = c_{I, II}, \quad \text{bei} \quad x = \xi + 0 \quad (\text{Phase I}). \qquad [\text{I - } 17, 2, 6]$$

Wir haben wieder die angenäherte Beziehung, für die Menge diffundierender Substanz, welche bei $x = \xi$ für eine Verschiebung $d\xi$ der Phasengrenze innerhalb der Zeit dt benötigt wird

$$[c_{II, I} - c_{I, II}]d\xi$$

bezogen auf den Einheits-Querschnitt. Dieser Betrag ist der Überschuß an Substanz, welche die Phasengrenze durch Diffusion in der Phase II erreicht, über den Betrag, der in Phase I durch Diffusion eindringt, also

$$[c_{II, I} - c_{I, II}]d\xi = - D_{II}\left(\frac{\partial c}{\partial x}\right)_{\xi-0} + D_I\left(\frac{\partial c}{\partial x}\right)_{\xi+0}. \quad [\text{I - } 17, 2, 7]$$

Wie oben ist ein partikuläres Integral für die Phase II, das der Randbedingung [I - 17, 2, 4] genügt

$$c = c_s - B_{II}\,\text{erf}\left(\frac{x}{2\sqrt{D_{II}t}}\right) \quad \text{für} \quad 0 < x < \xi. \qquad [\text{I - } 17, 2, 8]$$

Ein partikuläres Integral für Phase I, das der Anfangsbedingung genügt, ist

$$c = c_0 + B_I\left[1 - \text{erf}\left(\frac{x}{2\sqrt{D_I t}}\right)\right] \quad \text{für} \quad x > \xi . \qquad [\text{I - } 17, 2, 9]$$

Indem wir wieder eine Beziehung annehmen

$$\xi = \gamma \cdot 2\sqrt{D_{II}t} \qquad [\text{I - } 17, 2, 10]$$

für die Verschiebung ξ der Phasengrenze mit der Zeit, erhalten wir durch Substitution der Gln. [I - 17, 2, 8], [I - 17, 2, 9] und [I - 17, 2, 10] in die Gln. [I - 17, 2, 5], [I - 17, 2, 6] und [I - 17, 2, 7]

$$c_{II, I} = c_s - B_{II}\,\text{erf}\,(\gamma), \qquad [\text{I - } 17, 2, 11]$$

$$c_{I, II} = c_0 - B_I[1 - \text{erf}\,(\gamma)\,\sqrt{\varphi}\,)] \qquad [\text{I - } 17, 2, 12]$$

und

$$c_{\mathrm{II,I}} - c_{\mathrm{I,II}} = \frac{B_{\mathrm{II}}}{\gamma\sqrt{\pi}}\,e^{-\gamma^2} - \frac{B_{\mathrm{I}}}{\gamma\sqrt{\pi\varphi}}\,e^{-\gamma^2\varphi}\,, \qquad [\mathrm{I}\text{-}17,2,13]$$

wo

$$\varphi = D_{\mathrm{II}}/D_{\mathrm{I}}.$$

Zum Schluß erhalten wir durch Elimination von B_{I} und B_{II} aus den Gln. [I - 17, 2, 11], [I - 17, 2, 12] und [I - 17, 2, 13]

$$c_{\mathrm{II,I}} - c_{\mathrm{I,II}} = \frac{c_s - c_{\mathrm{II,I}}}{\gamma\sqrt{\pi}\,\mathrm{erf}(\gamma)}\,e^{-\gamma^2} - \frac{(c_{\mathrm{I,II}} - c_0)\,e^{-\gamma^2\varphi}}{\gamma\sqrt{\pi\varphi}\,[1 - \mathrm{erf}(\gamma\sqrt{\varphi})]}\,. \qquad [\mathrm{I}\text{-}17,2,14]$$

Wiederum kann man γ aus Gl. [I - 17, 2, 14] auswerten mittels numerischer oder graphischer Methoden, sofern D_{I}, D_{II} und c_{I}, und $c_{\mathrm{I,II}}$ bekannt sind, und so läßt sich dann die Geschwindigkeit der Verschiebung der Phasengrenze aus Gl. [I - 17, 2, 10] berechnen. Es ist jedoch nicht möglich, die beiden Diffusionskoeffizienten D_{I} und D_{II} aus einer Beobachtungsreihe über die Änderung von ξ mit der Zeit zu berechnen.

I, 17, 3. Diffusion aus einer Phase II in ein Konglomerat von Phasen I und II
(Abb. I, 17, 3 - 1 u. 2)

Das Problem ist ähnlich dem von Fall a). Wir haben die Differentialgleichung

$$\partial c/\partial t = D_{\mathrm{II}}\,\partial^2 c/\partial x^2 \quad \text{für} \quad x < \xi, \qquad [\mathrm{I}\text{-}17,3,1]$$

da Diffusion nur in der Phase II fortschreitet; mit der Anfangsbedingung

$$c = c_{\mathrm{II,0}} \quad \text{bei} \quad x < 0 \quad \text{und} \quad t = 0 \qquad [\mathrm{I}\text{-}17,3,2]$$

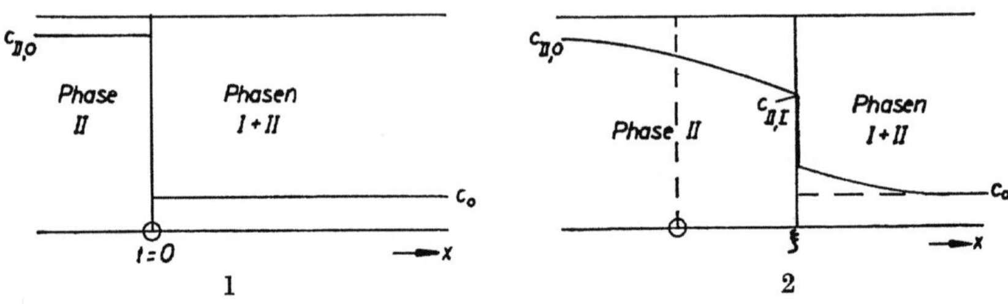

Abb. I, 17, 3- 1 u. 2. Diffusion im Zweiphasen-System nach C. WAGNER. a) Konzentration in Phase II ($x < 0$) und in Konglomerat von Phasen I und II ($x > 0$) für $t = 0$. b) Konzentration in Phase II ($x < \xi$) und in Konglomerat von Phasen I und II ($x > \xi$) für $t > 0$.

und

$$c = c_0 \quad \text{bei} \quad x > 0 \quad \text{und} \quad t = 0. \qquad [\mathrm{I}\text{-}17,3,3]$$

Indem wir wieder setzen

$$\xi = \gamma \cdot 2\sqrt{D_{\mathrm{II}}t} \qquad [\mathrm{I}\text{-}17,3,4]$$

und das partikuläre Integral benutzen

$$c = c_{\mathrm{II},0} - B\left[1 + \operatorname{erf}\left(\frac{x}{2\sqrt{D_{\mathrm{II}}\,t}}\right)\right] \quad \text{für} \quad x < \xi\,, \quad [\text{I - 17, 3, 5}]$$

erhalten wir wie früher aus den vorangehenden Gleichungen

$$\frac{c_{\mathrm{II},0} - c_{\mathrm{II},\mathrm{I}}}{c_{\mathrm{II},\mathrm{I}} - c_0} = \sqrt{\pi}\,\gamma\,e^{\gamma 2}\left[1 + \operatorname{erf}(\gamma)\right]. \qquad [\text{I - 17, 3, 6}]$$

Aus Gl. [I - 17, 3, 6] kann man γ berechnen, und mittels dieses Wertes von γ können wir entweder ξ als Funktion des bekannten Wertes von D_{II} bestimmen, oder wir können D_{II} bestimmen aus beobachteten Werten von ξ als Funktion der Zeit.

I, 17, 4. Diffusion aus einer Phase II in eine Phase I, unter Umwandlung von Phase I in Phase II und entsprechender Verschiebung der Grenzfläche (Abb. I, 17, 4 - 1 u. 2)

Mit der obigen Bezeichnung erhält man für die Konstante γ, die wie früher definiert ist,

$$\frac{c_{\mathrm{II},\mathrm{I}} - c_{\mathrm{II},0}}{\gamma\sqrt{\pi}[1 + \operatorname{erf}(\gamma)]} - \frac{c_{\mathrm{I},\mathrm{II}} - c_0}{\gamma\sqrt{\pi\varphi}[1 - \operatorname{erf}(\gamma\sqrt{\varphi})]} = c_{\mathrm{II},\mathrm{I}} - c_{\mathrm{I},\mathrm{II}}, \quad [\text{I - 17, 4, 1}]$$

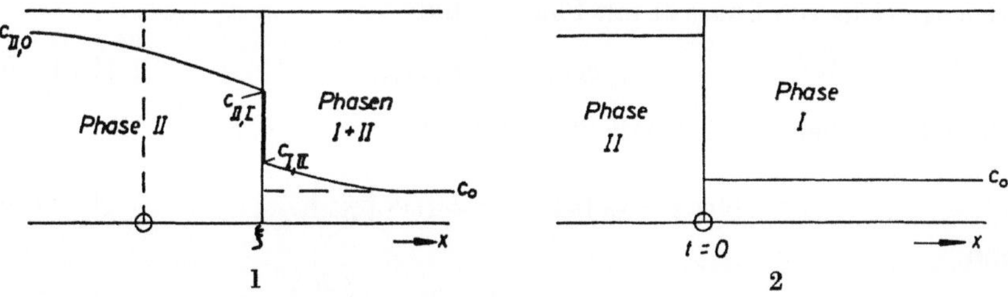

Abb. I, 17, 4 - 1 u. 2. Diffusion in Zweiphasen-System nach C. WAGNER. a) Konzentration in Phasen I und II bei $t = 0$; b) Konzentration in Phase II ($x < \xi$) und Phase I ($x > \xi$) für $t > 0$.

und wiederum kann man die Verschiebung ξ der Phasengrenze mittels des so bestimmten Wertes von γ berechnen aus der Gleichung

$$\xi = \gamma\,2\sqrt{D_{\mathrm{II}}t}\,. \qquad [\text{I - 17, 4, 2}]$$

I, 17, 5. Diffusion aus einem Konglomerat von Phasen II und III in ein Konglomerat von Phasen I und II (Abb. I, 17, 5 - 1 u. 2)

Anfangsbedingungen $\qquad\qquad c = c_0''\quad \text{für}\quad x < 0,$

$$c = c_0'\quad \text{für}\quad x > 0.$$

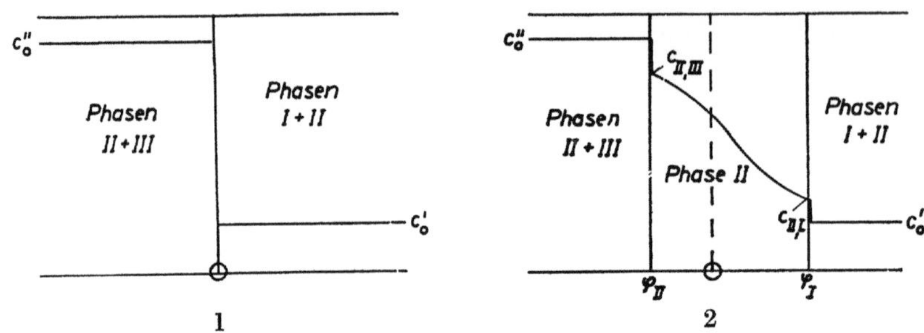

Abb. I, 17, 5 - 1 u. 2. Diffusion in Dreiphasen-System nach C. WAGNER. a) Konzentration in Konglomerat der Phasen II und III ($x < 0$) und Phasen I und II ($x > 0$) für $t = 0$; b) Konzentration in Konglomerat der Phasen II und III ($x < \xi''$), in Phase II ($\xi'' < x < \xi$) und in Konglomerat der Phasen I und II ($x > \xi'$) für $t > 0$.

Nach einer Zeit t erstreckt sich ein homogenes Gebiet der Phase II von ξ'' bis ξ', und die Diffusion in dieser Phase gehorcht der Differentialgleichung

$$\partial c/\partial t = D_{\mathrm{II}} \partial^2 c/\partial x^2 \quad \text{für} \quad \xi'' < x < \xi'. \qquad [\mathrm{I} - 17, 5, 1]$$

Analog den früheren Beispielen haben wir die Randbedingungen

$$c_{\xi' - 0} = c_{\mathrm{II, I}}, \qquad [\mathrm{I} - 17, 5, 2]$$

Gleichgewicht von Phase II mit Phase I, und

$$c_{\xi'' + 0} = c_{\mathrm{II, III}}, \qquad [\mathrm{I} - 17, 5, 3]$$

Phase II im Gleichgewicht mit Phase III, und

$$[c_{\mathrm{II, I}} - c_0'] d\xi' = - D_{\mathrm{II}}\, dt \left(\frac{\partial c}{\partial x}\right)_{\xi' - 0} \qquad [\mathrm{I} - 17, 5, 4]$$

und

$$[c_0'' - c_{\mathrm{II, III}}]\, d\xi'' = D_{\mathrm{II}}\, dt \left(\frac{\partial c}{\partial x}\right)_{\xi'' + 0} \qquad [\mathrm{I} - 17, 5, 5]$$

Wiederum versuchen wir den Ansatz

$$\xi' = \gamma' \cdot 2\sqrt{D_{\mathrm{II}} t}, \qquad [\mathrm{I} - 17, 5, 6]$$

$$\xi'' = \gamma'' \cdot 2\sqrt{D_{\mathrm{II}} t}. \qquad [\mathrm{I} - 17, 5, 7]$$

Eine partikuläre Lösung von Gl. [I - 17, 5, 1] ist

$$c = A - B\,\mathrm{erf}\left(\frac{x}{2\sqrt{D_{\mathrm{II}} t}}\right) \quad \text{für} \quad \xi'' < x < \xi'. \qquad [\mathrm{I} - 17, 5, 8]$$

Durch Substitution der Gln. [I - 17, 5, 6], [I - 17, 5, 7] und [I - 17, 5, 8] in die Gln. [I - 17, 5, 2], [I - 17, 5, 3] und [I - 17, 5, 4] erhalten wir die Gleichungen für γ' und γ''

$$\frac{c_{\mathrm{II, III}} - c_{\mathrm{II, I}}}{c_{\mathrm{II, III}} - c_0'} = \sqrt{\pi}\, \gamma' \exp(\gamma'^2)\, [\mathrm{erf}(\gamma') + \mathrm{erf}(\gamma'')] \qquad [\mathrm{I} - 17, 5, 9]$$

und

$$\frac{c_{\mathrm{II,III}} - c_{\mathrm{II,I}}}{c_0{}'' - c_{\mathrm{II,III}}} = \sqrt{\pi}\,\gamma'' \exp\left(\gamma''^2\right)\left[\operatorname{erf}(\gamma') + \operatorname{erf}(\gamma'')\right], \qquad [\mathrm{I\text{-}17,5,10}]$$

welche graphisch oder numerisch gelöst werden können, wenn $c_0{}'$, $c_0{}''$, $c_{\mathrm{II,I}}$ und $c_{\mathrm{II,III}}$ gegeben sind. Es ist weiter möglich, aus der beobachteten Geschwindigkeit der Verschiebung der Phasengrenzen den Diffusionskoeffizienten D_{II} zu berechnen vermittels der Gln. [I - 17, 5, 6] und [I - 17, 5, 7], nämlich

$$D_{\mathrm{II}} = \xi'^2/4\,\gamma' t \qquad [\mathrm{I\text{-}17,5,11}]$$

oder

$$D_{\mathrm{II}} = \xi''^2/4\,\gamma'' t. \qquad [\mathrm{I\text{-}17,5,12}]$$

In Fällen mit komplizierten Randbedingungen, wo explizite Lösungen der Diffusionsgleichung unmöglich sind, könnte sich die Methode des elektrischen Analogons [PASCHKIS (99) u. a.] als wertvoll erweisen, wie von MEHL (87) vorgeschlagen.

I, 18. Diffusion in mehrphasigen Systemen mit konzentrationsabhängigen Diffusionskoeffizienten

Diffusion innerhalb einer Phase bei konzentrationsabhängigem D behandelt man gewöhnlich nach der BOLTZMANNschen Methode, I, 10.

Aus der Gleichung

$$\frac{\partial c}{\partial t} = D\,\frac{\partial^2 c}{\partial x^2} + \frac{dD}{dc}\left(\frac{\partial c}{\partial x}\right)^2 \qquad [\mathrm{I\text{-}18,1}]$$

folgt für den Diffusionskoeffizienten

$$D = -2\,\frac{dy}{dc}\int_{c_0}^{c} y\,dc = +2\,\frac{dy}{dc}\int_{c}^{c_0} y\,dc. \qquad [\mathrm{I\text{-}18,2}]$$

Dabei hat man die Substitution eingeführt

$$c = c(x/\sqrt{t}) = c(y).$$

Gl. [I - 14, 2] gilt für die nur von y abhängigen Anfangsbedingungen

$$c = c_0 \quad \text{für} \quad x < 0 \quad \text{und} \quad t = 0 \quad \text{(d. h. für } y = -\infty)$$

$$c = c_1 \quad \text{für} \quad x > 0 \quad \text{und} \quad t = 0 \quad \text{(d. h. für } y = +\infty). \qquad [\mathrm{I\text{-}18,3}]$$

(Früher hatten wir $c_1 = 0$ gesetzt.) Gl. [I - 18, 2] erlaubt die Auswertung von $D(c)$ aus experimentell bestimmten Konzentrationsverteilungen. Tatsächlich ist der Gültigkeitsbereich von Gl. [I - 18, 2] weiter als man bisher angenommen hatte [JOST (74a)]. Es ist nicht nötig, daß das System bei $x = 0$ stetig ist. Wir können bei $y = 0$ (d. h. $x = 0$) eine Randbedingung einführen

$$f(c_+, c_-) = 0, \qquad [\mathrm{I\text{-}18,4}]$$

wo c_+ bzw. c_- die Konzentrationen auf den Seiten positiver und negativer y

sind. Dann werden im allgemeinen c und D bei $x = 0$ unstetig sein. Das beeinträchtigt aber nicht die Anwendung der BOLTZMANNschen Methode. Das Integral in Gl. [I - 18, 2] bleibt an der Unstetigkeitsstelle stetig. Die Unstetigkeit in D folgt aus der Unstetigkeit von $\partial c/\partial x$. Man sieht ohne weiteres, daß die richtige Änderung in D erhalten wird, entsprechend der Kontinuitätsbedingung bei $x = 0$

$$D_- \left(\frac{\partial c}{\partial x}\right)_- = D_+ \left(\frac{\partial c}{\partial x}\right)_+ . \qquad [\text{I - 18, 5}]$$

Im System der y bleibt Gl. [I - 18, 5] erhalten, weil es sich auf konstantes t bezieht.

In unserem früheren Beispiel (I, 16) hatten wir

$$f(c_+, c_-) = c_+/c_- - \varkappa = 0 \quad \text{NERNSTscher Verteilungssatz,}$$

und D_+, D_- unabhängig von c.

Jetzt ist diese Einschränkung nicht mehr nötig. Statt [I - 18, 5] können wir eine nicht-lineare Randbedingung haben, wie etwa

$$c_+{}^2/c_- = k, \qquad [\text{I - 18, 6}]$$

NERNSTscher Verteilungssatz bei Gleichgewicht zwischen Einfach- und Doppelmolekülen.

Infolgedessen lassen sich auch solche Beispiele exakt auswerten wie etwa die Diffusion in dem System

$$Cu_2 S + 2 AgJ \rightleftarrows Ag_2 S + 2 CuJ,$$

wie es von TUBANDT u. REINHOLD (118) untersucht wurde, unter der Voraussetzung, daß das System hinreichend lang ist.

Notwendige Bedingung bleibt es jedoch, daß die Randbedingung die Zeit nicht explizit enthält, wie aus dem folgenden Beispiel ersichtlich. Es wäre von Interesse, ein Zweiphasen-Problem, wie oben, zu betrachten, jedoch ohne eingestelltes Gleichgewicht an der Grenzfläche (d. h. Gl. [I - 18, 4] nicht gültig). Bei gehemmtem Übergang aus einer Phase in die andere gilt bei $x = 0$

$$J = \varphi(c_+, c_-), \qquad [\text{I - 18, 7}]$$

wo J der Fluß der diffundierenden Substanz durch die Grenzfläche ist. Aus Kontinuitätsgründen gilt dann

$$- D_- \left(\frac{\partial c}{\partial x}\right)_- = - D_+ \left(\frac{\partial c}{\partial x}\right)_+ = \varphi(c_+, c_-). \qquad [\text{I - 18, 8}]$$

Im System der y wird diese Bedingung jedoch

$$- D_- \left(\frac{dc}{dy}\right)_- = - D_+ \left(\frac{dc}{dy}\right)_+ = \sqrt{t}\, \varphi(c_+, c_-), \qquad [\text{I - 18, 9}]$$

d. h. sie enthält die Zeit explizit, was mit dem BOLTZMANNschen Ansatz unverträglich ist. Wenn eine auf diesen Fall bezügliche Konzentrationskurve experimentell bestimmt worden ist, gibt Gl. [I - 18, 9] das korrekte Verhältnis der Diffusionskoeffizienten zu beiden Seiten der Unstetigkeitsfläche. Außerdem erkennt man, daß eine Beziehung von der Form Gl. [I - 18, 7] gelten muß. Anwendung von Gl. [I - 18, 7] liefert aber keine korrekten Diffusionskoeffizienten mehr. Im allgemeinen wird man so aber noch die richtige Größenordnung und qualitativ die richtige Konzentrationsabhängigkeit erhalten. Übrigens läßt sich für konstantes, aber von Phase zu Phase verschiedenes D der vorausgehende Fall streng lösen.

Da c nur von $x/\sqrt{t}$ abhängt, so folgt, daß sich aus der Konzentrationskurve für ein endliches t_0 diejenigen für andere Zeiten durch affine Streckung der Abszisse im Verhältnis $\sqrt{t/t_0}$ erhalten lassen. Daraus folgt u. a., daß die Konzentrationen c_+ und c_- bei $x = 0$ für $t > 0$ zeitunabhängig sein müssen.

Zum Schluß erwähnen wir noch, daß diese Methode sich auch auf Systeme aus mehr als zwei Phasen anwenden läßt, sofern die zusätzlichen Phasengrenzen bei $y = $ const. gelegen sind, d. h. ihre Dicke nach einem „Parabolischen Wachstumsgesetz" zunimmt: $x = \varkappa \sqrt{t}$.

Bei der Diffusion z. B. niedermolekularer Substanzen in Hochpolymere schreitet die Diffusion mit einer scharfen Grenze fort, wenn in einem gewissen Bereich die Konzentration der diffundierenden Substanz sehr stark herabgesetzt wird. Dies kann geschehen durch Ausfallen der diffundierenden Substanz infolge Reaktion mit dem Grundmedium, oder auch, wenn der Diffusionskoeffizient mit zunehmender Konzentration plötzlich schnell zunimmt (60, 63, 64). Verwandte Probleme wurden von COLLINS u. FRISCH (25), F. C. FRANK (48a) sowie REISS u. LaMER (105) behandelt. Wir deuten seine Behandlung für den linearen Fall an; er benutzt (51, 52, 53, 59) die von YAMADA (125) weiterentwickelte Momenten-Methode von KÁRMÁN u. POHLHAUSEN (75) (aus der Grenzschichttheorie).

Die Ausgangsgleichungen sind

$$\partial c/\partial t = D(\partial^2 c/\partial x^2) \quad \text{für} \quad 0 < x < \xi \quad \text{und} \quad t > 0, \qquad \text{[I - 18, 10]}$$

d. h. es wird konstanter Diffusionskoeffizient vorausgesetzt, mit den Anfangs- und Randbedingungen:

$$c\,(x, 0) = 0 \quad \text{für} \quad x > 0 \quad \text{und} \quad t = 0, \qquad \text{[I - 18, 11]}$$

$$c\,(0, t) = c_0 \quad \text{für} \quad x = 0 \quad \text{und} \quad t > 0, \qquad \text{[I - 18, 12]}$$

$$c\,(\xi, t) = 0 \quad \text{für} \quad \xi > 0 \quad \text{und} \quad t > 0, \qquad \text{[I - 18, 13]}$$

$$D\,(\partial c/dx)_{x=\xi} = -b\,d\xi/dt \quad \text{für} \quad \xi > 0,\, t > 0. \qquad \text{[I - 18, 14]}$$

x ist die Koordinate in Richtung des Diffusionsstroms, Grenze des Mediums bei $x = 0$; ξ Ort der scharfen Grenze (von der wir erwarten, daß sie proportional $\sqrt{Dt}$ fortschreiten wird); c_0 ist die bei $x = 0$ konstant gehaltene Oberflächenkonzentration; b ist die Konzentration des Substrats, mit dem die diffundierende Substanz reagiert und ausfällt: Gl. [I - 18, 14] sagt aus, daß der

Diffusionsstrom an der Grenze $x = \xi$ verbraucht wird zum Vorrücken der Grenze mit der Geschwindigkeit $d\xi/dt$.

Es werden folgende dimensionslosen Variablen eingeführt:

$$\zeta = c/c_0;$$
$$X = x/L;$$
$$\Xi = \xi/L; \qquad\qquad [\text{I - 18, 15}]$$
$$\beta = b/c_0;$$
$$\tau = tD/L^2;$$

dabei ist ein geeigneter Wert für L im Einzelfall zu suchen. Das Gleichungssystem lautet dann

$$\partial\zeta/dt \quad = \partial^2\zeta/\partial X^2; \qquad \text{für} \quad 0 < X < \Xi; \quad \tau > 0; \qquad [\text{I - 18, 16}]$$
$$\zeta(X,0) \quad = 0 \qquad\qquad \text{für} \quad X > 0, \ \tau = 0; \qquad [\text{I - 18, 17}]$$
$$\zeta(0,\tau) \quad = 1 \qquad\qquad \text{für} \quad \tau > 0; \qquad\qquad [\text{I - 18, 18}]$$
$$\zeta(\Xi,\tau) \quad = 0 \qquad\qquad \text{für} \quad \Xi > 0, \ \tau > 0; \qquad [\text{I - 18, 19}]$$
$$(\partial\zeta/\partial X)_{X=\Xi} = -\beta(d\Xi/dt) \quad \text{für} \quad \Xi > 0, \qquad\qquad [\text{I - 18, 20}]$$

mit dem einzigen Parameter β. Die analytische Lösung ist bekannt [CARSLAW-JAEGER (13)]:

$$\zeta(X,\tau) = 1 - \frac{\mathrm{erf}(X/2\sqrt{\tau}\,)}{\mathrm{erf}(\sqrt{q}\,)} \quad \text{für} \quad 0 < X < \Xi, \qquad [\text{I - 18, 21}]$$

$$\Xi(\tau) = 2q^{1/2}\,\tau^{1/2} \quad \text{für} \quad \tau > 0, \qquad\qquad [\text{I - 18, 22}]$$

mit erf gleich Fehlerintegral. q hängt mit dem Parameter β durch die transzendente Gleichung zusammen

$$1/\beta = (\pi q)^{1/2}\,e^q\,\mathrm{erf}\,(\sqrt{q}). \qquad\qquad [\text{I - 18, 23}]$$

Die Momenten-Methode verfährt wie folgt: die nullte und erste Momentengleichungen sind:

$$\int_0^{\Xi} (\partial\zeta/\partial t - \partial^2\zeta/\partial X^2)dX = 0 \quad \text{für} \quad 0 < X < \Xi \qquad [\text{I - 18, 24}]$$

$$\int_0^{\Xi} (\partial\zeta/\partial t - \partial^2\zeta/\partial X^2)X\,dx = 0 \ldots. \qquad\qquad [\text{I - 18, 25}]$$

Es sollen Ausdrücke für ζ und Ξ gefunden werden, die diesen Gleichungen und den Nebenbedingungen, Gln. [I - 18, 17] bis [I - 18, 20], genügen. Das geschieht in der Weise, daß für ζ in einer noch zu bestimmenden Funktion $\Xi(\tau)$ ein Polynom III. Grades angesetzt wird, das die Bedingung Gl. [I - 18, 11] automatisch erfüllt. Die von τ abhängigen drei Koeffizienten sowie $\Xi(\tau)$ werden aus den vorhandenen Gleichungen bestimmt; der erhaltene Ausdruck erweist sich als sehr gute Approximation für die strenge Lösung Gl. [I - 18, 21] und Gl. [I - 18, 22]. Das Verfahren wird dann auf den nicht mehr streng zu behandelnden zylindrischen Fall angewandt.

Der in I, 16 behandelte Fall der Diffusion in zwei Phasen, mit verschiedenen Diffusionskoeffizienten und verschiedenen Löslichkeiten (d. h. von 1 verschiedenen Verteilungskoeffizienten) ist von DANCKWERTS (29a) auf den Fall übertragen worden, daß die Trennfläche nicht festliegt, sondern sich bewegt. Dabei ist die frühere Randbedingung für die Kontinuität an der Grenzfläche

$$J^{\mathrm{I}} = J^{\mathrm{II}} \quad \text{bzw.} \quad D^{\mathrm{I}}\, \partial c^{\mathrm{I}}/\partial x = D^{\mathrm{II}}\, \partial c^{\mathrm{II}}/\partial x \quad \text{für Grenzfläche.} \qquad [\mathrm{I} \text{-} 18, 26]$$

Wenn an der Grenzfläche das Volumen der Phase I je cm^2 Querschnitt in der Zeit dt um dV^{I} zunimmt, entsprechend das von II um $-dV^{\mathrm{II}}$ abnimmt ($-dV^{\mathrm{II}}$ soll also eine positive Größe sein, wenn $dV^{\mathrm{I}} > 0$ ist; dV^{I} und dV^{II} müssen verschiedenes Vorzeichen haben), so gilt als Ausdruck der Massenerhaltung des Gelösten in der Zeit dt ($J^{\mathrm{I}}, J^{\mathrm{II}}$ seien in der $+x$-Richtung, Phase II liege rechts von I)

$$-J^{\mathrm{I}}\, dt + c^{\mathrm{I}}\, dV^{\mathrm{I}} = -J^{\mathrm{II}}\, dt + c^{\mathrm{II}}\, dV^{\mathrm{II}} \qquad [\mathrm{I} \text{-} 18, 27]$$

oder

$$-J^{\mathrm{I}} + J^{\mathrm{II}} + c^{\mathrm{I}}\, dV^{\mathrm{I}}/dt - c^{\mathrm{II}}\, dV^{\mathrm{II}}/dt = 0 \qquad [\mathrm{I} \text{-} 18, 28]$$

als Ausdruck für die Erhaltung der Masse des Gelösten (analoge Überlegungen treten bei uns I, 17 auf). DANCKWERTS (29a) geht von den Fehlerintegrallösungen des unendlichen Systems aus und wendet sie auf eine Reihe von Spezialfällen an, wofür auf das Original verwiesen sei.

I, 19. Wärmekonvektion. Turbulente Mischung

Wir behandeln in diesem Buch ausschließlich reine Diffusionsprozesse. Es ist jedoch wichtig, darauf hinzuweisen, daß in fluiden Medien eine Mischung durch thermische Konvektion und durch turbulenten Austausch merkbar werden oder gar überwiegen kann. Wir verweisen hierfür auf die Literatur über Hydro- und Aerodynamik [z. B. DURAND (39), PRANDTL (100, 101). Obwohl eine quantitative theoretische Behandlung dieser Vorgänge, vergleichbar der der reinen Diffusionsvorgänge, im allgemeinen nicht möglich ist, können Ähnlichkeitsbetrachtungen zu Ergebnissen von großem praktischen Wert führen.

Wir erwähnen hier ein Beispiel, das im allgemeinen in den Lehrbüchern der Physikalischen Chemie behandelt wird, aber gewöhnlich nicht mit der modernen hydrodynamischen Theorie in Beziehung gesetzt wird. Das ist die NERNST-BRUNNERsche Auflösungstheorie. Die Auflösung vieler Substanzen (z. B. von MgO in Säuren) läßt sich quantitativ behandeln unter der Annahme, daß in der gerührten Lösung eine Schicht der Dicke δ an dem Festkörper anhaftet, durch welche Diffusion erfolgt. Diese Schicht ist jedoch viel dicker als adsorbierte Filme. Sie läßt sich mit der Grenzschicht der hydrodynamischen Theorie identifizieren. Danach erhält man die richtige Dicke für die Schicht, nämlich nach PRANDTL (100) etwa

$$\delta \approx \sqrt{\mu \xi / \varrho v},$$

wo μ die Viskosität des Mediums, ϱ dessen Dichte, ξ die Lineardimensionen der Oberfläche und v die Geschwindigkeit der Flüssigkeit (des Gases). Für Wasser gilt $v = \mu/\varrho \approx 0{,}01$; mit $\xi = 1$ cm und einem angenommenen Wert von 10^2 cm sec^{-1} für a bekommt man

$$\delta \approx 0{,}1 \text{ mm}$$

die richtige Größenordnung.

Der Zusammenhang zwischen NERNSTscher Diffusionsschicht und PRANDTL-scher Strömungs-Grenzschicht wurde von VIELSTICH behandelt (119).

Einen Versuch zur analytischen Behandlung variabler Diffusionskoeffizienten hat auch L. D. HALL (46) gemacht.

Über das Gebiet der Diffusion in turbulent strömenden fluiden Systemen liegen zusammenfassende Artikel von G. K. BATCHELOR (8) vor.

I, 20. Diffusion durch Grenzflächen (124a)

Die Diffusion organischer Säuren aus einem Lösungsmittel in ein zweites wurde untersucht, und zwar nach der LAMMSCHEN Skalen-Methode (vgl. VI, 3). Da hierbei die maßgebende Größe der Konzentrationsgradient ist, brauchen nicht die in I, 16 behandelten Ausdrücke für den Konzentrationsverlauf im unendlich langen System benutzt zu werden (die Voraussetzungen dafür sind hier erfüllt), sondern es genügen die einfacheren Ausdrücke für den Gradienten.

Bezeichnen wir mit c^{I} die Konzentration im Lösungsmittel I (für $x < 0$); mit c^{II} die Konzentration im Lösungsmittel II (für $x > 0$); D^{I} und D^{II} seien die entsprechenden, als konstant vorausgesetzten Diffusionskoeffizienten. Das System werde als unendlich lang vorausgesetzt (was, wie immer bei Flüssigkeiten, leicht zu erfüllen ist), so daß außer bei $x = 0$ keine Randbedingungen zu beachten sind. Als Anfangsbedingungen seien gegeben

$$c^{\mathrm{I}} = c_0 \quad \text{für} \quad x < 0 \quad \text{und} \quad t = 0, \qquad [\text{I - 20, 1}]$$

$$c^{\mathrm{II}} = 0 \quad \text{für} \quad x > 0 \quad \text{und} \quad t = 0,$$

während für $x = 0$ und $t > 0$ die Randbedingungen gelten:

$$D^{\mathrm{I}} \, \partial c^{\mathrm{I}}/\partial x = D^{\mathrm{II}} \, \partial c^{\mathrm{II}}/\partial x, \qquad [\text{I - 20, 2}]$$

Kontinuitätsgleichung, und

$$c^{\mathrm{I}}/c^{\mathrm{II}} = \varkappa, \qquad [\text{I - 20, 3}]$$

Verteilungsgleichgewicht*).

---

*) Gl. [I - 20, 3] setzt nicht voraus, daß das Verteilungsgleichgewicht mit einem konzentrations*unabhängigen* Wert $\varkappa$ gilt! Es darf also das Gelöste zu beiden Seiten der Grenzfläche in verschiedenem Molekularzustand vorliegen! Wichtig ist nur, daß bei Voraussetzung unendlich langen Systems Gl. [I - 20, 3] erfüllt bleibt, wobei noch c^{I} und c^{II} an der Grenzfläche für sich konstant bleiben.

Es gelten dann die Gleichungen

$$\frac{\partial c_{\mathrm{I}}}{\partial x} = \frac{\varkappa c_0 \sqrt{D_{\mathrm{II}}}}{\sqrt{\pi}\,\sqrt{D_{\mathrm{I}}\,t}\,[\varkappa\,\sqrt{D_{\mathrm{II}}} + \sqrt{D_{\mathrm{I}}}\,]}\,\exp\left[-x^2/2\,\sqrt{D_{\mathrm{I}}\,t}\,\right],$$

$$\frac{\partial c_{\mathrm{II}}}{\partial x} = \frac{-\varkappa c_0 \sqrt{D_{\mathrm{I}}}}{\sqrt{\pi}\,\sqrt{D_{\mathrm{II}}\,t}\,[\varkappa\,\sqrt{D_{\mathrm{II}}} + \sqrt{D_{\mathrm{I}}}\,]}\,\exp\left[-x^2/2\,\sqrt{D_{\mathrm{II}}\,t}\,\right]. \qquad [\mathrm{I}\text{-}20,4]$$

Eine merkliche Hemmung durch die Grenzfläche ist in diesem Falle nicht festzustellen.

I, A, 1. Anhang

Fehlerintegral. Viele Integrale der Diffusionsgleichung führen auf das Fehlerintegral. Dieses ist definiert durch

$$\mathrm{erf}(x) = \frac{2}{\sqrt{\pi}}\int_0^x \mathrm{e}^{-\xi^2}\,d\xi, \quad \mathrm{erf}(-x) = -\,\mathrm{erf}(x),\, \mathrm{erf}(\infty) = 1. \qquad [\mathrm{I},\mathrm{A}\text{-}1]$$

Gelegentlich ist es bequem, die Funktion einzuführen

$$\mathrm{erf}_c(x) = 1 - \mathrm{erf}(x) = \frac{2}{\sqrt{\pi}}\int_x^\infty \mathrm{e}^{-\xi^2}\,d\xi. \qquad [\mathrm{I},\mathrm{A}\text{-}2]$$

Die ersten beiden Ableitungen des Fehlerintegrals sind

$$\frac{d}{dx}\,(\mathrm{erf}(x)) = \frac{2}{\sqrt{\pi}}\,\mathrm{e}^{-x^2}, \quad \frac{d^2}{dx^2}\,(\mathrm{erf}(x)) = -\,\frac{4x}{\sqrt{\pi}}\,\mathrm{e}^{-x^2}. \qquad [\mathrm{I},\mathrm{A}\text{-}3]$$

Die Lösungen der Diffusionsgleichungen geben gewöhnlich die Konzentration als Funktion der Zeit und der Lagekoordinaten. Experimentelle Bestimmungen ergeben dagegen oft den Gehalt an diffundierender Substanz in einem endlichen Volumen. Um diesen aus dem Integral der Diffusionsgleichung zu erhalten, muß man ein zweites Mal integrieren. Infolgedessen ist das integrierte Fehlerintegral wichtig für die Auswertung solcher Versuche. Wir haben [vgl. CARSLAW u. JAEGER (13)]

$$i^n(\mathrm{erf}_c(x)) = \int_x^\infty i^{n-1}(\mathrm{erf}_c(\xi))\,d\xi, \quad n = 1,2\ldots, \qquad [\mathrm{I},\mathrm{A}\text{-}4]$$

und für die beiden ersten Integrale der Fehlerfunktion

$$i\,(\mathrm{erf}_c(x)) = \frac{1}{\sqrt{\pi}}\,\mathrm{e}^{-x^2} - x\,\mathrm{erf}_c(x) \qquad [\mathrm{I},\mathrm{A}\text{-}5]$$

und

$$i^2\,(\mathrm{erf}_c(x)) = 1/4\,[\mathrm{erf}_c(x) - 2x\,i\,(\mathrm{erf}_c(x))]. \qquad [\mathrm{I},\mathrm{A}\text{-}6]$$

Infolgedessen ist es möglich, diese Integrale durch das Fehlerintegral und durch die Funktion e^{-x^2} auszudrücken (Tabellen bei CARSLAW-JAEGER).

Tabelle I, A, 1 . Fehlerintegral erf (x).

x	0	1	2	3	4	5	6	7	8	9
0,0	0,0000	0,0113	0,0226	0,0338	0,0451	0,0564	0,0676	0,0789	0,0901	0,1013
0,1	0,1125	0,1236	0,1348	0,1459	0,1569	0,1680	0,1790	0,1900	0,2009	0,2118
0,2	0,2227	0,2335	0,2443	0,2550	0,2657	0,2763	0,2869	0,2974	0,3079	0,3183
0,3	0,3286	0,3389	0,3491	0,3593	0,3694	0,3794	0,3893	0,3992	0,4090	0,4187
0,4	0,4284	0,4380	0,4475	0,4569	0,4662	0,4755	0,4847	0,4937	0,5027	0,5117
0,5	0,5205	0,5292	0,5379	0,5465	0,5549	0,5633	0,5716	0,5798	0,5879	0,5959
0,6	0,6039	0,6117	0,6194	0,6270	0,6346	0,6420	0,6494	0,6566	0,6638	0,6708
0,7	0,6778	0,6847	0,6914	0,6981	0,7047	0,7112	0,7175	0,7238	0,7300	0,7361
0,8	0,7421	0,7480	0,7538	0,7595	0,7651	0,7707	0,7761	0,7814	0,7867	0,7918
0,9	0,7969	0,8019	0,8068	0,8116	0,8163	0,8209	0,8254	0,8299	0,8342	0,8385
1,0	0,8427	0,8468	0,8508	0,8548	0,8586	0,8624	0,8661	0,8689	0,8733	0,8768
1,1	0,8802	0,8835	0,8868	0,8900	0,8931	0,8961	0,8991	0,9020	0,9048	0,9076
1,2	0,9103	0,9130	0,9155	0,9181	0,9205	0,9229	0,9252	0,9275	0,9297	0,9319
1,3	0,9340	0,9361	0,9381	0,9400	0,9419	0,9438	0,9456	0,9473	0,9490	0,9507
1,4	0,9523	0,9539	0,9554	0,9569	0,9583	0,9597	0,9611	0,9624	0,9637	0,9649
1,5	0,9661	0,9673	0,9684	0,9695	0,9706	0,9717	0,9726	0,9736	0,9745	0,9755
x	1,55	1,6	1,65	1,7	1,75	1,8	1,9	2,0	2,1	2,2
	0,9716	0,9763	0,9804	0,9838	0,9867	0,9891	0,9928	0,9953	0,9970	0,9981

I, A, 2. Laplace-Transformation

Es kann nicht das Ziel dieses Buches sein, eine allgemeine mathematische
Theorie der Diffusion zu geben. Wir haben versucht, die Lösungen für die
wichtigsten praktischen Fälle zu finden, einige, z. T. weniger bekannte, allgemeine Beziehungen zusammenzustellen, und für kompliziertere Fälle Hinweise zu geben. Die praktisch wichtigen komplizierteren Fälle beziehen sich
meistens auf konzentrationsabhängige Diffusionskoeffizienten, und hier gibt
es keine einfachen geschlossenen Lösungen, mit Ausnahme der Auswertung von
Versuchen mit beiderseits unendlichem System nach der BOLTZMANN-Methode.
Natürlich sind dank der elektronischen Rechenmaschinen viele sonst zu müh-
same numerische Methoden zugänglich geworden, die sich aber wenig zur Behandlung in diesem Buch eignen. Hierher gehören insbesondere alle Methoden,
die mit endlichen Differenzen arbeiten, für die wir, neben der Originalliteratur
besonders auf CRANK (25a) verweisen. Als adäquate Methode zur Behandlung
komplizierter Probleme bei konzentrationsunabhängigen Diffusionskoeffizienten darf die LAPLACE-Transformation gelten [G. DOETSCH (36, 37)]. Der Wichtigkeit dieser Methode wegen bringen wir einige Hinweise. Die LAPLACE-
Transformation ist durch

$$\int_0^\infty e^{-st} F(t)\,dt = f(s), \qquad\qquad \text{[I A - 2, 1]}$$

definiert, abgekürzt geschrieben

$$\mathfrak{L}\{F(t)\} = f(s). \qquad\qquad \text{[I A - 2, 2]}$$

Man spricht auch von einer Abbildung durch die LAPLACE-Transformation, $F(t)$ ist die Originalfunktion, $f(s)$ die Bildfunktion.

Dazu gibt es eine Vorschrift, wie man von der Bildfunktion wieder zu der Originalfunktion gelangen kann.

Wichtig für unsere Anwendungen ist die Tatsache, daß unter gewissen Voraussetzungen die LAPLACE-Transformation für die Differentiation existiert. Wenn z. B. $F(t)$ für $t > 0$ definiert ist, und $\lim\limits_{t \to +0} F(t) = F(+0)$ existiert, so läßt sich zeigen, falls $dF/dt = F'$, daß

$$\mathfrak{L}(F') = s\,\mathfrak{L}(F) - F(+0). \qquad [\text{I A - 2, 3}]$$

Bei einer gewöhnlichen linearen Differentialgleichung vermittelt die LAPLACE-Transformation den Übergang zu einer algebraischen Gleichung, da ja nach Gl. [I A - 2, 3] in der Transformierten kein Differentialquotient mehr erscheint. Schreibt man die Diffusionsgleichung, nach Transformation der Zeitvariablen

$$D\,d\tau = dt$$

in der Form

$$\partial^2 U/\partial x^2 = \partial U/\partial t, \text{ für z. B. } 0 < x < l;\ t > 0, \qquad [\text{I A - 2, 4}]$$

d. h. also für ein Randwertproblem, wie wir es gewöhnlich haben, so überlegt man zunächst, daß eine Transformation hinsichtlich t die unabhängige Variable x unbeeinflußt läßt.

Wir formulieren zunächst die Randbedingungen sinngemäß

$$\lim_{t \to +0} U(x, t) = U_0(x);\quad 0 < x < l;$$

$$\lim_{t \to +\infty} U(x, t) = A_0(t);\quad \lim_{x \to l-0} U(x, t) = A_1(t);\quad t > 0. \qquad [\text{I A - 2, 5}]$$

Die LAPLACE-Transformation auf $U(x, t)$ angewandt liefert

$$\mathfrak{L}\{U(x, t)\} = \int_0^\infty e^{-st} U(x, t)\,dt = u(x, s);\quad 0 < x < l, \qquad [\text{I A - 2, 6}]$$

und

$$\mathfrak{L}\left\{\frac{\partial U}{\partial t}\right\} = s\,u(x, s) - U(x_1 + 0) = s\,u(x, s) - U_0(x), \qquad [\text{I A - 2, 7}]$$

wo, wie uns bereits bekannt, der Differentialquotient beseitigt ist. Unter gewissen Voraussetzungen gilt weiter

$$\mathfrak{L}\left\{\frac{\partial^2 U}{\partial x^2}\right\} = \frac{\partial^2}{\partial x}\,\mathfrak{L}\{U\} = \frac{\partial^2 u(x, s)}{\partial x^2}. \qquad [\text{I A - 2, 8}]$$

Da jetzt nur noch nach x differenziert ist, erhalten wir durch LAPLACE-Transformation aus Gl. [I A - 2, 4] die gewöhnliche Differentialgleichung (Bildgleichung)

$$\frac{d^2 u(x, s)}{dx^2} - s\,u(x, s) = -U_0(x), \qquad [\text{I A - 2, 9}]$$

dabei ist die Randbedingung (Anfangsbedingung [I, A - 2,5]) jetzt bereits in der Differentialgleichung enthalten.

Für die weitere Behandlung verweisen wir auf die Literatur. Wesentlich für den Benutzer ist, daß man die LAPLACE-Transformation und die Umkehrtransformation von der Bildfunktion zur Originalfunktion im allgemeinen nicht auszuführen braucht, sondern daß dafür umfangreiche Tabellen vorliegen*).

Literatur zu Kapitel I

1. ARCHIBALD, W. J., Phys. Rev. **53**, 746 (1938; **54**, 371 (1938).
2. ARCHIBALD, W. J., J. Applied Phys. **18**, 362 (1947).
2a. AITKEN, A. & R. M. BARRER, Trans. Faraday Soc. **51**, 116 (1955); J. Physical Chem. **61**, 93 (1957).
3. BAK, T. A., Contributions to the Theory of Chemical Kinetics (New York 1963).
4. BALDWIN, R. L., P. J. DUNLOP & L. J. GOSTING (Interacting Flows in Liquid Diffusion: Equations for Evaluation of the Diffusion Coefficients from Moments of the Refractive Index Gradient Curves). J. Amer. Chem. Soc. **77**, 5235 (1955).
5. BARRER, R. M., Proc. Phys. Soc. (London) **58**, 321 (1946).
6. BARRER, R. M., Diffusion in and through solids (Cambridge 1941).
7. BARRER, R. M., Trans. Faraday Soc. **35**, 628 (1939).
8. BATCHELOR, G. K., Appl. Mech. Rev. **9**, 81 (1956).
BATCHELOR, G. K. & A. A. TOWNSEND, Turbulent Diffusion. Beitrag in: Survey in Mechanics (London 1956).
9. BATRA, A. B. & H. B. HUNTINGTON, Phys. Rev. **145**, 542 (1966), Diffusion von Cu und Ga in Zink-Einkristallen.
10. BAULE, B., Die Mathematik des Naturforschers und Ingenieurs, Bd. VI, Partielle Differentialgleichungen (Leipzig 1955).
11. BOGOMOLOV, V. N., Fiz. Tverd. Tela **5**, 2011 (1963), Anisotropie der Diffusion von O und B in TiO_2.
12. BOLTAKS, B. I. & N. A. FEDOROVICH, Fiz. Tverd. Tela **5**, 944 (1963), Diffusion und Löslichkeit von Cd in Bi_2Te_3.
13. CARSLAW, H. S. & J. C. JAEGER, Conduction of Heat in Solids (Oxford 1947).
14. CHANDRASEKHAR, S., Rev. mod. Phys. **15**, 20 (1943).
15. CHANDRASEKHAR, S., Stochastic Problems in Physics and Astronomy, Rev. Modern Phys. **15**, 1—89 (1943).
16. CHAPMAN, S., Phil. Trans. Roy. Soc. A**211**, 433 (1912).
17. CHAPMAN, S., Phil. Trans. Roy. Soc. A**216**, 279 (1916).
18. CHAPMAN, S., Phil. Trans. Roy. Soc. A**217**, 115 (1917).
19. CHAPMAN, S. & T. G. COWLING, The Mathematical Theory of Non-Uniform Gases (Cambridge 1939), 2nd ed. (Cambridge 1952).
20. CHAPMAN, S. & T. G. COWLING, Proc. Roy. Soc. (London) A**179**, 159 (1941).
21. CHAPMAN, S. & W. HAINSWORTH, Phil. Mag. **48**, 593 (1924).
22. CHAPMAN, S. & W. HAINSWORTH, Phil. Mag. **5**, 630 (1928).
23. CHEMLA, M., Ann. Physique **1**, 959 (1956).
24. COHEN, M., C. WAGNER & J. E. REYNOLDS, Trans. AIME **1953**, 1534—1536; J. Metals **1953**.
25. COLLINS, F. C. & H. L. FRISCH, J. Chem. Phys. **20**, 1797 (1952).
25a. CRANK, J., The Mathematics of Diffusion (Oxford 1956).
26. CRANK, J., Trans. Faraday Soc. **47**, 450 (1951).

*) Zum Beispiel G. DOETSCH (37).

27. Crank, J., Phil. Mag. (7) **43**, 811 (1952).

27a. Crank, J. & P. Nicolson, Proc. Cambr. Phil. Soc. **43**, 50 (1947).

28. Crank, J. & M. E. Henry, Trans. Faraday Soc. **45**, 636, 1119 (1949); **47**, 450 (1951).

29. Curtiss, C. F. & J. O. Hirschfelder, J. Chem. Phys. **17**, 550 (1949).

29a. Danckwerts, P. V., Trans. Faraday Soc. **46**, 700 (1950).

30. Damköhler, G., Z. Elektrochem. **42**, 846 (1936).

31. Damköhler, G., Z. Elektrochem. **43**, 1, 8 (1937).

32. Damköhler, G., Z. Elektrochem. **44**, 193, 228 (1938).

33. Damköhler, G., Der Chemie-Ingenieur Bd. III, 1 (Leipzig 1937).

34. Darken, L. S., Am. Inst. Mining Met. Engrs. Met. Div. Publ. 2443 (1948).

35. Daynes, H., Proc. Roy. Soc. (London) A **97**, 286 (1920).

36. Doetsch, G., Einführung in Theorie und Anwendung der Laplace-Transformation (Basel-Stuttgart 1958).

37. Doetsch, G., Tabellen zur Laplace-Transformation und Anleitung zum Gebrauch (Berlin-Göttingen-Heidelberg 1947).

38. Duclaux, J., Mouvement Brownien. Actualités scientifiques Nr. 529 und 700 (Paris 1937/1938).

38a. Dünwald, H. & C. Wagner, Z. Physik. Chem. B **24**, 53 (1934).

39. Durand, W. F., Aerodynamic Theory 1934—1937.

40. Enskog. D., The kinetic theory of phenomena in fairly rare gases, Dissertation (Upsala 1917).

40a. Einstein, A., Ann. Physik **17**, 549 (1905).

40b. Einstein, A., Untersuchungen zur Brown'schen Bewegung, herausgeg. v. R. Fürth, Ostwalds Klassiker (1923).

41. Farro, L. D., Rotational Brownian Motion, in Fluctuation Phenomena in Solids, R. E. Burgess, ed. (New York 1965).

42. Frisch, H. L., Z. Elektrochem. **56**, 324 (1952).

43. Frisch, H. L., J. Chem. Phys. **22**, 123 (1954).

44. Frisch, H. L., Die Induktionszeit für die Einstellung eines stationären Zustandes ist auch bei konzentrationsabhängigem D noch berechenbar: Angenäherte Behandlung bei Aitken u. Barrer (s. 2a).

45. Förster, Th., Fluoreszenz organischer Verbindungen (Göttingen 1957).

46. Hall, L. D., Versuch zur analytischen Behandlung variabler Diffusionskoeffizienten. J. Chem. Phys. **21**, 87 (1953).

47. Fowler, R. H. & E. A. Guggenheim, Statistical Thermodynamics (Cambridge 1939 und 1949).

47a. Franck, E. U. & W. Jost, Z. Elektrochem. **62**, 1054 (1958).

48. Frank, Ph. & R. v. Mises, Die Differential- und Integralgleichungen der Mechanik und Physik, Bd. II (Braunschweig 1935).

48a. Frank, F. C., Proc. Roy. Soc. A **201**, 586 (1950).

49. Fürth, R., Artikel Brownsche Bewegung in F. Auerbach und W. Hort: Handbuch physik. techn. Mechanik Bd. **7** (Leipzig 1931).

50. Fürth, R., Schwankungserscheinungen in der Physik, Braunschweig 1920. Vergl. a. 110!

51. Fujita, H., Mem. Coll. Agr., Kyoto Univ. **59**, 31 (1951).

52. Fujita, H. & L. J. Gosting, Eine genaue Lösung der Gleichung für freie Diffusion in Drei-Komponentensystemen, mit Wechselwirkung der Ströme, und ihr Gebrauch bei der Auswertung von den Diffusions-Koeffizienten. J. Am. Chem. Soc. **78**, 1099 (1956).

53. Fujita, H. & A. Kishimoto, Textile Res. J. **22**, 94 (1952).

54. Fujita, H., Bull. Japan Soc. Sci. Fish. **17**, 393 (1952).

54a. Gordon, A. R., Ann. N. Y. Acad. Sci. **46**, 285 (1945).

55. De Groot, S. R., L'effet Soret, Thesis (Amsterdam 1945).

56. De Groot, S. R., Thermodynamics of irreversible Processes (Amsterdam 1951).

57. Guggenheim, E. A., Thermodynamics (Amsterdam 1950).

58. Haase, R., Thermodynamisch-phänomenologische Theorie der irreversiblen Prozesse. Erg. ex. Naturwiss. **26**, 56 (Berlin-Göttingen-Heidelberg 1952).

59. Harned, H. S., Chem. Rev. **40**, 461 (1947).

60. Hartley, G. S., Trans. Faraday Soc. **42**, 6 (1946).

61. Hartley, G. S. u. J. Crank, Trans. Faraday Soc. **45**, 801 (1949).

62. Hellund, E. J., Phys. Rev. **57**, 319, 328, 737 (1940).

63. Hermans, J. J., J. Colloid Sci. **2**, 387 (1947).

64. Hermans, P. H. u. D. Vermaas, J. Polymer. Sci. **1**, 149 (1946).

65. Hertz, G., Physik. Z. **23**, 433 (1922).

66. Hertz, G., Z. Physik **19**, 35 (1923).

67. Hofstetter, E. M., Random Processes in: H. Margenau u. G. M. Murphy, The Mathematics of Physics and Chemistry, Vol. II (New York 1964).

68. Hirschfelder, J. O., C. F. Curtiss & R. B. Bird, Molecular Theory of Gases and Liquids (New York 1954), insbes. S. 712ff.

69. Huntington, H. B., P. B. Ghate & J. H. Rosolowski, J. appl. Phys. **35**, 3027 (1964), Selbstdiffusion in Sb.

69a. Jahnke, F. & E. Emde, Funktionentafeln, 3. Aufl. (Leipzig 1938).

70. Jost, W., Diffusion und chemische Reaktion in festen Stoffen (Dresden und Leipzig 1937).

71. Jost, W., Explosions- und Verbrennungsvorgänge (Berlin 1939).

72. Jost, W., Grundlagen der Diffusionsprozesse. Angew. Chem. **76**, 473 (1964).

73. Jost, W., Diffusion in Solids, Liquids, Gases (New York 1952), 3rd Printing with Addendum (New York, 1960).

74. Jost, W., Beispiel eines Systems n. Morawietz (93a) mit Gasdiffusion bei gleichzeitiger radialer Strömung in einer Kugel. Chem. Eng. Sci. **2**, 199—202 (1953).

74a. Jost, W., Z. Physik **127**, 163 (1950).

74b. Jost, W., vgl. Franck, E. U., 47a.

75. Karman, Th. von & Maurice A. Biot, Mathematical Methods in Engineering (New York, London 1940).

76. Karger, W., Z. Physik. Chem. **14**, 88 (1958).

77. Kawalki, W., Wied. Ann. **52**, 166 (1894).

78. Lauwerier, H. A., Appl. Sci. Res. Sect. A, Bd. **4**, 153—156 (1954).

79. Landau, L. D. & E. M. Lifschitz, Statistical Physics, p. 344ff. (London 1959).

80. Lazarus, D. & B. Okkerse, Phys. Rev. **105**, 1677 (1957).

81. Lees, L., Convective Heat Transfer with Mass Addition and Chemical Reaction. Combustion and Propulsion. Third AGARD Colloquium, Palermo 1958, 451ff. (London 1958).

82. Lewis, B. & G. von Elbe, Combustion, Flames and Explosions of Gases, 13, 214, 220 (Cambridge 1938).

82a. McBain, J. W. & C. R. Dawson, Proc. Roy. Soc. (London) A **148**, 32 (1935).

83. Masters, J. I., J. Chem. Phys. **23**, 1865 (1955).

84. Manning, J. R., J. Appl. Phys. **33**, 2145 (1962).

85. Manning, J. R., Phys. Rev. **125**, 103 (1962).

86. McBain, J. W. & C. R. Dawson, Proc. Roy. Soc. (London) A **148**, 32 (1935).

87. Mehl, R. F., Metals Technol. Tech. Publ. 1658 (1943).

88. Meixner, J., Ann. Physik **35**, 701 (1939).

89. Meixner, J., Ann. Physik **39**, 333 (1941).

90. Meixner, J., Ann. Physik **40**, 165 (1941).

91. Meixner, J., Ann. Physik **41**, 409 (1942).

92. Meixner, J., Ann. Physik **43**, 244 (1943).

93.   MEIXNER, J., Z. physik. Chem. B 53, 235 (1943).

93 a. MORAWIETZ, W., Z. Elektrochem. 57, 539 (1953).

94.   MÜNSTER, A., Statistische Mechanik, S. 9 ff. (Berlin-Göttingen-Heidelberg 1956).

95.   MÜNSTER, A., Theory of Fluctuations, Rendiconti, S. I. F. X Corso, p. 23 to 130.

96.   NÖLTING, J., Z. Physik. Chem. (Frankfurt) 32, 154 (1962).

96 a. NORTHRUP, J. H. u. M. L. ANSON, J. Gen. Physiol. 12, 543 (1929).

97.   ONSAGER, L., Phys. Rev. 37, 405 (1931).

98.   ONSAGER, L., Phys. Rev. 38, 2265 (1931).

99.   PASCHKIS, V. & H. D. BAKER, Trans. Amer. Soc. Mech. Engrs. 64, 105 (1942).

99 a. PHILIP, J. R., Trans. Faraday Soc. 51, 885 (1955).

100. PRANDTL, L., Führer durch die Strömungslehre (Braunschweig 1944).

101. PRANDTL, L. & D. TIETJENS, Hydro- und Aerodynamik (Berlin 1929/30).

102. PRIGOGINE, J., Etude thermodynamique des phénomènes irréversibles (Paris et Liège 1947).

103. PRIGOGINE, I. & T. A. BAK, J. Chem. Phys. 31, 1368 (1959).

104. REE, FRANCIS H., TERESA S. REE a. HENRY EYRING, Random Walk and Related Problems, Advances in Chem. Physics IV, 1—66 (1962).

105. REISS, H. & V. K. LA MER, J., Chem. Phys. 18, 1 (1950).

106. SEITH, W., Z. Elektrochem. 39, 538 (1933).

107. DE SÉNARMONT, H., Compt. rend. Paris 21, 457 (1847).

107 a. DE SÉNARMONT, H., Compt. rend. Paris 22, 179 (1848).

108. DE SÉNARMONT, H., Compt. rend. Paris 23, 257 (1848).

109. DE SÉNARMONT, H., Compt. rend. Paris 28, 279 (1850).

110. SMOLUCHOWSKI, M. v., Abhandlungen über die BROWNsche Bewegung und verwandte Erscheinungen (seit 1906), herausgegeben von R. FÜRTH, Ostwald's Klassiker (Leipzig 1923).

110 a. SMOLUCHOWSKI, M. v., Ann. Physik 21, 756 (1906).

111. SMOLUCHOWSKI, M. v., Z. Physik. Chem. 92, 129 (1918).

112. SOMMERFELD, A., Vorlesungen über Theoretische Physik, Bd. VI, Partielle Differential-Gleichungen der Physik (Wiesbaden 1949).

113. SVEDBERG, T. & K. O. PEDERSEN, Die Ultrazentrifuge (Dresden und Leipzig 1940).

115. STEFAN, A., Sitzungsber. Wiener Akad. Wissensch. II 68, 385 (1873).

116. STEFAN, A., Sitzungsber. Wiener Akad. Wissensch. II 98, 1418 (1889).

117. TANNHAUSER, D. S., J. Appl. Phys. 27, 662 (1956).

118. TUBANDT, C. & H. REINHOLD, Z. physik. Chem. 140, 291 (1929).

118 a. VERWEIJ, E. J. W., and J. Th. G. OVERBEEK, Theory of the Stabiliy of Lyophobic Colloids (Amsterdam 1948).

119. VIELSTICH, W., Der Zusammenhang zwischen NERNSTscher Diffusionsschicht und PRANDTLscher Strömungs-Grenzschicht). Z. Elektrochem. 57, 646 (1953).

120. VOIGT, W., Lehrbuch der Kristallphysik (Leipzig 1910).

121. VOIGT, W., Nachr. Ges. Wiss. Göttingen, Math. Phys. Kl. S. 87 (1903).

122. WAGNER, C., Trans. AIME 194, 91 (1952); J. Metals 1952.

123. WAGNER, C., Z. physik. Chem. A 192, 157 (1943).

124. WAGNER, C., Trans. AIME, Febr. 1954. Theoretische Analyse der Diffusion von Gelöstem während der Erstarrung von Legierungen.

124 a. WARD, A. F. H. & L. H. BROOKS, Trans. Faraday Soc. 48, 1124 (1952).

125. YAMADA, H., Rept. Research Inst. Fluid Engineering. Kyushu Univ. 6 (2), 42 (1950).

126. WILLIAMS, J. W. (ed.), Ultracentrifugal Analysis (New York 1963).

Nachtrag bei der Korrektur: vergl. a. ADDA, Y., & J. PHILIBERT, La Diffusion dans les Solides, 2 Bde., Saclay-Paris 1966.

Kapitel II

Zum thermodynamischen Verständnis der Diffusionsvorgänge

II, 1. Einführende Bemerkungen

In einem beliebigen System aus n Komponenten $1, 2 \ldots i \ldots n$ muß im Gleichgewicht*) das chemische Potential jeder Komponente i überall den gleichen Wert haben; das können wir bei einem räumlich ausgedehnten System etwa durch die Formulierung ausdrücken

$$\operatorname{grad} \mu_i = 0, \quad i = 1, 2 \ldots n. \qquad [\text{II - 1, 1}]$$

Ist $\operatorname{grad} \mu_i \neq 0$, so muß zur Einstellung des Gleichgewichts (wir setzen mechanisches Gleichgewicht, $\operatorname{grad} P = 0$, und Temperaturgleichgewicht, $\operatorname{grad} T = 0$ immer voraus) ein Materiestrom einsetzen. Es ist naheliegend, bei nicht zu großen Werten von $\operatorname{grad} \mu$ den Materiestrom diesem proportional zu setzen; denn eine solche Wahl führt automatisch zu den richtigen Gleichgewichtsbedingungen. Es bedeutet für unsere Überlegungen nur eine irrelevante Spezialisierung, wenn wir Konzentrationsunterschiede nur in der x-Richtung voraussetzen, und wir dementsprechend einen Materiefluß J_i nur in der x-Richtung annehmen

$$J_i \text{ proportional } \partial \mu_i / \partial x. \qquad [\text{II - 1, 2}]$$

Wir stellen im folgenden Beziehungen zusammen, die teilweise schon im Kap. I benutzt wurden.

Verstehen wir hier unter μ_i das chemische Potential je Einzelteilchen, so wäre also $-\partial \mu_i / \partial x$ die auf das Teilchen wirkende Kraft**) K_i; soll u_i die Beweglichkeit des Teilchens bedeuten, so wird die (mittlere) stationäre Geschwindigkeit des Teilchens in $+ x$-Richtung sein

$$\bar{v}_i = u_i K_i = - u_i \, \partial \mu_i / \partial x. \qquad [\text{II - 1, 3}]$$

Führen wir, wie üblich, den Diffusionsfluß J_{ix} ein, nämlich die Zahl der Partikeln i, die je Zeiteinheit eine zur x-Richtung senkrechte Einheitsfläche passieren, so wird, mit $c_i = $ Konzentration dieser Teilchen,

$$J_{ix} = c_i \, \bar{v}_i = c_i \, u_i K_i = - c_i \, u_i \, \partial \mu_i / \partial x. \qquad [\text{II - 1, 4}]$$

---

*) „Gleichgewicht" setzt immer konstante Temperatur voraus!

**) Denn, wenn ein Teilchen im Gefälle $\partial \mu_i / \partial x$ gegen dieses Gefälle um eine Strecke dx verschoben wird, so nimmt das chemische Potential zu um $(\partial \mu_i / \partial x)\, dx$, und zwar unter Aufwendung der Arbeit $K_i dx$, die bei reversibler Bewegung des Teilchens in umgekehrter Richtung gewonnen würde.

Im idealen Fall, $d\mu_i = kT\, d\ln c_i$, erhalten wir daraus

$$J_{ix} = -c_i\, u_i\, kT\, \partial \ln c_i/\partial x$$

$$= -c_i\, u_i\, kT\, (1/c_i)\, \partial c_i/\partial x = -u_i\, kT\, \partial c_i/\partial x\,. \qquad \text{[II - 1, 5]}$$

Vergleich mit dem phänomenologischen Ansatz (vgl. Kap. I, 1)

$$J_{ix} = -D_i\, \partial c_i/\partial x\,, \qquad \text{[II - 1, 6]}$$

liefert uns die NERNST-EINSTEINsche Beziehung

$$D_i = u_i\, kT = u_i\, RT/N_L\,. \qquad \text{[II - 1, 7]}$$

II, 2. Diffusion und Bezugssystem. Diffusion in n-Komponenten-Systemen

Eine deduktive Behandlung der Diffusion in Zwei- und Mehrkomponenten-Systemen hätte von den allgemeinen Beziehungen der Thermodynamik irreversibler Prozesse auszugehen (37, 38, 39, 40, 28, 29, 30, 31, 32, 41, 42, 15, 16, 17, 18, 8, 33, 36, 19, 20, ferner 23, 50) und hätte insbesondere mit einer sorgfältigen Diskussion möglicher Bezugssysteme, der Definition der Diffusionsflüsse und ihrer Transformationseigenschaften zu beginnen.

Für die Zwecke dieses Buches wollen wir uns soweit als möglich auf den Standpunkt des „naiven" Experimentators stellen. Der einfachste Fall ist natürlich der einer einzigen diffundierenden Komponente 1, die sich in einem Lösungsmittel, Komponente 2, bei großer Verdünnung befinde. Dann können wir eine einzige Gleichung für den Diffusionsfluß einführen (unter Fortlassen des Index)

$$J = -D\, \partial c/\partial x\,; \qquad \text{[II - 2, 1]}$$

auch in diesem Fall muß natürlich ein kompensierender Fluß der Lösungskomponente auftreten, der aber nicht explizit zu erscheinen braucht; außerdem ist immer grundsätzlich eine Konvektion möglich, die aber durch die Randbedingungen ausgeschlossen werde (zylindrischer, höchstens nach oben offener Behälter für eine Flüssigkeit, zweiseitig geschlossenes Rohr für ein Gas mit stationärer Schichtung, d. h. die schwerere Komponente unten [Komplikationen bei polynären Systemen vgl. S. 121/2]). Eine an sich mögliche Konvektion als Folge einer mit der Konzentrationsänderung verbundenen Volumenänderung entfällt definitionsgemäß wegen der Voraussetzung großer Verdünnung. (Analoges gilt für Gase im Hinblick auf Nicht-Idealitätseffekte; Korrekturen sind selbst dann entbehrlich, wenn die im großen Überschuß vorhandene Komponente sich stark nicht-ideal verhält.)

Hat man dagegen die wechselseitige Diffusion zweier in vergleichbaren Konzentrationen vorhandener Komponenten 1 und 2, so muß man primär zwei Gleichungen schreiben*):

$$J_1 = -c_1\, (\partial \mu_1/\partial x)\, u_1$$

$$J_2 = -c_2\, (\partial \mu_2/\partial x)\, u_2\,. \qquad \text{[II - 2, 2]}$$

____

*) Wir schreiben hier μ für ein Teilchen!

Außer dadurch, daß wir jetzt zwei Gleichungen haben, unterscheidet sich das neue System von dem alten noch insofern, als wir statt des Konzentrationsgefälles das der chemischen Potentiale als treibende Kräfte angesetzt haben. Der Ansatz enthält sonst nur die üblichen Voraussetzungen, nämlich, daß außer der Kraft je Einheitsmenge noch die Gesamt-Konzentration der jeweiligen Komponente und deren Beweglichkeit (d. h. Geschwindigkeit je Einheitskraft) eingehen.

Wir setzen jetzt keine Idealität mehr voraus, wohl aber, daß Volumenänderungen während der Diffusion vernachlässigbar seien, d. h.

$$c_1 + c_2 = c_0 = \text{const.}$$

Dann dürfen wir das Bezugssystem und die Flüsse definieren unter der Nebenbedingung*)

$$J_1 = -J_2;\ J_1 + J_2 = 0. \qquad \text{[II - 2, 3]}$$

Da die Thermodynamik fordert

$$c_1\, d\mu_1 + c_2\, d\mu_2 = 0,\ \text{GIBBS-DUHEM}, \qquad \text{[II - 2, 4]}$$

so folgt aus den Gln. [II - 2, 2] und [II - 2, 3] weiter

$$u_1 = u_2 = u. \qquad \text{[II - 2, 5]}$$

Geht man zu idealem Verhalten über, so wird

$$d\mu_i = kT\, d\ln c_i \qquad \text{[II - 2, 6]}$$

(man beachte, daß die Beziehung Gl. [II - 2, 6] invariant ist gegenüber dem Einführen eines beliebigen konstanten Faktors in c_i) und

$$J_1 = -J_2 = -kTu\, \partial c_1/\partial x = +kTu\, \partial c_2/\partial x \qquad \text{[II - 2, 7]}$$

und daraus wieder

$$D = kTu \qquad \text{[II - 2, 8]}$$

die NERNST-EINSTEINsche Beziehung**), und aus Gl. [II - 2, 7]

$$J_1 = -J_2 = -D(\partial c_1/\partial x) = +D(\partial c_2/\partial x). \qquad \text{[II - 2, 9]}$$

---

*) Das so definierte Bezugssystem ist also dadurch ausgezeichnet, daß keine resultierende Strömung gegen dieses existiert. Man kann dazu also etwa einen festen Behälter wählen, und die Strömung als volumenfest bezeichnen. Eine volumenfeste Strömung läßt sich noch unter weniger speziellen Bedingungen definieren (vgl. Kap. II, III, 3). Das obige ist das naheliegendste, aber keineswegs das einzig mögliche Bezugssystem; u. a. kann man z. B. auf den Schwerpunkt des Systems beziehen.

**) Die NERNST-EINSTEINsche Beziehung lautet $D = ukT$, wenn wir eine Beweglichkeit u unter dem Einfluß der Kraft auf das Einzelteilchen einführen. Die Gültigkeit der NERNST-EINSTEIN-Beziehung wird in speziellen Fällen noch zu diskutieren sein. Hier soll nur ein allgemeiner Hinweis folgen. Wenn die Beweglichkeit u einer Teilchenart bekannt ist, so gilt die Beziehung

$$D = ukT \qquad \text{[1]}$$

Offenbar stellt $- c_i \, \partial \mu_i / \partial x$ die auf die in der Volumeneinheit enthaltene Stoffmenge ausgeübte Kraft dar, K_i. Die GIBBS-DUHEM-Beziehung*) sagt also aus:

$$K_1 + K_2 = 0, \quad \text{allgemein} \ \sum_i K_i = 0, \qquad \text{[II - 2, 10]}$$

d. h. bei Abwesenheit äußerer Kräfte befindet sich ein diffundierendes System im mechanischen Gleichgewicht. Die oben gezogene Folgerung Gl. [II - 2, 5], daß $u_1 = u_2$, kann man auch unter Einführung einer Reibungsgröße $R_i = 1/u_i$ schreiben

$$R_1 = R_2, \qquad \text{[II - 2, 11]}$$

d. h. actio = reactio, die auf die Komponente 1 durch Teilchen 2 ausgeübte Reibungskraft ist gleich der auf Teilchen 2 ausgeübten Kraft durch Teilchen 1. Das legt eine Beschreibung nahe, wie sie auf LAMM (1947) (23) zurückgeht, und u. a. von LJUNGGREN systematisch diskutiert worden ist (25), vgl. auch (26, 27, 48, 49).

Für die Kraft, ausgeübt auf die in einem cm³ enthaltene Menge der Komponente i, setzt man**)

$$N_i \, K_i = \sum_j{}' \Phi_{ij}(\bar{v}_i - \bar{v}_j), \quad i \neq j, \ i,j = 1, 2 \ldots n. \quad \text{[II - 2, 12]}$$

---

natürlich nur dann, wenn nur diese Teilchenart unter idealen Verhältnissen diffundiert. Liegt die Teilchenart z. B. entsprechend einem Gleichgewicht in der Form A und A_n vor

$$nA \rightleftarrows A_n, \qquad [2]$$

so muß man natürlich die Diffusion sowohl der monomeren wie die der di- (oder poly-)meren Form berücksichtigen. Hat man einen nicht zu konzentrierten binären starken Elektrolyten MX, so sind die beiden Beweglichkeiten u und v in bekannter Weise mit dem Diffusionskoeffizienten verknüpft. Handelt es sich um einen schwachen Elektrolyten, eine konzentrierte Lösung oder um eine Salzschmelze, so ist wieder zu beachten, daß neben den Ionenarten auch die neutralen Moleküle sowie Komplexe diffundieren können, und es treten ähnliche (im Grunde triviale) Komplikationen auf wie die im Anschluß an Gl. [2] diskutierten.

*) Bei der allgemeinen Behandlung irreversibler Prozesse wird gezeigt (41, 42, 15) (vgl. auch Kap. III, 4), daß bei mechanischem Gleichgewicht (wobei äußere Kräfte nicht ausgeschlossen sind) unter Berücksichtigung der GIBBS-DUHEM-Beziehung allgemein $\sum_{i=1}^{n} \varrho_i \cdot K_i = 0$ sein muß, wobei K die auf die Masseneinheit von i wirkende Kraft, ϱ_i die Dichte der Komponente i ist. Es folgt dann weiter eine wichtige Invarianzeigenschaft. Definiert man die Flüsse J_i durch $J_i = \varrho_i(\bar{v}_i - \bar{v})$ und berechnet mit den Kräften K_i und Flüssen J_i die Geschwindigkeit der Entropieproduktion σ, die, wie hier ohne Beweis angeführt sei, gegeben ist durch $T\sigma = \sum_i J_i K_i$, so ist dieser Ausdruck invariant gegenüber der Wahl der Bezugsgeschwindigkeit $\bar{v}$, wie dies der Bedeutung von σ entsprechend natürlich sein muß.

**) Wir drücken hier die Konzentration in Teilchenzahlen je Volumeneinheit aus, weil wir später bei der Behandlung von Gasen, und bei der Deutung der Reibungskraft (STOKESsche Formel) analog verfahren werden, d. h. wir setzen im folgenden $R_i = 1/u_i$.

Die Form des Ansatzes ist sicherlich vernünftig, wenn N_i die Anzahl der Teilchen i je cm³ bezeichnet, $\bar{v}_i$ und $\bar{v}_j$ jeweils die mittleren, gerichteten Geschwindigkeiten*) der Komponenten i und j, und Φ_{ij} ein Proportionalitätsfaktor ist, der z. B. gesetzt werden darf

$$\Phi_{ij} = R_{ij} N_i N_j, \qquad \Phi_{ij} = \Phi_{ji}, \qquad\qquad \text{[II - 2, 13]}$$

und und K_i jetzt die auf ein Einzelteilchen i wirkende (mittlere) Kraft ist.

Definiert man noch Komponenten R_{ii} durch

$$\sum_{j=1}^{n} R_{ij} N_j = 0, \qquad\qquad \text{[II - 2, 14]}$$

und legt ein Bezugssystem fest durch die Bedingung

$$\sum_{i=1}^{n} \beta_i N_i \bar{v}_i = 0, \qquad\qquad \text{[II - 2, 15]}$$

dann lassen sich die obigen Beziehungen [II - 2, 12] und [II - 2, 13] schreiben

$$N_i K_i = \sum_{j=1}^{n} R_{ij} N_i N_j (\bar{v}_i - \bar{v}_j)$$

$$= \bar{v}_i N_i \sum_{j=1}^{n} R_{ij} N_j - \sum_{j=1}^{n} R_{ij} N_i N_j \bar{v}_j. \qquad\qquad \text{[II - 2, 16]}$$

Wegen Gl. [II - 2, 14] verschwindet das erste Glied, und es bleibt

$$N_i K_i = - \sum_{j=1}^{n} R_{ij} N_i N_j \bar{v}_j, \qquad\qquad \text{[II - 2, 17]}$$

$$K_i = - \sum_{j=1}^{n} R_{ij} N_j \bar{v}_j, \qquad \text{mit } R_{ij} = R_{ji}, \qquad\qquad \text{[II - 2, 18]}$$

in Analogie zu den ONSAGERschen Reziprozitätsbeziehungen.

Wenn wir die Beschreibung der Diffusion nach LAMM in der Bezeichnungsweise von LJUNGGREN wählen, so können wir damit bereits gewisse Voraussagen bezüglich des Verhaltens von gasförmigen Drei- (und Mehr)-Komponenten-Gemischen machen. Wir stellen uns dann zu Versuchsbeginn ein Gasgemisch wie folgt vor:

Wenn wir in unserer früheren Schreibweise haben

$$N_1 K_1 = \qquad\qquad * \qquad\qquad + \Phi_{12}(\bar{v}_1 - \bar{v}_2) + \Phi_{13}(\bar{v}_1 - \bar{v}_3)$$

$$N_2 K_2 = + \Phi_{21}(\bar{v}_2 - \bar{v}_1) \qquad * \qquad + \Phi_{23}(\bar{v}_2 - \bar{v}_3) \qquad \text{[II - 2, 19]}$$

$$N_2 K_3 = + \Phi_{31}(\bar{v}_3 - \bar{v}_1) + \Phi_{32}(\bar{v}_3 - \bar{v}_2) \qquad\qquad *$$

---

*) Solange kein beschleunigtes Bezugssystem eingeführt wird (β_i konstant), sind die Beziehungen Gl. [II - 2, 12] unabhängig von der Wahl des Bezugssystems, da in Gl. [II - 2, 12] nur Geschwindigkeitsdifferenzen auftreten. Die oben eingeführten Größen $\bar{v}_i$ beziehen sich also auf das jeweils gewählte Bezugssystem. Die β_i sind beliebige, zweckmäßig auf 1 normierte Gewichtsfaktoren, also z. B. $\beta_i = w_i / \Sigma w_i$, w_i beliebig. Vgl. S. 130/31.

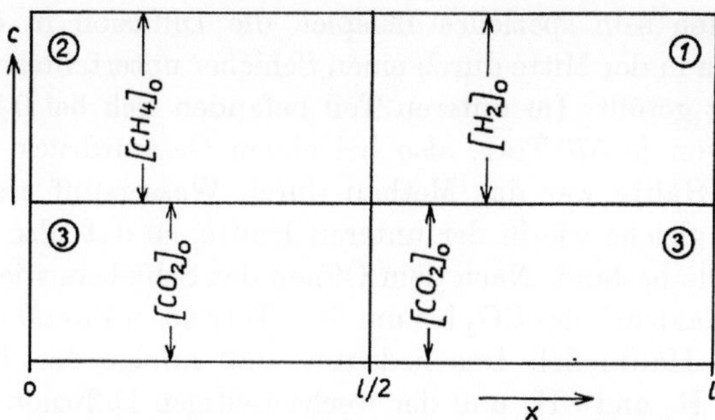

Abb. II, 2 - 1. Versuchsanordnung von HELLUND, Anfangszustand für $t = 0$. Das Versuchsrohr, mit der Achse in $+x$-Richtung, ist vertikal zu denken. Es befindet sich im oberen Teil H_2 der Konzentration $[H_2]_0$. ①; darunter CH_4 gleicher Konzentration $[CH_4]_0$, ②; über das ganze Rohr bei gleicher Konzentration CO_2, ③; der Konzentration $[CO_2]_0$.

mit den Nebenbedingungen

$$\sum_i N_i\, \boldsymbol{K}_i = 0, \qquad\qquad \text{[II - 2, 20]}$$

die von selbst erfüllt sind, sofern

$$\Phi_{ik} = \Phi_{ki}, \qquad\qquad \text{[II - 2, 21]}$$

so sind zu Versuchsbeginn, $t = 0$, alle Gase in Ruhe. Denken wir uns ein vertikales Rohr der Länge l, in dem die leichtere Komponente 1 sich oben befinde, so herrscht auch Stabilität gegenüber Konvektion.

Wenn aber bei $t = 0$ eine vorher anwesend gedachte Trennwand zwischen 2 und 1 bei $x = l/2$ entfernt wird, setzt unmittelbar Diffusion von 1 gegen 2 ein, wobei, solange 3 sich in Ruhe befände, $\overline{v}_1 + \overline{v}_2 = 0$ wäre. Setzen wir diese Orts- und Zeit-abhängigen Werte in Gl. [II - 2, 19] ein, so erhalten wir

$$N_1\, \boldsymbol{K}_1 = \quad * \quad + 2\, \Phi_{12}\, \overline{v}_1 + \Phi_{13}\, \overline{v}_1$$

$$N_2\, \boldsymbol{K}_2 = 2\, \Phi_{21}\, \overline{v}_2 \quad * \quad + \Phi_{23}\, \overline{v}_2 \qquad \text{[II - 2, 22]}$$

$$N_3\, \boldsymbol{K}_3 = - \Phi_{31}\, \overline{v}_1 - \Phi_{32}\, \overline{v}_2 \quad *.$$

Da $\overline{v}_1 = - \overline{v}_2$ nicht verschwinden, wirkt auf die ruhende Komponente 3 ebenfalls eine Kraft, die von dem Verhältnis der Reibungsfaktoren Φ_{31} und Φ_{32} abhängt (welche nur in Ausnahmefällen einander gleich sein können). Das heißt, ohne jede Annahme über nicht ideales Verhalten wird die ursprünglich im Rohr gleichmäßig verteilte Komponente 3 von den gegeneinander diffundierenden Komponenten 1 und 2 „mitgenommen"*). Der entsprechende Versuch wurde von HELLUND (21) ausgeführt.

---

*) Diese Folgerung ist bereits völlig klar von STEFAN (48, 49) vorausgesagt worden: „Diese Formeln geben nun unmittelbar das merkwürdige Resultat, daß das dritte Gas, welches zu Beginn des Versuches gleichförmig durch das ganze Diffusionsrohr verteilt ist, während der Diffusion der zwei anderen Gase nicht in gleichförmiger Verteilung bleiben kann."

Wir betrachten sein spezielles Beispiel, die Diffusion in einem ternären Gasgemisch. Ein in der Mitte durch einen Schieber unterteiltes vertikales Rohr wurde wie folgt gefüllt: Im unteren Teil befanden sich bei 0 °C Methan und Kohlendioxid von je 570 Torr, also bei einem Gesamtdruck von 1140 Torr. In der oberen Hälfte war das Methan durch Wasserstoff ersetzt; der CO_2-Druck war der gleiche wie in der unteren Hälfte, so daß also kein CO_2-Konzentrationsgefälle bestand. Nach dem Öffnen des Schiebers stieg in der oberen Hälfte der Partialdruck des CO_2 bis um 68,2 Torr an, während er entsprechend in der unteren Hälfte fiel. Das bedeutet, daß infolge des Konzentrationsgradienten von H_2 und CH_4 und der wechselseitigen Diffusion eine induzierte Diffusion des CO_2 stattfand, bei anfangs verschwindend kleinem Konzentrationsgradienten. Dieser Effekt, gelegentlich osmotische Diffusion genannt, ist formal in dem Gleichungssystem [II - 2, 22]· enthalten, als Folge der Kopplungsglieder außerhalb der Diagonale.

Im folgenden versuchen wir, die osmotische Diffusion von einem nicht nur formalen Gesichtspunkt aus einzusehen. Wenn im obigen Beispiel Methan und Wasserstoff ineinander zu diffundieren beginnen, so würde jede Komponente frei strömen, wenn sie nicht durch die Gegenwart der anderen behindert wäre. Hierbei verursacht auch das Kohlendioxid für die beiden anderen Komponenten einen Widerstand, unabhängig davon, ob ein CO_2-Konzentrationsgradient vorhanden ist oder nicht. Folglich werden Reibungskräfte zwischen jedem Paar der Komponenten auftreten, wenn diese relativ gegeneinander in Bewegung sind. Gemäß dem Prinzip „actio gleich reactio" müssen die Kräfte auf die Komponenten i und k (je auf ein Volumenelement oder die Volumeneinheit) bezogen von gleichem Betrag und umgekehrtem Vorzeichen sein

$$K_{ik} = - K_{ki}.$$

Diese Kraft muß natürlich das Kohlendioxid in Bewegung setzen, auch ohne Konzentrationsgradient, mit Ausnahme des entarteten Falles, in dem die Reibungskräfte zwischen CO_2 und H_2 sowie CO_2 und CH_4 gleich, aber von umgekehrtem Vorzeichen sind.

Schreibt man die Gl. [II - 2, 12] konsequent aus und löst sie z. B. für ein binäres System, so bleibt für den Diffusionsfluß $J_1 (= - J_2)$, LAMM (23)

$$J_1 = - \frac{c_1{}^2 c_2 \bar{V}_2}{\Phi_{12}} R T \frac{\partial \ln a_1}{\partial c_1} \frac{\partial c_1}{\partial x}, \qquad \text{[II - 2, 23]}$$

also

$$D_{12} = \frac{c_1{}^2 c_2 \bar{V}_2}{\Phi_{12}} R T \frac{\partial \ln a_1}{\partial c_1} \qquad \text{[II - 2, 24]}$$

oder auch

$$D_{12} = \frac{R T c_2 \bar{V}_2}{\Phi_1} \frac{\partial \ln a_1}{\partial \ln c_1} = \frac{R T c_1 \bar{V}_1}{\Phi_2} \frac{\partial \ln a_2}{\partial \ln c_1}. \qquad \text{[II - 2, 25]}$$

Die einzelnen Größen haben die folgenden Bedeutungen [LAMM (23)]: $c_{1,2}$ sind die molaren Konzentrationen (je cm³), a_1, a_2 die Aktivitäten, $\bar{V}_1$, $\bar{V}_2$ die partiellen Mol-Volumina, ferner ist gesetzt: $\Phi_{12} = \Phi_1 c_1 = \Phi_2 c_2$. Für weitere Einzelheiten sei auf die Originalarbeiten verwiesen.

Es würde die Zielsetzung dieses Buches bei weitem überschreiten, wollten wir hier eine theoretische kinetische Behandlung der Gasdiffusion oder gar der Flüssigkeitsdiffusion geben (vgl. Kap. III).

Es ist bekannt, daß die primitive Behandlung der Gasdiffusion unbefriedigend ist, die beispielsweise zuerst zwei individuelle Diffusionskoeffizienten für die Komponenten 1 und 2 mit freien Weglängen λ_1 und λ_2 und mittleren Geschwindigkeiten $\bar{v}_1$, und $\bar{v}_2$ liefert

$$D_1 \approx \bar{v}_1 \lambda_1 / 2; \qquad D_2 \approx \bar{v}_2 \lambda_2 / 2.$$

Da man im allgemeinen Diffusionskoeffizienten so definiert, daß keine resultierende Strömung bleibt, muß man bei Teilchendichten N_1 und N_2, den Diffusionsflüssen

$$J_1' = - \frac{\bar{v}_1 \lambda_1}{2} \frac{\partial N_1}{\partial x} \quad \text{und} \quad J_2' = - \frac{\bar{v}_2 \lambda_2}{2} \frac{\partial N_2}{\partial x}$$

noch eine Strömung $\bar{u}$ überlagern, vgl. III, 1, so daß

$$J_1' + N_1 \bar{u} = - (J_2' + N_2 \bar{u})$$

wird, also

$$J_1' + J_2' = - (N_1 + N_2) \bar{u} = - D_1 \frac{\partial N_1}{\partial x} - D_2 \frac{\partial N_2}{\partial x},$$

d. h.

$$\bar{u} = \frac{1}{N_1 + N_2} \left[D_1 \frac{\partial N_1}{\partial x} + D_2 \frac{\partial N_2}{\partial x} \right]$$

$$J_1 = - \frac{\partial N_1}{\partial x} \left[\frac{N_2}{N_1 + N_2} D_1 + \frac{N_1}{N_1 + N_2} D_2 \right],$$

mit

$$\frac{\partial N_2}{\partial x} = - \frac{\partial N_1}{\partial x} \; ; \; \frac{N_{1,2}}{N_1 + N_2} = \xi_{1,2}$$

$$J_1 = - J_2 = - D_{12} \frac{\partial N_1}{\partial x} = + D_{12} \frac{\partial N_2}{\partial x},$$

$$D_{12} = \xi_1 D_2 + \xi_2 D_1.$$

Es läßt sich zeigen, daß dieser Ausdruck zur Beschreibung der normalen Gasdiffusion nicht geeignet ist [vgl. z. B. PRESENT (43)]. Dieser Hinweis scheint wichtig, da die gleiche Formel meist der Beschreibung des KIRKENDALL-Effekts zugrunde liegt.

Die formale Methode, nach der LAMM die Diffusion in Flüssigkeiten beschreibt (s. o. S. 119ff.), muß natürlich auch für Gase gelten, sofern sie überhaupt richtig ist. Dort ist sie den alten Ansätzen von MAXWELL (26, 27) und STEFAN (48, 49) äquivalent. Sie muß sich also ohne spezielle kinetische Modelle ableiten lassen, bzw. wenn das Resultat für ein spezielles Gasmodell abgeleitet ist, so müssen die formalen Gleichungen einen wesentlich weiteren Gültigkeitsbereich haben, als er dem Modell entspricht. Für eine elementare und eine etwas tiefergehende Behandlung sei auf die zitierte, besonders durchsichtige Darstellung bei PRESENT (43) verwiesen, sowie auf Kap. III, 1.

II, 3. Diffusion und Thermodynamik irreversibler Prozesse

Der folgende Abschnitt, den der nur an Messung und Auswertung interessierte Leser überschlagen möge, soll den Zugang zur strengen Behandlung anbahnen. Die Thermodynamik irreversibler Prozesse ist ein Führer zur rationellen Formulierung der Diffusionsgesetze. Der grundsätzlich neue Begriff ist der der Geschwindigkeit der lokalen Entropieproduktion in einem kontinuierlichen System*).

Wir können die GIBBSsche Fundamentalgleichung schreiben (S. 55)

$$dS = \frac{1}{T}dU + \frac{P}{T}dV - \sum_{i=1}^{n} \frac{\mu_i}{T}dm_i, \qquad \text{[II - 3, 1]}$$

wo S, U und V die extensiven Größen Entropie, innere Energie und Volumen bedeuten, P den Druck, T die absolute Temperatur; es ist in diesem Zusammenhang zweckmäßig (wenn auch nicht nötig) statt molarer Größen, die auf die Masseneinheit bezogenen spezifischen Größen μ_i, chemisches Potential der Komponente i einzuführen, mit m_i Masse der Komponente i. Dabei sind die extensiven Größen U, V und m_i die unabhängigen Variablen, von denen die ebenfalls extensive Größe S abhängt. Gl. [II - 3, 1] impliziert die folgenden Beziehungen

$$\left(\frac{\partial S}{\partial U}\right)_{V, m_i} = \frac{1}{T} \; ; \quad \left(\frac{\partial S}{\partial V}\right)_{U, m_i} = \frac{P}{T} \; ; \quad \left(\frac{\partial S}{\partial m_i}\right)_{U, V, m_j} = - \frac{\mu_i}{T} \cdot \qquad \text{[II - 3, 2]}$$

Wie es in der Thermodynamik üblich ist, bedeuten die unteren Indizes diejenigen Variablen, die bei der partiellen Differentiation konstant gehalten werden; bei U und V ist das ohne weiteres verständlich, bei m unterscheiden wir zwei Fälle: sollen alle Massen konstant gehalten werden, so schreiben wir unten m_i, d. h. für $i = 1, 2 \ldots n$; sollen aber bei der Differentiation nach m_i alle Massen m_j, $j \neq i$ konstant gehalten werden, so schreiben wir unten m_j. An die Stelle der Molenbrüche treten hier sinngemäß die Massenbrüche γ_i, definiert durch

$$\gamma_i = \varrho_i / \sum_{i=1}^{n} \varrho_i = \varrho_i/\varrho, \qquad \text{[II - 3, 3]}$$

wo ϱ_i die Dichte der Komponente i bezeichnet, und die Gesamtdichte ϱ gegeben ist durch

$$\varrho = \sum_{i=1}^{n} \varrho_i \cdot$$

Natürlich gilt weiter die Bedingung

$$\sum_{i=1}^{n} \gamma_i = 1, \qquad \text{[II - 3, 4]}$$

---

*) Die für die moderne Entwicklung grundlegende Arbeit stammt von ONSAGER (37, 38), 1931; an weiteren Arbeiten und Monographien seien erwähnt (16, 17, 18, 19, 28, 36, 41, 42, 55).

und als Folge davon existieren keine partiellen Ableitungen nach einem der Massenbrüche, weil dabei, im Widerspruch zu Gl. [II - 3, 4], alle anderen Massenbrüche konstant bleiben müßten. Dem begegnet man in der bekannten Weise dadurch, daß man $\gamma_1, \gamma_2 \dots \gamma_{n-1}$ als unabhängig betrachtet, γ_n aber gemäß Gl. [II - 3, 4] von diesen abhängen läßt, also

$$d\gamma_n = -d\gamma_1 - d\gamma_2 - \cdots - d\gamma_{n-1},$$

womit, in Übereinstimmung mit Gl. [II - 3, 4]

$$\sum_{i=1}^{n} d\gamma_i = 0$$

wird. Mit dieser Konvention, und den Bezeichnungen $s, u, v = 1/\varrho$ für die spezifischen Größen Entropie, innere Energie und Volumen dürfen wir dann statt Gl. [II - 3, 1] die GIBBSsche Fundamentalgleichung schreiben

$$ds = \frac{1}{T} \, du + \frac{P}{T} \, d(1/\varrho) - \sum_{i=1}^{n-1} \frac{\mu_i - \mu_n}{T} \, d\gamma_i \, . \qquad \text{[II - 3, 5]}$$

Auf die Volumeneinheit bezogen $(dV \equiv 0!)$ haben wir

$$d(\varrho s) = \frac{1}{T} \, d(\varrho u) - \sum_{i=1}^{n} \frac{\mu_i}{T} \, d\varrho_i \, . \qquad \text{[II - 3, 6]}$$

Um Flüsse einzuführen, bilden wir die Produkte entsprechender Konzentrationen, multipliziert mit den geeigneten Flußgeschwindigkeiten; die Frage des Bezugssystems für diese Geschwindigkeiten lösen wir dadurch, daß wir alle individuellen Geschwindigkeiten gegenüber einer willkürlichen Bezugsgeschwindigkeit messen; für das oben gewählte System ist am natürlichsten die Schwerpunktsgeschwindigkeit, d. h. die mittlere Massengeschwindigkeit

$$\boldsymbol{v} = \sum_{i=1}^{n} \gamma_i \boldsymbol{v}_i, \quad \text{oder auch} \quad \varrho \, \boldsymbol{v} = \sum_{i=1}^{n} \varrho_i \, \boldsymbol{v}_i. \qquad \text{[II - 3, 7]}$$

Damit definieren wir nun die Diffusionsflüsse

$$J_i = \varrho_i (\boldsymbol{v}_i - \boldsymbol{v}), \qquad \text{[II - 3, 8]}$$

was natürlich impliziert

$$\sum_{i=1}^{n} J_i \equiv 0, \qquad \text{[II - 3, 9]}$$

wie aus Gl. [II - 3, 7] folgt. So läßt sich das System auf $n - 1$ unabhängige Flüsse reduzieren. Wenn auch Gl. [II - 3, 8] die naturgemäße Definition in der Thermodynamik irreversibler Prozesse ist, so ist sie doch keineswegs die einzig mögliche. Statt auf die Schwerpunktsgeschwindigkeit können wir z. B. auch auf einen festgehaltenen Behälter beziehen. Dann ändern sich die Werte, aber wir behalten $n - 1$ unabhängige Flüsse, mit einer neuen Nebenbedingung statt Gl. [II - 3, 9]. Unser Ziel wird u. a. sein, die Transformationseigenschaften der Flüsse und der später einzuführenden zugeordneten Kräfte abzuleiten.

Zunächst suchen wir einen Ausdruck für die Geschwindigkeit der lokalen Entropieproduktion, der sich für das weitere als wesentlich herausstellen wird. Wir beschränken unsere Überlegungen auf ein System mit kleinen Strömungsgeschwindigkeiten*); dann dürfen wir Beiträge der kinetischen Energie der Strömung zur Gesamtenergie und auch eine Wärmeproduktion durch Reibung vernachlässigen. Das schränkt die Behandlung üblicher Strömungsprobleme nicht ein, schließt auch die Behandlung der meisten Flammenprozesse nicht aus. Dagegen schließt es eine vollständige Behandlung von Detonationsvorgängen aus**).

Um die augenblicklichen Überlegungen nicht unnötig zu komplizieren, führen wir eine weitere Einschränkung ein, nämlich wir setzen Abwesenheit chemischer Reaktion voraus. Für die Behandlung allgemeiner chemischer Reaktionssysteme, besonders aber für Flammen und Detonationen muß diese Einschränkung natürlich aufgegeben werden, was aber leicht möglich ist.

Wir betrachten die Erhaltung irgend einer (extensiven) Größe G, und schreiben

$$\frac{dG}{dt} = \frac{d}{dt} \int_V \varrho g \, dV = - \int_A \Phi_g \, dA + \int_V \sigma \, dV. \qquad \text{[II - 3, 10]}$$

Hier ist g die der extensiven Größe G zugeordnete spezifische Größe, Φ_g ist der Fluß von g, dA das Oberflächenelement des betrachteten Volumens (die äußere Normale positiv gerechnet), σ_g ist die Dichte der Produktion von g („Produktion je Volumen- und Zeiteinheit"); das erste Integral rechts ist über die Oberfläche A des betrachteten Volumens V erstreckt, das zweite ist das entsprechende Volumenintegral.

---

*) Klein im Verhältnis zur Schallgeschwindigkeit!
**) Wenn wir, vgl. Kap. I, S. 2, *Diffusionsgeschwindigkeiten* definieren durch

$$|\bar{v}| = D \, |d \ln c/dx|,$$

so können wir für Abschätzungen so vorgehen. Wir ersetzen $d \ln c/dx$ durch $|\varDelta c|/c \varDelta x$, wo $\varDelta c$ die beobachtete Konzentrationsänderung ist, und wo wir für c entweder die Ausgangs- oder die mittlere Konzentration einsetzen [beide in willkürlichen Einheiten (!), da der obige Ausdruck hinsichtlich c dimensionslos ist], und für $\varDelta x$ setzen wir die Dicke der betrachteten Schicht. Für eine schnelle heiße Flamme werden wir etwa haben $\varDelta c \approx c$, $\varDelta x \approx 10^{-3}$ cm; $D \approx 10$ cm^2 sec^{-1}, und damit für $\bar{v}$ etwa 10^4 cm sec^{-1}. Unter den Bedingungen der heißen, schnellen Flamme werden mittlere Molekulargeschwindigkeiten $\geq 10^5$ cm sec^{-1} sein. Selbst unter diesen extremen Bedingungen würde der Beitrag der kinetischen Energie des Diffusionsflusses höchstens 1 Prozent der mittleren kinetischen Energie der Gasmoleküle betragen. Bei Detonationen können jedoch u. U. Flußgeschwindigkeiten bis 10^5 cm sec^{-1} auftreten, und die kinetische Energie der Strömung kann mit der kinetischen Energie der ungeordneten Molekülbewegung vergleichbar werden. Auch bei extremen Flammenverhältnissen könnten tiefergehende Überlegungen notwendig werden.

Man beachte den Vorteil, der in dem Übergang von Gl. [II - 3, 1] zu den Gln. [II - 3, 5] und [II - 3, 6] liegt, entsprechend der Tatsache, daß wir für Gl. [II - 3, 1] ein ganz bestimmtes Volumen betrachten müssen, während die Gln. [II - 3, 5] und [II - 3, 6] nur spezifische Größen enthalten, und deshalb lokal als Funktionen der Ortskoordinaten definiert sind. Wir haben ein Feld für diese spezifischen Größen. Bei der Suche nach Erhaltungssätzen müssen wir jedoch von extensiven Größen ausgehen, und das bedeutet Integration spezifischer Größen über ein ausgedehntes Raumgebiet.

Wir wenden den GAUSSschen Satz auf Gl. [II - 3, 10] an

$$\partial(\varrho g)/\partial t = -\operatorname{div} \boldsymbol{\Phi}_g + \sigma_g, \qquad\qquad \text{[II - 3, 11]}$$

und damit gelangen wir nun auch zu einer lokalen Definition der Bilanzgleichungen. Betrachten wir als Spezialfall die Erhaltung der Masse, dann ist g die „spezifische Masse", d. h. die Masse je Masseneinheit $= 1$, und es folgt die Kontinuitätsgleichung

$$\partial\varrho/\partial t = -\operatorname{div} \varrho \boldsymbol{v} \qquad\qquad \text{[II - 3, 12]}$$

mit

$$\boldsymbol{\Phi}_g = \varrho \boldsymbol{v}. \qquad\qquad \text{[II - 3, 13]}$$

Fragen wir, statt nach der lokalen Änderungsgeschwindigkeit, nach der totalen Änderung in einem Volumenelement, das mit der Geschwindigkeit $\boldsymbol{v}$ strömt, so erhalten wir für die Dichte

$$\frac{\partial\varrho}{\partial t} = \frac{d\varrho}{dt} + v \operatorname{grad} \varrho. \qquad\qquad \text{[II - 3, 14]}$$

Gl. [II - 3, 12] kann geschrieben werden

$$\partial\varrho/\partial t = -\varrho \operatorname{div} \boldsymbol{v} - \boldsymbol{v} \operatorname{grad} \varrho \qquad\qquad \text{[II - 3, 15]}$$

und aus Gln. [II - 3, 14] und [II - 3, 15] folgt

$$d\varrho/dt = -\varrho \operatorname{div} \boldsymbol{v}. \qquad\qquad \text{[II - 3, 16]}$$

Um zu einem Ausdruck für die lokale Entropieproduktion zu gelangen, brauchen wir die Kontinuitätsgleichung speziell für den Wärmefluß. Für die spezifische Energie u haben wir die Bilanzgleichung – unter Vernachlässigung von kinetischer Energie, von Reibung und von Volumeneffekten –

$$\varrho \frac{du}{dt} = -\operatorname{div} \boldsymbol{J}_u + \sum_{i=1}^{n} \boldsymbol{J}_i \boldsymbol{F}_i \qquad\qquad \text{[II - 3, 17]}$$

und

$$\partial(\varrho u)/\partial t = -\operatorname{div}(\varrho u \boldsymbol{v} + \boldsymbol{J}_u) + \sum \boldsymbol{J}_i \boldsymbol{F}_i, \qquad\qquad \text{[II - 3, 18]}$$

wo $\boldsymbol{F}_i$ äußere Kräfte bedeuten, $\boldsymbol{J}_i \boldsymbol{F}_i$ ist die Arbeit der Kraft $\boldsymbol{F}_i$ an der Spezies i, und $\boldsymbol{J}_i$ der Massenfluß der Komponente i. Die totale Änderung gibt diejenige Änderungsgeschwindigkeit, die ein mit der Schwerpunktsgeschwindigkeit mitbewegter Beobachter feststellen würde.

Aus unserer Ausgangsgleichung [II - 3, 1] erhalten wir für die totale Änderungsgeschwindigkeit der spezifischen Entropie, ds/dt, wiederum unter Vernachlässigung des PV-Gliedes,

$$\frac{ds}{dt} = \frac{1}{T}\frac{du}{dt} - \sum \frac{\mu_i}{T}\frac{d\gamma_i}{dt} , \qquad\qquad \text{[II - 3, 19]}$$

und mit Gl. [II - 3, 17]

$$\varrho \frac{ds}{dt} = -\frac{1}{T}\operatorname{div} \boldsymbol{J_u} + \frac{1}{T}\sum_{i=1}^{n} \boldsymbol{J_i}\,\boldsymbol{F_i} + \sum_{i=1}^{n} \frac{\mu_i}{T}\operatorname{div}\boldsymbol{J_i},$$

oder umgeschrieben

$$\varrho \frac{ds}{dt} = -\operatorname{div}\left[\frac{1}{T}\left\{\boldsymbol{J_u} - \sum_{i=1}^{n}\mu_i\,\boldsymbol{J_i}\right\}\right] + \boldsymbol{J_u}\operatorname{grad}\frac{1}{T} + \sum_{i=1}^{n}\boldsymbol{J_i}\left\{\frac{\boldsymbol{F_i}}{T} - \operatorname{grad}\frac{\mu_i}{T}\right\}.$$

$$\text{[II - 3, 20]}$$

Wir versuchen nun diesen Ausdruck für die Geschwindigkeit der Entropieänderung aufzuspalten in zwei Terme, einen als Folge eines „Entropieflusses" $\boldsymbol{J_s}$ und einen als Folge der lokalen Entropieproduktion, von der Geschwindigkeit σ_s, d. h. wir machen den Ansatz

$$\varrho \frac{ds}{dt} = -\operatorname{div}\boldsymbol{J_s} + \sigma_s . \qquad\qquad \text{[II - 3, 21]}$$

Vergleichen wir diesen Ausdruck mit dem früheren Ausdruck, so werden wir zu setzen haben

$$\boldsymbol{J_s} = \frac{1}{T}\left\{\boldsymbol{J_u} - \sum_{i=1}^{n}\mu_i\,\boldsymbol{J_i}\right\}, \qquad\qquad \text{[II - 3, 22]}$$

und

$$\sigma_s = \boldsymbol{J_u}\operatorname{grad}\frac{1}{T} + \sum_{i=1}^{n}\boldsymbol{J_i}\left\{\frac{\boldsymbol{F_i}}{T} - \operatorname{grad}\frac{\mu_i}{T}\right\}. \qquad\qquad \text{[II - 3, 23]}$$

Gl. [II - 3, 22] stellt den Vektor des Entropieflusses dar, Gl. [II - 3, 23] den Skalar der Geschwindigkeit der lokalen Entropieproduktion. Dafür, daß diese Aufspaltung willkürfrei ist, sei auf die Originalliteratur verwiesen. In dem Ausdruck für die Geschwindigkeit der Entropieproduktion, σ_s, sind die Ausdrücke unter dem Summationszeichen von der Form $\boldsymbol{J_i}\,\boldsymbol{X_i}$, wo $\boldsymbol{J_i}$ ein Fluß und $\boldsymbol{X_i}$ die zugehörige „treibende Kraft" ist. Das legt nahe, für den ersten Term $\boldsymbol{J_u}\,\boldsymbol{X_u}$ zu schreiben, wo $\boldsymbol{X_u}$ die treibende Kraft für den „Wärmefluß" $\boldsymbol{J_u}$ ist, nämlich

$$\boldsymbol{X_u} = -\frac{1}{T^2}\operatorname{grad} T = \operatorname{grad}\frac{1}{T} .$$

Das zeigt, daß die verschiedenen Flüsse durchaus verschiedene physikalische Bedeutungen und verschiedene Dimensionen haben können, wie etwa Materiefluß und Wärmefluß, und entsprechend werden auch die treibenden Kräfte verschiedene Bedeutung haben. Jedoch die zusammengehörigen Produkte $\boldsymbol{J_i}\,\boldsymbol{X_i}$ müssen immer von gleicher Dimension sein, nämlich von der Geschwindigkeit einer Entropieproduktion je Volumeneinheit. Gelegentlich zieht man es vor, eine „Dissipationsfunktion" einzuführen, θ, so daß

$$\theta = T\varrho\,ds/dt,$$

welche der von RAYLEIGH in die Hydrodynamik eingeführten Funktion entspricht (S. 44, 45).

Wir sahen, daß als rationelle treibende Kraft für den Wärmefluß zu schreiben ist

$$X_u = \operatorname{grad} 1/T, \qquad\qquad [\text{II - 3, 24}]$$

während die adäquate Kraft*) für den Materiefluß ist

$$\frac{F_i}{T} - \operatorname{grad} \frac{\mu_i}{T} = X_i. \qquad\qquad [\text{II - 3, 25}]$$

In unserer Schreibweise haben wir also für den Materiefluß der Komponente i die äußere Kraft F_i/T und den negativen Gradienten von μ_i/T, wobei

$$\operatorname{grad}(\mu_i/T) = (1/T)\operatorname{grad}\mu_i + \mu_i \operatorname{grad}(1/T). \qquad\qquad [\text{II - 3, 26}]$$

Für konstante Temperatur bleibt als treibende Kraft für den Diffusionsfluß lediglich

$$-(1/T\,\operatorname{grad}\mu_i,\,) \qquad\qquad [\text{II - 3, 27}]$$

d. h. der Diffusionsfluß ist dem negativen Gradienten des chemischen Potentials proportional. Wenn jedoch ein Temperaturgradient vorhanden ist, dann trägt auch der Term

$$\mu_i \operatorname{grad} 1/T \qquad\qquad [\text{II - 3, 28}]$$

zum Massenfluß bei, und die Wirkung dieses Terms bleibt bei konstantem μ als einziger Beitrag übrig, man spricht dann von Thermodiffusion**).

Die lokale Entropieproduktion ist eine Größe, die ihrer Natur nach vom Bezugssystem unabhängig sein muß. Wir versuchen mit unseren Spezialisierungen im Anschluß an DE GROOT dies zu verdeutlichen. Wir hatten für die Entropieproduktion durch Diffusion gefunden

$$\sigma_{\text{Diff}} = \sum_{i=1}^{n} J_i \left[\frac{F_i}{T} - \operatorname{grad}\frac{\mu_i}{T}\right],$$

---

*) In der Literatur findet sich sowohl diese Schreibweise wie die um einen Faktor T davon verschiedene Schreibweise. Das ist naheliegend, da ja F_i die normale Dimension einer Kraft hat, ebenso wie grad μ_i (bzw. T grad μ_i/T). Damit hängt zusammen, daß man die linke Seite von Ausdrücken der Form $\Sigma\,X_i\,J_i$ sowohl gleich der Geschwindigkeit der Entropieproduktion σ, wie, bei um einen Faktor T verschiedenen Kräften, gleich dem Produkt $T \cdot \sigma$, nämlich gleich der Dissipationsfunktion setzen kann. Bei Benutzung der Literatur ist auf die beiden Definitionsmöglichkeiten zu achten.

**) Für eine vollständige Behandlung der Thermodiffusion in Fluiden, insbesondere Gasen, ist die vorangehende Diskussion mit ihren Vernachlässigungen nicht ausreichend. Für eine Behandlung der Thermodiffusion vgl. Kap. III.

und wir hatten dabei die Flüsse auf die Schwerpunktsgeschwindigkeit v bezogen. Wir gehen nun zu einem anderen, nicht beschleunigten, System über mit der Bezugsgeschwindigkeit v^a. Statt

$$\sigma = \sum_{i=1}^{n} J_i\, X_i \geqq 0 \qquad\qquad [\text{II - 3, 29}]$$

haben wir jetzt

$$\sigma = \sum_{i=1}^{n} J_i^a\, X_i, \qquad\qquad [\text{II - 3, 30}]$$

wo der obere Index a auf die (beliebige) Bezugsgeschwindigkeit v^a hinweist. Wir hatten

$$J_i = \varrho_i(v_i - v); \quad v = \frac{\sum \varrho_i v_i}{\varrho} = \sum \gamma_i v_i; \quad \gamma_i = \varrho_i/\varrho. \qquad [\text{II - 3, 31}]$$

Der Unterschied zwischen Gln. [II - 3, 29] und [II - 3, 30] ist

$$\varDelta = \sum_{i=1}^{n} [J_i - J^a]\, X_i. \qquad\qquad [\text{II - 3, 32}]$$

In Abwesenheit äußerer Kräfte und für konstantes T haben wir

$$X_i = -\,1/T\,\mathrm{grad}\,\mu_i, \qquad\qquad [\text{II - 3, 33}]$$

und für mechanisches Gleichgewicht gilt

$$\mathrm{grad}\,P = \sum_i \varrho_i\,\mathrm{grad}\,\mu_i = 0. \qquad\qquad [\text{II - 3, 34}]$$

Mit

$$J_i^a = \varrho_i(v_i - v^a) \qquad\qquad [\text{II - 3, 35}]$$

erhalten wir aus Gl. [II - 3, 32]

$$\varDelta = \sum_i [\varrho_i(v^a - v)]\, X_i = -\,\frac{(v^a - v)}{T}\sum_{i=1}^{n}\varrho_i\,\mathrm{grad}\,\mu_i, \qquad [\text{II - 3, 36}]$$

und als Folge von Gl. [II - 3, 34] bleibt

$$\varDelta = 0, \qquad\qquad [\text{II - 3, 37}]$$

d. h. die Geschwindigkeit der Entropieproduktion ist, wie es der physikalischen Bedeutung dieser Größe entspricht, invariant gegen Koordinatenformationen. Wir schreiben für die willkürliche Bezugsgeschwindigkeit

$$v^a = \sum_i w_i\, v_i, \qquad\qquad [\text{II - 3, 38}]$$

wo die w_i beliebig, aber auf 1 normiert seien

$$\sum w_1 = 1. \qquad\qquad [\text{II - 3, 39}]$$

Wir finden damit

$$\sum_{i=1}^{n} \frac{w_i}{\varrho_i}\, J_i^a = \sum_i \varrho_i(v_i - v^a)\frac{w_i}{\varrho_i} = \sum_i (w_i v_i - w_i v^a) = v^a - v^a \equiv 0.$$

$$[\text{II - 3, 40}]$$

Wir geben nach DE GROOT einige Beispiele für Bezugssysteme.

Tabelle II, 3, 1. Bezugssysteme und Flüsse, nach DE GROOT (15, 17, 18).

Gewichte w_i	Bezugsgeschwindigkeit $v^a = \sum_{i=1}^{n} w_i v_i$	Fluß $J_i{}^a = \varrho_i (v_i - v^a)$
γ_i	Schwerpunktsgeschwindigkeit $v = \Sigma \gamma_i v_i$	$J_i = \varrho_i (v_i - v)$
N_i	Mittlere molare Geschwindigkeit $v^m = \Sigma N_i v_i$	$J_i{}^m = \varrho_i (v_i - v^m)$
$\varrho_i \overline{V}_i$	Mittlere Volumen-Geschwindigkeit $v^0 = \Sigma \varrho_i \overline{V}_i v_i$	$J_i{}^0 = \varrho_i (v_i - v^0)$
δ_{in}	Geschwindigkeit der Komponente n $v_n = \Sigma \delta_{in} v_i$	$J_i{}^n = \varrho_i (v_i - v_n)$

$\gamma_i = \varrho_i/\varrho$ Massenbruch von i; M_i Molmasse von i; $N_i = N_j/N$ Molenbruch von i; $N = N_j$ molare Dichte $N_i = \varrho_i/M_i$ molare Konzentration von i; $\overline{V}_i$ partielles spez. Volumen (je Masseneinheit) von i;

$$\delta_{in} = \begin{cases} 0 \text{ für } i \neq n \\ 1 \text{ für } i = n. \end{cases}$$

Zur obigen Tabelle gehören die folgenden Ausdrücke für die Diffusionsflüsse im binären System nach DE GROOT.

Tabelle II, 3, 2.

Bezugsgeschwindigkeit	Massenfluß	Molarer Fluß
Schwerpunkt- geschwindigkeit	$J_1 = -D \varrho \operatorname{grad} \gamma_1$	
Mittlere molare Geschwindigkeit		$J_1{}^m, \text{mol} = -DN \operatorname{grad} N_1$
Mittlere Volumen- geschwindigkeit	$J_1{}^0 = -D \operatorname{grad} \varrho_1$	$J_1{}^0, \text{mol} = -D \operatorname{grad} N_1$
Geschwindigkeit der Komponente 2	$J_1{}^r = -D \dfrac{\varrho}{\gamma_2} \operatorname{grad} \gamma_1$	$J_1{}^n, \text{mol} = -D \dfrac{N}{N_2} \operatorname{grad} N_1$

Man erhält den mittleren molaren Fluß aus dem mittleren Massenfluß nach

$$J_i{}^m, \text{mol} = N_i (v_i - v) = J_i \frac{N_i}{\varrho_i} = \frac{1}{M_i} J_i. \qquad \text{[II - 3, 41]}$$

II, 4. Phänomenologische Beziehungen

Die sogenannten phänomenologischen Ansätze der Art

$$J_i = \sum_i L_{ik} X_k, \quad i = 1, 2 \ldots n; \quad k = 1, 2 \ldots n, \qquad \text{[II - 4, 1]}$$

welche Flüsse J mit Kräften X verknüpfen, sind folgendermaßen zu verstehen. Wir gehen etwa von einem Gleichgewichtszustand aus, wo natürlich alle Flüsse verschwinden müssen, und entwickeln dann die Flüsse in Gleichgewichtsnähe als Funktionen der Kräfte X, wobei wir formal den im Gleichgewicht verschwindenden Fluß X_{gl} beibehalten

$$J_i = J_{i,\,gl} + \sum_k \left(\frac{\partial J_i}{\partial X_k}\right)_{gl} X_k + \frac{1}{2} \sum_k \sum_l \left(\frac{\partial^2 J_i}{\partial X_k\,\partial X_l}\right) X_k\,X_l\,. \qquad \text{[II - 4, 2]}$$

Wie bereits bemerkt, verschwindet $J_{i,\,gl}$; dagegen wird die erste Ableitung normalerweise endlich bleiben, da die Flüsse für $X = 0$ das Vorzeichen wechseln. Wenn wir kleine Abweichungen vom Gleichgewicht voraussetzen (und dies ist eine wesentliche Voraussetzung in der Thermodynamik irreversibler Prozesse), so können wir versuchen, nur das lineare Glied beizubehalten

$$J_i = \sum_k \left(\frac{\partial J_i}{\partial X_k}\right)_{gl} X_k = \sum_k L_{ik}\,X_k\,. \qquad \text{[II - 4, 3]}$$

Daß das lineare Glied eine ausgezeichnete Approximation darstellen kann, weiß man aus FOURIERS Theorie der Wärme. Wo eine adäquate molekulare Theorie möglich ist, kann man einen strengen Beweis für Gl. [II - 4, 3] versuchen, sonst muß man dann den Ansatz experimentell prüfen. Normalerweise darf man die Gültigkeit der linearen Ansätze unbedenklich voraussetzen. Unter extremen Bedingungen für die Flüsse (und die bisher ausgeschlossenen chemischen Reaktionen) können jedoch Abweichungen auftreten. Es ist z. B. bekannt, daß unter gewissen Reaktionsbedingungen die MAXWELL-BOLTZMANNsche Energieverteilung nicht erhalten bleibt. Weiter gilt in der Gasdynamik, daß in „Stößen" (Stoßwellen) Übergänge von einem thermodynamisch definierten Zustand in einen sehr verschiedenen anderen Zustand über Abstände der Größenordnung weniger freier Weglängen und in Zeiten $\leq 10^{-9}\,\mathrm{sec}$ erfolgen können. Hier werden fast mit Sicherheit die linearen Ansätze unzureichend sein.

Mit den linearen Ansätzen erhält man als Geschwindigkeit der Entropieproduktion (vgl. dazu die Bemerkung S. 130)

$$\sigma = \sum_i J_i\,X_i = \sum_{i=1}^n \sum_{k=1}^n L_{ik}\,X_i\,X_k\,. \qquad \text{[II - 4, 4]}$$

Die quadratische Form (Gl. [II - 4, 4]) muß, ihrer physikalischen Bedeutung nach, positiv definit, oder zumindest semi-definit sein, d. h. ≥ 0. Wenn wir die obigen Beziehungen auf den Massentransport spezialisieren, dann müssen wir die Ausdrücke für Wärmetransport und Massentransport im Temperaturgefälle („thermische Kraft") hinzufügen, sofern wir nicht konstante Temperatur voraussetzen dürfen. Wir haben dann

$$J_i = \sum_{k=1}^n L_{ik}\,X_k + L_{iu}\,X_u$$

$$J_u = \sum_{k=1}^n L_{uk}\,X_k + L_{uu}\,X_u\,, \qquad \text{[II - 4, 5]}$$

und im Fall chemischer Reaktion müßten wir einen weiteren Ausdruck hinzufügen, der aber hier nicht diskutiert werden soll. Die ONSAGERschen Reziprozitätsbeziehungen sagen aus

$$L_{ik} = L_{ki}; \quad L_{iu} = L_{ui}; \quad i, k = 1, 2 \ldots n. \qquad \text{[II - 4, 6]}$$

Dabei schließen wir der Einfachheit halber magnetische Felder aus, vgl. (55).

Wir verzichten hier auf jeden Versuch zur Ableitung der Reziprozitätsbeziehungen. Man leitet diese Beziehungen nach ONSAGER ab, indem man das Abklingen von Schwankungen untersucht, und dabei von dem „Prinzip der mikroskopischen Reversibilität" Gebrauch macht. Dabei gewinnt man gleichzeitig eine Aussage über die Geschwindigkeit der Entropieproduktion, welche eine positiv-definitive quadratische Form werden muß. Hieran anschließende gaskinetische Überlegungen von REIK findet man bei MEIXNER (33).

Wir befassen uns jetzt mit den Gleichungen [II - 4, 4]. Die $n(n-1)/2$ ONSAGER-Beziehungen stellen nicht die einzigen Nebenbedingungen dar. Wenn wir, wie in Gl. [II - 4, 4] und in Gl. [II - 4, 1] n Gleichungen für ein n-Komponentensystem schreiben, so bleiben weitere Bedingungen. Wenn wir in dem Ausdruck

$$J_i = \sum_k L_{ik}\, X_k$$

alle Kräfte gleich setzen, $X_1 = X_2 = \cdots = X_n$, dann verschwindet σ und es existieren keine Diffusionsflüsse, $J_1 = J_2 = \cdots = J_n = 0$, folglich muß sein

$$\sum_{k=1}^{n} L_{ik} = 0, \quad i = 1, 2 \ldots n. \qquad \text{[II - 4, 7]}$$

Weiter haben wir definitionsgemäß

$$\sum_{i=1}^{n} J_i = 0,$$

und daraus folgt

$$\sum_{i=1}^{n} L_{ik} = 0; \qquad \text{[II - 4, 8]}$$

Gln. [II - 4, 7] und [II - 4, 8] geben zusammen $2n$ Bedingungen, die jedoch nicht alle voneinander unabhängig sind, weil beide auf die Identität führen

$$\sum_i \sum_k L_{ik} = 0. \qquad \text{[II - 4, 9]}$$

Wenn wir mittels Gl. [II - 4, 7] die Koeffizienten L_{in} aus Gl. [II - 4, 1] eliminieren, dann bleiben je $(n-1)$ zunächst unabhängige Koeffizienten

$$J_i = \sum_{k=1}^{n-1} L_{ik}(X_k - X_n), \quad i = 1, 2 \ldots n. \qquad \text{[II - 4, 10]}$$

Aus Gl. [II - 4, 1] können wir weiter die Gleichung für J_n eliminieren, mittels

$$J_n = - \sum_{i=1}^{n-1} J_i. \qquad\qquad [II - 4, 11]$$

Es bleibt uns also schließlich ein System wie Gl. [II - 4, 10] mit $(n - 1)$ unabhängigen Gleichungen und $(n - 1)^2$ Koeffizienten mit $(n - 1)$ Bedingungen (Gl. [II - 4, 7]) und mit $(n - 1)(n - 2)/2$ ONSAGER-Bedingungen. Also bleiben

$$(n - 1)^2 - (n - 1) - (n - 1)(n - 2)/2 = (n - 1)(n - 2)/2$$

unabhängige Koeffizienten.

Binäres System als Beispiel

Zur Veranschaulichung rechnen wir die Verhältnisse für ein binäres System vor. Wir finden

$$\sigma = - \frac{1}{T}\, J_1 (w_2)^{-1} \left(\frac{\partial \mu_1}{\partial \gamma_1}\right)_{P,T} \operatorname{grad} \gamma_1. \qquad\qquad [II - 4, 12]$$

Die Entropieproduktion ist nur durch einen einzigen Fluß verursacht, und es existiert nur eine einzige phänomenologische Gleichung

$$J_1{}^0 = - L (w_2)^{-1} \left(\frac{\partial \mu_1}{\partial \gamma_1}\right)_{P,T} \operatorname{grad} \gamma_1$$

$$= - D \frac{w_2}{\gamma_2}\, \varrho \operatorname{grad} \gamma_1.{}^*) \qquad\qquad [II - 4, 13]$$

Man leitet dies folgendermaßen ab. Das formale Gleichungssystem für zwei Komponenten lautet

$$J_1 = L_{11}\, X_1 + L_{12}\, X_2$$
$$J_2 = L_{21}\, X_1 + L_{22}\, X_2, \qquad\qquad [II - 4, 14]$$

mit den Nebenbedingungen

$$L_{11} + L_{12} = 0;\ L_{21} + L_{22} = 0;\ L_{11} + L_{21} = 0;\ L_{12} + L_{22} = 0,$$
$$[II - 4, 15]$$

insgesamt *drei* (nicht vier) unabhängige Bedingungen (die Summe der ersten beiden Ausdrücke, vermindert um die der beiden letzten ist identisch 0).

Es bleibt also nur ein unabhängiges L übrig, und ein unabhängiger Fluß**)

$$J_1 = - J_2 = L_{11}(X_1 - X_2) = - L_{12}(X_1 - X_2), \qquad [II - 4, 16]$$

---

*) Wir haben den Faktor $1/T$ weggelassen, um die übliche Bedeutung von D zu erhalten; vgl. S. 128/29.
**) Es gilt also $L_{11} = - L_{12} = - L_{21} = L_{22} = L$.

und die Geschwindigkeit der Entropieproduktion wird

$$\sigma = T^{-1}\,[J_i\,X_1 + J_2\,X_2] = T^{-1}J_1(\,X_1 - X_2), \qquad [\text{II - 4, 17}]$$

mit

$$X_1 - X_2 = -\frac{\partial(\mu_1 - \mu_2)}{\partial\gamma_1}\,\text{grad}\;\gamma_1. \qquad [\text{II - 4, 18}]$$

Bei der Ableitung von Gl. [II - 4, 18] wurde folgendes beachtet. Wir haben äußere Kräfte ausgeschlossen (d. h. $F_1 = F_2 = 0$ gesetzt); weiter haben wir einen Druckgradienten ausgeschlossen, weil anderenfalls ein Ausdruck

$$[-\partial(\mu_1 - \mu_2)/\partial P]\,\text{grad}\,P = -[\bar{V}_1 - \bar{V}_2]\,\text{grad}\,P$$

erschienen wäre, mit $\bar{V}_1$ und $\bar{V}_2$ partielle spezifische Volumina. Endlich wurde die GIBBS-DUHEM-Gleichung

$$\gamma_1\,d\mu_1 + \gamma_2\,d\mu_2 = 0$$

benutzt, zur Elimination von μ_2 aus Gl. [II - 4, 18].

Literatur zu Kapitel II

1. AKELEY, B. D. F. & L. J. GOSTING, J. Amer. Chem. Soc. 75, 5685 (1953).
2. BALDWIN, R. L., P. J. DUNLOP & L. J. GOSTING, J. Amer. Chem. Soc. 77, 5235 (1955).
3. CASIMIR, H. B. G. & A. N. GERRITSEN, Physica 8, 1107 (1941).
4. CASIMIR, H. B. G., Rev. Mod. Phys. 17, 343 (1945).
5. CASIMIR, H. B. G., Nuovo Cimento (Supp.) 9 6, 227 (1949).
6. CLARKE, D. M. & M. DOLE, J. Amer. Chem. Soc. 76, 3745 (1954).
7. CURTISS, C. F., F. HOLMES & R. G. MORTIMER, I. and ECh Fundamental 6, 321 (1967).
8. DENBIGH, K., The Thermodynamics of the Steady State (London 1951).
9. DUNCAN, J. B. & H. L. TOOR, A. I. Ch. E. J. 8, 38 (1962).
10. DUNLOP, P. J., J. Phys. Chem. 61, 1619 (1957).
11. DUNLOP, P. J. & L. J. GOSTING, J. Amer. Chem. Soc. 77, 5238 (1955).
12. ENGLISH, A. C. & M. DOLE, J. Amer. Chem. Soc. 72, 3261 (1950).
13. FUJITA, H. & L. J. GOSTING, J. Amer. Chem. Soc. 78, 1099 (1956).
14. GOSTING, L. J. & MORRIS, J. Amer. Chem. Soc. 71, 1998 (1949)
15. DE GROOT, S. R., L'effet Soret, Thesis (Amsterdam 1945).
16. DE GROOT, S. R., Thermodynamics of Irreversible Processes (Amsterdam 1951); deutsche Übersetzung von H. STAUDE (Mannheim 1960).
17. DE GROOT, S. R. & P. MAZUR, Non-Equilibrium Thermodynamics (Amsterdam 1962).
18. DE GROOT, S. R., Sur la théorie thermodynamique de la diffusion. XVI$^\text{e}$ Congrès International de Chimie Pure et Appliqué, Paris 1957, Hauptvorträge (Basel 1957).
19. HAASE, R., Thermodynamik der irreversiblen Prozesse. Fortschr. der physikal. Chemie, Bd. 8 (herausgeg. v. W. JOST) (Darmstadt 1963).
20. HAASE, R., Erg. exakt. Naturwiss. 36, 56—164 (1952).
21. HELLUND, E. J., Phys. Rev. 57, 319, 328, 737 (1940).

22. KIRKWOOD, J. G., R. L. BALDWIN, P. J. DUNLOP, L. J. GOSTING & G. KE-GELES, J. Chem. Phys. **33**, 1505 (1960).

23. LAMM, O., Studies in the Kinematics of Isothermal Diffusion. A Macro-Dynamical Theory of Multicomponent Fluid Diffusion. Advances in Chemical Physics VI, 291—313 (1964).

24. LJUNGGREN, STIG, Frictional Formalism in the Flow Equations of Sedimentation, in: Ultracentrifugal Analysis, ed. by J. W. Williams, New York, 1963.

25. LJUNGGREN, STIG, Comments on the Theories of Isothermal Multi-Component Diffusion, Kungl. Tekniska Högskolans Handlinger, Trans. Roy. Inst. Technol. Stockholm **172** (1961).

26. MAXWELL, J. C., Phil. Trans. Roy. Soc. **157**, 49 (1867).

27. MAXWELL, J. C., Collected Works, II, 26ff., 625ff. (Cambridge 1890).

28. MEIXNER, J., Ann. Phys. (5) **39**, 333 (1941).

29. MEIXNER, J., Ann. Phys. **41**, 409 (1942).

30. MEIXNER, J., Ann. Phys. **43**, 244 (1943).

31. MEIXNER, J., Z. Physik. Chem. B **53**, 235 (1943).

32. MEIXNER, J., Thermodynamik irreversibler Prozesse, Sonderdruck (Aachen 1954).

33. MEIXNER, J. & H. G. REIK, Thermodynamik der irreversiblen Prozesse, Handbuch der Physik, Bd. III, 2 (Berlin-Göttingen-Heidelberg 1959).

34. MILLER, D. G., J. Phys. Chem. **69**, 3374 (1965).

35. MILLER, D. G., J. Phys. Chem. **71**, 616 (1967).

36. MÜNSTER, A., Thermodynamique des processus irréversibles (Saclay et Paris 1966).

37. ONSAGER, L., Phys. Rev. **37**, 405 (1931).

38. ONSAGER, L., Phys. Rev. **38**, 2265 (1931).

39. ONSAGER, L., Ann. N. Y. Acad. Sci. **46**, 241 (1945).

40. ONSAGER, L. & R. M. FUOSS, J. Phys. Chem. **36**, 2689 (1932).

41. PRIGOGINE, I., Etude Thermodynamique des Phénomènes Irréversibles (Liège 1947).

42. PRIGOGINE, I., Introduction to Thermodynamics of Irreversible Processes (Springfield, Ill. 1955).

43. PRESENT, R. D., Kinetic Theory of Gases, S. 48ff. (New York 1958).

44. RAYLEIGH, LORD, Proc. Math. Soc. London **4**, 357 (1873).

45. RAYLEIGH, LORD, Theory of Sound Vol. I, 78 (1877), 2nd ed. (1894), p. 102.

46. REINFELDS, G. & L. J. GOSTING, J. Phys. Chem. **68**, 2964 (1964).

47. SNELL, F. M. & R. A. SPANGLER, J. Phys. Chem. **71**, 2503 (1967).

48. STEFAN, J., Sitzber. Akad. Wiss. Wien, Math.-Nat. Cl. **63**ff. (1870).

49. STEFAN, J., Sitzber. Akad. Wiss. Wien, Math.-Nat. Cl. **65**, 233 (1872).

50. TYRRELL, H. J. V., Diffusion and Heat Flow in Liquids (London 1961).

51. ULICH, H. & W. JOST, Kurzes Lehrbuch der physikalischen Chemie, 16. Aufl., Anhang II über extensive und intensive Größen (Darmstadt 1966).

52. WEIR, F. E. & M. DOLE, J. Amer. Chem. Soc. **80**, 302 (1958).

53. WENDT, R. P., J. Phys. Chem. **66**, 1740 (1962).

54. WOOLF, L. A., D. G. MILLER & L. J. GOSTING, J. Amer. Chem. Soc. **84**, 317 (1962).

Nachtrag bei der Korrektur:

55. Physical Chemistry. An Advanced Treatise. Ed. by H. EYRING, D. HENDERSON & W. JOST. Vol. I. Thermodynamics, ed. by W. JOST (New York, 1971).

Zum Verständnis der Diffusion in fluiden Mischungen

III, 1. Kinetische Theorie der Diffusion und Thermodiffusion

Wenn es auch nicht das Ziel dieses Buches sein soll, eine detaillierte kinetische Behandlung von Transportvorgängen zu geben – dafür sei auf die maßgebenden Monographien und Handbuchartikel verwiesen (6, 9, 10, 21, 28, 33, 35, 41, 43, 57, 68, 71) –, so könnten doch einige Bemerkungen dem Leser von Nutzen sein.

In der elementaren Behandlung spielt der Begriff der freien Weglänge eine fundamentale Rolle. Für Moleküle, die als starr-elastische Kugeln behandelt werden*), können wir einen Zusammenstoß zwischen einem Teilchen 1, Durchmesser d_1, mit einem Teilchen 2, Durchmesser d_2, dann annehmen, wenn der Abstand der beiden Zentren gleich $(d_1 + d_2)/2$ wird. Das gleiche Verhalten bekommen wir, wenn wir das stoßende Teilchen 1 als punktförmig voraussetzen, und dem Teilchen 2 einen Stoßdurchmesser $d_1 + d_2$ zuschreiben. Die Wahrscheinlichkeit für einen Zusammenstoß eines Teilchens 1 mit Teilchen 2 der Konzentration $N_2\,(\mathrm{cm}^{-3})$ in einer Schicht der Fläche 1 cm² und der Dicke Δl wird gleich dem Verhältnis der bedeckten Fläche $\pi N_2\,\Delta l \cdot 1\ \mathrm{cm}^3 \left(\dfrac{d_1 + d_2}{2}\right)^2$ zur Gesamtfläche, 1 cm², sein; damit wird der Bruchteil von Teilchen 1, $\Delta N_1/N_1$, der beim Durchqueren dieser Schicht aus einem senkrecht dazu fliegenden Strahl herausgestreut wird

$$-\Delta N_1/N_1 = \pi N_2[(d_1 + d_2)^2/4]\Delta l, \qquad \text{[III - 1, 1]}$$

und auf einer Strecke l wird die Intensität eines Strahles von $N_1{}^0$ abfallen auf N_1 gemäß

$$\ln(N_1/N_1{}^0) = -\pi N_2[(d_1 + d_2)^2/4] \cdot l = -l/\Lambda, \qquad \text{[III - 1, 2]}$$

oder

$$N_1/N_1{}^0 = \exp[-l/\Lambda]; \quad \Lambda = 4/\pi N_2(d_1 + d_2)^2, \qquad \text{[III - 1, 3]}$$

und im Spezialfall $d_1 = d_2 = d$, $N_1 = N_2 = N$

$$\Lambda = 1/\pi N d^2. \qquad \text{[III - 1, 4]}$$

Man nennt die Strecke Λ die mittlere freie Weglänge, weil sich zeigen läßt, daß die im Mittel von einem Teilchen ohne Zusammenstoß zurückgelegte

---

*) Der in der klassischen Theorie wichtigste davon abweichende Fall ist der, in welchem sich die Moleküle mit einer Kraft proportional einer negativen Potenz des Abstandes abstoßen, $K = \varkappa r^{-s}$, $\varkappa, s > 0$, vgl. S. 141.

Strecke gerade gleich Λ wird; Gl. [III - 1, 3] läßt erkennen, daß nach dieser Strecke die Intensität eines Molekularstrahls auf $1/e$ ihres ursprünglichen Wertes gefallen ist. Der Wert bedarf einiger Korrekturen, insbesondere wird bei nicht festgehaltenen gestoßenen Molekülen die freie Weglänge der Moleküle verkleinert, da die Relativgeschwindigkeit von stoßenden und gestoßenen Molekülen größer ist als die mittlere Geschwindigkeit*).

Mit der weiteren Vereinfachung, daß je ein Drittel aller Moleküle sich in der $\pm x$-, $\pm y$- und $\pm z$-Richtung bewegen**), kann man zu einem genäherten Ausdruck für die Diffusionsgeschwindigkeit gelangen. Stellen wir uns der Einfachheit halber zunächst zwei Sorten von unterscheidbaren Teilchen 1 und 2 mit gleichem Durchmesser d, gleicher Masse m und gleicher mittlerer Geschwindigkeit $\bar{w}$ vor (,,Selbstdiffusion''), für die aber in der x-Richtung, bei konstanter Gesamtteilchendichte $(N_1 + N_2)$, ein Konzentrationsgefälle $dN_1/dx = -dN_2/dx$ vorliege, so haben wir folgende Bilanz bei einer Ebene $x = 0$ senkrecht zur x-Achse,

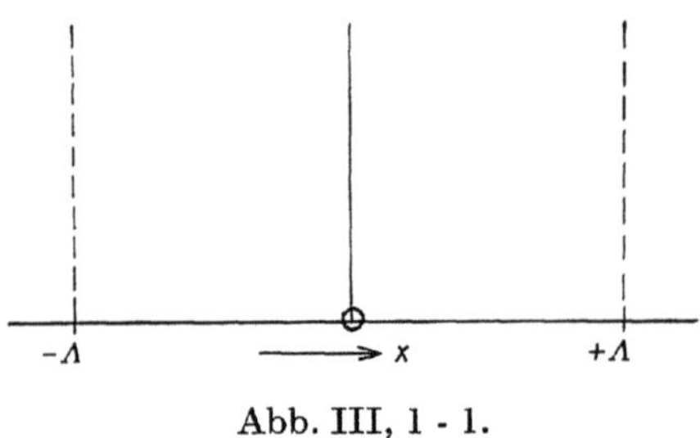

Abb. III, 1 - 1.

Durch die Ebene bei $x = 0$ werden alle diejenigen Teilchen in $+ x$-Richtung hindurchtreten können, deren Abstand nicht mehr als $-\Lambda$ war. Sind, wie oben erklärt, $(N_1)_{-\Lambda}/6$ solcher Teilchen im cm³ vorhanden, so wird der Fluß J_+ in $+ x$-Richtung sein

$$J_+ = \bar{w}(N_1)_{-\Lambda}/6, \qquad \text{[III - 1, 5]}$$

und entsprechend der Fluß in $- x$-Richtung

$$J_- = \bar{w}(N_1)_{+\Lambda}/6. \qquad \text{[III - 1, 6]}$$

Es wird sein***)

$$(N_1)_{\pm\Lambda} = (N_1)_0 \pm \left(\frac{dN_1}{dx}\right)_0 \Lambda. \qquad \text{[III - 1, 7]}$$

Durch Einsetzen in die Gln. [III - 1, 5] und [III - 1, 6] folgt für den resultierenden Fluß J_1,

---

*) Bei gleichartigen Teilchen wird dadurch Λ um $1/\sqrt{2}$ verkürzt.

**) Mit dieser, an sich unerlaubten Vereinfachung kann man bekanntlich den richtigen Wert für den Gasdruck ableiten, aber schon nicht mehr den richtigen Wert für die Zahl der Stöße in der Zeiteinheit auf ein Flächenelement der Wand.

***) Sowie wir die Konzentrationen außer vom Ort auch noch von der Zeit abhängen lassen, müssen wir natürlich partielle Differentialquotienten schreiben.

$$J_1 = J_+ - J_- = - [\bar{w}\Lambda/3] \, dN_1/dx, \qquad \text{[III - 1, 8]}$$

entsprechend für J_2

$$J_2 = - [\bar{w}\Lambda/3] \, dN_2/dx = + [\bar{w}\Lambda/3] \, dN_1/dx. \qquad \text{[III - 1, 9]}$$

Vergleich mit den phänomenologischen Ansätzen von Kap. I zeigt, daß wir setzen müssen

$$D_{12} = \bar{w}\Lambda/3. \qquad \text{[III - 1, 10]}$$

Für die Selbstdiffusion ist dieser Ausdruck, bis auf einen Faktor der Größenordnung 1, vernünftig und richtig.

Eine analoge Rechnung würde offensichtlich bei zwei verschiedenartigen Komponenten 1 und 2 verschiedener Stoßdurchmesser d_1 und d_2 und Geschwindigkeiten w_1 und w_2 zu einem unbefriedigenden Resultat führen, nämlich zu zwei individuellen Diffusionskoeffizienten*), in der obigen Näherung

$$D_1 = \Lambda_1 \bar{w}_1/3 \quad \text{und} \quad D_2 = \Lambda_2 \bar{w}_2/3;$$

dann wären die beiden Diffusionsflüsse

$$J_1' = - D_1 \, dN_1/dx; \; J_2' = - D_2 \, dN_2/dx = + D_2 \, dN_1/dx \quad \text{[III - 1, 11]}$$

einander nicht mehr dem Betrage nach gleich, und es würde ein einseitig gerichteter Fluß des Gases übrig bleiben (der übrigens in beiderseits offenen Rohren wirklich beobachtet wird, vgl. III, 3).

Der formale Ausweg, zu dem man in einem solchen Falle greift, ist die Annahme einer überlagerten Strömung (vgl. II, 2), die jene Strömung gerade kompensiert. Hatte man also die individuellen Diffusionsströme J_1' und J_2', so führt man nun, unter Berücksichtigung einer Konvektion der Geschwindigkeit u neue Flüsse J_1 und J_2 ein, welche dem Betrage nach gleich werden sollen, also

$$J_1 = J_1' + N_1 u; \; J_2 = J_2' + N_2 u \qquad \text{[III - 1, 12]}$$

mit der Nebenbedingung

$$J_1 + J_2 = 0. \qquad \text{[III - 1, 13]}$$

Unter Berücksichtigung der früheren Ausdrücke erhalten wir der Reihe nach

$$J_1 = - D_1 dN_1/dx + N_1 u; \; J_2 = + D_2 dN_1/dx + N_2 u, \qquad \text{[III - 1, 14]}$$

$$J_1 + J_2 = (D_2 - D_1) \, dN_1/dx + (N_1 + N_2)u = 0, \qquad \text{[III - 1, 15]}$$

$$u = (D_1 - D_2) \, dN_1/dx/(N_1 + N_2)$$

und

$$J_1 = - \frac{N_2 D_1 + N_1 D_2}{N_1 + N_2} \frac{dN_1}{dx}; \quad J_2 = - \frac{N_2 D_1 + N_1 D_2}{N_1 + N_2} \frac{dN_2}{dx}. \qquad \text{[III - 1, 16]}$$

---

*) Wir vermeiden den Ausdruck „partielle" Diffusionskoeffizienten für D_1 und D_2, da in der Thermodynamik unter partiellen Größen die Ableitungen *extensiver* Größen nach Mengenvariablen verstanden werden.

Mit

$$N_2 D_1 + N_1 D_2 = D; \quad N_{1,2} = N_{1,2}/(N_1 + N_2) \qquad \text{[III - 1, 17]}$$

können wir dann schreiben

$$J_1 = -J_2 = -D \, dN_1/dx = +D \, dN_2/dx. \qquad \text{[III - 1, 18]}$$

Die Gl. [III - 1, 17] für D wird weder von den Experimenten noch von der strengeren Theorie bestätigt. Eine gute Diskussion der elementaren Stoßtheorie findet man in der Monographie von PRESENT (57). Für D_1 und D_2 liefert die elementare Behandlung

$$D_i \approx \lambda_i \, v_i/3; \quad i = 1, 2$$

v_i mittlere thermische Geschwindigkeit der Teilchen i. Der Hauptfehler, der in dieser Ableitung enthalten ist, besteht in der Tatsache, daß für die mittlere freie Weglänge einer Teilchenart beide Arten von Zusammenstößen gezählt werden, solche zwischen gleichen, und solche zwischen verschiedenen Teilchen. Man sieht verhältnismäßig einfach ein, daß dies nicht zutreffend zu sein braucht.

In einem zentralen Stoß zwischen gleichartigen, sphärischen Molekülen ist das einzige Ergebnis ein Austausch der Impulse zwischen den beiden Molekülen. Solange die Eigenvolumina beider Teilchen vernachlässigt werden können (d. h. bei hinreichend verdünnten Gasen), spielt diese Art von Zusammenstößen für die Diffusion also überhaupt keine Rolle. Für nicht zentrale Zusammenstöße ist beim Einzelstoß die Lage nicht so einfach. Wenn wir aber eine große Zahl von Zusammenstößen eines Moleküls 1 mit anderen Molekülen 1 betrachten, dann wird die einzige verbleibende Vorzugsrichtung die des ursprünglich stoßenden Moleküls sein, und das andere Molekül wird im Mittel nach einem Zusammenstoß so fliegen, wie es das eine Molekül vor dem Zusammenstoß mit anderen tat. Das ist ein qualitativer Hinweis, daß bei der Betrachtung von Zusammenstößen solche zwischen gleichartigen Molekülen unberücksichtigt bleiben sollten.

Historisch sind sowohl MAXWELL (48) als auch STEFAN (67) anders vorgegangen.

Sie betrachten den Impulsaustausch zwischen entgegengesetzt gerichteten Strömen von Teilchen. Eine dem analoge Behandlung wendeten LAMM (40 a) und LJUNGGREN (42 a) auf die Diffusion in Flüssigkeiten an, die natürlich nicht auf binäre Gemische beschränkt ist.

MAXWELL kommt zu einem Ausdruck für den Diffusionsfluß Pu (er behandelt den Partialdruck als „Konzentration")*)

$$P_1 u_1 = -\frac{P_1 P_2}{\varrho_1 \varrho_2 k A_{12}} \frac{1}{P} \frac{dP_1}{dx}, \qquad \text{[III - 1, 19]}$$

---

*) Diffusionsfluß $P_1 u_1$ (wobei P_1 Druck, u_1 mittlere Molekülgeschwindigkeit; da für konstante Temperatur P proportional der Konzentration c ist, so ist auch der Diffusionsfluß Pu proportional dem früher benutzten cu).

entsprechend einem Diffusionskoeffizienten*)

$$D = \frac{P_1 P_2}{\varrho_1 \varrho_2 k A_{12}} \cdot \frac{1}{P}, \qquad \text{[III - 1, 20]}$$

und einer Gleichung

$$\frac{\partial P_1}{\partial t} = D \frac{\partial^2 P_1}{\partial x^2}, \qquad \text{[III - 1, 21]}$$

entsprechend der üblichen Formulierung

$$\frac{\partial c_1}{\partial t} = D \frac{\partial^2 c_1}{\partial x^2}. \qquad \text{[III - 1, 22]}$$

Zwischen den Gln. [III - 1, 21] und [III - 1, 22] besteht kein Unterschied, da die Gleichungen bezüglich P_i und c_i homogen sind. STEFANS spätere Gleichungen sind dem äquivalent. PRESENT versucht einen elementaren Beweis für die Impulsübertragung porportional der Differenz der mittleren Strömungsgeschwindigkeiten zu geben.

Eine strenge Behandlung mit relativ einfachen Methoden gelingt nur für sog. „MAXWELLsche Moleküle", d. h. für solche, die als Punktzentren mit einer Abstoßungskraft F proportional der minus fünften Potenz des Abstandes betrachtet werden dürfen

$$F = \varkappa r^{-s}, \quad s = 5.$$

Es läßt sich, nach dem Vorbild von MAXWELL, zeigen, daß das Produkt aus der Relativgeschwindigkeit v_r zweier stoßender Moleküle und dem scheinbaren Stoßquerschnitt**) σ von der Form ist

$$v_r \, \sigma \sim v_r^{(s-5)/(s-1)}, \qquad \text{[III - 1, 23]}$$

was für $s = 5$ offensichtlich von s unabhängig wird. Wir folgen für einen Moment einem Gedankengang, der auf FRANKEL (24) zurückgeht, im Zusammenhang mit der Thermodiffusion. Es wird angenommen, daß in einem Temperaturgradienten der Impulsaustauxsh proportional ist der Impulsdifferenz, $p_2 - p_1$, der Relativgeschwindigkeit v_r der zusammenstoßenden Moleküle und dem Stoßquerschnitt σ

$$\overline{(p_2 - p_1) v_r \, \sigma}. \qquad \text{[III - 1, 24]}$$

Dieser Ausdruck muß natürlich gemittelt werden, was Dimensionsbetrachtungen nicht beeinflußt. Wenn das MAXWELLsche Wechselwirkungsgesetz

---

*) Es bedeuten P_1, P_2 die Partialdrucke von 1 und 2, ϱ_1 und ϱ_2 die entsprechenden Dichten, k ein Proportionalitätsfaktor und A_{12} den Reibungsfaktor zwischen den beiden Bewegungen. u ist die mittlere gerichtete Geschwindigkeit, im Gegensatz zu $\overline{w}$ in den Gln. [III - 1, 5] folgende, das auch $\overline{|w|}$ geschrieben werden könnte, und den Mittelwert des Betrags darstellt; wie schon an anderer Stelle betont, ist im allgemeinen $u \ll \overline{|w|}$!

**) Nicht zu verwechseln mit der Geschwindigkeit der Entropieproduktion, σ, in Kap. II.

$\sim \varkappa r^{-s}$ benutzt wird, so muß die Dimension von $\varkappa$ sein

$$\varkappa \sim [\text{Masse}]\,[\text{Länge}]^{s+1}\,[\text{Zeit}]^{-2}. \qquad [\text{III - 1, 25}]$$

Der wirksame Querschnitt σ sollte aus Dimensionsgründen*) bestimmt sein durch

$$\sigma \sim [\varkappa/v^2\, m^*]^{2/s-1} \qquad [\text{III - 1, 26}]$$

m^* reduzierte Masse, v Geschwindigkeit. Mit diesem Ausdruck wird Gl. [III-1,8] überführt in (mit $v = v_r$)

$$\sim (p_2 - p_1)\, v_r^{(s-5)/(s-1)}. \qquad [\text{III - 1, 27}]$$

Für s gleich 5 wird die Impulsübertragung proportional der Differenz der Impulse, und im stationären Zustand in einem Temperaturfeld wird der mittlere Impuls eines Moleküls gleich Null, folglich wird die Thermodiffusion für MAXWELL-Moleküle verschwinden, und für $s = 5$ wird der Thermodiffusionskoeffizient sein Vorzeichen wechseln. Eine analoge Überlegung zeigt, daß für die gewöhnliche Diffusion der gleiche Wert (Gl. [III - 1, 10]) für den Wirkungsquerschnitt erhalten wird, und daß der Diffusionskoeffizient D_{12} die Form annimmt (n Zahl der Teilchen je cm³)

$$D_{12} = k\,T/n\,m^*\,v_r\,\sigma(v_r), \qquad [\text{III - 1, 28}]$$

der die exakte Lösung für einen Spezialfall darstellt. MAXWELL wertete $v_r\,\sigma(v_r)$ aus und fand den zahlenmäßig richtigen Wert

$$D_{12} = \frac{0{,}376\,k\,T}{n\,(m^*\varkappa)^{1/2}}. \qquad [\text{III - 1, 29}]$$

Da der Ausdruck neben $k\,T$ von der Dimension einer Beweglichkeit**) u ist, d. h. Geschwindigkeit je Einheitskraft, so läßt sich Gl. [III - 1, 13] in der Form schreiben, wie sie seit NERNST und EINSTEIN für Flüssigkeiten wohlbekannt ist

$$D_{12} = u\,k\,T. \qquad [\text{III - 1, 30}]$$

Es ist leicht einzusehen, daß der Parameter $\varkappa$ im Endresultat stehen bleiben muß, weil dies dem Auftreten der Lineardimension für den Stoßquerschnitt sphärischer Moleküle entspricht, und dies ist, neben der reduzierten Masse m^*, der einzige Parameter, der auf die speziellen betrachteten Moleküle Bezug hat.

Eine Verbesserung der Stoßtheorie der Diffusion ist von MONCHIK und MONCHIK und MASON (52) versucht worden. MONCHIK und MASON nennen ihre Behandlung eine Theorie des „freien Flugs" von Gasmischungen. Ihr Ziel ist, zu zeigen, daß eine Theorie der freien Weglänge, sofern man sie korrekt anwendet, Resultate geben sollte, die an Genauigkeit denen der strengen CHAPMAN-ENSKOG-Theorie (8, 19) vergleichbar sind. Der erste Versuch in dieser

---

*) Denn der Ausdruck auf der rechten Seite ist diejenige Kombination der Größen $\varkappa$, v, m^*, die die Dimension [Länge]² hat.

**) Nicht zu verwechseln mit der Geschwindigkeit in früheren Gleichungen.

Richtung stammt von JEANS (37), der das Verhalten eines stoßenden Moleküls nach dem Zusammenstoß berücksichtigte („Persistenz der Geschwindigkeit"). Wir deuten MONCHIKs und MASONs Methode nur kurz an. ENSKOG und CHAPMAN gehen von der MAXWELL-BOLTZMANN-Integro-Differentialgleichung aus, von der aus man in sukzessiven Approximationen Lösungen beliebiger Genauigkeit erhalten kann, wenn auch mit stark zunehmendem Arbeitsaufwand. MONCHIK und MASON leiten eine analoge Integralgleichung ab, indem sie von einer konsequenten Behandlung ihrer Theorie des „Freien Fluges" ausgehen, in gewissem Gegensatz zu der primitiveren Theorie der freien Weglänge. Sie gehen aus von einer Verteilung der Art a der Form

$$f_a(v, x, t) = f_a{}^0(v, n_a{}^0, T_0, v_0{}^0)\,[1 + \Phi_a(v, x, t)]. \qquad \text{[III - 1, 31]}$$

v ist der Geschwindigkeitsvektor, x der Lagevektor der Partikel a, die Funktion $f_a{}^0$ (MAXWELL–BOLTZMANN-Verteilung) ist gegeben durch

$$f_a{}^0 = n_a \left(\frac{m_a}{2\pi k\,T_0}\right)^{1/2} \exp\left[-(w_a{}^0)^2\right] \qquad \text{[III - 1, 32]}$$

mit

$$w_a{}^0 = \left(\frac{m_a}{2k\,T_0}\right)^{1/2}(v_a - v_0{}^0); \qquad \text{[III - 1, 33]}$$

n_a, T_0 und $v_0{}^0$ sind geeignet definierte Werte *ohne* Diffusionsfluß für Teilchendichte (Zahl je Volumeneinheit), Temperatur und Schwerpunksgeschwindigkeit, Φ gibt die Abweichung von der Verteilung $f_a{}^0$ an. Das Ziel der Arbeit ist, geeignete Ausdrücke für erf zu finden, und die resultierende Integralgleichung durch sukzessive Approximationen zu lösen. Es ist nicht zu erwarten, daß die Methode besser ist als die von CHAPMAN und ENSKOG, aber die Autoren erhoffen eine leichter zu übersehende Behandlung. Gegenüber der JEANSschen Theorie, die das Verhalten nach einem Zusammenstoß berücksichtigt, mittels des Persistenz-Verhältnisses, wollen MONCHIK und MASON die gesamte Vorgeschichte eines Stoßes berücksichtigen wenigstens im Prinzip, am einfachsten für MAXWELL-Moleküle. Das wichtigste Resultat scheint zu sein, daß sich Thermodiffusion aus einem verhältnismäßig einfachen Stoßmodell voraussagen läßt, was mit der elementaren Stoßtheorie nicht möglich ist.

III, 2. Selbstdiffusion und Isotopendiffusion in Gasen

Daß die elementare kinetische Theorie zu Fehlschlüssen führt, wie oben bereits hinsichtlich der verschiedenen Rolle von Stößen zwischen gleichen und zwischen verschiedenen Molekülen bei der wechselseitigen Diffusion angedeutet, zeigt sich auch bei der Betrachtung von Selbstdiffusion und Isotopendiffusion („tracer"-Diffusion). Der Selbstdiffusionskoeffizient ist in der kinetischen Gastheorie [vgl. etwa HIRSCHFELDER (35), (15, 34) et al., l. c. Gl. [8-2,44] S. 539] streng definiert als derjenige Ausdruck, den man erhält, wenn man in dem Diffusionskoeffizienten für binäre Mischungen die beiden Komponenten gleich werden läßt (l. c., Gl. [8-2,44], für die erste Näherung). Läßt man ein

Isotopes von 1, gekennzeichnet durch *, diffundieren, so gibt die Theorie einen Ausdruck für $D_1{}^*$, und entsprechend $D_2{}^*$, in dem binären Gemisch von 1 und 2

$$\frac{1}{D_1{}^*} = \frac{N_1}{D_{11}} + \frac{N_2}{D_{12}}$$

$$\frac{1}{D_2{}^*} = \frac{N_2}{D_{22}} + \frac{N_1}{D_{12}}, \qquad \text{[III - 2, 1]}$$

mit N_i Molenbruch, $i = 1, 2$. Die elementaren Ansätze, wie sie auch DARKEN für den KIRKENDALL-Effekt benutzt, geben

$$D_{12} = N_2 D_1{}^* + N_1 D_2{}^*. \qquad \text{[III - 2, 2]}$$

McCARTY und MASON (42) zeigen, daß die Gln. [III- 2, 2] und [III - 2, 1] nur in dem Spezialfall verträglich sind, daß

$$D_{12}{}^2 / D_{11} \cdot D_{22} = 1 \qquad \text{[III - 2, 3]}$$

ist, eine höchst unwahrscheinliche Beziehung. An dem konkreten Beispiel He—Ar, wo alle relevanten Größen gemessen sind (3), (36), (42), (51), (58), (62), (74, 77) zeigen sie, daß für 30 °C die Beziehung Gl. [III - 2, 3] auch nicht annähernd erfüllt ist.

$$\frac{D_{12}{}^2}{D_{11} D_{22}} = \frac{(0,762)^2}{0,190 \cdot 1,67} = 1,83. \qquad \text{[III - 2, 4]}$$

Sie betrachten ihre Meßresultate an den Systemen H_2—D_2, CO_2—C_3H_8, He—Ar, He—CO_2, D_2—CO_2 und H_2—($H_2 + CO_2$), wo an Gasen das Analogon zum KIRKENDALL-Effekt studiert wurde, als klare Evidenz für ein Versagen der üblichen phänomenologischen Theorie des KIRKENDALL-Effektes.

Als nützliche Quelle zitieren wir noch für Gase und Flüssigkeiten die Neue Auflage von REID und SHERWOOD (58).

III, 3. Druckgefälle bei der Gasdiffusion; Bewegung von Schwebeteilchen in Systemen diffundierender Gase

Auf S. 18, 19 war darauf hingewiesen worden, daß bei der Diffusion in einem Gasgemisch, speziell einem binären Gemisch, der Schwerpunkt des Systems erhalten bleiben muß, vorausgesetzt, daß Diffusion in einem masselosen, frei beweglichen Behälter erfolgt. Geht die Diffusion in einem festgehaltenen, schweren Behälter vor sich (z. B. in einem Rohr, Laboratoriumssystem), so müßten wegen des Masse- und Impulstransports (der Schwerpunkt bewegt sich gegenüber dem Laboratoriumssystem mit endlicher Geschwindigkeit) Druckeffekte auftreten, die aber in weiten Rohren nicht meßbar sein werden. Befinden sich in dem Gasgemisch Schwebeteilchen, so wird auch auf diese ein Impuls übertragen, und zwar im Sinne des resultierenden Impulsflusses, d. h. die Schwebeteilchen werden sich in Richtung des Flusses der schwereren Komponente bewegen. Zusätzliche Effekte treten in einem Temperaturgefälle auf. Hierher gehört auch der von FREISE (25) beobachtete Transport von Kolloid-teilchen während der Diffusion in einem binären System von Flüssigkeiten verschiedener Dichten. Auch hier werden die Schwebeteilchen in Richtung des Flusses der schwereren Komponenten mitgenommen. Um Effekte zu finden, wird man also entweder durch enge Kapillaren definierten Durchmessers diffundieren lassen müssen, oder durch poröse Körper, als Beispiel wurden Glasfritten benutzt. Unter den verschiedenen möglichen Versuchsanordnungen kann man zwei Spezialfälle auswählen [WICKE und HUGO (76)]: entweder man stellt, für ein diffundierendes binäres Gemisch, den Druckunterschied zu beiden Seiten der Fritte zu Null ein, dann werden, zumindest bei unterschiedlichen Molmassen, die molaren Ströme der beiden Komponenten nicht gleich sein. WICKE und HUGO (76) fanden für das Paar (CO, N_2) (mit gleichen Massen) bei verschwindender Druckdifferenz gleiche molare Ströme J_1 und J_2, d. h. den resultierenden Strom O. Umgekehrt erhielten sie für das Gaspaar (CO_2, H_2) ein „Gegenstromverhältnis" $|J_2/J_1| = 4{,}75$, was in guter Übereinstimmung mit ihrer theoretischen Voraussage $-J_2/J_1 = \sqrt{M_1/M_2} = \sqrt{44/2} = 4{,}69$ steht. Oder man sorgt dafür, daß kein resultierender Strom $J = J_1 + J_2$ zustande kommt, also $|J_1| = |J_2|$, durch Aufrechterhalten einer geeigneten Druckdifferenz ΔP_0 (76). ΔP_0 ist gleich $P_2 - P_1$. In den Beispielen $CO(1) - N_2(2)$ und $C_3H_8(1) - CO_2(2)$ mit Teilchen gleicher Masse, verschwindet diese Druckdifferenz, sonst wird in allen Fällen der Druck auf der Seite des leichteren Gases niedriger gefunden. Wir entnehmen der Arbeit von WICKE und HUGO eine Zusammenstellung gemessener Werte.

Tabelle III, 3, 1. Charakteristische Druckverluste für $J = 0$, nach WICKE u. HUGO l. c.

Gas 1	Gas 2	D_{12} cm²/sec	ΔP_0^{ber} Torr	ΔP_0^{exp} Torr
H_2	He	1,65	3,79	4,1
H_2	N_2	0,774	8,30	8,5
H_2	Ar	0,78	11,28	12,1
H_2	CO_2	0,635	7,73	8,2
C_3H_8	H_2	0,430	$-3{,}42$	$-3{,}7$

WICKE und HUGO (l. c.) haben selbst eine Theorie der Erscheinungen gegeben; unabhängig davon wurde das Problem behandelt von WALDMANN (72, 73, 64), von MASON (44), in allgemeinerem Zusammenhang diskutiert von S. CHAPMAN (10).

Die Erscheinung hängt mit dem bereits MAXWELL (49) bekannten Phänomen der Gleitung zusammen, wie es zuerst bei der inneren Reibung diskutiert wurde (20, 33). Es sind die Fälle (Radius r kleiner als freie Weglänge Λ), wo die Zusammenstöße zwischen Gasmolekülen keine Rolle spielen, zu unterscheiden von dem Fall, wo $r > \Lambda$ ist. Im Sinne der formal mathematischen Theorie der Diffusion ist eine Wand nur durch die Randbedingung der Undurchdringlichkeit zu berücksichtigen, der Diffusionsfluß J_n senkrecht zur Wand muß verschwinden, d. h., wegen $J = -D \operatorname{grad} c$, muß die Normalkomponente von $\operatorname{grad} c$ an der Wand verschwinden. Bei der kinetischen Behandlung der Diffusion tritt aber noch ein anderer Effekt hinzu. Bei der Ableitung des statischen Druckes ist es unbedenklich, spiegelnde Reflexion der Gasmoleküle anzunehmen. Bei dynamischen Effekten ist das aber nicht mehr so. Führt man die Annahme diffuser Reflexion ein, d. h. ohne Vorzugsrichtung der reflektierten Teilchen, so hat man u. a. folgenden Effekt. Da die in einem Rohr diffundierenden Teilchen neben ihrer ungeordneten Bewegung eine überlagerte gerichtete Bewegung haben, so würde bei Annahme diffuser Reflexion der der gerichteten Strömung entsprechende Impuls auf die Rohrwand übertragen; da der Impuls der schwereren Teilchen der größere ist, gäbe dies eine Tangentialkraft im gleichen Sinne wie der Fluß der schwereren Komponente; dem entspricht im allgemeinen das Verhalten von Schwebeteilchen. Im einzelnen hängen aber die Effekte empfindlich von den gemachten Annahmen ab, und es ist, wie bei allen gaskinetischen Betrachtungen, davor zu warnen, sich auf qualitative Schlüsse zu verlassen.

III, 4. Thermodiffusion

Wir hatten Gleichungen für den Diffusionsfluß meist geschrieben, unter Voraussetzung konstanter Temperatur, etwa in der Form (für Gase)

$$J_1 = - D_{12}\, N\, \frac{\partial N_1}{\partial x} \equiv N\, N_1(\bar{v}_1 - \bar{v})$$

$$J_2 = - D_{12}\, N\, \frac{\partial N_2}{\partial x} = + D_{12}\, N\, \frac{\partial N_2}{\partial x} \equiv N\, N_2(\bar{v}_2 - \bar{v}), \qquad [\text{III - 4, 1}]$$

$\bar{v}$ mittlere molare Geschwindigkeit $\bar{v} = N_1 \bar{v}_1 + N_2 \bar{v}_2$, wobei die Definitionen für J_1 und J_2 bereits angegeben sind: N_1 und N_2 sind die Molenbrüche der Komponenten 1 und 2, N kann sowohl gesamte Molekülzahlkonzentration als als auch gesamte molare Konzentration bedeuten, wegen der Homogenität von Gl. [III - 4, 1]. Von den uns bereits bekannten Beziehungen merken wir noch an *)

$$\bar{v}_1 - \bar{v} = - \frac{D_{12}}{N_1} \frac{\partial N_1}{\partial x}\ ; \quad \bar{v}_2 - \bar{v} = - \frac{D_{12}}{N_2} \frac{\partial N_2}{\partial x} = + \frac{D_{12}}{N_2} \frac{\partial N_1}{\partial x} \qquad [\text{III - 4, 2}]$$

$$\bar{v}_1 - \bar{v}_2 = - (1/N_1 + 1/N_2)\, D_{12}\, \partial N_1/\partial x = - \frac{D_{12}}{N_1 N_2} \frac{\partial N_1}{\partial x}$$

(da $N_1 + N_2 = 1$!). Bei dieser Schreibweise ist klar, daß bei Übertragung auf ein nicht-isothermes System die gewöhnliche Diffusion zu einem Ausgleich der Molenbrüche, nicht aber der absoluten Konzentration führt, wie dies sinnvoll ist. Als Kombination von den Gln. [III - 4, 1] und [III - 4, 2] läßt sich auch schreiben

$$N\, (\bar{v}_1 - \bar{v}_2) N_1 N_2 = N_2\, J_1 - N_1 J_2 = - N\, D_{12} \frac{\partial N_1}{\partial x}, \qquad [\text{III - 4, 3}]$$

---

*) Die letzte Gl. [III - 4, 2] und Gl. [III - 4, 3] sind vom Koordinatensystem unabhängig.

eine Form, die auch gelegentlich nützlich ist. Gehen wir jetzt zu einem nicht-isothermen System über, so entspricht unsere obige Schreibweise einer Formulierung, in der das Produkt Kraft · Fluß (vgl. S. III, 3) auf den Ausdruck $T\sigma$ führt, σ Geschwindigkeit der lokalen Entropieproduktion. Bei dieser Formulierung ist die „Temperatur"-Kraft sinngemäß als $-\partial \ln T/\partial x$ einzuführen, und als dadurch verursachte Flüsse (in Abwesenheit eines Gefälles der Molenbrüche)

$$J_1' = -ND_T\, \partial \ln T/\partial x \qquad\qquad \text{[III - 4, 4]}$$

$$J_2' = +ND_T\, \partial \ln T/\partial x.$$

Der gesamte resultierende Fluß (im Falle eines Druckgefälles kämen noch Ausdrücke der Form $ND_P\partial\ln P/\partial x$ hinzu, „Druckdiffusion") wird dann, wenn wir diesen wieder mit J bezeichnen

$$J_1 = -ND_{12}\, \partial N_1/\partial x - ND_T\, \partial \ln T/\partial x \qquad\qquad \text{[III - 4, 5]}$$

$$J_2 = -ND_{12}\, \partial N_2/\partial x + ND_T\, \partial \ln T/\partial x,$$

was man gelegentlich schreibt

$$J_1 = -ND_{12}\, [\partial N_1/\partial x + (D_T/D_{12})\, \partial \ln T/\partial x]; \qquad\qquad \text{[III - 4, 6]}$$

das Verhältnis D_T/D_{12} wird Thermodiffusionsverhältnis genannt, k_T

$$k_T = D_T/D_{12}. \qquad\qquad \text{[III - 4, 7]}$$

k_T ist stark konzentrationsabhängig, während Theorie und Experiment zeigen, daß man eine nur wenig konzentrationsabhängige Größe, den Thermodiffusionsfaktor α_T, definieren kann durch

$$\alpha_T = k_T/N_1 N_2. \qquad\qquad \text{[III - 4, 8]}$$

Wir können also statt Gl. [III - 4, 6] die beiden Ausdrücke schreiben

$$J_1 = -ND_{12}\, [\partial N_1/\partial x + k_T\, \partial \ln T/\partial x] \qquad\qquad \text{[III - 4, 9]}$$

$$= -ND_{12}\, [\partial N_1/\partial x + (\alpha_T N_1 N_2)\, \partial \ln T/\partial x],$$

mit analogen Ausdrücken für J_2.

Zieht man die vom Bezugssystem unabhängige Formulierung für $\bar v_1 - \bar v_2$ vor, so hat man zu setzen

$$\bar v_1 - \bar v_2 = J_1/N_1 N - J_2/N_2 N$$

$$= -D_{12}\, [(1/N_1)\, \partial N_1/\partial x - (1/N_2)\, \partial N_2/\partial x + (1/N_1 + 1/N_2)\alpha_T N_1 N_2\, \partial \ln T/\partial x]$$

$$= -(D_{12}/N_1 N_2)\, [\partial N_1/\partial x + \alpha_T N_1 N_2\, \partial \ln T/\partial x]. \qquad\qquad \text{[III - 4, 10]}$$

Offenbar wirken Diffusion und Thermodiffusion einander entgegen, und für $t \to \infty$ wird sich ein stationärer Zustand einstellen*)

$$J_1 = -J_2 = 0, \qquad\qquad [\text{III - 4, 11}]$$

also aus Gl. [III - 4, 5] bzw. Gl. [III - 4, 9]

$$\partial N_1/\partial x = -\partial N_2/\partial x = -(D_T/D_{12})\, \partial \ln T/\partial x, \qquad [\text{III - 4, 12}]$$

$$-(1/N_1 N_2)\, \partial N_1/\partial x = (1/N_1 N_2)\, \partial N_2/\partial x = \alpha\, \partial \ln T/\partial x. \qquad [\text{III - 4, 13}]$$

Gl. [III - 4, 13] gibt unmittelbar eine Meßvorschrift für den Thermodiffusionsfaktor α: zwei verschieden temperierte Vorratsgefäße werden durch ein Rohr, bzw. eine Kapillare miteinander verbunden, mit dem binären Gasgemisch gefüllt, und man wartet Stationarität ab. Konzentrationsmessungen und Länge des Rohres reichen dann zur Auswertung aus, wobei noch, unter der Voraussetzung kleiner Temperaturdifferenz, für $\partial \ln T/\partial x$ sinngemäß $\Delta T/\overline{T} \cdot l$ zu setzen ist, ΔT Temperaturdifferenz, $\overline{T}$ geeignete mittlere Temperatur, l Rohrlänge.

Wie ebenfalls früher schon erwähnt, läßt die Thermodynamik irreversibler Prozesse einen zur Thermodiffusion inversen Effekt erwarten, den Diffusionsthermoeffekt. Wechselseitige Diffusion zweier Gase führt zu Temperaturänderungen. Der Effekt war zuerst von DUFOUR (17) 1873 beobachtet worden, und wurde 1942 durch CLUSIUS und WALDMANN (11, 12) von neuem entdeckt und besonders von WALDMANN (70, 71) diskutiert. Man würde für den Wärmestrom den phänomenologischen Ansatz machen (unter Vernachlässigung eines „Druckthermoeffektes")

$$J_u = -\lambda\, \mathrm{grad}\, T - \beta\, \mathrm{grad}\, N_1, \qquad\qquad [\text{III - 4, 14}]$$

im Fall eines binären Gemisches. Offenbar ist zwischen β und α nach den ONSAGER-Relationen ein Zusammenhang zu erwarten, der aber aus der Schreibweise Gl. [III-4,14] noch nicht hervorgeht. Da die linke Seite von Gl. [III-4,14] die Dimension hat

$$[\text{Energie}] \cdot [\text{Länge}]^{-2} \cdot [\text{Zeit}]^{-1},$$

das Glied mit $\mathrm{grad}\, N_1$, die Dimension $[\text{Länge}]^{-1}$, so muß β offenbar die Dimension haben

$$[\text{Energie}] \cdot [\text{Länge}]^{-1} \cdot [\text{Zeit}]^{-1}.$$

---

*) Vielleicht sollte explizit angemerkt werden, daß D_{12} und D_T gleiche Dimension haben, $[\text{Länge}]^2\, [\text{Zeit}]^{-1}$; $\partial N_1/\partial x$, $\partial N_2/\partial x$ und $\partial \ln T/\partial x$ haben alle die gleiche Dimension $[\text{Länge}]^{-1}$, der Fluß J_1 in Gl. [III - 4, 9] z. B. hat infolgedessen die Dimension, wenn wir uns für Molzahlen als Mengeneinheit entschließen:
$[\text{Mol}] \cdot [\text{Länge}]^{-3} \cdot [\text{Länge}]^2 \cdot [\text{Zeit}]^{-1} \cdot [\text{Länge}]^{-1} = [\text{Mol}] \cdot [\text{Länge}]^{-2} \cdot [\text{Zeit}]^{-1}$,
d. h. Mole je Flächeneinheit und Zeiteinheit; ebenso gut hätte man Moleküle statt Mole einsetzen können.

In einer der Thermodynamik irreversibler Prozesse angemessenen Schreibweise müssen dann natürlich entsprechende (anders dimensionierte) Koeffizienten einander gleich sein.

Wir schreiben für ein binäres System im Schwerpunktsystem (31) (mit den „richtigen" Kräften X_1, X_2)

$$J_2 = A(X_2 - X_1) - B \operatorname{grad} T \qquad [\text{III - 4, 15}]$$

$$J_u = B'(X_2 - X_1) - C \operatorname{grad} T,$$

und die Onsager-Bedingungen liefern

$$B = B'. \qquad [\text{III - 4, 16}]$$

Die phänomenologischen Koeffizienten haben die Bedeutung

$$A = D_{12} M_1^2 M_2^2 N_1 / [\varrho^2 \bar{V}^3 (\partial \mu_2 / \partial N_2)_{T,P}], \qquad [\text{III - 4, 17}]$$

wobei N_1 Molenbruch von 1, M_1, M_2 Molmassen, ϱ Dichte, $\bar{V}$ Molvolumen der Mischung.

$$B = -D_T M_1 M_2 / \varrho \bar{V}^2, \qquad [\text{III - 4, 18}]$$

$$B' = -\beta M_1 M_2 N_1 / \varrho \bar{V} (\partial \mu_2 / \partial N_2)_{P,T}. \qquad [\text{III - 4, 19}]$$

Und aus der Bedingung Gl. [III - 4, 16] folgt

$$D_T / \bar{V} = \beta N_1 / (\partial \mu_2 / \partial N_2) = D_{12} \alpha N_1 N_2 / \bar{V}. \qquad [\text{III - 4,20}]$$

Unter Berücksichtigung der für ideale Gase gültigen Beziehung

$$\partial \mu_2 / \partial N_2 = R T / N_2 = P \bar{V} / N_2 \qquad [\text{III - 4, 21}]$$

folgt schließlich

$$\beta = D_{12} \alpha P. \qquad [\text{III - 4, 22}]$$

Ohne auf Gase und speziell ideale Gase einzuschränken, kann man für den Wärmefluß in einem binären Gemisch schreiben

$$J_Q = Q_i^* J_i - \lambda_\infty \operatorname{grad} T, \qquad [\text{III - 4, 23}]$$

mit Q_i^* der sogenannten „Überführungswärme" [Energie je Mol] λ_∞ Wärmeleitfähigkeit im stationären Zustand. Für unser Bezugssystem, molare Geschwindigkeiten, $J_1 = -J_2$, folgt damit (für die x-Komponente)

$$\beta = D_{12} \alpha N_1 (\partial \mu_1 / \partial N_1)_{P,T} / \bar{V} \qquad [\text{III - 4, 24}]$$

$$= D_{12} \alpha N_2 (\partial \mu_2 / \partial N_2)_{P,T} / \bar{V}$$

und

$$Q^* = Q_2^* (= -Q_1^*) = -\alpha N_1 (\partial \mu_1 / \partial N_1) = -\alpha N_2 (\partial \mu_2 / \partial N_2). \quad [\text{III - 4, 25}]$$

Wir verweisen für Einzelheiten und weitergehende Beziehungen auf Haase (31) und Waldmann, l. c. Für Themodiffusion in Flüssigkeiten, Ludwig-

SORET-Effekt, ist es üblich, den sogenannten SORET-Koeffizienten zu benutzen, definiert durch

$$s = \alpha_T / T.$$

[III - 4, 26]

Für Thermodiffusion in Flüssigkeiten verweisen wir auf DE GROOT (30), R. HAASE (31) und auf TYRELL (69).

Eine Auswahl von Thermodiffusionsfaktoren geben wir in Kap. VII.

Nach CHAPMAN (10) [1962], ist der größte für Gase bekannte Thermodiffusionsfaktor $\alpha = 0{,}64$, für Radon-Helium. CHAPMAN zeigt jedoch, das für extreme Bedingungen, besonders unter extraterrestrischen Bedingungen, sehr viel höhere Thermodiffusionsfaktoren möglich sind. So würde für 15 fach ionisiertes Nickel, wie es in der Korona vorkommen soll, der Thermodiffusionsfaktor einen Wert von einigen Hundert annehmen. Für Staubteilchen vom Radius r_1 in Gasen, deren Moleküle wie die Staubteilchen als kugelförmig vom Radius r_2 angenommen werden, gibt die Theorie den Ausdruck

$$\alpha_{12} = \frac{5}{16\sqrt{2}}\left(\frac{r_1}{r_2}\right)^2.$$

Nimmt man r_1 etwa 1000 fach größer an als r_2, dann kann α_{12} Werte von z. B. 10^5 annehmen. CLUSIUS und MEYER (13) haben den Niederschlag von Staubteilchen, z. B. an der Wand in der Nachbarschaft von Heizkörpern, diskutiert.

CHAPMAN, l. c., berechnet für 12- und 14 fach ionisiertes Silicium im Sonnenzentrum Thermodiffusionsfaktoren zwischen 400 und 800 aus, für Ni XVI in der Sonnen-Korona 600 bis 800.

Als ausführlichere Darstellungen zur Thermodiffusion seien besonders genannt GREW und IBBS (29), R. HAASE (31), H. J. V. TYRELL (69), MASON, MUNN und SMITH (47). Für die Integration der zeitabhängigen Gleichung der Thermodiffusion sei auf BIERLEIN (5) verwiesen, Thermodiffusion in reagierenden Gasmischungen im Gleichgewicht diskutiert BROCKAW (7), für die Operation einer Thermodiffusionskolonne mit Mischungen gleicher Molmasse (CO_2, N_2O) siehe SRIVASTA usw. (66).

Thermodiffusion in Gasmischungen unter hohem Druck wurde u. a. von DRICKAMER u. Mitarb. (16,61) gemessen und theoretisch diskutiert. Die Theorie wurde ferner von PRAGER und EYRING (56) behandelt.

Die Messungen zur Thermodiffusion an binären Gasmischungen sind von SAXENA und MATHUR systematisch nach der CHAPMAN-ENSKOG-Theorie ausgewertet worden. Wie auch in anderen Fällen scheint ein LENNARD–JONES-Potential (12–6) ungeeignet, während ein exp-6-Potential wesentlich besser geeignet erscheint (63). Mit der Thermodiffusion von Wasserstoff-Isotopen befassen sich DUPUIS (18) sowie REICHENBACHER und A. KLEMM (59). Über Messungen in CO_2-haltigen Gasen berichten GREW u. Mitarb. (29, 14). Messungen und eine theoretische Diskussion für H_2—Kr-Messungen und andere geben MASON u. Mitarb. (45, 46).

III, 5. Transporterscheinungen in fluiden Mischungen

Eine strenge Theorie der Gleichgewichtseigenschaften flüssiger Mischungen*) läßt sich zwar formulieren, aber im konkreten Beispiel meistens nur näherungsweise anwenden. Um so weniger darf man bei den Transporterscheinungen eine abgeschlossene Theorie erwarten, wenn auch in den Grundlagen erhebliche Fortschritte gemacht worden sind [vgl. z. B. J. G. KIRKWOOD u. a. (39a); S. A. RICE u. P. GRAY (60)]. Dafür sind wir heute in der glücklichen Lage, daß uns ein ausgedehntes Beobachtungsmaterial an Flüssigkeiten vorliegt, teilweise ausgelöst durch noch unvollkommene theoretische Ansätze einerseits, durch das wieder erwachte Interesse an der Struktur der Flüssigkeiten, und die neuentdeckten Möglichkeiten der Trennverfahren durch Thermodiffusion andererseits. So können wir uns hier an dem Erfahrungsmaterial über Resultate allgemeiner Art und Deutungsmöglichkeiten orientieren. Dabei soll der Schwerpunkt bei den eigentlichen Flüssigkeiten liegen.

In idealen Gasen sind Wärmeleitung, Viskosität (innere Reibung) und Selbstdiffusion einander proportional. Wir machen uns das für die beiden letzten Erscheinungen durch die Gln. [III - 5, 1] und [III - 5, 2] und die Abb. III, 5 - 1 und III, 5 - 2 anschaulich klar:

$$\text{a)} \quad J_m = -D_{11}\frac{\partial \varrho_m}{\partial x}; \qquad \text{b)} \quad J_i = -\eta\frac{\partial \bar{v}}{\partial x}. \qquad [\text{III - 5, 1}]$$

Die Analogie der beiden Vorgänge wird deutlicher, wenn wir wirklich analoge Gleichungen formulieren. Der Diffusionsstrom J_m wird proportional einem Koeffizienten D_{11} (Dimension: [Länge]² · [Zeit]⁻¹) und dem Gradienten der Dichte der diffundierenden (markierten) Teilchensorte, $\partial \varrho_m/\partial x$, angesetzt. Der Impulsstrom J_i wird aber meist nicht proportional dem Gradienten der Impulsdichte, sondern dem der Geschwindigkeit gesetzt; darum hat η eine andere

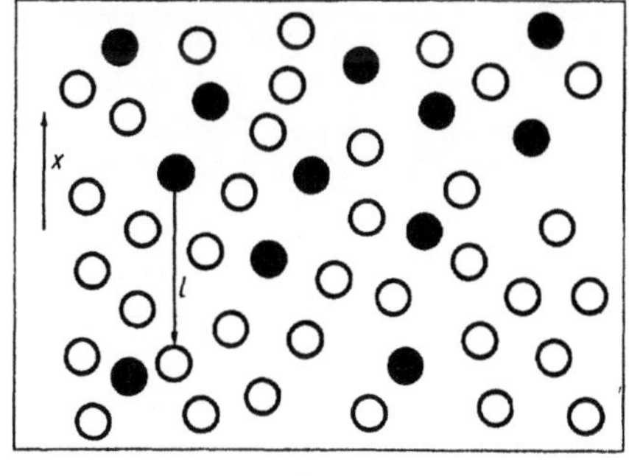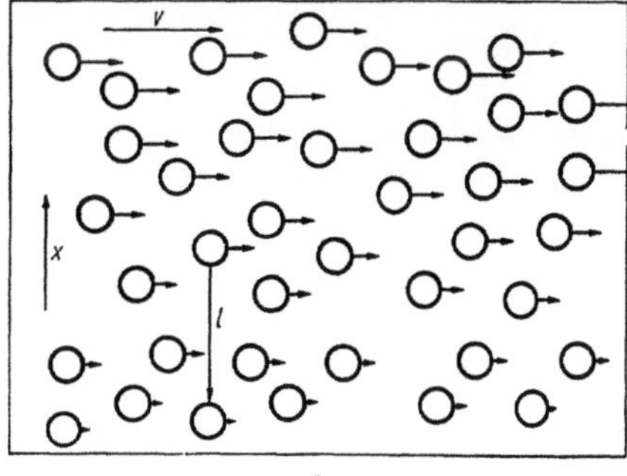

a   b

Abb. III, 5 - 1. a. Diffusion: Transport markierter Teilchen in Richtung eines Konzentrationsgefälles $\partial \varrho_m/\partial x$. l mittlere freie Weglänge. b. Viskosität: Transport von Impuls $m\,\bar{v}$, in Richtung eines „Impulsdichtegefälles", $\partial \bar{\varrho}_i/\partial x$, das senkrecht zu $\bar{v}$ gerichtet ist.

*) Vergl. hierzu EYRING, HENDERSON, JOST (78).

Bedeutung als D_{11}. Multiplizieren und dividieren wir Gl. [III - 5, 1b] mit ϱ, der Gesamtdichte, und setzen wir $\varrho\,\bar{v} = \bar{\varrho}_i$, gleich der „Impulsdichte", so kommt:

$$J_i = -\,\frac{\eta}{\varrho}\,\frac{\partial(\varrho\,\bar{v})}{\partial x} = -\,\nu\,\frac{\partial\bar{\varrho}_i}{\partial x}. \qquad\qquad \text{[III - 5, 2]}$$

Diese Gleichung ist völlig analog zu Gl. [III - 5, 1a]. Der Koeffizient $\nu = \eta/\varrho$ wird „kinematische Zähigkeit" genannt. Er hat dieselbe Dimension und, unter gewissen Voraussetzungen, sogar den gleichen Zahlenwert wie D_{11}. Die Analogie der beiden Prozesse wird aus den Abb. III, 5 - 1 a und b vollkommen deutlich. Wie bei der Diffusion ein Teilchen seine eigene Masse über eine freie Weglänge l transportiert, so bei der inneren Reibung seinen gerichteten Impuls. Es wird angenähert:

$$D_{11} \approx \nu \approx l\bar{w}/2, \qquad\qquad \text{[III - 5, 3]}$$

wo $\bar{w}$ die mittlere thermische Molekülgeschwindigkeit ist, und wo wir im übrigen dem genauen Wert des Zahlenfaktors ($\sim 1/2$) keine besondere Bedeutung zumessen.

Für die Diffusion größerer Teilchen, z. B. von annähernd kugelförmigen Kolloidpartikeln (es genügt, daß der Partikelradius r hinreichend groß ist gegenüber dem der Lösungsmittelteilchen) gilt bekanntlich nach EINSTEIN unter Benutzung einer von STOKES abgeleiteten Reibungsformel:

$$D = R\,T/6\pi\eta\,r\,N_L. \qquad\qquad \text{[III - 5, 4]}$$

Das heißt, daß hier der Diffusionskoeffizient der Viskosität umgekehrt proportional ist. Diese Umkehr, die im Falle kleiner Teilchen in Flüssigkeiten wenigstens der Form nach erhalten bleibt (unter evtl. Abänderung des Zahlenfaktors) ist die wichtigste qualitative Einsicht, die wir uns klar machen müssen. Man sieht leicht ein, daß eine Beziehung der Form Gl. [III - 5, 4] bereits für die Diffusion von Schwebeteilchen in Gasen gelten muß. Denn zur Ableitung von Gl. [III - 5, 4] wird nicht davon Gebrauch gemacht, daß man es speziell mit einer Flüssigkeit im Gegensatz zu einem Gas zu tun habe. Die Gesetze der Hydrodynamik gelten in gleicher Weise für beide, vorausgesetzt, daß alle auftretenden Dimensionen hinreichend groß gegenüber der freien Weglänge sind. Gerade diese Voraussetzung ist aber erfüllt. Für die Umkehrung der Beziehung zwischen D und η genügt es also offenbar, daß die Dimensionen der diffundierenden Partikel nicht mehr klein gegenüber der freien Weglänge sind.

Zum tieferen Verständnis ist es interessant, diese Erscheinung experimentell und theoretisch im Bereich verdichteter Gase im überkritischen Gebiet zu untersuchen. Darauf wird im zweiten Teil eingegangen werden.

Wie aus Abb. III, 3 - 1 klar wurde, daß im Gase Materie- und Impulstransport der freien Weglänge, und damit beide einander proportional sind, so kann man sich nach einer alten Überlegung von G. JÄGER klar zu machen versuchen, daß in der kondensierten Phase der Impulstransport nicht der freien Weglänge, sondern im Gegenteil dem Transport über die von den

Teilchen eingenommenen Strecken proportional ist. Damit hängt es natürlich wieder zusammen, daß die Diffusion der Fluidität $\varphi = 1/\eta$ direkt, und der Viskosität η umgekehrt proportional wird. Man kann versuchen, dieses G. JÄGER folgend, quantitativ auszudrücken, wofür wir auf die Darstellung bei HERZFELD (33) verweisen.

Aufschlußreich ist die bereits 1913 aufgestellte BATSCHINSKISCHE Regel (2a) für die Viskosität η

$$\eta = C/(\bar{V} - b). \qquad \text{[III - 5, 5]}$$

mit einem Nenner, der in voller Analogie steht zur VAN DER WAALSschen Volumenkorrektur für Gase. Diese Regel sagt aus, daß die Änderung der Viskosität primär ein Volumeneffekt ist. Wenn man $\bar{V} - b$ als freies Volumen in der Flüssigkeit auffaßt, so sagt sie, daß die Viskosität diesem umgekehrt, die Fluidität $\varphi = 1/\eta$ ihm direkt proportional sei. Das ist qualitativ mit der JÄGERschen Vorstellung verträglich, und wir wollen uns in der nächsten Abbildung dazu nochmals die bekannte Darstellung koexistierender Flüssigkeits- und Dampfvolumina ansehen (Abb. III, 5 - 2). Diese Darstellung wird üblicher-

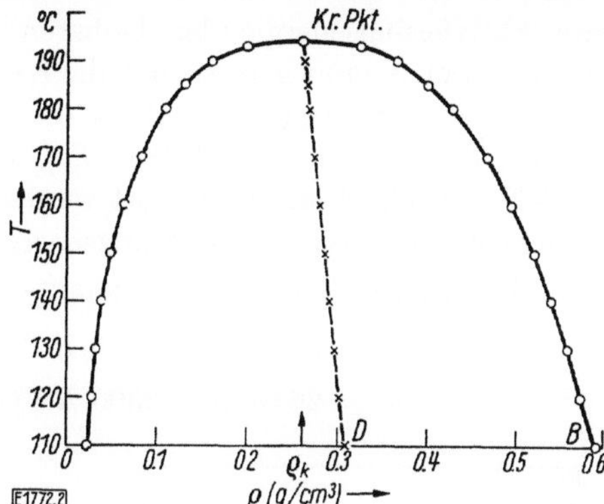

Abb. III, 5 - 2.   Gleichgewichtsdichten von gasförmigem und flüssigem Diäthyläther, als Funktion der Temperatur.

weise zur Erläuterung der Bestimmung des kritischen Volumens mittels der sog. CAILLETET–MATTHIASschen Geraden herangezogen. Da der Dampfdruck ungefähr wie $\exp[-A/RT]$ mit der Temperatur ansteigt, das Dampfvolumen also wie $\exp[+A/RT]$ fällt, so sagt die CAILLETET-MATTHIASsche Regel angenähert, daß das freie Volumen der Flüssigkeit mit der Temperatur ähnlich wie der Dampfdruck ansteigt. Eine Abhängigkeit der Viskosität vom Volumen nach der BATSCHINSKISchen Regel ist also mit einer nahezu exponentiellen Temperaturabhängigkeit dieser Größe ohne weiteres verträglich. Die BATSCHINSKISche Regel läßt außerdem verstehen, daß die Viskosität sehr stark druckabhängig ist.

In der Abb. III, 5 - 3 zwigen wir nach WATTS, ALDER und HILDEBRAND (74b) die Selbstdiffusion von CCl_4. Es ist auffällig, wie viel flacher der Temperaturverlauf der Isochoren ist, verglichen mit dem der Isobaren. Die schein-

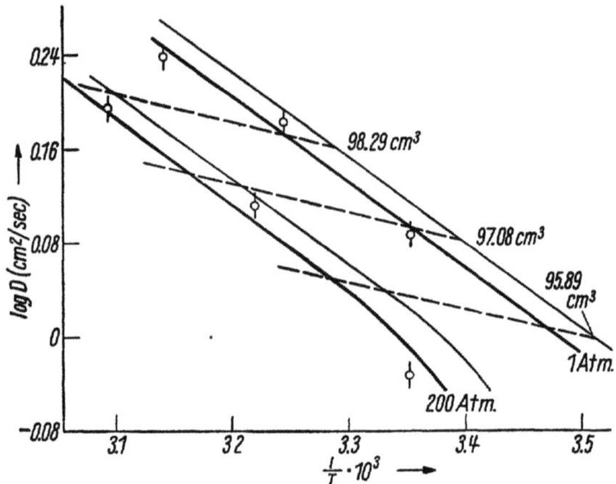

Abb. III, 5 - 3. Selbstdiffusion von CCl_4 (———) und Diffusion von J_2 in CCl_4 (———) in Abhängigkeit von der Temperatur bei konstantem Druck und bei konstantem Molvolumen nach WATTS, ALDER und HILDEBRAND und HAYCOCK, ALDER und HILDEBRAND.

bare Aktivierungsenergie der Isobaren ist 3,3 kcal/Mol, die der Isochoren 1,07 kcal/Mol. Nimmt man an, daß die BATSCHINSKIsche Regel für die Isochoren der Viskosität exakt gälte, so dürfte die Diffusion bei konstantem Molvolumen nur wie T variieren, gemäß $D \sim T/\eta$. Der obige Wert von 1,07 kcal müßte um $RT = 0{,}6$ kcal/Mol verringert werden, d. h. es bleiben 0,47 kcal/Mol, eine tatsächlich sehr kleine Aktivierungsenergie.

Die Isobaren lassen sich formelmäßig darstellen durch

$$D = 325 \exp[-3300/RT] \text{ cm}^2 \text{Tag}^{-1} \quad P = 1 \text{ At.}$$
$$D = 264 \exp[-3300/RT] \text{ cm}^2 \text{Tag}^{-1} \quad P = 200 \text{ At.}$$

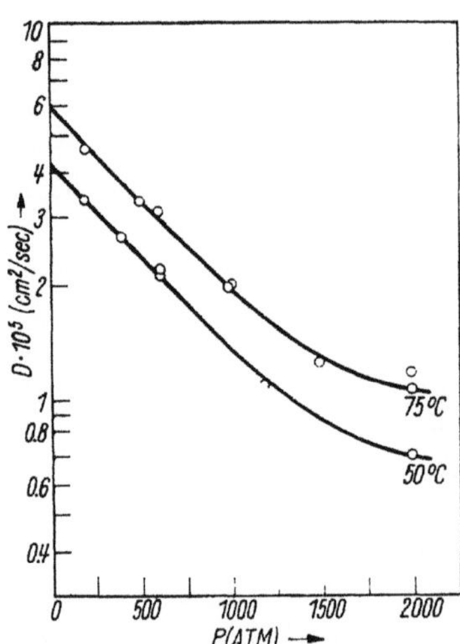

Abb. III, 5 - 4. Druckabhängigkeit der Diffusion von SnJ_4 in CCl_4 nach DOANE und DRICKAMER.

Die Diffusion von Jod in Tetrachlorkohlenstoff [HAYCOCK, ALDER u. HILDE-BRAND (32a)] gibt fast die gleiche Temperaturabhängigkeit. Auch hier ist für $\bar{V} = \text{const.}$ die Aktivierungsenergie nur 1,07 kcal/Mol, nach Abzug von RT wieder 0,5 kcal/Mol.

Die Diffusion von SnJ_4 (mit ^{131}J) wurde von DOANE und DRICKAMER (15a) als Funktion des Druckes bis 2000 Atm. gemessen. Der Diffusionskoeffizient ist stark druckabhängig (Abb. III, 5 - 4 bis III, 5 - 6).

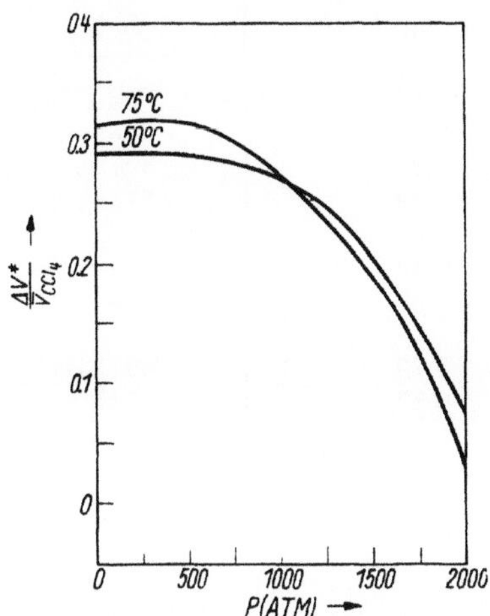

Abb. III, 5 - 5. Druckabhängigkeit des relativen Aktivierungsvolumens $\Delta V^{\ddagger}/\Delta\bar{V}_{CCl_4}$ der Diffusion von SnJ_4 in CCl_4 nach DOANE und DRICKAMER.

Abb. III, 5 - 6. Druckabhängigkeit der Aktivierungsenthalpie $\Delta H^{\ddagger}$ und der Aktivierungsentropie $\Delta S^{\ddagger} - \Delta S_0$ der Diffusion von SnJ_4 in CCl_4 nach DOANE und DRICKAMER.

Auffallend ist das verschiedenartige Verhalten von Aktivierungsvolumen, Aktivierungsenthalpie und Aktivierungsentropie (Abb. III, 5 - 5 und III, 5 - 6). Das Aktivierungsvolumen, das hier recht groß ist (etwa 0,3 des Molvolumens) fällt oberhalb 1000 Atm. stark ab. Zugleich fällt die Aktivierungsentropie und steigt die Aktivierungsenthalpie. Die Autoren deuten dies so, daß mit abnehmendem Volumen eine zunehmende Orientierung der tetraedischen SnJ_4-Moleküle erforderlich wird, der die abnehmende Aktivierungsentropie entspricht.

Die statistisch mechanische Theorie der Flüssigkeiten hat in den letzten zwei Jahrzehnten bedeutende Fortschritte gemacht, wobei primär die Namen BORN, GREEN, KIRKWOOD, YVON zu nennen sind. Eine ausführliche kritische Darstellung der Theorie findet man bei S. A. RICE and P. GRAY (60). Die Theorie vermag heute nicht nur grundsätzliche Aussagen zu machen, sondern kann auch, in den geeigneten Fällen, bis zu quantitativen Absolutberechnungen vordringen. Die Theorie vermag u. a. Abweichungen von der NERNST–

EINSTEIN-Beziehung, wie sie in geschmolzenen Salzen beobachtet werden, richtig voraussagen.

Ebenso liegen Berechnungen für flüssige Edelgase vor. Wir reproduzieren in der folgenden Tabelle einige Konstanten, welche Meßwerte von NAGHIZADEH und S. A. RICE (53) reproduzieren.

Tabelle III, 5, 1. Diffusionskoeffizienten $D = A \exp(-B/T)$, nach NAGHIZADEH *u.* RICE *(53).*

Stoff	Druck (At)	$A \cdot 10^3$ (cm^2 sec^{-1})	B
Ar	12,9	1,16	352
	57,5	1,12	362
	103,0	0,94	367
	135,0	0,89	373
Kr	8,48	0,48	405
	39,1	0,37	415
Xe	8,20	0,70	607
	41,8	0,57	614
CH$_4$	8,50	1,95	419
	60,9	2,00	431
	114,2	2,08	443

In der folgenden Tabelle reproduzieren wir nach RICE und GRAY und verschiedenen Methoden berechnete Selbstdiffusionskoeffizienten für Ar, zusammen mit Meßwerten für drei Temperaturen entlang der Dampfdruckkurve.

Tabelle III, 5, 2. Selbstdiffusionskoeffizienten für flüssiges Argon, Meßwerte und theoretische Werte für verschiedene Modelle, nach RICE *u.* GRAY *(60), Auswahl.*

Modell	$D \cdot 10^5$ cm^{2}sec^{-1}		
	84 °K	90 °K	100 °K
Helfand	3,0	—	—
Rechteckpotential			
(DAVIS, RICE, SENGERS)	1,81	2,31	3,39
„Small Step"	2,25	2,49	2,92
Relaxations-Modell	0,84	1,16	1,69
Experiment	1,84	2,35	3,45

Die Selbstdiffusion der Tl-Ionen in geschmolzenem Thalliumchlorid, die von BERNE u. KLEMM (4) und von ANGELL u. TOMLINSON (2) untersucht worden war, wurde von SJÖBLOM u. ANDERSSON (65) neu gemessen, innerhalb der Fehlergrenzen in Übereinstimmung mit den früheren Resultaten. Für das Isotop [204]Tl wurde nach der Frittenmethode erhalten:

$$D = 2,2 \cdot 10^{-3} \exp[-6000/RT] \text{ cm}^2\text{sec}^{-1},$$

gültig für das Intervall von 450–550 °C. Die Selbstdiffusion in flüssigem Argon und in unmittelbarer Nähe des kritischen Punktes wurde von M. DE PAZ (55) mit dem Isotopen ^{36}Ar, bei $T = T_{kr} \pm 0,1$ °C, $T_{kr} = -122,29$ °C gemessen. Selbstdiffusionskoeffizienten bei der kritischen Dichte liegen bei etwa

$$3 \cdot 10^{-4}\,\mathrm{cm^2\,sec^{-1}},$$

und steigen zu niederen Dichten wie $1/\varrho$ an.

Literatur zu Kapitel III

1. ALLNATT, A. R. & A. V. CHADWICK, Chem. Reviews **67**, 681–705 (1967); Zur Thermodiffusion in festen Stoffen, mit 190 Literaturverweisungen.

2. ANGELL, C. A. & J. W. TOMLINSON, Trans. Faraday Soc. **61**, 2312 (1965).

2a. BATSCHINSKI, A. J., Z. physik. Chem. **84**, 643 (1913).

3. BENDT, P. J., Phys. Rev. **110**, 85 (1958); Selbstdiffusion in Helium.

4. BERNE, E. & A. KLEMM, Z. Naturforschg. **8a**, 400 (1953).

5. BIERLEIN, J. A., J. Chem. Phys. **23**, 10 (1955).

6. BOLTZMANN, L., Vorlesungen über Gastheorie (Neuaufl.) (Leipzig 1923).

7. BROCKAW, R. S., J. Chem. Phys. **47**, 3263 (1967).

8. CHAPMANN, S., Phil. Trans. Roy. Soc. London, **A216**, 279 (1916); **A217**, 115 (1917); Phil. Mag. **38**, 182 (1919); Proc. Roy. Soc. London **A177**, 38 (1940).

8a. CHAPMAN, S. & F. W. DOOTSON, Phil. Mag. **33**, 298 (1917).

9. CHAPMAN, S. & T. G. COWLING, The mathematical theory of non-uniform gases (London 1939); Addendum 1952.

10. CHAPMAN, S., Some Recent Advances in Gas Transport Theory, S. 257 ff. in: "Progress in International Research on Thermodynamic and Transport Properties", Second Symposium on Thermophysical Properties, The American Society of Mechanical Engineers. J. F. MASI & D. H. TSAI, ed. (New York 1962).

11. CLUSIUS, K. & L. WALDMANN, Naturwiss. **30**, 711 (1942).

12. CLUSIUS, K., Helv. Phys. Acta 22, 135 (1949).

13. CLUSIUS, K. & H. MEYER, Z. Naturforschg. **6a**, 401 (1951).

14. COZENS, J. R. & K. E. GREW, Phys. Fluids 7, 1395 (1964).

15. CURTISS, C. F. & J. O. HIRSCHFELDER, J. Chem. Phys. **17**, 550 (1949).

15a. DOANE, E. P. & H. G. DRICKAMER, J. ehem. Phys. **21**, 1354 (1953).

16. DRICKAMER, H. G., S. L. DOWNEY & N. C. PIERCE, J. Chem. Phys. **17**, 408 (1949).

17. DUFOUR, L., Ann. Physik [2] **148**, 490 (1873).

18. DUPUIS, A., J. Chim. Physique **63**, 776 (1966).

19. ENSKOG, D., Kinetische Theorie der Vorgänge in mäßig verdünnten Gasen. Dissertation Uppsala 1917. Ark. Mat. Astronom. Phys. **A21**, 1 (1928); Physikal. Z. **12**, 533 (1911); Ann. Phys. **38**, 731 (1912).

20. EPSTEIN, P. S., Phys. Rev. **23**, 710 (1924).

21. EYRING, H., D. HENDERSON & TAIKYNE REE, Thermodynamic and Transport Properties of Liquids in "Progress in International Research on Thermodynamic and Transport Properties", Second Symposium on Thermophysical Properties, The American Society of Mechanical Engineers (New York 1962).

22. FELLER, H. G., H. WEVER & CHR. WILK, Z. Naturforsch. **18a**, 1225 (1963).

23. FIXMAN, M., Advances Chem. Phys. **6**, 175 (1964). Theorie d. kritischen Erscheinungen.

23a. FRANCK, E. U. & W. JOST, Ber. Bunsenges. **62**, 1054 (1958).

24. FRANKEL, S. P., Phys. Rev. **57**, 661 (1940); vgl. dazu W. JOST (38), S. 495/6.

25. FREISE, V., J. Chim. Physique **54**, 379 (1957).

26. FÜRTH, R., Z. Physik **2**, 244 (9120).

27. FÜRTH, R., Physikal. Z. **21**, 582 (1920).

28. GRAD, HAROLD, Principles of the Kinetic Theory of Gases, S. 205—294, in: Handbuch d. Physik, Bd. XII, Thermodynamik der Gase (Berlin-Göttingen-Heidelberg 1958).

29. GREW, K. E. & T. L. IBBS, Thermal Diffusion in Gases (Cambridge 1952).

30. GROOT, S. R., L'Effet Soret, Diffusion Thermique dans les Phases Condensées (Amsterdam 1945).

31. HAASE, R., Fortschr. d. physikal. Chemie, Bd. 8, Thermodynamik irreversibler Prozesse, 390ff. (Darmstadt 1963).

32. HAASE, R., Ber. Bunsenges. **71**, 392 (1967), „Thermodiffusion im kritischen Entmischungsgebiet binärer flüssiger Systeme", mit Diskussion experimenteller Werte.

32a. HAYCOCK, E. A., B. J. ALDER & J. H. HILDEBRAND, J. Chem. Phys. **21**, 1601 (1953).

33. HERZFELD, K. F., Kinetische Theorie der Wärme, in: MÜLLER–POUILLET, Lehrbuch der Physik, Bd. III, 2 (Braunschweig 1925).

34. HIRSCHFELDER, J. O. & C. F. CURTISS, J. Chem. Phys. **17**, 1076 (1949).

35. HIRSCHFELDER, J. O., C. F. CURTISS & R. B. BIRD, Molecular Theory of Gases and Liquids (New York 1959), 2. Aufl. (1964).

36. HUTCHINSON, F., J. Chem. Phys. **17**, 1081 (1949), Selbstdiffusion in Argon.

37. JEANS, J. H., Dynamical Theory of Gases, 4th ed. (1925).

38. JOST, W., Diffusion, S. 495/6 (New York 1952). Vgl. auch Angew. Chem. **76**, 473 (1964).

38a. KATAN, TH., Diffusionskoeffizienten von Dämpfen, gemessen mit einer wandernden Grenzfläche (Äthylazetat, Benzol, Äthanol, Methanol). J. Chem. Phys. **50**, 233 (1969).

39. KAWASAKI, K., Phys. Rev. **150**, 285 (1966).

39a. KIRKWOOD, J. G., R. L. BALDWIN, P. J. DUNLOP, L. J. GOSTING & G. KEGELES, J. Chem. Phys. **33**, 1505 (1960).

39b. KHOUW, B., J. E. MORGAN & H. I. SCHIFF, Bestimmung der Diffusionskoeffizienten von H-Atomen in H_2, H_2—He- und H_2—Ar-Mischungen unter Verwendung einer Senkenmethode. Messungen zwischen 202 und 364 °K, und zwischen 0,5 und 2,2 Torr. J. Chem. Phys. **50**, 66 (1969).

40. KRAMERS, H. A. & J. KISTEMAKERS, Physica **10**, 699 (1943); diese Methode hatten KRAMERS und KISTEMAKERS bei der ersten experimentellen und theoretischen Untersuchung des Problems angewandt.

40a. LAMM, O., seit 1944, z. B. Advances in Chemical Physics, Vol. **6**, 291—313 (New York 1964); vgl. auch (42a).

41. LILEY, P. E., Survey of Recent Work on the Viscosity, Thermal Conductivity, and Diffusion of Gases and Liquefied Gases Below 500 °K, S. 313ff.; mit 394 Literaturzitaten in: "Progress in International Research on Thermodynamic and Transport Properties", Second Symposium on Thermophysical Properties, The American Society of Mechanical Engineers, J. F. MASI a. D. H. TSAI, ed. (New York 1962).

42. MCCARTY, K. F. & E. A. MASON, Physics of Fluids **3**, 908 (1960).

42a. LJUNGGREN, ST., Comments on the Theories of Isothermal Multicomponent Diffusion. Kungl. Tekniska Högskolan Handlingar (Transactions) No. **172**, 1—29 (1966).

43. MCLAUGHLIN, E., Transport Processes in Dense Gases and Liquids, S. 288ff; in: Progress in International Research on Thermodynamic and Transport Properties, Second Symposium on Thermophysical Properties, The American Society of Mechanical Engineers, J. F. MASI a. D. H. TSAI, ed. (New York 1962).

44. MASON, E. A. & S. CHAPMAN, Motion of Small Suspended Particles in Non-Uniform Gases, J. Chem. Phys. **36**, 627 (1962).

45. MASON, E. A., M. ISLAM & ST. WEISSMANN, Phys. Fluids **7**, 1011 (1964).

46. MASON, E. A. & ST. WEISSMANN, Phys. Fluids **8**, 1240 (1965).

47. MASON, E. A., R. J. MUNN & F. J. SMITH, Thermal Diffusion in Gases, Advances in Atomic and Molecular Physics, Vol. **2**, S. 33 (New York 1966).

48. MAXWELL, J. C., Phil. Trans. Roy. Soc. **157**, 49 (1867); Collected Works II, 26ff.; 625ff. (Cambridge 1890).

49. MAXWELL, J. CL., Phil. Trans. Roy. Soc. **170**, 231 (1880).

50. MAZO, R. M., Statistical Mechanical Theories of Transport Processes (Oxford 1967).

51. MILLER, L. & P. C. CARMAN, Trans. Faraday Soc. **57**, 2143 (1961).

52. MONCHIK, L., Phys. Fluids **5**, 1393 (1962); L. MONCHIK a. E. A. MASON, ebenda **10**, 1377 (1967).

53. NAGHIZADEH, J. & S. A. RICE, J. Chem. Phys. **36**, 2710 (1962).

53a. KOICHIRO NAKANISHI, EVA M. VOIGT & JOEL H. HILDEBRAND, Quantum Effect in the Diffusion of Gases in Liquids at 25 °C. J. Chem. Phys. **42**, 1860 (1965).

54. ORNSTEIN, L. S., Proc. Amsterdam, Academ. Sci. **21**, 96 (1918).

55. DE PAZ, M., Phys. Rev. Letters **20**, 183/4 (1968).

56. PRAGER, ST. & H. EYRING, J. Chem. Phys. **21**, 1347 (1953).

57. PRESENT, R. D., Kinetic Theory of Gases, (New York 1958).

58. REID, R. C. & TH. K. SHERWOOD, The Properties of Gases and Liquids, II. Aufl. (New York 1966).

59. REICHENBACHER, W. & A. KLEMM, Z. Naturforschg. **19a**, 1051 (1964).

60. RICE, S. A. & P. GRAY, The statistical Mechanics of Simple Liquids (New York 1965).

60a. ROSS, M. & J. H. HILDEBRAND, J. Chem. Phys. **40**, 2397 (1964).

61. ROBB, W. L. & H. G. DRICKAMER, J. Chem. Phys. **18**, 1380 (1950); **19**, 818 (1951).

62. SAXENA, S. C. & E. A. MASON, Mol. Phys. **2**, 379 (1959), Diffusion in Helium–Argon.

63. SAXENA, S. C. & B. P. MATHUR, Rev. Mod. Physics **37**, 316 (1965).

64. SCHMITT, K. H. & L. WALDMANN, Z. Naturforschg. **15a**, 843 (1960).

65. SJÖBLOM, C. A. & J. ANDERSSON, Z. Naturforschg. **23a**, 197/8 (1968).

65a. SMOLUCHOWSKI, M. VON, Ostwalds Klassiker, No. 207.

66. SRIVASTA, B. N., A. K. BATABYAL, A. N. ROY & A. K. GOSH, J. Chem. Phys. **47**, 3470 (1967).

67. STEFAN, J., Sitzber. Akad. Wiss. Wien, Math.-Nat. Cl. **63**, 63ff. (1870); **65**, 233 (1872).

68. STIEL, L. I. & G. THODOS, The Prediction of the Transport Properties of Pure Gaseous and Liquid Substances, S. 352ff., in: Progress in International Research on Thermodynamic and Transport Properties. Second Symposium on Thermophysical Properties, The American Society of Mechanical Engineers, J. F. MASI a. D. H. TSAI (New York 1962).

69. TYRELL, H. J. V., Diffusion and Heat Flow in Liquids (London 1961).

70. WALDMANN, L., Z. Physik **121**, 501 (1943); **124**, 2, 30, 175 (1948); Z. Naturforschg. **4a**, 105 (1949).

71. WALDMANN, L., Handb. der Physik, Bd. **12**, Transporterscheinungen in Gasen, 295—514, Thermodynamik der Gase (Berlin–Göttingen–Heidelberg 1958).

72. WALDMANN, L., Z. Naturforschg. **14a**, 589 (1959).

73. WALDMANN, L. & K. H. SCHMITT, Z. Naturforschg. **16a**, 1343 (1961).

74. WALKER, R. E. & A. A. WESTENBERG, Diffusion in Helium–Argon. J. Chem. Phys. **31**, 519 (1959).

74a. J. WALKLEY & J. H. HILDEBRAND, J. Am. Chem. Soc. **81**, 4439 (1959).

74b. H. WATTS, B. J. ALDER & J. H. HILDEBRAND, J. Chem. Phys. **23**, 659 (1955).

75. WEVER, H., Z. Naturforschg. **18a**, 1215 (1963).

76. WICKE, E. & P. HUGO, Z. physik. Chem. N.F. **28**, 401 (1961).

77. WINN, E. B., Phys. Rev. **80**, 1024 (1950), Selbstdiffusion in Argon.

78. Physical Chemistry. An Advanced Treatise, Eds. EYRING, HENDERSON, JOST, Vol. VIII B, Liquid State ed. by D. HENDERSON (New York, 1971).

Kapitel IV

Zum Verständnis der Diffusion in Festkörpern

IV, 1. Diffusion und Fehlordnung, Orientierendes

Aus der Beweglichkeit der Bausteine fester Kristalle hat man seit langem auf eine Fehlordnung in Festkörpern geschlossen, wenn auch in vagerer Terminologie. TUBANDT (99) hatte festgestellt, daß die Leitfähigkeit durch die Silberionen im festen α-Jodsilber (zwischen 147 und 555 °C stabil) zwischen 2 und 4 mal höher ist als die bestleitender wäßriger Schwefelsäure bei Zimmertemperatur. Seine Formulierung des Sachverhalts: α-AgJ (und eine Reihe ähnlicher Verbindungen) benimmt sich so, als sei das Kristallgitter nur von den Anionen aufgebaut, und als seien die Kationen „vollständig geschmolzen". Diese Feststellung ist nicht sehr weit entfernt von den wesentlich späteren röntgenographischen Feststellungen, daß die Jodionen ein raumzentriertes kubisches Gitter bilden, wobei je Kubus 2 Kationen auf 42 nahezu gleichwertige Lücken annähernd regellos verteilt sind (64, 94).

HEVESY (39) hatte als erster von einer „Auflockerung des Kristallgitters" gesprochen, dabei bereits zwischen *reversibler* und *irreversibler* Auflockerung unterschieden; jene bezieht sich auf thermodynamisches Gleichgewicht, diese auf den Bereich, den man heute im Falle der elektrischen Leitfähigkeit als „Störleitung" bezeichnet. Die erste quantitative Formulierung und widerspruchsfreie Theorie stammt von I. FRENKEL (31). Er behandelte den Fall daß von einer Teilchenart ein Bruchteil α die regulären Plätze verlassen hat, unter Hinterlassung der entsprechenden Zahl von „Leerstellen", und daß gleichzeitig die Teilchen Plätze im „Zwischengitterraum" besetzen. Seit 1928 konnte ich zeigen (9), daß zumindest im Bereich hinreichend hoher Temperaturen die Platzwechselerscheinungen in Festkörpern durch Fehlordnung im thermodynamischen Gleichgewicht bedingt sind, und die Annahme zufälliger Störstellen auf Widersprüche führt. Platzwechsel muß nicht, und in diesem Zusammenhang soll nicht bedeuten, daß etwa Nachbarteilchen ihre Plätze wechseln. Ein solcher Mechanismus läßt sich in vielen Fällen explizit ausschließen.

Indirekte quantitative Schlüsse auf Fehlordnung in stöchiometrisch zusammengesetzten Substanzen wurden durch spätere Überlegungen und Versuche von WAGNER u. KOCH (61) möglich (vgl. auch IV, 3). Bei Abweichung von der stöchiometrischen Zusammensetzung konnte man schon früher den Nachweis der Fehlordnung relativ einfach führen. Eisenoxid kristallisiert im

Steinsalzgitter, hat aber eine Zusammensetzung entsprechend z. B. $Fe_{0,92}O$, d. h. es enthält einen Sauerstoff-Überschuß. Wäre Sauerstoff, etwa in Form von O^{2-}-Ionen überschüssig auf Zwischengitter-Plätzen eingelagert, so müßte die pyknometrisch bestimmte Dichte merklich über der liegen, die aus dem röntgenographisch bestimmten Gitterabstand folgt. Experimentell findet man das Gegenteil (48, 100a): die Dichte ist niedriger als der Gitterkonstanten entsprechend. Die Deutung ist einfach und zwingend: der relative Sauerstoff-Überschuß kommt dadurch zustande, daß ein Teil der Eisenplätze im Gitter unbesetzt bleibt, Abb. 1a und 1b.

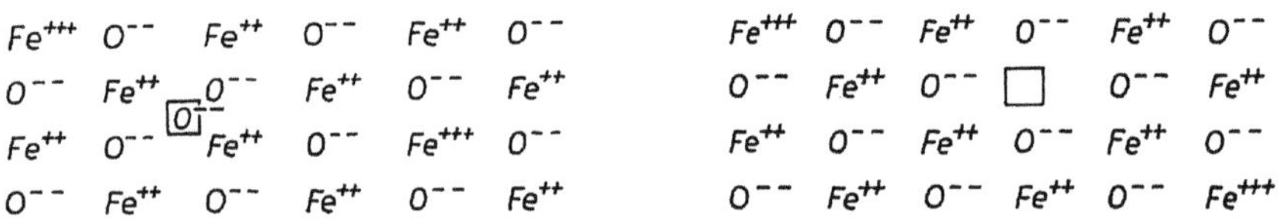

$$
\begin{array}{cccccc}
Fe^{+++} & O^{--} & Fe^{++} & O^{--} & Fe^{++} & O^{--} \\
O^{--} & Fe^{++} & O^{--} & Fe^{++} & O^{--} & Fe^{++} \\
Fe^{++} & O^{--} & Fe^{++} & O^{--} & Fe^{+++} & O^{--} \\
O^{--} & Fe^{++} & O^{--} & Fe^{++} & O^{--} & Fe^{++}
\end{array}
\qquad\qquad
\begin{array}{cccccc}
Fe^{+++} & O^{--} & Fe^{++} & O^{--} & Fe^{++} & O^{--} \\
O^{--} & Fe^{++} & O^{--} & \square & O^{--} & Fe^{++} \\
Fe^{++} & O^{--} & Fe^{++} & O^{--} & Fe^{++} & O^{--} \\
O^{--} & Fe^{++} & O^{--} & Fe^{++} & O^{--} & Fe^{+++}
\end{array}
$$

a   b

Abb. IV, 1 - 1. Denkbare Strukturen (zweidimensional) von $Fe_{0,92}O$; bei a) hätte man Dichte ϱ größer als ϱ(röntgen); das wird von der Erfahrung widerlegt; bei b) ist, in Übereinstimmung mit der Erfahrung $\varrho < \varrho$(röntgen). b) bringt eine Volumenvergrößerung als Effekt I. Ordnung, a) nur als Effekt II. Ordnung. Ähnliches gilt für Sulfide und Selenide (37).

Chemisch würde man bei 1b auch von Mischkristallen des FeO mit Fe_2O_3 sprechen können; stellt man sich FeO aus Ionen aufgebaut vor, so hätte man sowohl in 1a wie in 1b soviele Fe^{++}-Ionen in Fe^{3+} zu verwandeln, wie der doppelten Anzahl überschüssiger O^{2-}-Ionen entspricht. Für diesen Typus „anomaler" Mischkristalle gibt es inzwischen zahlreiche Beispiele. Ein klassisches Beispiel ist die Mischkristallreihe zwischen Lithiumchlorid, LiCl und Magnesiumchlorid, $MgCl_2$ (7, 13) oder die später bekannt gewordenen Typen wie Mischkristalle von CaF_2 mit YF_3 u. ä. (59, 109). In diesem Zusammenhang sind auch die Spinelle zu erwähnen, Nickelarsenid-Strukturen, SrF_2-LaF_3, CaF_2-ThF_4, $CeO_2-La_2O_3$, ZrO_2-MgO und viele andere (110, 19, 20, 21, 22, 87, 88, 81, 28, 14; vgl. auch 57, 86).

Im Jahre 1937 hatte ich (56) auf die Möglichkeit hingewiesen, Gleichgewichts-Fehlordnung von hohen Temperaturen durch Abschrecken bei tiefen Temperaturen zu erhalten; auch wenn ich heute noch überzeugt bin, daß auf diesem Wege auch bei Ionenkristallen noch interessante Ergebnisse zu erhalten sind, so hat diese Methode doch bisher nur bei Metallen zu wesentlich neuen Erkenntnissen geführt. Das hat einen prinzipiellen und einen praktischen Grund. Bei Metallen versagen fast alle anderen Methoden, die bei Ionenkristallen zum direkten Nachweis von Fehlordnung geeignet sind, es besteht also besonders großes Interesse an einer unabhängigen Methode. Der praktische Grund: die viel geringere thermische (und Temperatur-) Leitfähigkeit nicht-metallischer Kristalle erschweren das Experimentieren außerordentlich.

Bei der Abschrecktechnik hat man zwei grundsätzliche Möglichkeiten. Entweder man nimmt Messungen der elektrischen Leitfähigkeit zu Hilfe: Da ein fehlgeordnetes reines Metall einer Legierung äquivalent ist [W. Jost 1949 (56)], muß der Fehlordnung ein elektrischer Zusatzwiderstand entsprechen, dies bereits in Schmelzpunktsnähe. Der Nachweis wird aber extrem viel empfindlicher, wenn man das Metall auf sehr tiefe Temperaturen abschreckt, bei eingefrorenem Fehlstellen-Gleichgewicht, weil dann der Eigenwiderstand des Metalls nur noch einen Bruchteil des Wertes in Schmelzpunktsnähe darstellt. Dies ist die empfindlichste Methode, erfordert zur Auswertung aber zusätzliche theoretische Überlegungen. Oder aber man bestimmt die thermische Ausdehnung des Metalls einmal direkt (dies entspricht der pyknometrischen Dichte in den früheren Beispielen), und einmal röntgenographisch; die Differenz der nach beiden Methoden bestimmten Volumina entspricht dem Volumen gebildeter Leerstellen (dem bei Metallen experimentell gefundenen Fehlordnungstyp). Diese Methode bedarf in I. Näherung keiner zusätzlicher theoretischer Überlegungen.

Auf diese Weise wurden in Schmelzpunktsnähe die folgenden Fehlordnungsgrade α bestimmt:

Silber (89), Leerstellen-Konzentration dicht unterhalb des Schmelzpunktes
$$\alpha = 1{,}7 \cdot 10^{-4};$$

Gold (90, 2, 25), desgl. $\alpha = 7{,}2 \cdot 10^{-4}.$

Die Temperaturabhängigkeit des Leerstellengleichgewichts erhält man durch Abschrecken von verschiedenen Temperaturen aus. Daraus gewinnt man Bildungsenergien für Leerstellen bei Silber von 1,1 eV und bei Gold von 0,94 eV und im Zusammenhang mit später zu besprechenden schein baren Aktivierungsenergien der Diffusion erhält man als Differenzen „Schwellenenergien" für die Leerstellen (d. h. Energieschwellen, die ein Nachbarteilchen überwinden muß, um in eine Leerstelle hineinzuspringen) von 0,81 eV, für Silber und von 0,82 für Gold. Lochbildungsenergien werden angegeben von 0,75 eV für Aluminium und 0,53 eV für Blei. Auch das Auftreten assoziierter Lochpaare ist diskutiert worden.

Die Methode der thermischen Ausdehnung ist auch beim Studium der Fehlordnung in Ionenkristallen benutzt worden, z. B. von Zieten (108, 72) für AgCl und AgBr; die Ergebnisse wurden von Schmalzried (82) weiter diskutiert, auf der Basis von theoretischen Überlegungen des Verfassers (58).

Eine weitere unabhängige Methode, Fehlordnungsgrade zu bestimmen, hat ebenfalls der Verfasser (56) vorgeschlagen. Um ein Mol einer geordneten Substanz, bzw. auch ein Mol einer Substanz mit temperaturunabhängiger Fehlordnung zu erhitzen, braucht man für die Temperaturerhöhung dT die Wärmemenge $c_p\, dT$, unter den üblichen Bedingungen. Nimmt aber mit steigender Temperatur die Fehlordnung zu, so ist für $d\alpha$ Mole, $d\alpha \ll 1$, neugebildeter Fehlstellen zusätzlich die Energie $U_F\, d\alpha$ zuzuführen, wenn U_F die Fehlordnungsenthalpie je Mol und $d\alpha$ die Zunahme des Fehlordnungsgrades bei Temperaturerhöhung um dT bedeuten. Es ist also eine zusätzliche Wärmemenge $U_F(d\alpha/dT)dT$ zuzuführen, und $U_F\, d\alpha/dT$ wirkt sich als zusätzliche spezifische Wärme aus*). Diese kann in günstigen Fällen (AgBr unterhalb des Schmelzpunkts, AgJ und CuJ unterhalb des Umwandlungspunkts) etwa 5–10 R je Mol betragen, also neben dem Dulong–Petitschen Wert von etwa 6–7 je Mol durchaus eine Rolle spielen.

Die Versuche lassen sich in mehrfacher Weise auswerten. Man wird versuchen, zunächst den der Fehlordnung zuzuschreibenden Überschußwert zu isolieren. Dazu extrapoliert man den Kurvenverlauf aus dem Bereich verschwindender Fehlordnung bis zum Schmelzpunkt oder Umwandlungspunkt, und subtrahiert diese Beträge von den gemessenen Werten. Die verbleibende Kurve sollte in erster Näherung durch einen Ausdruck der Form darstellbar sein (57) (für Verbindungen vom Typ des AgBr)

$$c_F = H_F \frac{d\alpha}{dT} \approx f\, \frac{H_F^2}{2\,R\,T^2}\ \exp[-H_F/2\,R\,T]\,.$$

Auf die Bedeutung des Faktors f wird an späterer Stelle eingegangen (vgl. IV, 6 und 7). Bei der Auswertung der Kurve werden hier einfach H_F und f als zwei zu ermittelnde Parameter angesehen.

Den Betrag der Fehlordnung bei der höchsten gemessenen Temperatur (und analog mit geringerer Genauigkeit auch für niedrigere Temperaturen) erhält man, indem man das Integral bildet

$$\int\limits_0^{T\text{max}} c_F\, dT = \alpha_{Tm}\, H_F,$$

d. h., indem man die gesamte zugeführte Fehlordnungsenthalpie durch Planimetrieren bestimmt, wobei, nach Division durch das aus der Temperaturabhängigkeit folgende H_F, der Fehlordnungsgrad α_{Tm} verbleibt. Die kleinsten, einigermaßen sicher zu ermittelnden Fehlordnungsgrade liegen bei Metallen bei $\sim 10^{-3}$, bei Ionenkristallen guter Leitfähigkeit können Werte bis zu einigen 10^{-2} auftreten.

Die spezifische Wärme von festem Natrium wurde von D. L. Martin (69) gemessen. Aus der überschüssigen spezifischen Wärme in Schmelzpunktsnähe wurde eine Lochbildungsenthalpie von $8,2 \pm 1,2$ kcal/Mol abgeleitet, jedoch wird die Leerstellenkonzentration bis zu vierfach größer erhalten als aus Messungen der thermischen Ausdehnung.

Eine theoretische Untersuchung der Temperaturabhängigkeit der Lochbildungsenergie hat Girifalco (35) gegeben. Eine Relaxations-Methode zum Studium der Leerstellen in Kristallen wird von Korostoff (62) diskutiert. Die Beobachtung von Leerstellen in Molybdenit nach einer Ätzmethode beschreibt G. L. Montet (74). Die Bildungsenergie für Sauerstofflöcher in

---

*) Es bedeuten c_F zusätzliche spezifische Wärme infolge thermischer Fehlordnung, H_F Fehlordnungsenthalpie, α Fehlordnungsgrad $(0 \leqslant \alpha \leqslant 1)$, f später zu diskutierender Faktor. Der Faktor 2 im Nenner kommt daher, daß ein Gitterteilchen *zwei* Fehlstellen liefert, eine Leerstelle und ein Zwischengitterteilchen.

Bariumoxid wird von Holloway berechnet und diskutiert (44). R. P. Huebener u. C. G. Homan (45) bestimmten aus Messungen der elektrischen Leitfähigkeit den Fehlordnungsgrad und seine Druckabhängigkeit für Gold bei 680 °C, in einem Druckbereich zwischen 400 und 11 000 Atmosphären. Es wird eine Leerstellenkonzentration von $(2{,}4 \pm 0{,}5) \cdot 10^{-5}$ gefunden, und eine relative Volumenvergrößerung $\Delta V_L/V$ von 0,53, d. h. für die Bildung einer Leerstelle wächst das Gesamtvolumen nur halb so stark, wie es der Zahl der freigewordenen Teilchen entspräche. Der zusätzliche elektrische Widerstand durch Leerstellenbildung beträgt $(1{,}8 \pm 0{,}4) \cdot 10^{-6}\ \Omega$ cm je Atom-Prozent Leerstellen. Die Ergebnisse stehen in guter Übereinstimmung mit den Resultaten anderer Untersuchungen, wofür auf die Originalarbeit und die zahlreiche dort zitierte Literatur verwiesen sei. Zur theoretischen Behandlung des Zusatzwiderstandes durch Gitterfehler sei auf F. J. Blatt (8) verwiesen.

In einer neueren Arbeit haben Kino u. Koehler (60) Fehlstellengleichgewichte in Gold untersucht. Die Bildungsenergie von Leerstellen wird zu 0,94–0,95 eV angegeben, die „Wanderungsenergie", d. h. Energieschwelle für Leerstellenbewegung zu 0,94 eV bei 150 °C. Die Bildungsenergie von Leerstellenpaaren zu $< 0{,}15$ eV. Die Energieschwelle für Leerstellenpaare zu 0,7 eV, und schließlich wird gefunden, daß die Schwellenenergie für einfache Leerstellen um 0,10 eV fällt, für einen Temperaturanstieg von 150 auf 800–900 °C.

Die Bildung von Zweifach- und Dreifach-Leerstellen in raumzentriertkubischen Metallen wird ausführlich diskutiert von Masao Doyama (26). Leerstellen in festem NiAl wurden u. a. von Wasilewski (102) untersucht, Leerstellen an der Oberfläche von festem Gold von R. L. Schwoebel (85); für festes Gold bei 1000 °K berechnet er Leerstellenkonzentrationen an der Oberfläche bis 10^{-2}.

Die Kinetik der thermischen Leerstellen-Bildung in Platin zwischen 1473 und 1945 °K wurde von Sizmann u. Wenzl (91) verfolgt. Es wird eine Aktivierungsenthalpie von $(1{,}95 \pm 0{,}1)$ eV bestimmt. Der Einbau von Fehlstellen während des Kristallwachstums ist von W. W. Webb (104) behandelt worden.

Auf das weite Feld der Strahlenschäden fester Kristalle sei hier nur hingewiesen; die Erzeugung von Leerstellen in festem NaCl wurde z. B. von P. W. Levy (66) untersucht.

Für α-Eisen haben J. R. Beeler u. R. A. Johnson (6) die Bildung von Leerstellen-Assoziaten berechnet. Man hat auch versucht, die Thermodiffusion von Leerstellen in erhitztem Aluminium zwischen 480 und 630 °C zu messen, Swalin und Yin (94a).

In GaAs-Kristallen, die aus der Schmelze gezogen sind, sollen Anhäufungen von Ga-Leerstellen vorhanden sein (33). Das Ausheilen von eingefrorenen Leerstellen-Haufen (Löcher der Größenordnung 200–450 Å) wurde elektronenmikroskopisch an Aluminiumproben beobachtet (100). Löcher, die mit einer Versetzung zusammenhingen, heilten sehr viel schneller aus als isolierte Löcher.

IV, 2. Fehlordnung und Diffusion in Molekülkristallen, insbes. in festen Edelgasen. Grundsätzliches zur Selbstdiffusion

Entgegen der historischen Reihenfolge [die erste Arbeit zur theoretischen Berechnung von Fehlordnungsenergien und Fehlordnungsgraden stammt vom Verfasser aus dem Jahre 1933 und betrifft Ionenkristalle (50)] wollen wir uns hier mit einem stark idealisierten Modell der festen Edelgase befassen. Zwischen Edelgasatomen herrschen nur VAN DER WAALSsche Wechselwirkungen. Diese sind sehr schwach, und man sollte daher starke Fehlordnung im Gitter fester Edelgase erwarten und entsprechend hohe Diffusionsgeschwindigkeiten in diesen. Die Folgerung ist richtig, bezüglich praktischer Messungen muß man aber bedenken, daß, gleichfalls als Folge der schwachen Wechselwirkungen, Schmelz- und Siedepunkte, bzw. Sublimationspunkte der Edelgase auch sehr tief liegen. Man wird in den festen Edelgasen daher bei sehr tiefen Temperaturen Diffusionsgeschwindigkeiten erwarten, die im Hinblick auf die tiefen Meßtemperaturen sehr hoch, absolut immer nur mäßig hoch sein werden.

J. S. WAUGH (103) wertete Selbstdiffusions-Koeffizienten für festes Methan aus: unter Selbstdiffusion versteht man die Diffusion von Teilchen, die denen der Grundsubstanz physikalisch völlig gleichwertig sind, die aber geeignet markiert wurden, damit man ihre Bewegung verfolgen kann. Meistens bedeutet diese Markierung zugleich geringfügige Änderungen der physikalischen Eigenschaften, so bei den Versuchen von G. von HEVESY (40, 41, 42, 43), der u. a. die Diffusion von radioaktiven Bleiisotopen in gewöhnlichem Blei verfolgte.

Wegen der relativ geringen Massenunterschiede kommt hier die Isotopendiffusion der Selbstdiffusion sehr nahe *). Grundsätzlich größere Unterschiede sind zu erwarten, wenn man etwa die Diffusion von D_2 in H_2 untersucht oder die von He^3 in He^4. Extrem viel kleiner werden die Abweichungen, wenn man die Diffusion von Parawasserstoff in gewöhnlichem Wasserstoff verfolgt. Die Wechselwirkung der verschieden orientierten Kernspins nach außen ist so gering, daß sie völlig vernachlässigt werden darf. Dagegen spielen die verschiedenen Rotationszustände der Ortho- und Paramodifikationen eine geringe, aber nicht völlig zu vernachlässigende Rolle; bei hinreichend tiefen Temperaturen bedeutet dies, daß die eine Modifikation überwiegend im ersten Rotationszustand vorliegt, die andere im rotationslosen Zustand. Nimmt man aber die kernmagnetische Resonanz als Hilfsmittel der Untersuchung, so kommt dies darauf hinaus, daß man die Diffusion von Kernen mit magnetischem Moment verfolgt, die durch ihre Orientierung gegen ein äußeres Magnetfeld ausgezeichnet sind; hier sind die Wechselwirkungen mit der Umgebung ähnlich gering wie im Falle der Kerne von Ortho- und Parawasserstoff, können daher für praktische Zwecke völlig vernachlässigt werden. WAUGH erhält bei —90 °K für die Selbstdiffusion in festem Methan

$$D[CH_4, \text{fest}] \approx 1{,}6 \cdot 10^{-9}\,\text{cm}^2\text{sec}^{-1}; \quad T \sim 90\ °K,$$

d. h. auf den Schmelzpunkt extrapoliert. Rechnet man für Teilchen, deren

---

*) Wegen grundsätzlicher Überlegungen vgl. III, 2.

mittleres Verschiebungsquadrat $\sim 10^{-15}\,\mathrm{cm^2}$ ist (d. h. gleich dem Quadrat eines mittleren Gitterabstandes), den Diffusionskoeffizienten aus nach

$$D = \overline{\varDelta x^2}/2t$$

und setzt für t, Zeit für eine Verschiebung, eine niedrig geschätzte mittlere Schwingungszeit im Gitter, z. B. $\sim 10^{-12}\,\mathrm{sec}$, so folgt für D

$$D \approx 10^{-15}/2 \cdot 10^{-12} = 5 \cdot 10^{-4}\,\mathrm{cm^2 sec^{-1}}.$$

Das ist um einen Faktor $3 \cdot 10^5$ größer als der für festes Methan beobachtete Diffusionskoeffizient. Übereinstimmung erhält man aber, wenn man annimmt, daß nur etwa der Bruchteil $3 \cdot 10^{-6}$ aller Gitterteilchen unter den angegebenen Bedingungen frei beweglich ist.

Betrachten wir ein zweidimensionales Modell, Abb. IV, 2 - 1, so können wir uns dies am einfachsten erklären durch die Existenz unbesetzter Gitterplätze.

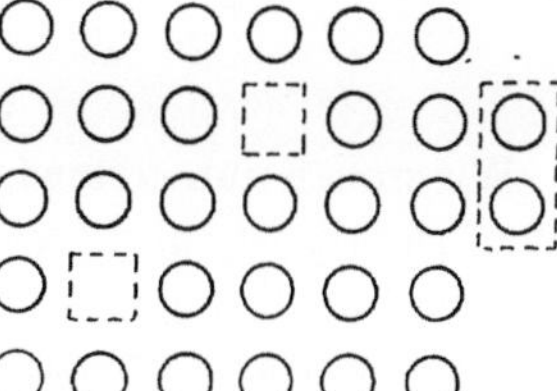

Abb. IV, 2 - 1. Zweidimensionales Modell eines Edelgaskristalls mit SCHOTTKY kcj-Fehlordnung.

Man überzeugt sich, daß die Diffusion von Methan-Teilchen völlig äquivalent ist der Diffusion von Gitterlücken. Die eingezeichnete Lücke hat 4 Sprungmöglichkeiten nach Nachbarplätzen; jedes der vier nächst benachbarten Methanteilchen hat nur ein Viertel seiner Beweglichkeit auf Nachbarplätze, insgesamt ist dies äquivalent der Beweglichkeit eines Teilchens in allen vier Richtungen. Beim einfach kubischen Gitter im Dreidimensionalen hätte man 6 nächste Nachbarn der Lücke, mit je ein sechstel der freien Beweglichkeit. Daß diese Betrachtungen etwas zu verfeinern sind, wird später diskutiert. Zur Erklärung des Faktores $3 \cdot 10^{-6}$ gibt es natürlich mehrere Deutungsmöglichkeiten. Man kann entweder sagen: der Bruchteil $3 \cdot 10^{-6}$ von Gitterplätzen ist unbesetzt, und für die Nachbarteilchen besteht freie Sprungmöglichkeit in diese Lücke. Etwas näher der Wahrheit wird man kommen, wenn man die Nachbarteilchen nicht als völlig frei ansieht, sondern eine (niedrige) Energieschwelle einführt, die beim Sprung in die Lücke überwunden werden muß. Bei Edelgasen ist diese Energieschwelle sicher sehr viel niedriger als etwa in Ionenkristallen oder in Metallen. Wir werden also nicht sehr weit von der Wahrheit liegen, wenn wir annehmen, daß festes Methan in Schmelzpunktnähe einen „Fehlordnungsgrad“ von etwa 10^{-5}–10^{-6} hat, d. h. auf je 10^5–10^6 geordnete Methanteilchen eine Gitterlücke entfällt. Wir werden weiter keinen grundsätzlichen Fehler begehen, wenn wir die Verhältnisse bei dem hochsymmetrischen Methan auf das nächste Edelgas, Neon, übertragen.

Für Edelgase können wir folgendermaßen zu einer quantitativen Abschätzung gelangen. Ich benutze hier unveröffentlichte eigene Rechnungen aus dem Jahre 1962; diese ließen sich heute sicher verbessern, da die Betrachtungen aber nur der Orientierung dienen, benutze ich die Resultate so, wie sie mir vorliegen.

Versuchen wir, aus einem Edelgaskristall, der 1 Mol Teilchen enthält, α Mole zu entfernen, unter Hinterlassen von α Mol Leerstellen (da $\alpha \ll 1$ angenommen, brauchen wir die Betrachtung nicht näher zu präzisieren), so gehen wir folgendermaßen vor. Wie wir unten zeigen werden, ist zum Entferner der α-Mol-Teilchen die Energie $2\alpha\Lambda$, Λ Verdampfungsenthalpie zuzuführen (der Faktor 2 wird unten erklärt). Vorausgesetzt wird dabei, daß die einzelnen Fehlstellen so weit voneinander entfernt sind, wie zur Vernachlässigung ihrer Wechselwirkung erforderlich ist. Die verdampften α-Mole lassen wir kondensieren und fügen sie außen dem Kristall wieder an, dabei wird einmal die Verdampfungsenthalpie $\alpha\Lambda$ gewonnen, insgesamt ist also als Fehlordnungsenthalpie zuzuführen, je Mol Fehlstellen

$$H_F \approx \Lambda.$$

Wir wollen nun erstens näher begründen, warum dieser Ausdruck in I. Näherung richtig ist, und zweitens andeuten, welche Korrekturen für höhere Ansprüche anzubringen wären.

Die potentielle Energie eines Teilchens i in einem Kristallgitter aus N Teilchen (wir werden meistens N mit der LOSCHMIDT-Zahl N_L stillschweigend identifizieren) wird erhalten durch Summation über alle Wechselwirkungsbeträge ε_{ij} der Energie des Teilchens i mit irgendeinem anderen Teilchen j zu

$$\varepsilon_i = \sum_{j=1}^{N}{}' \varepsilon_{ij}, \qquad\qquad \text{[IV - 2, 1]}$$

wobei $\sum'$ bedeutet, daß $i \neq j$ sein soll*). Konvergenzbetrachtungen sind in diesem Falle überflüssig, da die Reichweite der VAN DER WAALSschen Kräfte so gering ist, daß in Gl. [IV - 2, 1] immer nur eine relative kleine Zahl von Teilchen aus der Nachbarschaft des i-ten zur Summe beitragen (bei Ionenkristallen wäre das ganz anders).

Wir werden weiter unten im Falle des festen Wasserstoffs die Rechnung in etwas besserer Näherung wiederholen. Wir sahen oben, daß die Fehlordnungsenthalpie in erster Näherung gleich der Sublimationsenthalpie gesetzt werden

---

*) Die Gl. [IV - 2, 1] ist richtig für die Energie *eines* Teilchens im Gitter. Wollen wir die gesamte Gitterenergie erhalten, so müssen wir nochmals über die Gesamtzahl der Teilchen N summieren; da jetzt aber jedes Teilchen in der Summe zweimal berücksichtigt wäre, müssen wir das Resultat mit 2 dividieren, also

$$\Phi = 1/2 \sum \varepsilon_i = 1/2 \sum_i \sum_{j \neq i} \varepsilon_{ij}.$$

Die so erhaltene Gitterenergie Φ ist dem Betrag nach gleich der Verdampfungsenergie (ohne Berücksichtigung der Nullpunktsenergie).

darf. Man erhält einen universellen Wert, wenn man für die Verdampfungswärme der Flüssigkeit die TROUTONsche Regel benutzt, ein universelles Verhältnis von Siedetemperatur zur Schmelztemperatur annimmt und der Schmelzwärme nur indirekt dadurch Rechnung trägt, daß man eine relativ hohe TROUTON-Konstante wählt. Mit (T_s Siedepunkt, T_f Schmelzpunkt)

$$\Lambda \approx 20\,T_s; \quad T_s/T_f \approx 5/4$$

erhält man für den Fehlordnungsgrad in Schmelzpunktnähe,

$$\alpha \approx \exp\left[-\Lambda/R\,T_f\right] \approx \exp\left[-\frac{20\,T_s}{R\,T_f}\right] \approx \exp\left[-\frac{20\cdot 5}{4\,R}\right]$$
$$= 5\cdot 10^{-6}, \qquad\qquad [\text{IV-2, 2}]$$

wir kommen also etwa in die Größenordnung des oben für Methan aus Diffusionsmessungen abgeschätzten Wertes. Unter Benutzung experimenteller Werte von direkt oder indirekt bekannten Sublimationswärmen waren die folgenden Werte für Fehlordnungsgrade am Schmelzpunkt abgeschätzt worden.

Tabelle IV, 2, 1. Fehlordnung und Diffusion in festen Edelgasen, sowie Stickstoff und Sauerstoff.

Fehlordnungsgrad unmittelbar unter dem Schmelzpunkt		Selbstdiffusionskoeffizient D unmittelbar unter dem Schmelzpunkt
He	$\alpha \approx \quad 4\cdot 10^{-2}$	$D \approx \quad 10^{-5}\,\mathrm{cm^2\,sec^{-1}}$
Ne	$3\cdot 10^{-5}$	$3\cdot 10^{-8}$
Ar	$1{,}6\cdot 10^{-5}$	$1{,}6\cdot 10^{-8}$
Kr	$1{,}6\cdot 10^{-5}$	$1{,}6\cdot 10^{-8}$
Xe	$1{,}3\cdot 10^{-5}$	$1{,}3\cdot 10^{-8}$
O_2	10^{-7}	$3\cdot 10^{-10}$
N_2	$6\cdot 10^{-6}$	$6\cdot 10^{-9}$

Bei einem Diffusionskoeffizienten von 10^{-8} erhält man in 10^3 sec eine Eindringungstiefe von

$$\sqrt{\overline{\Delta x^2}} = \sqrt{2\cdot 10^{-5}} \approx 4{,}5\cdot 10^{-3}\,\mathrm{cm},$$

d. h. 0,04 mm, also von etwa 10^5 Atomlagen. In einem Rohr von 1 cm² Querschnitt wird das etwa 10^{20} Atomen entsprechen. Verglichen mit einem Gasvolumen von z. B. 10 cm³, das bei 1/10 bar $3\cdot 10^{19}$ Teilchen enthält, bedeutet das einen so großen Anteil, daß man bei Benutzung von Isotopen (radioaktiven oder auch stabilen) leicht mit genügender Genauigkeit analysieren kann. Die obigen Rechnungen haben natürlich höchstens die Genauigkeit, wie sie das Theorem der übereinstimmenden Zustände erwarten läßt, dafür liefern sie aber auch Abschätzungen für alle VAN DER WAALS-Kristalle nicht zu großer Moleküle*).

---

*) Wir haben nicht diskutiert, daß wir statt H_F die GIBBS-Funktion G- in den Exponenten setzen müßten, d. h. wir haben eine zusätzliche Fehlordnungsentropie nicht berücksichtigt.

E. Cremer (18) hat aus Messungen der ortho–para-Umwandlung in festem Wasserstoff nach einer hier nicht zu diskutierenden Methode Diffusionskoeffizienten bestimmt, deren Wiederholung mit heutigen Methoden sich wohl lohnen sollte. Sie fand

Tabelle IV, 2, 2. Selbstdiffusion in festem Wasserstoff, nach E. Cremer.

$T\,°K$	
11,3	$D \leq 1,7 \cdot 10^{-22}\,cm^2\,sec^{-1}$
11,8	$(3,5 \pm 3,5) \cdot 10^{-22}\,cm^2\,sec^{-1}$
13,2	$(1,2 \pm 0,25) \cdot 10^{-20}\,cm^2\,sec^{-1}$
13,6	$2 \cdot 10^{-20}\,cm^2\,sec^{-1}$

Wir haben diese Ergebnisse hier gebracht, weil wir so an einem Beispiel eine etwas strengere Methode der Behandlung der Fehlordnung in van der Waals-Kristallen kennenlernen können.

Zunächst ergab unsere frühere Rechnung, daß zur Schaffung einer Lücke im Gitter die Verdampfungsenergie aufzuwenden ist, das wäre die Verdampfungsenthalpie, vermindert um den Betrag RT, der als Arbeit gegen die Atmosphäre unter dem Dampfdruck aufzuwenden ist, d. h.

$$\varLambda - RT.$$

Diese Verdampfungsenergie ist gleich dem Betrag der potentiellen Energie des Gitters $\varPhi$, vermindert um die Nullpunktsenergie E_0

$$\varLambda - RT = \varPhi - E_0. \qquad\qquad [IV \text{ - } 2, 3]$$

Nun hatte die frühere Rechnung ergeben, daß zur Entfernung eines Mols von Teilchen unter Hinterlassung von Gitterlücken (ohne Berücksichtigung der Nullpunktsenergie) der Betrag aufzubringen ist

$$2\,\varPhi,$$

also unter Berücksichtigung der Nullpunktsenergie

$$2\,\varPhi - E_0.$$

Beim Kondensieren der Teilchen wird die Verdampfungsenergie je Mole gewonnen, also

$$\varPhi - E_0,$$

also ist zur Bildung eines Mol von Löchern insgesamt die Energie aufzuwenden

$$E_L = 2\,\varPhi - E_0 - (\varPhi - E_0) = \varPhi, \qquad\qquad [IV \text{ - } 2, 4]$$

und unter Benutzung von [IV - 2, 3]

$$E_L = \varLambda - RT + E_0, \qquad\qquad [IV \text{ - } 2, 5]$$

das heißt, die Lochbildungsenergie ist, entgegen der naiven Erwartung, um den Betrag der Nullpunktsenergie größer als die Verdampfungsenergie.

Wir wenden dies auf den festen Wasserstoff an. Nach CREMER werden die Ergebnisse reproduziert durch einen Ausdruck

$$D = D_0 \exp[-Q_0/RT]\ \mathrm{cm^2\,sec^{-1}}; \qquad [\text{IV - 2, 6}]$$

$$Q_0 \approx 790 \pm 130\ \mathrm{cal/Mol}.$$

Mit $\Lambda = 183$ cal/Mol, $RT \approx 24$ cal/Mol und $E_0 = 305$ [CLUSIUS (15)] erhält man für $\Phi - RT$ den Wert

$$E_L = \Phi = \Lambda - RT + E_0 = 488 - 24 = 464\ \mathrm{cal/Mol}. \qquad [\text{IV - 2, 7}]$$

Die Aktivierungsenergie nach CREMER ist um 326 ± 130 cal/Mol größer als dieser Wert. Sofern CREMERs Meßdaten und deren Interpretation sich bestätigen lassen, wäre also von Nachbarteilchen eine Potentialschwelle in dieser Höhe zu überwinden, wenn sie in eine Lücke springen sollen. Eine Nachprüfung der Resultate unter Benutzung von Isotopendiffusion wäre erwünscht, selbst wenn die Meßwerte um einen Faktor 1,4–2 von dem der Selbstdiffusion abweichen.

Die Methode der Spin-Echos wurde von H. A. REICH (78) benutzt zur Messung des Selbstdiffusionskoeffizienten von He^3 in festem He^3. Die Methode*), deren Beschreibung hier zu weit führen würde, kommt im wesentlichen darauf hinaus, daß man die Wanderung orientierter Kernspins in einem inhomogenen magnetischen Feld beobachtet. Die beobachtete „Relaxationszeit" τ_c ist mit dem mittleren Verschiebungsquadrat $\langle r^2 \rangle$ verbunden nach

$$D = \frac{\langle r^2 \rangle}{6\tau_c}$$

---

*) Die Kernspin-Echo-Methode hat sich besonders für Messungen in Flüssigkeiten und in der unmittelbaren Umgebung kritischer Punkte bewährt; nach ihr können Diffusionskoeffizienten zwischen 10^{-3} und $10^{-7}\,\mathrm{cm^2 \cdot sec^{-1}}$ bestimmt werden, vergleiche hierzu Kap. VI.

In festen Phasen sind die Diffusionskoeffizienten meistens für die Anwendung des Spin-Echo-Verfahrens zu klein. Statt dessen können Bestimmungen der Kernspin-Gitter-Relaxationszeit und Beobachtungen der Verschmälerung von Kernresonanzlinien mit zunehmender Temperatur Rückschlüsse auf Platzwechselvorgänge der Gitterbausteine erlauben. Die theoretischen Grundlagen zur Bestimmung von Selbstdiffusionskoeffizienten aus derartigen Messungen sind seit der Arbeit von BLOEMBERGEN, PURCELL u. POUND (8a) im Jahre 1948 verschiedentlich behandelt worden [siehe BLOEMBERGEN, PURCELL u. POUND (8a), M. EISENSTADT u. R. G. REDFIELD (29a), R. KUBO u. K. TOMITA (62a), E. M. ROBERTS u. C. W. MERIDETH (80b), H. C. TORREY (98a) und die Monographie von ABRAGAM (zit. in Kap. VI)]. Als Beispiele seien Messungen an Lithium [H. S. GUTOWSKY u. B. R. McGARVEY (36b)] und Aluminium [F. Y. FRADIN u. T. J. ROWLAND (30b)] (wo geeignete radioaktive Isotope fehlen) und an Ionenkristallen, wie LiH [K. FUNKE u. H. RICHTERING (33b)], LiF und andere [H. HAMANN, H. RICHTERING u. U. ZUCKER (93a)] und an den Kupfer-(I)-halogeniden [G. W. HERZOG u. H. RICHTERING (38a)] angeführt. Besonders bei Ionenkristallen können Kernresonanzuntersuchungen, Messungen mit Indikatoren und Leitfähigkeitsmessungen im Hinblick auf Fehlordnung und Platzwechselmechanismus ergänzen [F. REIF (78a), T. G. STOEBE, T. O. OGURTANI u. R. A. HUGGINS (93b), H. RICHTERING (79a)].

(der Faktor 6 steht statt zwei, da es sich um eine Verschiebung im Dreidimensionalen handelt). Beim Schmelzpunkt findet man $D \approx 1,5 \cdot 10^{-7}$ cm²sec⁻¹.

Übrigens sind nach dieser Methode auch Diffusionskoeffizienten in flüssigem He³ gemessen worden (1, 46), die zwischen etwa 10^{-4} und $1,5 \cdot 10^{-3}$ lagen. Zwischen 0,1 und 0,03 °K wird D durch ein Potenzgesetz wiedergegeben: $D \sim (1/T)^n$ mit $n = 1,55$. Diese Werte sind wesentlich höher als irgendwo sonst bei Flüssigkeiten und hängen auch hinsichtlich der Temperaturabhängigkeit sicherlich mit Quanteneffekten zusammen.

Bei festem He³ hat man auch spezifische Wärmen gemessen und ähnliche Anomalien gefunden, wie wir sie sonst als Folge der Fehlordnung in Schmelzpunktsnähe beobachtet haben (38). F. W. DE WETTE (106) ist der Ansicht, daß bei der Fehlordnung in He³ etwa gleiche Mengen Leerstellen und Zwischengitterteilchen gebildet werden (= „FRENKEL-Fehlordnung", s. unten).

In allerletzter Zeit sind Diffusionsmessungen an festem Krypton bekannt geworden (14a), CHADWICK u. MORRISON.

Es wurde mit ⁸⁶Kr indiziertes Krypton kondensiert, und, nach Tempern des Kristalls, wurde darüber normales Krypton zirkulieren lassen und darin die Zunahme der Aktivität als Funktion der Zeit gemessen.

Zur Auswertung der Versuche wurde die Fehlerintegral-Lösung für das unendlich ausgedehnte System zugrunde gelegt (das setzt voraus, daß bei nicht ebener Begrenzung die Krümmungsradien aller Flächen als sehr groß gegen die mittlere Eindringungstiefe angesehen werden dürfen, und ferner, im Falle von Ecken und Kanten, daß die lineare Ausdehnung angrenzender Flächen als sehr groß im Vergleich zu der gleichen Eindringungstiefe angesehen werden dürfen). Die Verhältnisse werden dann aus folgendem Schema klar (vgl. Abb. I, 6 - 1.

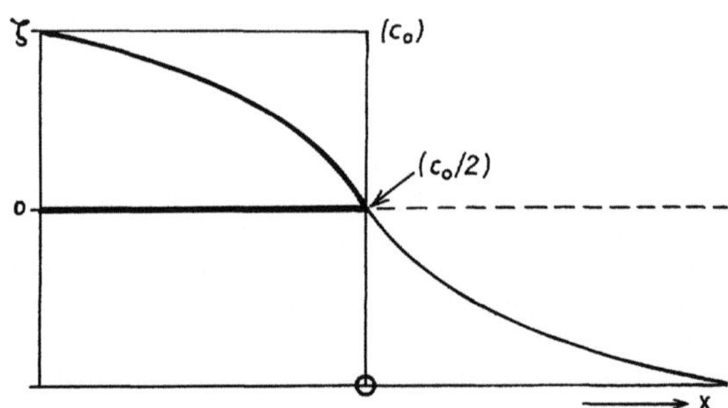

Abb. IV, 2 - 2. Fehlerintegral-Lösung für eindimensional unendlich langes System, angepaßt an ein System Kristall für $x < 0$) – Gas für $x > 0$). c ursprüngliche Konzentrationen; ζ Konzentrationen im System Kristall – Gas.

Aus der Abbildung erkennt man, daß in der Beziehung von Kap. I, 6 die Lösung für den Kristall unverändert bleibt, wenn wir das Gebiet $x > 0$ als Senke auffassen, mit der Randbedingung $c = c_0/2$ für $x = 0$. Dann bleibt nur das Gebiet für $x < 0$ als Diffusionsproblem erhalten, während bei $x = 0$ das vorbeiströmende Gas die Aktivität an der Grenze praktisch bei 0 hält. Wir müssen also für unser Problem setzen: $c_0 = \zeta_0$, Anfangskonzentration der aktiven Komponente im Kristall, und $c_0/2 = 0\,^*)$.

Wir benutzen nun die Gl. I - 6, 9 für die Substanzmenge s, welche während der Zeit τ die Grenze bei $x = 0$ nach rechts passiert hat, nämlich

$$s = q \cdot c_0 \sqrt{D\tau/\pi}\,, \qquad\qquad \text{[IV - 2, 8]}$$

wo q ursprünglich der Querschnitt des Diffusionssystems war, jetzt sinngemäß die gesamte austauschende Oberfläche ist, mit den früheren Voraussetzungen In dieser Gleichung müssen wir nun $c_0/2$ durch ζ ersetzen und erhalten

$$s = 2q\,\zeta_0 \sqrt{D\tau/\pi}\,, \qquad\qquad \text{[IV - 2, 9]}$$

bzw. nach Quadrieren

$$s^2 = 4q^2\,\zeta_0{}^2\,D\tau/\pi, \qquad\qquad \text{[IV - 2, 10]}$$

das ist die Gleichung, die der Auswertung in der zitierten Arbeit zugrunde liegt. Da hier (vgl. Kap. I, 5 u. 6) wie anderswo nur das Produkt $D\tau$ wesentlich ist, kann man für eine stufenweise auf höhere Temperaturen aufgeheizte Probe, mit den entsprechenden Produkten $D_1\tau_1$, $D_2\tau_2 \ldots$, auch schreiben

$$\{s[\tau_1 + \tau_2 + \ldots]\}^2 = 4q^2\,\zeta_0{}^2/\pi\} \,\{D_1\tau_1 + D_2\tau_2 + \ldots\}. \qquad \text{[IV - 2, 11]}$$

Die Autoren zitieren die Gl. [IV - 2, 11] in der differenzierten Form

$$\frac{d(\zeta'^2)}{dt} = 4q^2\,\zeta_0{}^2\,D/\pi. \qquad\qquad \text{[IV - 2, 11a]}$$

Für den Tripelpunkt des Kryptons, 115,8 °K, ergibt sich so ein Diffusionskoeffizient von nahezu $10^{-8}\,\mathrm{cm^2 sec^{-1}}$, was mit unserer groben Abschätzung in Tab. 1 recht gut übereinstimmt. Die Autoren stellen ihre Resultate durch den Ausdruck dar

$$D = 3\exp[-(4800 \pm 200)/RT]\,\mathrm{cm^2 sec^{-1}}. \qquad \text{[IV - 2, 12]}$$

Aus unabhängigen Messungen (64a) besitzen sie einen Wert für die Bildungsenergie der Leerstellen, so daß sie den obigen Wert in die beiden Summanden H_f, Fehlordnungsenthalpie, und U, Schwellenenergie, aufspalten können. Unsere früheren Abschätzungen sollten einen zu großen Wert für H_f ergeben, wofür wir dann U vernachlässigt haben. Unser Wert muß also mit dem $H_f + U$ verglichen werden. Diese Abschätzung hätte $H_f + U \approx 2400$ cal/Mol ergeben. Daß trotz der Differenz im Exponenten die Abschätzung für D relativ gut paßt, ist eine Folge der Kompensation in den Abweichungen des konstanten Faktors und des Exponenten. Ein Zahlenfaktor 3 in Gl. [IV - 2, 12] ist nur verständlich, wenn eine besonders große Aktivierungsentropie auftritt (mit $D \sim \lambda\bar{w}$, λ Sprungweite, $\sim 3 \cdot 10^{-8}$ cm, $\bar{w} \sim 4 \cdot 10^4$ cm sec^{-1}, würde man für D_0 nur etwa $3 \cdot 10^{-4}$ erhalten).

---

*) Die Bedingungen: Konzentration von ^{85}Kr ≈ 0 für $x = 0$, und „Zunahme der Konzentration ζ von ^{85}Kr im Gas als Maß für die diffundierte Substanz" lassen sich vereinbaren, wenn man dafür sorgt, daß $(\zeta)_{x=0} \ll \zeta_0$.

Im Anschluß daran erwähnen wir noch Bestimmungen der Leerstellen-Konzentration in festem Krypton von LOSEE und SIMMONS (64a). Aus dem Vergleich der dilatometrisch und röntgenographisch bestimmten Ausdehnungs-koeffizienten berechneten sie die Fehlordnungsenthalpie H_f zu

$$R\,[895 \pm 100]\,\mathrm{cal/Mol},$$

und den Fehlordnungsgrad zu

$$2\,[+1;\ -0,5]\,\exp\,[-895\ {}^\circ\mathrm{K}/T].$$

Wir verweisen auf diese und die anderen zitierten Arbeiten auch im Hinblick auf Fehlordnung und Diffusion in anderen Edelgasen.

IV, 3. Fehlordnung in Ionenkristallen

Den ursprünglich zwingendsten Hinweis auf Fehlordnung in Ionenkristallen stellten die beobachteten, z. T. sehr hohen Ionenleitfähigkeiten dar [C. TU-BANDT (99), seit 1913]. In den beiden folgenden Abbildungen geben wir eine Übersicht über gemessene Ionenleitfähigkeiten, Abb. IV, 3 - 1 und 2

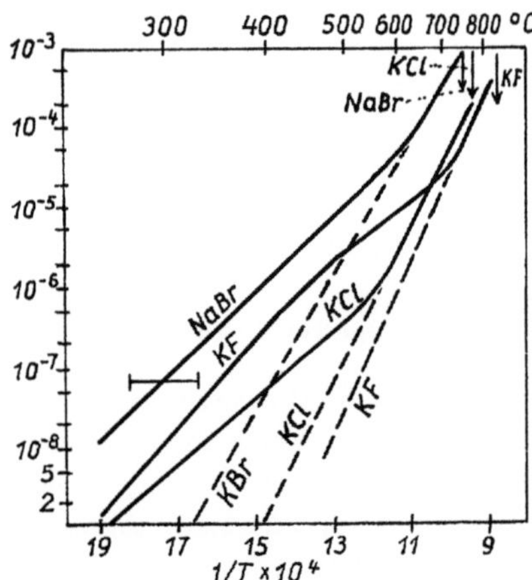

Abb. IV, 3 - 1. Ionenleitfähigkeit einiger Alkalihalogenide, aufgetragen ist $\log_{10}\sigma$ gegen 1/T.

Gibt man die Leitfähigkeit durch einen Ausdruck wieder

$$\sigma \approx \sigma_0 \exp\,[-B/T],$$

wie es dem vielfach annähernd geradlinigen Verlauf in den Abbn. IV, 3 - 1 und IV, 3 - 2 entspricht, so ergeben sich für eine Auswahl von Substanzen die Zahlenwerte der Tab. IV, 3, 1.

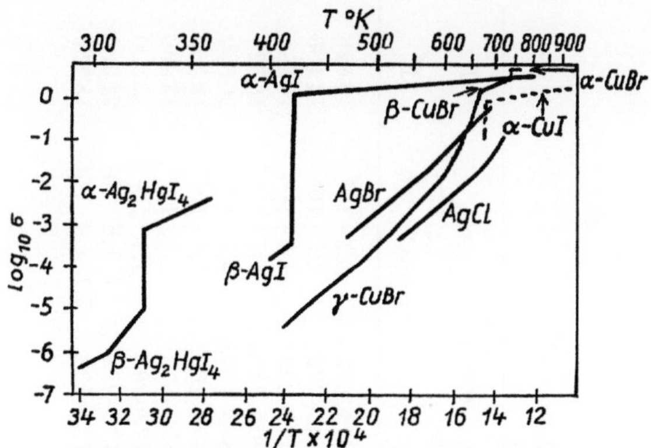

Abb. IV, 3 - 2. Ionenleitfähigkeit besonders gutleitender Salze, Auftragung wie in Abb. IV, 3 - 1; bei α-AgJ und α-CuBr ist am Schmelzpunkt die Leitfähigkeit der festen Phase größer als die der Schmelze.

Tabelle IV, 3, 1. Leitfähigkeitsdaten für Ionenkristalle, ausgewählte Werte.

Substanz	Schmelz-punkt °K	Temperatur-Intervall °K	σ (Schmelz-punkt) Ohm⁻¹·cm⁻¹	σ_0 Ohm⁻¹·cm⁻¹	B °K
α-CuJ	875	675 bis 875		$2{,}5 \cdot 10^2$	2300
AgCl	728	523 bis 723	$6 \cdot 10^{-2}$	$1{,}5 \cdot 10^6$	11950
AgBr	695	523 bis 692	$1 \cdot 10^{-1}$	$4{,}2 \cdot 10^6$	11030
α-AgJ	828	417,6 bis 828	$2 \cdot 5$	5,5	600
β-AgJ		398 bis 417,6		$3{,}9 \cdot 10^6$	9660
α-Ag₂HgJ₄		323 bis 366,4		$4 \cdot 10^2$	4300
TlCl	700	unterhalb Schmelzpunkt	$5 \cdot 10^{-3}$	$2{,}5 \cdot 10^3$	9100
TlBr	730		$5 \cdot 10^{-3}$	$1{,}7 \cdot 10^3$	9200
PbCl₂	773		$5 \cdot 10^{-3}$	1,4	5410
PbCl₂ + 0,005 KCl				6,1	4470 4710
PbJ₂	675	423 bis 648	$3 \cdot 10^{-5}$	$9{,}8 \cdot 10^{-4}$ $1{,}2 \cdot 10^5$	4710*) 15000**)

*) Teilleitfähigkeit der Jodionen.
**) Teilleitfähigkeit der Bleionen.

Die Leitfähigkeiten der Verbindungen in Tab. IV, 3, 1 sind nur wenig empfindlich gegenüber der Natur der Probe (Einkristall, erstarrte Schmelze, Preßkörper) sowie gegen Anwesenheit geringer Mengen von Verunreinigungen. Bei den Beispielen der Tab. IV, 3, 2 gilt dies nur für den Hochtemperaturbereich. Wir bringen in Abb. IV, 3 - 3 einige Meßresultate aus unserem Institut [BIERMANN (6a)] für KCl verschiedener Herkunft und verschiedenen Verunreinigungsgrades.

Tabelle IV, 3, 2. Leitfähigkeitsdaten von Ionenkristallen

Substanz	Schmelz-punkt $^\circ K$	σ (Schmelzpunkt) $Ohm^{-1} \cdot cm^{-1}$	Temperatur-Intervall $^\circ K$	σ_0 $Ohm^{-1} \cdot cm^{-1}$	B $^\circ K$	Temperatur-Intervall $^\circ K$	σ_0 $Ohm^{-1} \cdot cm^{-1}$	B $^\circ K$
LiCl	879	$1,5 \cdot 10^{-3}$	303–623	1,15	6850	673–823	$2,5 \cdot 10^5$	16420
LiBr	625		303–573	3,3	6450	623–773	$4,2 \cdot 10^5$	14100
LiJ	723		303–423	0,14	4230	523–623	$1,8 \cdot 10^5$	10680
NaF	1265	$1,7 \cdot 10^{-3}$				603–1253	$1,3 \cdot 10^3$	16520
NaCl	1073	$1,3 \cdot 10^{-3}$	643–833	2,6–3,6	10200	833–1073	$4,3 \cdot 10^4$	20500
NaBr	1008	$1,3 \cdot 10^{-3}$	523–673	0,2	9270	873–1003	$1,5 \cdot 10^6$	19350
NaJ	934	$4,0 \cdot 10^{-3}$	443–623	0,06	6950	623–873	$8,1 \cdot 10^3$	14260
KCl	1041	$2,0 \cdot 10^{-4}$	523–723	0,13–2,0	11500	773–998	$8,1 \cdot 10^3$	23500
KBr	1001	$2,0 \cdot 10^{-4}$	523–673	0,01–10	11300	773–998	$1–1,5 \cdot 10^6$	22900
KJ	953	$1,5 \cdot 10^{-4}$	493–673	0,09–0,3	9900	723–938	$3,1–4,9 \cdot 10^4$	18750

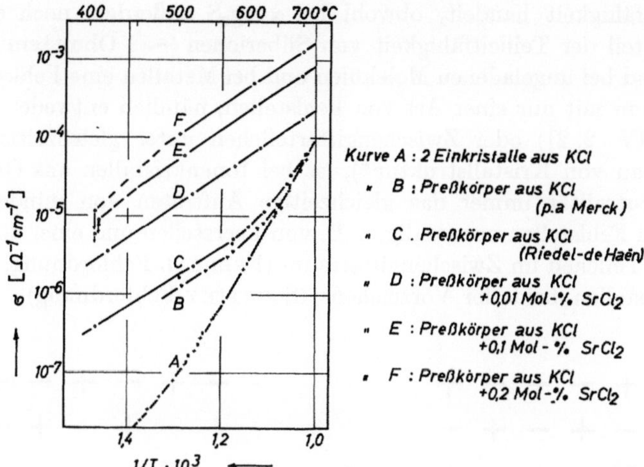

Abb. IV, 3 - 3. Ionenleitfähigkeit von KCl verschiedener Herkunft und
Vorbehandlung.

Hat man einmal die Vorstellung der Fehlordnung zur Deutung dieser Erscheinungen angenommen, so bietet sich sofort die folgende qualitative Erklärung an. Ist der Fehlordnungsgrad sehr klein, so kann er durch kleine Zusätze u. a. beeinflußt werden, z. T. sogar sehr stark; ist der Fehlordnungsgrad
sehr groß, so werden die Störungen durch kleine Verunreinigungen vernachlässigbar. Das Verhalten bei absichtlich zugesetzten Verunreinigungen läßt
vermuten, daß nur im Hochtemperaturbereich die „Eigenleitfähigkeit" des
reinen Kristalls gemessen wird, während im Tieftemperaturbereich sich der
Einfluß von Verunreinigungen bemerkbar macht, wie auch durch Spektral-
analyse bestätigt werden kann.

Wie schon früher abgeschätzt, würde bei Beweglichkeit aller Teilchen einer
Art in einem Ionenkristall ein maximaler Diffusionskoeffizient von etwa

$$\varLambda \bar{v}/3 \leqq 3 \cdot 10^{-8} \cdot 3 \cdot 10^4/3 \leqq 3 \cdot 10^{-4} \,\mathrm{cm^2 sec^{-1}}$$

resultieren, $\varLambda$ freie Weglänge (vergleichbar mit dem Gitterabstand), $\bar{v}$ mittlere
thermische Geschwindigkeit. Dem entsräche nach der Nernst–Einsteinschen
Formel eine elektrolytische Leitfähigkeit von maximal etwa

$$\sigma < \sim\!10 \,\mathrm{Ohm^{-1} cm^{-1}}.$$

Die höchsten beobachteten Leitfähigkeiten liegen bei etwa $3\,\mathrm{Ohm^{-1} cm^{-1}}$
(was, auch im Hinblick auf die Leitfähigkeit wäßriger Elektrolytlösungen, ein
sehr hoher Wert ist).

Wenn man also etwa in der α-Phase von Ag_2S und in analogen Verbindungen
Leitfähigkeitswerte der Größenordnung $1000\,\mathrm{Ohm^{-1} cm^{-1}}$ mißt, so kann man
mit Sicherheit schließen, daß es sich hier um Elektronen- (oder Defektelektro-

nen-)Leitfähigkeit handelt, obwohl bei α-Ag$_2$S außerdem noch ein absolut hoher Anteil der Teilleitfähigkeit von Silberionen (~ 1 Ohm^{-1}cm^{-1}) vorliegt.

Während bei ungeladenen Molekülen und bei Metallen eine Fehlordnung bestehen kann mit nur einer Art von Fehlstellen, nämlich entweder Leerstellen (vgl. Gl. IV - 2, 2]) oder Zwischengitterteilchen unter gleichzeitigem Anbau oder Abbau von Kristallstruktur*), ist bei Ionenkristallen aus Gründen der Elektroneutralität immer das gleichzeitige Auftreten von mindestens zwei Arten von Fehlstellen notwendig, z. B. von Leerstellen und einer äquivalenten Zahl von Teilchen im Zwischengitterraum (FRENKEL-Fehlordnung, 1926) oder von Leerstellen beiderlei Vorzeichens (SCHOTTKY-Fehlordnung).

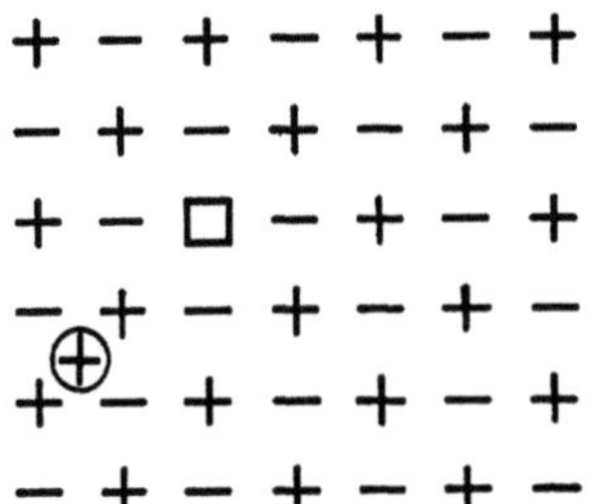

Abb. IV, 3 - 4. Ionenkristall mit FRENKEL-Fehlordnung, in I. Näherung keine Volumenänderung.

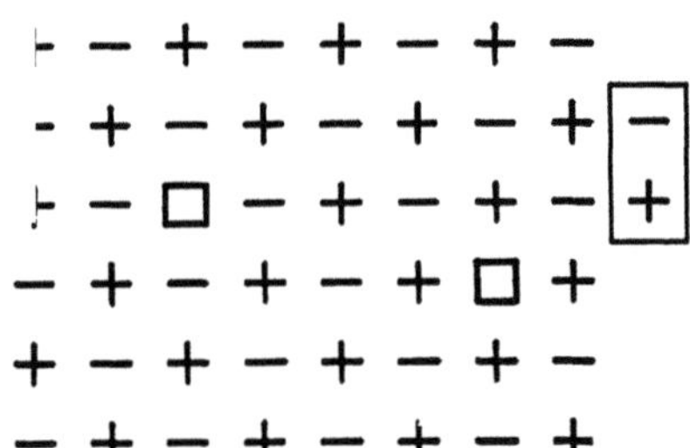

Abb. IV, 3 - 5. SCHOTTKY-Fehlordnung, mit Volumenänderung.

Bezeichnen wir mit N_L und N_Z die „Gitterkonzentrationen",

$$N_L = N_L/N_G; \quad N_Z = N_Z/N_G,$$

wobei N_L, N_Z und N_G die Zahlen der Leerstellen einer Art, der Zwischengitterteilchen eier Art und der zugehörigen Zahl von Gitterplätzen bezeichnen. Es gilt dann für das Gleichgewicht

$$N_L \cdot N_Z = \exp[-\Delta G_F/RT] = \exp[-\Delta H_F/RT]\exp[\Delta S_F/R]. \quad \text{[IV - 3, 1]}$$

Während wir für die Fehlordnung nur einer Art von Teilchen, wie für Molekülkristalle und Metalle, einen Ausdruck haben, falls wir $N_L = \alpha$ setzen,

$$\alpha = \exp[-\Delta G_F/RT], \quad \text{[IV - 3, 2]}$$

finden wir für binäre Ionenkristalle mit FRENKELscher oder SCHOTTKYscher Fehlordnung, wo für reine Kristalle $N_L = N_Z = \alpha$ ist.

$$\alpha = \exp[-\Delta G_F/2RT]. \quad \text{[IV - 3, 3]}$$

---

*) Es ist naheliegend anzunehmen, daß z. B. bei festen Edelgasen und bei Metallen aus sterischen Gründen der Typ a vor b bevorzugt ist.

Außer der Gleichgewichtsfehlordnung gibt es auch noch eine „chemische Fehlordnung", wenn man einen Teil der Ionen einer Art durch Fremdionen verschiedener Ladungszahl substituiert (wie wir es bereits zu Beginn am Beispiel des $Fe_{0,92}O$ kennen gelernt hatten), Abb. IV, 3 - 6.

$$
\begin{array}{cccccc}
Ag^+ & Br^- & Ag^+ & Br^- & Ag^+ & Br^- \\
Br^- & Ag^+ & Br^- & \boxed{Cd^{++}} & Br^- & Ag^+ \\
Ag^+ & Br^- & Ag^+ & Br^- & Ag^+ & Br^- \\
Br^- & \square & Br^- & Ag^+ & Br^- & Ag^+ \\
Ag^+ & Br^- & Ag^+ & Br^- & Ag^+ & Br^- \\
\end{array}
$$

Abb. IV, 3 - 6. „Anomaler" Mischkristall von AgBr und $CdBr_2$, unter Bildung von Leerstellen im Silberionen-Teilgitter.

Hier haben wir also zusätzlich je zweiwertiges Kation eine Silberionenlücke, wobei die neu hinzugefügten Leerstellen natürlich in bekannter Weise das Leerstellen–Zwischengitterteilchen-Gleichgewicht beeinflussen (61). Wir besprechen weiter unten Leitfähigkeitsmessungen von KOCH und WAGNER, an denen diese Effekte deutlich werden. Es kann auch den umgekehrten Fall geben, z. B. in dem von CROATTO (19, 20, 22) u. Mitarb. untersuchten Beispiel des SrF_2 mit Zusätzen von LaF_3; hier muß man eine reine Zwischengitterfehlordnung annehmen, derart, daß je zusätzlich eingebautes La^{3+} ein überschüssiges F^- in den Zwischengitterraum eintritt.

Der Materietransport in fehlgeordneten festen Kristallen kommt bei Leerstellen-Fehlordnung (SCHOTTKY-Fehlordnung) dadurch zustande, daß Nachbarteilchen in eine Leerstelle springen, d. h. daß Leerstellen wandern. Wenn man sich das an einem konkreten Modell ansieht, so erkennt man, daß dabei das wandernde Teilchen fast immer eine gewisse Potentialschwelle U überschreiten muß, daß also der Bruchteil β fehlgeordneter Teilchen, der wanderungsfähig ist, nochmals durch eine Exponentialfunktion gegeben ist

$$\beta = \exp[-\varDelta G_u/RT], \qquad\qquad \text{[IV - 3, 4]}$$

wobei $\varDelta G_u$ die GIBBS-Energie

$$\varDelta G_u = \varDelta H_u - T\varDelta S_u$$

ist, die mit dem Wanderungsvorgang verknüpft ist (der Index u soll sich auf die „Beweglichkeit" u beziehen). Für die Diffusion und Ionenwanderung kämen also, je nach Fehlordnungstyp, Ausdrücke in Frage entsprechend

$$\sim \exp[-\varDelta G_F/RT]\,\exp[-\varDelta G_u/RT], \qquad\qquad \text{[IV - 3, 5]}$$

bzw.

$$\sim \exp[-\varDelta G_F/2\,RT]\,\exp[-\varDelta G_u/RT]. \qquad\qquad \text{[IV - 3, 6]}$$

Vernachlässigt man die Entropieglieder, d. h. setzt

$$\varDelta G_F \approx \varDelta H_F \quad\text{und}\quad \varDelta G_u \approx \varDelta H_u,$$

so bleiben Ausdrücke der Form übrig

$$\exp[-(\Delta H_F + \Delta H_u)/RT],\qquad [\text{IV - 3, 7}]$$

bzw.

$$\exp[-(\Delta H_F/2 + \Delta H_u)/RT],\qquad [\text{IV - 3, 8}]$$

und vergleicht man diese mit den empirischen Ausdrücken der Form

$$\exp[-Q/RT],\qquad [\text{IV - 3, 9}]$$

wo Q eine „scheinbare Aktivierungswärme", d. h. eine Größe ist, die man aus der Temperaturfunktion $f(T)$ für σ oder D nach der Vorschrift gebildet hat

$$Q \equiv RT^2 d\ln f(T)/dT,\qquad [\text{IV - 3, 10}]$$

so sieht man, daß diese physikalisch nicht präzise definierte Größe in den obigen Spezialfällen die Bedeutung hat

$$Q = \Delta H_F + \Delta H_u,\qquad [\text{IV - 3, 11}]$$

bzw.

$$Q = \Delta H_F/2 + \Delta H_u.\qquad [\text{IV - 3, 12}]$$

Bei FRENKEL-Fehlordnung wird man zwei Terme des Typus [IV - 3, 8] haben, nämlich

$$\exp[-\Delta H_F/2 + \Delta H_u{}^L)/RT],\qquad [\text{IV - 3, 13}]$$

und

$$\exp[-(\Delta H_F/2 + \Delta H_u{}^Z)/RT],\qquad [\text{IV - 3, 14}]$$

je ein Ausdruck für Leerstellen und für Zwischengitterteilchen. Bei SCHOTTKY-Fehlordnung für Ionenkristalle je einen Ausdruck ΔH_u für Anion und Kation, wobei aber häufig nur die Ionenart mit dem kleineren ΔH_u als beweglich betrachtet zu werden braucht, z. B. in Alkalihalogeniden bei hinreichend niedrigen Temperaturen die Kationen, während sich bei höheren Temperaturen die Beweglichkeiten beider Ionenarten bemerkbar machen.

Auch bei Verbindungen mit FRENKEL-Fehlordnung nur einer Ionenart, wie der Silberionen in AgCl und AgBr, setzt sich die Leitfähigkeit als Summe zweier Beiträge zusammen, der Silberionenleerstellen und der Silberionen auf Zwischengitterplätzen; das sind Silberionen auf Tetraederlücken, in der Mitte eines Tetraeders aus Anionen, statt eines Oktaeders, wie es der normalen Lage im Natriumchloridgitter entspricht. Bei CuCl und den Tieftemperaturmodifikationen von CuBr und CuJ ist es gerade umgekehrt. Diese kristallisieren im Zinkblendegitter, wo sich die Kationen normalerweise in Tetraederlücken aufhalten, während die Zwischengitterteilchen auf Oktaederlücken untergebracht sind [vgl. hierzu insbesondere STASIW u. TELTOW (93, vgl. auch 92)]. Das führt zu Besonderheiten bei der Mischkristallbildung von z. B. AgBr mit CuBr, vgl. TELTOW (96, 97).

Gemessene Leitfähigkeiten, z. B. von AgBr, lassen sich, außer in Schmelzpunktnähe, zwar ausreichend gut durch eine einzelne Exponentialfunktion beschreiben; das besagt aber nur, daß die Summe zweier Exponentialfunktionen mit verschiedenem konstantem Faktor und wenig verschiedenen Exponenten innerhalb der experimentellen Fehlergrenzen durch eine einzige Exponential-funktion approximiert werden kann. Die Aufspaltung in die beiden Beiträge bei AgCl und AgBr gelang zum erstenmal E. Koch und C. Wagner mittels folgender Überlegung. Ohne daß wir die gesamten Gleichungen anschreiben, übersehen wir das folgende (61, vgl. auch 57, 92, 93, 96, 97).

Im Gleichgewicht, d. h. im reinen Kristall ohne Zusätze, gilt für das Leer-stellen–Zwischengitter-Gleichgewicht

$$N_L{}^g\, N_Z{}^g = K, \quad \text{für } T = \text{const}; \ N_L{}^g = N_Z{}^g, \qquad [\text{IV - 3, 15}]$$

wo $N_L{}^g$ und $N_Z{}^g$ die Gleichgewichts-Molenbrüche für Leerstellen und Zwi-schengitterteilchen bedeuten. Die elektrolytische Leitfähigkeit (und ebenso der Diffusionskoeffizient) werden diesen Molenbrüchen und den Beweglichkeiten der individuellen Teilchen u_L und u_Z proportional sein, d. h.

$$\sigma \sim N_L u_L + N_Z u_Z. \qquad [\text{IV - 3, 16}]$$

Wir berechnen nun die Änderung der Leitfähigkeit mit der Konzentration eines Zusatzes, der Leerstellen erzeugt, und zwar an der Stelle, wo die Zusatz-konzentration gleich Null ist, d. h. für den reinen Stoff. Rechnen wir aus Gl. [IV - 3, 15] dN_Z/dN_L aus und setzen dies in Gl. [IV - 3, 16] nach Diffe-rentiation bezüglich N_L ein, so erhalten wir

$$(d\sigma/dN_L)_g \sim u_L - u_Z \cdot K/(N_L{}^g)^2 = u_L - u_Z, \qquad [\text{IV - 3, 17}]$$

weil im Gleichgewicht nach Gl. [IV - 3, 15] $K/(N_L{}^g)^2 = 1$ ist. Wenn die Be-weglichkeiten von Leerstellen und Zwischengitterteilchen gleich sind, so ver-schwindet Gl. [IV - 3, 17], d. h. bei einer Vermehrung der Leerstellen ändert sich beim reinen Stoff in erster Näherung die Leitfähigkeit nicht, sofern $u_L = u_Z$, anderenfalls ist das Vorzeichen der Änderung durch das von $(u_L - u_Z)$ bestimmt. Die Versuche von Koch u. Wagner (l. c.) sowie die sehr genauen Messungen von Teltow (l. c.) sowie von Ebert u. Teltow (28) ergaben nun sowohl für AgCl als auch für AgBr, daß mit Zusatz eines zweiwertigen Kations Pb^{++} bzw. Cd^{++}, bei Zusätzen von PbCl$_2$, PbBr$_2$ bzw. CdCl$_2$, CdBr$_2$, die Leitfähigkeit zunächst deutlich fällt. Die, wohl unerwartete, Folgerung ist gemäß Gl. [IV - 3, 17] die, daß die Beweglichkeit der Zwischengitterteilchen größer ist als die der Leerstellen, wobei das Verhältnis von der Temperatur abhängt, also wohl in erster Linie durch einen Unterschied in der Schwellen-energie für die Wanderung bedingt ist.

Stasiw (l. c., 1959) gibt z. B. die folgenden Werte der Beweglichkeiten für Silberionen-Löcher und Zwischengitterteilchen in AgBr an, Tab. IV, 3, 3; danach kann die Beweglichkeit der Zwischengitterteilchen bis etwa 5mal größer werden als die der Löcher. Wagner deutet dies durch einen besonderen Mechanismus („interstitialcy"), Abb. IV, 3 - 7, nach dem ein Zwischengitter-ion nicht direkt aus einer Tetraederlücke auf eine nächst-benachbarte Lücke

Abb. IV, 3 - 7. Wanderung durch Verdrängung eines Gitterteilchens auf einen Zwischengitterplatz; "interstitialcy" n. WAGNER.

springt, sondern daß ein nächst benachbartes Gitterion in die neue Lücke springt, und das Ion aus der ersten Lücke den freiwerdenden Gitterplatz besetzt.

Tabelle IV, 3, 3. Beweglichkeiten u_L und u_Z für Zwischengitter-Kationen und und Löcher in AgBr (in 10^{-3} cm²/V sec), nach O. STASIW (92).

$t\,°C$	u_Z	u_L
350	3,93	1,96
300	2,91	1,17
250	2,37	0,64
200	1,58	0,25

Versucht man, Fehlordnungsenergien und Schwellenenergien für die Wanderung abzuschätzen, so erhält man dafür in erster Näherung den Betrag der Gitterenergie, also bei Alkali- und Silberhalogeniden, z. B. etwa 8 eV oder ~184 kcal/Mol. Diese Energien sind so hoch, daß man damit jegliche termische Fehlordnung des Gitters vernachlässigen könnte.

Wie ich zuerst zeigen konnte (50, 51, 52, 54), führt eine genauere Überlegung zu wesentlich niedrigeren Energiebeträgen. Das Ergebnis läßt sich nachträglich durch folgenden Vergleich veranschaulichen. Lösen wir Natriumchlorid in Wasser auf, so wäre nach einer oberflächlichen Betrachtung ebenfalls die Gitterenergie zuzuführen, damit die Ionen aus dem festen Gitterverband losgelöst werden können. Nach FAJANS (30) und BORN (10) ist aber weiter zu beachten, daß die Ionen in dem Lösungsmittel solvatisiert werden. Unter Benutzung der Kontinuumsvorstellung für das Lösungsmittel kann man den Vorgang der Solvatisierung in erster Näherung als eine Polarisation des Dielektrikums in der Umgebung der als kugelförmig vorausgesetzten Ionen beschreiben. Die potentiale Energie φ des elektrischen Feldes in der Umgebung eines kugelförmigen Ions vom Radius r und der Ladung e, das sich im Vakuum befindet, wird (in elektrostatischen Einheiten, Dielektrizitätskonstante des Vakuums gleich 1)

$$\varphi_{vac} = e^2/2\,r;\qquad\qquad [IV - 3, 18]$$

bringt man das Ion in ein Dielektrikum der Dielektrizitätskonstanten ε, so sinken Feldstärke und Energie des Feldes auf $1/\varepsilon$ ihres ursprünglichen Wertes φ_{vac}

$$\varphi_{diel} = e^2/2\,\varepsilon\,r. \qquad\qquad [\text{IV - 3, 19}]$$

Folglich wird die Energieänderung, d. h. die Energieabnahme bei Solvatisierung, die wir mit Polarisationsenergie φ_{pol} bezeichnen wollen

$$\varphi_{pol} = -\frac{1}{2}\frac{e^2}{r}\,[1 - 1/\varepsilon]. \qquad\qquad [\text{IV - 3, 20}]$$

Lösen wir zwei Ionen der Radien r_a und r_k auf, so vermindert sich die Energie je Mol um die Polarisationsenergie

$$E_{pol} = -N\frac{e^2}{2}\,(1 - 1/\varepsilon)\,(1/r_a + 1/r_k). \qquad\qquad [\text{IV - 3, 21}]$$

Für grobe Abschätzungen kann man setzen $r_a = r_k \approx a/2$, a Gitterabstand, und man erhält damit

$$E_{pol} \approx -N\frac{2\,e^2}{a}\,(1 - 1/\varepsilon). \qquad\qquad [\text{IV - 3, 22}]$$

Im Falle der Auflösung von Ionenkristallen in Wasser muß man natürlich beachten, daß das dielektrische Verhalten überwiegend durch Dipolorientierung zustande kommt, und daß in unmittelbarer Umgebung eines Ions Sättigungserscheinungen eintreten werden. Für eine Abschätzung bei Ionenkristallen wird aber Gl. [IV - 3, 21] oder Gl. [IV - 3, 22] einen größenordnungsmäßig richtigen Wert liefern. Vergleicht man damit den Wert der Gitterenergie eines im NaCl-Gitter kristallisierenden Ionenkristalls, so wird die Gitterenergie (die üblicherweise positiv angegeben wird, als diejenige Energie, die man dem Kristall zuführen muß, um die Teilchen in unendlichen Abstand zu bringen) nach MADELUNG

$$E_g = 1{,}746\,\frac{N\,e^2}{2}\,(1 - 1/n), \qquad\qquad [\text{IV - 3, 23}]$$

wo n der Exponent der BORNschen Abstoßungskraft ist ($\varphi_{abst} \sim r^{-n}$), und numerisch nicht sehr verschieden von der relativen Dielektrizitätskonstanten ε des Mediums. Das entscheidende Resultat dieser Näherungsüberlegung besteht darin, daß die aufzuwendende Gitterenergie bei der Fehlordnung fast vollständig kompensiert werden kann durch die zu gewinnende Polarisationsenergie. Das ist dieselbe Folgerung wie für den Auflösungsprozeß von Ionenkristallen in Wasser.

Für eine bessere Näherung wird man nicht den Kristall als Kontinuum behandeln, sondern über die einzelnen Beiträge im Gitter summieren; das sind COULOMB-Energie, Abstoßungsenergie (die man besser nach BORN u. MAYER (11, 70, 71) statt nach dem alten BORNschen Ansatz berücksichtigen wird, Polarisationsenergie der einzelnen Ionen, und schließlich VAN DER WAALSsche Wechselwirkungen, wie sie ebenfalls BORN u. MAYER zuerst berücksichtigt haben. Auf diesem Weg wurden 1933 die ersten Ergebnisse des Verfassers erhalten (50).

In Verbindungen mit verhältnismäßig hohen Polarisierbarkeiten von Anionen und Kationen ist der Beitrag VAN DER WAALSscher Energie, nach LONDON annähernd proportional mit $\alpha_1\alpha_2/r^6$ (α_1, α_2 Polarisierbarkeiten zweier Partikeln, r Abstand), besonders hoch, und das ist verantwortlich für die sehr geringe Löslichkeit dieser Verbindungen. Umgekehrt sorgen diese Beiträge im festen Kristall dafür, daß z. B. in Silberhalogeniden, beim AgJ wenigstens in der Tieftemperaturmodifikation, FRENKELsche Fehlordnung bevorzugt ist, im Gegensatz zu den Alkalihalogeniden (mit geringerer Polarisierbarkeit der Kationen), wo SCHOTTKY-Fehlordnung (84) vorherrscht. In der folgenden Tab. IV, 3, 4 geben wir eine Zusammenstellung von Polarisationsenergien für NaCl, wie sie sich in verschiedener Näherung ergeben, nach einer Zusammenstellung von RITTNER, HUTNER u. DU PRÉ (80, 75, 63a, dazu 50, 52, 54).

Tabelle IV, 3, 4. Polarisationsenergien in NaCl, *nach verschiedenen Methoden berechnet (in e-Volt).*

Entfernung von	LANDSHOFF approx.	JOST	JOST NEHLEP	M-L O.	M-L I.	M-L IV.Ordnung	R-H-DP I	II
Na+	3,73	2,90	3,20	2,31	2,53	2,50	2,51	2,52
Cl−	2,43	2,90	1,66	1,50	1,53		1,57	1,56
Summe	6,16	5,80	4,86	3,81	4,06		4,08	4,08

Neben Fehlordnungsenergien wurden von Anfang an auch Schwellenenergien für die Wanderung einzelner Teilchenarten berechnet (50). Wir geben für NaCl eine Zusammenstellung nach MOTT u. LITTLETON (75, 86a, 23):

Tabelle IV, 3, 5. Schwellenenergien nach MOTT *u.* LITTLETON *(eV).*

	Leerstelle von	
	Na+	Cl−
Energieschwelle	0,51	0,56
Fehlordnungsenergie	0,93	0,93
	1,44	1,49

Der aus Ionenleitung und Diffusion entnommene Wert für Natrium-Leerstellen ist 1,8 eVolt; das läßt die verbleibende Unsicherheit in den Resultaten erkennen, die ja als kleine Differenzen erhalten werden. Insbesondere muß auch der Unterschied in der Schwellenenergie für Anion und Kation merklich sein, da ja die Kationenbeweglichkeit gegenüber der der Anionen sehr deutlich überwiegt (dies weiß man sowohl aus direkten Überführungsmessungen (TUBANDT u. Mitarb.), sowie aus Selbstdiffusionsmessungen von Anionen und Kationen, mittels radioaktiver Indikatoren („tracer") (68, vgl. auch 107).

Der Platzwechselvorgang (vgl. 57 a)

Die Wanderung von Ionen (oder auch neutralen Teilchen) in einem Kristall ist ein besonders einfaches Beispiel für die Anwendung der Methode des Übergangszustandes aus der Reaktionskinetik. In der Kinetik ist es, von den allereinfachsten Beispielen (etwa Zerfall eines zweiatomigen Moleküls) abgesehen, nicht möglich, eine Umsetzung im Detail kinetisch zu beschreiben und theoretisch zu behandeln. Eine starke Vereinfachung und praktisch wichtige Rechenmethode zur Überwindung dieser Schwierigkeit stammt im wesentlichen von H. EYRING (36). Diese Theorie geht davon aus, daß man sich die Energiefläche für das reagierende System als Funktion aller relevanten Koordinaten berechnet denkt. Die entscheidende Stelle dieser Fläche ist ein Sattelpunkt, der den Ausgangszustand von dem Endzustand trennt, die Höhe des Sattelpunkts über dem Ausgangszustand stellt die Aktivierungsenergie dar. Da in den allermeisten Fällen aber die Energie von mehr als zwei Variablen abhängt, so wird die Energiefläche nicht mehr eine zweidimensionale Fläche im dreidimensionalen Raum darstellen, sondern eine komplizierte Hyperfläche in einem vieldimensionalen Raum. Bei der Diffusion in einem Kristall sind wir aber in der glücklichen Lage, daß die Energie als Funktion einer einzigen „Reaktionskoordinate", hier über die Höhe des Aktivierungsberges von einer Gleichgewichtslage zur nächsten äquivalenten Gleichgewichtslage schon die wesentlichsten Aussagen liefert, vgl. die Abb. IV, 4 - 1 und IV, 4 - 2.

Statt daß man nun den Weg eines Teilchens [was man hier mit Recht sagen kann, im allgemeinen Fall ist es ein das System repräsentierender Punkt im (vieldimensionalen) Raum] aus der Ausgangslage in die Endlage im einzelnen verfolgte, betrachtet man nach der Theorie des Übergangszustandes nur die Teilchen auf der Paßhöhe entlang einem kurzen Stück δ der Reaktionskoordinate und überlegt, wie schnell ein Teilchen die Paßhöhe überschreitet. Es wird sich zeigen, daß wir damit gerade die Reaktionsgeschwindigkeit erhalten, nämlich die Zahl der in der Zeiteinheit aus dem Ausgangszustand in den Endzustand übergehenden Teilchen, und daß in dem Endresultat die willkürlich angenommene Länge δ des Übergangszustandes nicht mehr erscheint.

Die Zahl der festen Elektrolyte mit hoher Ionenbeweglichkeit ist in der letzten Zeit durch einige interessante Verbindungen bereichert worden.

Es existieren Komplexsalze (77) des Typus $MeAg_4J_5$, wobei Me Kalium, Rubidium oder Ammonium bedeuten kann. Diese Verbindungen sind in ihren Hochtemperatur-Modifikationen noch bei Zimmertemperatur beständig und haben bei 20 °C Leitfähigkeiten der Größenordnung 0,2 Ohm^{-1}cm^{-1}; die Umwandlungspunkte liegen für KAg_4J_5, $(K_3Rb)_{1/4}Ag_4J_5$ und $RbAg_4J_5$ bzw. bei — 136, — 139 und — 155 °C. Die Leitfähigkeiten der α-Phasen oberhalb des Umwandlungspunkts betragen $5 \cdot 10^{-4}$, $2 \cdot 10^{-4}$ und $5 \cdot 10^{-5}$, die Stromleitung wird, wie zu erwarten war, von den Silberionen besorgt.

Abb. IV, 3 - 8 zeigt die Leitfähigkeiten der verschiedenen Verbindungen, die oberhalb der Umwandlungspunkte alle auf die gleiche logarithmische

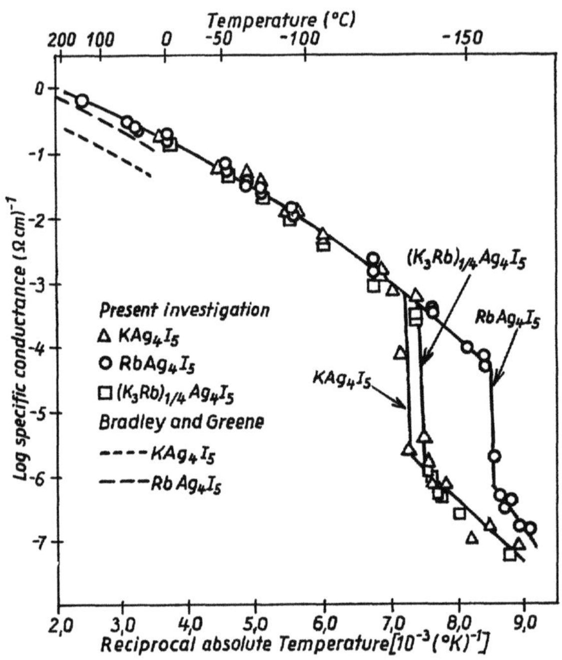

Abb. IV, 3 - 8. Ionenleitfähigkeiten von Komplexen Kalium- und Rubidium-Silberjodiden, n. Owens und Argue (77).

Gerade fallen. Man entnimmt aus der Steigung eine Aktivierungsenergie von etwa 3,0 kcal/Mol.

Die Kristallstruktur von $RbAg_4J_5$ wurde von S. Geller (34) untersucht; es wurde eine kubische Einheitszelle mit $a = 11,24$ Å gefunden, die von vier $RbAg_4J_5$-Molekülen besetzt ist, und diese Einheitszelle enthält 56 Jodid-Tetraeder für die Silberionen. Und zwar sind einmal 8 und zweimal 24 äquivalente Lagen für die 16 Ag-Ionen vorhanden. Im Durchschnitt sollen 0,88 Ionen auf den 8-Lagen sein, und 9,38 bzw. 5,5 auf den beiden Gruppen von je 24 Lagen. Die Abstände zwischen Silberlagen sollen 1,68–1,91 Å betragen.

Die weitere Untersuchung dieser Verbindungen verspricht besonders interessant zu werden, da man schon bei Zimmertemperatur relevante Messungen ausführen kann.

Lifschitz, Kossewitsch u. Geguzin (67) haben Oberflächenphänomene und den Diffusionsmechanismus der Wanderung verschiedener Defekte (Versetzungen, Korngrenzen, Poren usw.) theoretisch und experimentell behandelt. Dabei stand der Begriff „Oberfläche" im Vordergrund, Versetzungen wurden als dünne Röhren behandelt. Zunächst wurde die Gleichgewichtsverteilung von Kationen- und Anionenleerstellen an und in der Nähe von Oberflächen behandelt. Es ergibt sich dabei eine elektrische Doppelschicht von der Ausdehnung der Debye-Länge (aus der Theorie der Elektrolytlösungen). Als Folge der

Oberflächendiffusion und Ladungsverteilung verschieben sich z. B. Poren in Kristallen in Temperaturgradienten und in elektrischen Feldern. Unter den in der Arbeit diskutierten Bedingungen wurden in einem elektrischen Feld Porengeschwindigkeiten gemessen der Größenordnung 10^{-8} cm sec^{-1} bei Porenradien der Größenordnung 10^{-3} cm, entsprechend einer Beziehung

$$w = av/R,$$

R Porenradius, mit $a \cdot v = 1{,}3 \cdot 10^{-11}$ cm^2 sec^{-1}.

IV, 4. Methode des Übergangszustands

Wir behandeln ein einfaches Beispiel, das auf viele Fälle von Diffusion in festen Stoffen zutrifft, Abb. IV, 4 - 1 u. IV, 4 - 2.

Wir nehmen an, daß in einem Kristallgitter (z. B. von Palladium mit gelöstem Wasserstoff; von Blei mit gelöstem Gold oder auch von Cu-Ionen im Gitter von AgBr) ein Teilchen sich im Zwischengitterraum befinde, welches sich von einer Gleichgewichtslage 1 unter Überwindung eines Energieberges der Höhe E (je Mol) in eine um d entfernte Gleichgewichtslage 2 bewegen kann. In einfachen Fällen ist d gleich dem Gitterabstand a, in komplizierteren Fällen eine einfache Funktion von a.

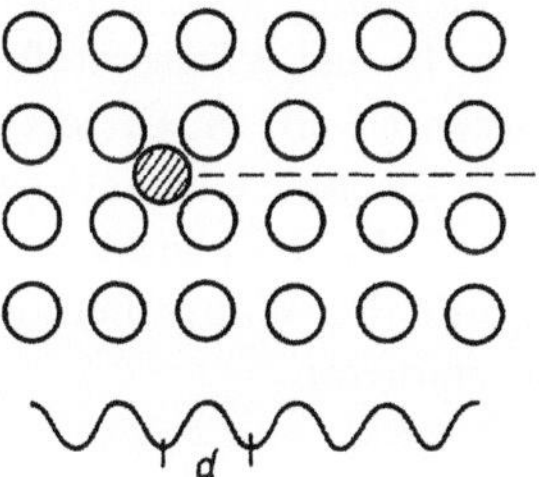

Abb. IV, 4 - 1. Potentialverlauf für ein wanderndes Zwischengitter-Teilchen.

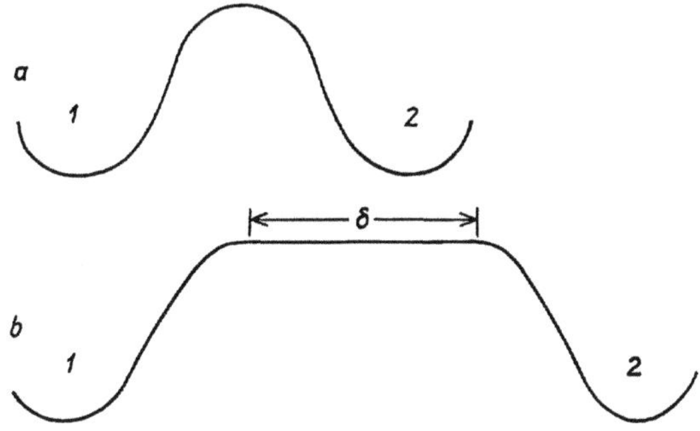

Abb. IV, 4 - 2. Zum Verständnis der Methode des Übergangszustandes, angewandt auf das Beispiel der Abb. IV, 4 - 1.

Als Ausdruck für die Diffusion erwarten wir im einfachsten Fall, wenn v die Schwingungsfrequenz in der Gleichgewichtslage ist

$$D \approx \frac{\lambda\,w}{3} \approx \frac{\lambda^2\,v}{3}\left(\sim\frac{d^2v}{3}\right), \qquad\qquad [\text{IV - 4, 1}]$$

analog zu dem entsprechenden Ausdruck bei Gasen, mit λ freier Weglänge, w mittlere Geschwindigkeit. Sinngemäß ist für λ hier d einzusetzen, für w die mittlere Geschwindigkeit, d. i. $w \approx d\,v\,\exp[-E/RT]$. Denn nur der Bruchteil $\exp[-E/RT]$ aller Teilchen wird wandern können, und die Geschwindigkeit eines wandernden Teilchens wird $\sim d\,v$ sein, also

$$D \approx \frac{d^2v}{3}\,\exp[-E/RT]. \qquad\qquad [\text{IV - 4, 2}]$$

Wir können dies auch umschreiben in

$$D \approx \frac{d^2}{3\,\tau}\,\exp[-E/RT], \qquad\qquad [\text{IV - 4, 3}]$$

wenn τ die Zeit ist, welche ein Teilchen mit genügend Aktivierungsenergie zum Übergang von der ursprünglichen in die neue Gleichgewichtslage braucht. Offensichtlich kann ein Ausdruck der vorstehenden Form nur richtig sein, solange die Zahl der besetzten Zwischengitterplätze sehr klein ist gegen die Zahl der vorhandenen Zwischengitterplätze*). Das wird normalerweise bei Ionenkristallen mit Fehlordnung fast immer der Fall sein. Abweichungen könnten aber vorkommen z. B. bei Wasserstoff in Palladium in der Nähe der Sättigung, oder bei Strukturen mit im Gittertyp begründeter Fehlordnung, wie z. B. α-AgJ. Ist N_Z die Anzahl vorhandener Zwischengitterplätze, von denen der Bruchteil**) $\beta\,\exp[-E_f/RT]$ besetzt ist, so kann ein Sprung nur auf unbesetzte Plätze erfolgen, mit der Wahrscheinlichkeit $1 - \beta\,\exp[-E_f/RT]$, es wäre dann also für D zu erwarten

$$D \approx \frac{d^2v}{3}\,\exp[-E/RT]\,(1 - \beta\,\exp[-E_f/RT]), \qquad [\text{IV - 4, 4}]$$

und für die Diffusion aller Teilchen, wenn der Bruchteil $A_Z\,\exp[-E_f/RT]$ fehlgeordnet ist

$$D_{eff} \approx \frac{d^3v}{3}\,\exp[-E/RT]\,A_Z\,\exp[-E_f/2RT]\,\{1 - \beta\,\exp[-E_f/2RT]\}.$$
$$[\text{IV - 4, 5}]$$

Fassen wir $E + E_f/2$ zu einer Energiegröße U zusammen, so bleibt ein Ausdruck

$$D \approx \frac{d^2v}{3}\,A_Z\,\exp[-U/RT]\,\{1 - \beta\,\exp[-E_f/2RT]\}. \qquad [\text{IV - 4, 6}]$$

---

*) In α wird im allgemeinen ein von 1 verschiedener, u. U. sehr stark verschiedener Zahlenfaktor stecken können. E_f ist eventuell zu ersetzen durch $E_f/2$!

**) Diese Voraussetzung ist bei strukturell fehlgeordneten guten Ionenleitern wie α-AgJ nicht mehr erfüllt!

Der zweite Term würde bei höheren Temperaturen eine Verkleinerung des Diffusionskoeffizienten und eine Verkleinerung von dessen Temperaturkoeffizienten bewirken*).

Bei α-AgJ beobachtet man z. B. eine scheinbare Aktivierungsenergie von nur ~ 1 kcal/Mol**). Die Röntgeninterferenzen sind so interpretiert worden, daß die Jodionen ein kubisch raumzentriertes Gitter bilden, in welchem die Silberionen ungeordnet eine größere Zahl von Lücken besetzen. Eine geordnete Unterbringung zweier Silberionen bei Wahrung der kubischen Symmetrie ist in der Einheitszelle nicht möglich. Die einfachste Anordnung wäre die, daß die zwei Silberionen die sechs Flächenmitten (= drei Plätze) ungeordnet mit einer Lehrstelle besetzen. Eine solche Struktur schafft einerseits alle Möglichkeiten für einen Platzwechsel, andererseits kann ein Platzwechsel eines herausgegriffenen Ions kaum ohne Rücksicht auf die anderen Silberionen erfolgen. Denn einerseits kann das Ion nur auf unbesetzte Plätze springen, andererseits werden die einzelnen möglichen Sprünge energetisch sehr ungleichwertig sein, je nachdem, wie die nächsten Silberionen gerade verteilt sind.

Bei Einlagerungsmischkristallen, zu denen die meisten festen Lösungen von Gasen in Metallen, aber auch die Lösungen der verschiedensten Stoffe in Zeolithen gehören, wo also von vornherein Teilchen auf Zwischengitterplätzen untergebracht sind, muß man in der Nähe der Sättigung immer mit der Möglichkeit der Beeinträchtigung der Wanderung durch besetzte Zwischengitterplätze rechnen (für Zeolithe vgl. BARRER).

Andererseits hat man bei der Wanderung auf Zwischengitterplätzen auch folgende Möglichkeit ins Auge zu fassen: Ein Zwischengitterteilchen im Bild der Fig. IV, 4 - 1, welches in dem richtigen Freiheitsgrad genügend Energie besitzt, unter Überwindung einer Potentialschwelle in die nächste Gleichgewichtslage zu springen, ist auch in der Lage, mit derselben Energie noch über beliebig viele Schwellen zu springen, sofern es seine Energie nicht an die Gitterschwingungen abgibt. Man kann sich also vorstellen, daß ein Teilchen im Mittel weiter als d springt, etwa $w(E) \cdot d$, wenn seine Energie im Bereich von E und $E + dE$ lag, wo $w(E)$ eine Zahl > 1 ist, $w(E) = \sum_i i w_i(E)$, wo $w_i(E)$ die Wahrscheinlichkeit dafür ist, daß ein Teilchen mit Energie $\geq E$ gerade i Gitterabstände weit springt; es ist $w_i(E) < 1$; $\sum_i w_i(E) = 1$, und $\sum_i i w_i(E) > 1$, nämlich die mittlere Sprungweite (in Gitterabständen) für Teilchen mit Energien $\geq E$).

Nach der Methode des Übergangszustandes geht man so vor***): Man denkt sich den Potentialverlauf der Abb. IV, 4 - 2a ersetzt durch einen Verlauf wie in Abb. IV, 4 - 2b.

---

*) Es sind eine Reihe von Verfeinerungen nötig: a) Zahlenfaktor (oder schwach temperaturabhängige Funktion); b) Fehlordnungsgrad, wie meistens der Fall, $\beta \ll 1$ angenommen.

**) Siehe JOST-BIERMANN (58a), Zustandssumme im Nenner.

***) Dies ist nicht die einzig mögliche Methode. Aber so umgehen wir jedenfalls Schwierigkeiten, welche aus der HEISENBERGschen Ungenauigkeitsrelation resultieren könnten.

Der Verlauf ist derselbe wie früher, nur daß auf der Höhe des Potentialbergs ein horizontales Stück der Länge δ eingefügt ist. Wir betrachten Teilchen, welche von der Mulde 1 nach rechts in die Mulde 2 übergehen, und fragen danach, wieviele Teilchen, in einem System vieler analoger Mulden und Teilchen sich im Gleichgewicht auf dem horizontalen Stück der Länge δ befinden. Dabei beschränken wir uns zuerst auf den eindimensionalen Fall. Teilchen in der Mulde führen Schwingungen aus der Frequenz ν; dem entspricht im klassischen Falle eine Zustandssumme

$$Z_s = kT/h\nu. \qquad [\text{IV - 4, 7}]$$

Auf der Höhe der Schwelle bewegen sich die Teilchen mit nur kinetischer Energie, der eine Zustandssumme entspricht:

$$Z_{tr} = \frac{\sqrt{2\pi m kT}}{h} \cdot \delta \cdot \exp[-E_0/RT]. \qquad [\text{IV - 4, 8}]$$

Teilchen auf der Höhe des Sattels kreuzen den Sattel der Länge δ in der Sekunde w/δ mal, wenn w deren mittlere Geschwindigkeit ist. Nach der kinetischen Gastheorie ist

$$w = \sqrt{\frac{kT}{2\pi m}} = \sqrt{\frac{RT}{2\pi M}}, \qquad [\text{IV - 4, 9}]$$

also wird die Frequenz ν'

$$\nu' = \frac{w}{\delta} = \frac{1}{\delta} \sqrt{\frac{kT}{2\pi m}}. \qquad [\text{IV - 4, 10}]$$

Die Zahl der Teilchen, die sich auf der Schwelle bewegen und diese kreuzen ist also, bei N Teilchen insgesamt

$$\frac{\dot{N}}{N} = \frac{kT}{h\nu} \sqrt{2\pi m kT} \cdot \frac{\delta}{h} \cdot \frac{1}{\delta} \sqrt{\frac{kT}{2\pi m}} \exp[-E_0/RT]$$

$$= \frac{kT}{h\nu} \frac{kT}{h} \exp[-E_0/RT]. \qquad [\text{IV - 4, 11}]$$

An dem resultierenden Ausdruck ist bemerkenswert, daß die oben eingeführte Länge δ herausgefallen ist, das Resultat also formal bestehen bleibt, wenn man nachträglich $\delta \to 0$ gehen läßt. Von der Zustandssumme der Translation und der Geschwindigkeit, mit der die Teilchen die Schwelle überschreiten, ist insgesamt ein Faktor kT/h von der Dimension einer Frequenz stehengeblieben, welcher charakteristisch für alle Resultate nach der Methode des Übergangszustandes ist. Der Faktor $kT/h\nu$ rührt daher, daß der ursprüngliche Schwingungsfreiheitsgrad in einen solchen der Translation übergegangen ist. Im drei-

---

*) *Hinweis*: Wenn für den Übergangszustand statt des geraden Stücks eine neue Mulde eingeführt worden wäre, so hätte man dort statt der Zustandssumme für die Gerade δ eine solche für eine Schwingung, und erhielte im Grenzfalle Krümmung $\to 0$ die gleichen Ausdrücke wie oben. Vgl. dazu E. WIGNER, Trans. Far. Soc. 1937.

dimensionalen Fall mit ursprünglich drei und im Übergangszustand 2 Schwingungsfreiheitsgraden erhält man

$$\frac{\dot{N}}{N} = \frac{kT}{h} \exp[-E_0/RT] \left(\frac{h\nu_{\ddot{u}}}{h\nu_0}\right)^2 \frac{h\nu_0}{kT}.$$ [IV - 4, 12]

Insbesondere hat man mit der Voraussetzung $h\nu \ll kT$

$$\frac{\dot{N}}{N} = \nu \exp[-E_0/RT] \left(\frac{h\nu_0}{h\nu_{\ddot{u}}}\right)^2.$$ [IV - 4, 13]

Das heißt, man erhält einen Diffusionskoeffizienten der Form

$$D = d^2\nu \exp[-E_0/RT].$$ [IV - 4, 14]

IV, 5. Diffusion in Metallen

Bei der binären Diffusion in Ionenkristallen hat man es meist mit Beispielen zu tun wie

$$AX + BX \rightarrow (A, B)X,$$

etwa der wechselseitigen Diffusion von Silberionen und Kupferionen in dem System AgJ, CuJ. Hier sind die Anionen, verglichen mit den Kationen, praktisch unbeweglich, und man kann die Diffusion beschreiben als äquivalenten Ionenaustausch, unter Erhaltung der Zahl der Gitterplätze. Das wird u. a. durch die Bedingung der Elektroneutralität erzwungen.

Lassen wir zwei Metalle, etwa Silber und Gold, ineinander diffundieren und vernachlässigen wir in erster Näherung Volumenänderungen*), so müssen wir zunächst das gleiche erwarten. Wäre hier der Fluß von Silberatomen (oder von Ionen und Elektronen) in die goldreichere Legierung größer als der Fluß der Goldatome in die silberreichere Legierung, so müßte sich das auf der einen Seite durch ein ungewöhnliches Anwachsen der Zahl von Teilchen auf Zwischengitterplätzen, auf der anderen Seite durch starke Zunahme von Leerstellen

---

*) Das wird in Systemen mit weiteren Mischungsgebieten im allgemeinen nicht stark von den tatsächlichen Verhältnissen abweichen. Aber schon relativ kleine Änderungen in den Gitterkonstanten während der Diffusion müssen zu großen Spannungen Anlaß geben, die sich durch plastisches Fließen ausgleichen müssen. In extremen Fällen wird das unmittelbar deutlich. Der Verfasser hat mit A. WIDMANN (55) die Diffusion von Wasserstoff und von Deuterium in Palladium-Kugeln gemessen von 15 und 25 mm Durchmesser. Nach Abschluß der Versuche bei niedriger Beladung wurden Messungen bei Wasserstoffdrucken in der Gegend von Atmosphärendruck ausgeführt. Dabei ist die größere Palladiumkugel geborsten, mit Rissen, die durch die ganze Kugel hindurchgingen. Das zeigt, welche Fehlerquellen auftreten können, wenn man etwa die Permeation von Wasserstoff durch Palladiumbleche mißt. Wenn man z. B. die eine Seite mit elektrolysiertem Wasserstoff belädt und an der anderen Seite abpumpt, so treten über einen kurzen Abstand erhebliche Änderungen der Gitterkonstanten und damit der Volumina auf, deren Ausgleich durch plastisches Fließen die Natur der Membran stark beeinflussen muß.

bemerkbar machen. Dies würde einen entsprechend starken Einfluß auf die chemischen Potentiale haben, deren Änderung einen Ausgleich der Flüsse herbeiführen würde.

Das veranlaßt uns zunächst dazu, die Randbedingungen bei der Diffusion kondensierter Stoffe neu zu überdenken. Bei idealen Gasen können wir durch geeignete Wahl feste, undurchdringliche seitliche Begrenzungen vorgeben und ebenso undurchlässige Endflächen, und können schließlich auch Strömungen im ganzen und lokal ausschließen. Bei starker Abweichung von der Idealität der Gase werden wir zwar noch die Randbedingungen vorgeben können, aber nicht mehr lokale Strömungen, bedingt durch Änderungen der Partialvolumina, ausschließen. Bei Flüssigkeiten wird man, wieder mit Ausschluß des Gebietes nahezu idealen Verhaltens, also in erster Linie des Gebiets hinreichender Verdünnung, Strömungen und Volumenänderungen nicht mehr ausschließen können, wohl aber Konstanz der Dimensionen senkrecht zur Diffusionsrichtung und Undurchdringlichkeit der seitlichen Begrenzungen.

Bei Festkörpern werden in erster Näherung natürlich noch sämtliche Nebenbedingungen bestehen, bei strengerer Betrachtung werden sie aber ebensowenig zu erzwingen sein wie bei Flüssigkeiten. Da wir eine feste, insbesondere eine metallische Diffusionsprobe im allgemeinen nicht in einen Mantel vorgegeben, konstanten Volumens einschließen können, werden wir hier sogar die Randbedingung undurchdringlicher Begrenzungen in Frage stellen müssen, d. h. das Verschwinden der Normalkomponenten der Flüsse an den Begrenzungen.

Das hat zur Folge, daß aus dem Zusammenwirken von Volumen- und Grenzflächendiffusion in der Nachbarschaft der Trennfläche einer aus zwei Teilen zusammengesetzten, z. B. verschweißten, Diffusionsprobe Konzentrationsverschiebungen unter Veränderung der Querdimensionen der Probe auftreten können. Also bei einer Diffusionsprobe aus Silber- und Gold-reicherer Legierung kann z. B. auf der Silberseite eine Einschnürung, auf der Goldseite eine Verdickung auftreten.

Im ganzen darf man sagen: alle Vorgänge, die unter Abnahme der GIBBS-Energie $G = H - TS$ des Systems mit endlicher Geschwindigkeit ablaufen können, werden auch wirklich ablaufen. Jedoch wird im allgemeinen der Diffusionsvorgang in der Längsrichtung in erster Näherung unabhängig von den Querdimensionen gefunden, d. h. die genannten Effekte sind Begleiterscheinungen, nicht wesentliche Teile des Diffusionsmechanismus. Im allgemeinen hält man auch hier der Einfachheit halber eine Diffusionsprobe so lange, daß an den Endflächen Konzentrationsänderungen vernachlässigbar sind, daß also auch sonstige Effekte an diesen Begrenzungen außer Betracht bleiben.

Solange man eine Diffusion von Leerstellen nicht explizit einführt, erhält man auch für die Diffusion in einem binären Metallsystem einen einzigen Diffusionskoeffizienten und bei geeigneter Definition der Diffusionsflüsse, vgl. Kap. I

$$J_1 = -J_2 = -D_{12}\,\partial c_1/\partial x = +D_{12}\,\partial c_2/\partial x,$$

wobei wiederum D_{12} keine Konstante zu sein braucht und variieren kann wegen lokaler Variation der Beweglichkeiten und der thermodynamischen Faktoren $d\ln a/d\ln c$. Mit diesen Annahmen kann man beliebige Variationen der Diffusionskoeffizienten haben, aber immer eine Konzentrationsverteilung der Art, daß die Stelle $\partial/\partial x\,(D\,\partial c/\partial x)$ an der Stelle der ursprünglichen Trennfläche bleibt, die generell für $x = 0$ angenommen wird (vgl. Kap. I).

DARKEN (22a) wendete eine phänomenologische Theorie auf die Diffusion in einem binären Metallsystem an, um die Effekte zu beschreiben, die zuerst von SMIGELSKAS und KIRKENDALL (91a) beobachtet worden sind, und seitdem zu zahlreichen anderen Untersuchungen geführt haben.

Die Überlegung ist der elementaren kinetischen Behandlung der Gasdiffusion äquivalent und führt auf einen Ausdruck für den Diffusionskoeffizienten

$$D_{12} = N_1\,D_2 + N_2\,D_1, \qquad\qquad [\text{IV - 5, 1}]$$

und die ursprüngliche Trennebene der beiden an 1 reicheren und ärmeren Legierungen, die SMIGELSKAS und KIRKENDALL durch dünne Molybdändrähte markiert hatten, verschiebt sich mit einer Geschwindigkeit

$$v = (D_1 - D_2)\,\partial N_1/\partial x. \qquad\qquad [\text{IV - 5, 2}]$$

Durch Gl. [IV - 5, 1] und Gl. [IV - 5, 2] sind die individuellen Diffusionskoeffizienten D_1 und D_2 definiert*). Wir stellen im folgenden einige Ergebnisse zusammen.

In meinem Institut sind Messungen des KIRKENDALL-Effekts, der entsprechenden Isotopen-Diffusionskoeffizienten, sowie der Druck-Koeffizienten von allen gemessen worden. Dabei ergab sich systematisch die Druckabhängigkeit des KIRKENDALL-Effekts, größer als die der Diffusion für sich, und es ist zu schließen, daß der KIRKENDALL-Effekt außer der Diffusion allein einen weiteren geschwindigkeitsbestimmenden Schritt enthält.

Um aus Gl. [IV - 5, 2] die Verschiebung der Trennebene zu berechnen, müssen wir hinsichtlich t integrieren, und dazu $\partial N/\partial x$ als Funktion von t kennen. Wir nehmen an, daß der Versuch für $t = t_e$ abgebrochen wird, und man die Konzentrationsverteilung mißt. Das heißt, wir dürfen $(\partial c/\partial x)_{0,\,te}$ als experimentell gegeben annehmen; dabei bezieht sich der erste Index 0 auf die Lage der sog. Matano-Ebene, der zweite auf den Zeitpunkt t_e. Da man bei der Auswertung voraussetzt, daß die Konzentration nur eine Funktion von $x/\sqrt{t}$ sei, darf man für einen Differenzenquotienten $(\varDelta c/\varDelta x)_{0,\,t}$ folgendermaßen schreiben (die Indizes bedeuten, daß wir die Konzentrationsänderung vom Orte 0 bis zum Orte $0 + \varDelta x$ zur Zeit t betrachten). Dabei ist zu beachten, daß definitionsgemäß die Konzentration für $x = 0$ und $t > 0$ sich nicht ändert. $\varDelta c$ ist die *konstante* Konzentrationsänderung vom festen Ort $x = 0$ bis zum

---

*) Wir vermeiden die Bezeichnung „partielle" Diffusionskoeffizienten, weil in der Thermodynamik generell partielle Größen als Ableitungen extensiver Größen nach einer Mengenvariablen verstanden werden.

variablen Ort $x = 0 + \Delta x$. Es wird also (für festes $c = c_0 + \Delta c$)

$$\Delta_{x,t} = \Delta x_{te}\,\sqrt{t/t_e}$$

und damit

$$(\Delta c/\Delta x)_{0,t} = (\Delta c/\Delta x)_{0,te}\,\sqrt{t_e/t} \qquad\qquad [\text{IV - 5, 3}]$$

und das bleibt auch beim Grenzübergang $\Delta x \to 0$ richtig, also

$$(\partial c/\partial x)_{0,t} = (\partial c/\partial x)_{0,te}\,\sqrt{t_e/t}. \qquad\qquad [\text{IV - 5, 4}]$$

Diesen Ausdruck können wir von einer Anfangszeit t_0 bis zum Endpunkt t_e integrieren und erhalten

$$\int_{t_0}^{t_e} (\partial c/\partial x)_0\, dt = \int_{t_0}^{t_e} (\partial c/\partial x)_{0,te}\,\sqrt{t_e/t}\, dt = -2\,(\partial c/\partial x)_{0,te}\,\sqrt{t_e}\,\left[\sqrt{t_e} - \sqrt{t_0}\right]. \quad [\text{IV - 5, 5}]$$

Offenbar dürfen wir auch hier zur Grenze $t \to 0$ übergehen, weil der integrierte Ausdruck, im Gegensatz zu Gl. [IV - 5, 4], endlich bleibt, und erhalten

$$-2\,(\partial c/\partial x)_{0,te} \cdot t_e, \qquad\qquad [\text{IV - 5, 6}]$$

und nach Einsetzen in den integrierten Ausdruck Gl. [IV - 5, 2]

$$\xi = \int_0^{t_e} v\,dt = -[D_1 - D_2]\,2(\partial c/\partial x)_{0,te} \cdot t_e. \qquad\qquad [\text{IV - 5, 7}]$$

Das heißt, mit dem empirisch ermittelten $(\partial c/\partial x)_{0,te}$ als Proportionalitätsfaktor nimmt die Verschiebung linear mit der Zeit und linear mit der Differenz der individuellen Diffusionskoeffizienten zu. Da wir aber c als Funktion von $x/\sqrt{t}$ vorausgesetzt haben, wird sich $\partial c/\partial x$ wie $1/\sqrt{Dt}$ ändern, bei Elimination des empirisch zu Versuchsende bestimmten $\partial c/\partial x$ wird also in Gl. [IV - 5, 7] ein Faktor bleiben

$$\frac{D_1 - D_2}{\sqrt{D_{eff}}}\,\sqrt{t_e}\,, \qquad\qquad [\text{IV - 5, 8}]$$

d. h. die Verschiebung der Trennebene gegen die Markierung erfolgt proportional der Wurzel aus einem Produkt $\sqrt{\Delta D_{rd} \cdot t}$, wo ΔD_{rd} die reduzierte Differenz der Diffusionskoeffizienten, t die Zeit ist.

In unserem Institut sind systematische Versuche über die Druckabhängigkeit von Diffusion und KIRKENDALL-Effekt ausgeführt worden, die prüfen sollten, ob der KIRKENDALL-Effekt allein als Diffusionsphänomen zu verstehen ist, wie es die vorangehende Dikussion nahelegen würde. Die Versuche sprechen dagegen (S. 198).

Wir schreiben für eine binäre Legierung, bestehend aus den Komponenten 1 und 2 sowie aus Leerstellen, Index l, für die Zahl der Gitterplätze N

$$N = N_1 + N_2 + N_l. \qquad\qquad [\text{IV - 5, 9}]$$

Wenn die verschiedenen chemischen Potentiale μ_i, G die GIBBS-Energie des Kristalls, gegeben sind durch

$$\mu_i = \partial G/\partial N_i$$

(N_i Molekülzahlen, N_i Molenbruch), so gilt weiter die GIBBS-DUHEM-Gleichung

$$\sum N_i d\mu_i = N_1 d\mu_1 + N_2 d\mu_2 + N_l d\mu_l = 0. \qquad \text{[IV - 5, 10]}$$

In der obigen Beschreibung haben wir ein ternäres System mit $(3 \cdot 2)/2 = 3$ unabhängigen Diffusionskoeffizienten. Da man zur Beschreibung des KIRKEN-DALL-Effekts formal nur zwei unabhängige Koeffizienten braucht, führt man zusätzlich die Hypothese lokalen Leerstellen-Gleichgewichts, $\partial G/\partial N_l = \mu_l = 0$ ein, womit sich Gl. [IV - 5, 10] vereinfacht (hierfür genügte bereits die schwächere Annahme $\mu_l = \text{const}$) zu

$$N_1 d\mu_1 + N_2 d\mu_2 = 0, \qquad \text{[IV - 5, 11]}$$

die GIBBS-DUHEM-Gleichung für ein binäres System [vgl. hierzu BARDEEN u. HERRING (3), LAZARUS (65)].

Der phänomenologische Ansatz für die Flüsse wird ursprünglich z. B.

$$J_1 = - L_{11}\partial\mu_1/\partial x - L_{12}\partial\mu_2/\partial x - L_{1l}\partial\mu_l/\partial x$$

$$J_2 = - L_{21}\partial\mu_1/\partial x - L_{22}\partial\mu_2/\partial x - L_{2l}\partial\mu_l/\partial x \qquad \text{[IV - 5, 12]}$$

$$J_l = - L_{l1}\partial\mu_1/\partial x - L_{l2}\partial\mu_{l2}/\partial x - L_{ll}\partial\mu_l/\partial x.$$

Wir können dann verschiedene Spezialfälle betrachten. Man kann z. B. Erhaltung der Zahl der Gitterplätze voraussetzen, $N_1 + N_2 + N_l = N$. Dann dürfen wir bei geeigneter Definition der Flüsse (oben ist auf molekulare Flüsse bezogen) schließen

$$J_1 + J_2 + J_l = 0. \qquad \text{[IV - 5, 13]}$$

Dies führt in der schon anderswo (vgl. S. 133) benutzten Schlußweise auf die Nebenbedingungen

$$L_{11} + L_{12} = - L_{1l}$$

$$L_{21} + L_{22} = - L_{2l} \qquad \text{[IV - 5, 14]}$$

$$L_{l1} + L_{l2} = - L_{ll}.$$

Wir brauchen dann keine explizite Gleichung mehr für den Leerstellenfluß (d. h. die letzte Gl. [IV - 5, 12] würd überflüssig) und die beiden ersten Gln. [IV - 5, 12] können geschrieben werden

$$J_i = - \sum_{j=1,2} L_{ij}\,\partial(\mu_j - \mu_l)/\partial x, \quad i = 1, 2. \qquad \text{[IV - 5, 15]}$$

Hätten wir die früher eingeführte Bedingung eingestellten Leerstellengleichgewichts sofort eingeführt, so wäre auch der zweite Term in der Klammer von vornherein weggefallen. Das wollen wir jetzt tun, schreiben also

$$J_i = - L_{i1}\,\partial\mu_1/\partial x - L_{i2}\,\partial\mu_2/\partial x, \quad i = 1, 2. \qquad \text{[IV - 5, 16]}$$

Wir sind jetzt wieder bei der relativ einfachen Formulierung, wie man sie von Anfang an hätte hinschreiben können, aber nun mit der Einschränkung, daß wegen Gl. [IV - 5, 13] nicht mehr die Nebenbedingung

$$J_1 = -J_2 \quad \text{(ungültig!)}$$

erhalten bleibt. Es bleibt ein resultierender Materiefluß relativ zum Gitter, nach Gl. [IV - 5, 13]

$$J_1 + J_2 = -J_l. \qquad \text{[IV - 5, 17]}$$

Vernachlässigt man zunächst versuchsweise die Kopplungsglieder $L_{12} = L_{21}$, und identifiziert man die Komponente 2 mit einem, durch * gekennzeichneten radioaktiven Isotopen, so hätte man

$$J_1 = - L_1 \partial \mu_1 / \partial x$$
$$J^* = -L^* \, \partial \mu^* / \partial x. \qquad \text{[IV - 5, 18]}$$

Da sich die Mischung der Komponente 1 mit ihrem radioaktiven Isotopen sicher sehr nahe ideal verhält, gilt

$$\mu_1 = k T \ln N_1 + \mu_{10}$$
$$\mu_2 = k T \ln N^* + \mu^*_0, \qquad \text{[IV - 5, 19]}$$

darüber hinaus gilt $N^* \ll 1$, $J_1 = -J^*$.

Weiter wird, wegen des üblichen Ansatzes*)

$$J^* = -D^* \partial N^* / \partial x, \qquad \text{[IV - 5, 20]}$$

aus den Gln. [IV - 5, 18] und [IV - 5, 19]

$$J^* = -L^* \partial \mu^* / \partial x = -L^* (\partial \mu^* / \partial N^*) \partial N^* / \partial x = - L^* \frac{k T}{N^*} \frac{\partial N^*}{\partial x}, \quad \text{[IV - 5, 21]}$$

und durch Vergleich von Gln. [IV - 5, 20] und [IV - 5, 21]

$$D^* = L^* kT / N^*. \qquad \text{[IV - 5, 22]}$$

Weiter, analog zu Gl. [IV - 5, 21]

$$J_1 = -J^* = - (L_1 k T / N_1) \partial N_1 / \partial x, \qquad \text{[IV - 5, 23]}$$

und daraus, analog zu Gl. [IV - 5, 22]

$$D_1 = L_1 k T / N_1; \qquad \text{[IV - 5, 24]}$$

und da wegen $\partial N_1 / \partial x = - \partial N^* / \partial x$ und

$$J_1 = -J^*,$$

folgt

$$L_1 k T / N_1 = L^* k T / N^*, \qquad \text{[IV - 5, 25]}$$

---

*) N Molekülzahl, N Molenbruch!

wird

$$L_1 = L^* N_1/N^*. \qquad [IV\text{-}5, 26]$$

Es folgt dann weiter

$$D^* = L_1 k T/N_1. \qquad [IV\text{-}5, 27]$$

Voraussetzung dafür ist aber, daß der Übergang von Gl. [IV - 5, 15] zu Gl. [IV - 5, 18] berechtigt war, daß also die Koppelungskoeffizienten L_1^* verschwinden. Daß sie auch in diesem einfachen Fall zwar klein sein werden, aber nicht verschwinden, haben zuerst BARDEEN u. HERRING (3) gezeigt, und zwar wegen der schon an anderer Stelle diskutierten Korrelationseffekte.

Formal können wir im Anschluß an BARDEEN u. HERRING folgendermaßen vorgehen: In Gl. [IV - 5, 18] schreiben wir jetzt (entgegen der früheren versuchsweisen Annahme)

$$J_1 = -L_{11}\partial\mu_1/\partial x - L_{1*}\partial\mu^*/\partial x \qquad [IV\text{-}5, 28]$$

$$J^* = -L_{*1}\partial\mu_1/\partial x - L_{**}\partial\mu^*/\partial x,$$

mit $L_1^* = L^*_1$. Wir setzen wieder analog zu den Gln. [IV - 5, 24] und [IV - 5, 27]

$$D_{11} = k T L_{11}/N_1; \quad D_{1*} = D_{*1} = k T L_{1*}/N^* \qquad [IV\text{-}5, 29]$$

$$D_{**} = k T L_{**}/N^*,$$

wobei wir wegen $N^* \ll N$ statt der ersten Gleichung auch schreiben dürfen

$$D_{11} = k T L_{11}/N. \qquad [IV\text{-}5, 30]$$

Für die Isotopenmischung darf wieder Idealität vorausgesetzt werden, also (bis auf irrelevante additive Glieder)

$$\mu^* = k T \ln(N^*/N); \quad \mu_1 = k T \ln((N - N^*)/N), \quad [IV\text{-}5, 31]$$

und dann weiter aus Gl. [IV - 5, 28] und Gl. [IV - 5, 29]

$$J_1 = +\{D_{11} - D_{1*}\}\partial N^*/\partial x \qquad [IV\text{-}5, 32]$$

$$J^* = +\{D_{1*}(N^*/N) - D_{**}\}\partial N^*/\partial x.$$

Wegen $N^*/N \ll 1$ kann das erste Glied in der zweiten Gleichung vernachlässigt werden, und wir behalten dann, wegen der Nebenbedingung $J_1 = -J^*$

$$D_{**} = D_{11} - D_{1*}. \qquad [IV\text{-}5, 33]$$

Der Unterschied zwischen D_{11} und D_{**} ist durch die an anderer Stelle besprochenen Korrelationseffekte (IV, 6) bedingt.

Bei einem Leerstellen-Mechanismus für die Diffusion wäre bei einem Konzentrationsgefälle an Leerstellen bei einer Komponente 1

$$J_1 = -J_l \qquad [IV\text{-}5, 34]$$

und infolgedessen nach den obigen Überlegungen

$$D_l = k T L_{11}/N_l \qquad [IV\text{-}5, 35]$$

und

$$D_{11} = (N_l/N)D_l, \qquad\qquad \text{[IV - 5, 36]}$$

während D_{**} davon verschieden ist.

Für eine binäre, nicht-deale Mischung hat man zu setzen

$$J_1 = -L_{11}\,\partial\mu_1/\partial x - L_{12}\,\partial\mu_2/\partial x \qquad\qquad \text{[IV - 5, 37]}$$

$$J_2 = -L_{21}\,\partial\mu_2/\partial x - L_{22}\,\partial\mu_2/\partial x.$$

Wie oben folgt daraus

$$J_1 = -L_{11}\frac{\partial\mu_1}{\partial N_1}\frac{\partial N_1}{\partial x} - L_{12}\frac{\partial\mu_2}{\partial N_2}\frac{\partial N_2}{\partial x}$$

$$= -L_{11}\frac{\partial\mu_1}{\partial N_1}\frac{\partial N_1}{\partial x} + L_{12}\frac{\partial\mu_2}{\partial N_2}\frac{\partial N_1}{\partial x}, \qquad\qquad \text{[IV - 5, 38]}$$

Mit der GIBBS–DUHEM-Gleichung

$$N_1\,d\mu_1 + N_2\,d\mu_2 = 0$$

läßt sich das umschreiben (der erste Posten wird mit N_1/N_1, der zweite mit N_2/N_2 multipliziert)

$$J_1 = -\frac{L_{11}}{N_1}\frac{\partial\mu_1}{\partial\ln N_1}\frac{\partial N_1}{\partial x} + \frac{L_{12}}{N_2}\frac{\partial\mu_1}{\partial\ln N_1}\frac{\partial N_1}{\partial x} \equiv -D_1\partial N_1/\partial x, \qquad \text{[IV - 5, 39]}$$

mit

$$D_1 = \frac{\partial\mu_1}{\partial\ln N_1}\left\{\frac{L_{11}}{N_1} - \frac{L_{12}}{N_2}\right\} \qquad\qquad \text{[IV - 5, 40]}$$

und analog

$$J_2 = -D_2\,\partial N_2/\partial x$$

mit

$$D_2 = (\partial\mu_1/\partial\ln N_1)\{-L_{12}/N_1 + L_{22}/N_2\}. \qquad\qquad \text{[IV - 5, 41]}$$

Trotz $L_{12} = L_{21}$ wird $D_1 \neq D_{12}$, wegen der impliziten Berücksichtigung der Leerstellenströmung, und das ist die Rechtfertigung für den entsprechenden heuristischen Ansatz von DARKEN. Während die von DARKEN benutzte Näherung $D_1 = [\partial(\mu_1/kT)/\partial\ln N_1]\,D^*$ nur eine Näherung für hinreichend kleine Kopplungskoeffizienten darstellt.

Die Problematik der Überlegungen wurde u. a. von KRISEMENT (63) diskutiert. Uns scheint die Annahme der Erhaltung der Zahl der Gitterplätze im Fall des KIRKENDALL-Effekts keinesfalls selbstverständlich, zumal SEITZ schon frühzeitig darauf hinwies, daß Aufbau und Abbau von Netzebenen, wie er mit dem KIRKENDALL-Effekt verbunden sein muß, auch wenn Versetzungen und innere Grenzflächen als Quellen und Senken für Leerstellen vorhanden sind, nur unter plastischem Fließen erfolgen kann. Dabei sollten außer der Diffusion noch andere Vorgänge maßgebend sein. Deshalb wurden in unserem Institut Druckeffekte von Diffusion und KIRKENDALL-Effekt gemessen, wobei charakteristische Diskrepanzen auftraten.

IV, 6. Korrelationseffekte *)

Wir hatten bereits gesehen (I, 7; 8), daß sich der Diffusionskoeffizient schreiben läßt

$$D = \overline{x^2}/2\tau, \qquad\qquad [\text{IV - 6, 1}]$$

wo $\overline{x^2}$ das zur Zeit τ gehörige mittlere Verschiebungsquadrat ist. Nach p einzelnen Verschiebungen haben wir die Verschiebung

$$x^{(p)} = x_1 + x_2 + \cdots + x_p, \qquad\qquad [\text{IV - 6, 2}]$$

und deren Quadrat ist

$$[x^{(p)}]^2 = [x_1 + x_2 + \cdots + x_p]^2 = \sum_{i=1}^{p} x_i{}^2 + \sum_{i=1}^{p} \sum_{k \neq i} x_i\, x_k \qquad [\text{IV - 6, 3}]$$

$$= \sum_{i=1}^{p} x_i{}^2 + 2 \sum_{i=1}^{p} \sum_{k>i} x_i\, x_k.$$

Machen wir viele Einzelversuche und bilden den Mittelwert, so folgt

$$\overline{[x^{(p)}]^2} = \sum_{i=1}^{p} \overline{x_i{}^2} = p\,\overline{x_i{}^2}; \qquad\qquad [\text{IV - 6, 4}]$$

denn wegen der Unabhängigkeit der x_i kommt ein Wert $(+x_i)x_k$ ebenso oft vor wie ein Wert $(-x_i)x_k$. Hierin steckt also insbesondere auch die Voraussetzung, daß aufeinanderfolgende Verschiebungen x_i und x_{i+1} voneinander unabhängig sind, d. h.

$$\overline{x_i\, x_{i+1}} = 0 \qquad\qquad [\text{IV - 6, 5}]$$

wird. Das ist natürlich bei allen Beobachtungen erfüllt.

Denken wir aber etwa an die klassische kinetische Theorie der Diffusion vor CHAPMAN u. ENSKOG, bei der man von dem Stoßzahlansatz ausging, so stellte sich folgendes Problem: Eine freie Weglänge eines Teilchens wird durch den Zusammenstoß mit einem anderen Teilchen beendet; wird die Richtung der Bewegung des Teilchens nach diesem Stoß unabhängig von der Richtung vor dem Stoß sein (wie es der obigen Überlegung entsprechen würde), oder nicht? Diese Frage ist eingehend diskutiert und quantitativ behandelt worden [vgl. z. B. JEANS (47)] mit dem Ergebnis, daß es eine (quantitativ definierbare) Persistenz der Geschwindigkeit gibt, daß also nach einem Zusammenstoß eine gewisse Geschwindigkeitskomponente in der ursprünglichen Richtung bevorzugt ist. Übrigens ist trotz solcher Verfeinerungen der einfache Stoßzahlansatz nicht ausreichend zur quantitativen Beschreibung der Gasdiffusion. Daß bei der Diffusion von Isotopen in Kristallen Korrelationseffekte eine Rolle spielen können, ist zuerst grundsätzlich von BARDEEN u. HERRING (3) diskutiert worden; von BARRER u. JOST (4) war darauf hingewiesen worden, daß bei der Diffusion von Gasen durch Festkörper Korrelationen von Bedeutung sein können, und es waren quantitative Folgerungen daraus gezogen worden.

---

*) In diesem Abschnitt werden die Überlegungen von Kap. I, 8 vorausgesetzt.

Compaan u. Haven (16) haben das Problem in die folgende Form gebracht: nach dem stochastischen Modell ergäbe sich ohne Korrelation für Sprünge gleicher Länge δ, wie dies im Gitter *der Fall ist*

$$D = G\nu^* \lim_{m \to \infty} \frac{1}{m} \left| \sum_{j=1}^{m} \delta_j \right|^2, \qquad [\text{IV - 6, 6}]$$

wobei der Faktor G von dem betrachteten System abhängt, ν^* ein Frequenzfaktor ist, der angibt, wie oft je Sekunde Sprünge vom Betrage δ stattfinden. Ohne Korrelationen gibt das, in Übereinstimmung mit früherem, bei leicht geänderter Bezeichnung

$$D = G\nu^* \delta^2. \qquad [\text{IV - 6, 6}]$$

Im Falle von Korrelationen schreiben die Autoren (entsprechend der Summation über die doppelten Produkte in Gl. [IV - 6, 3], δ_j als Vektoren verstanden!)

$$D = G\nu^* \lim_{m \to \infty} \frac{1}{m} \left| \sum_{j=1}^{m} \delta_j \right|^2 = G\nu^* \{ \overline{\delta_i^2} + \overline{2\,\delta_i \delta_{i+1}} + \overline{2\,\delta_i \delta_{i+2}} + \cdots + \ldots \} \quad [\text{IV - 6, 6}]$$

$$= G\nu^* \delta^2 \{ 1 + 2\,\overline{\cos\vartheta_{i,i+1}} + 2\,\overline{\cos\vartheta_{i,i+2}} + \cdots + \ldots \},$$

wobei $\vartheta_{i,j}$ der Winkel zwischen den Sprungvektoren i und j ist; der Klammerausdruck wird als Korrelationsfaktor f bezeichnet

$$f = 1 + 2\,\overline{\cos\vartheta_{i,i+1}} + 2\,\overline{\cos\vartheta_{i,i+2}} + \ldots. \qquad [\text{IV - 6, 7}]$$

Bei völlig ungeordneter Bewegung wird $\overline{\cos\vartheta} = 0$ und $f = 1$, normalerweise wird $f < 1$ (Bardeen u. Herring).

Mit gewissen Symmetrie-Voraussetzungen läßt sich dann zeigen (vgl. Compaan u. Haven), daß

$$\overline{\cos\vartheta_{i,i+2}} = [\overline{\cos\vartheta_{i,i+1}}]^2 \qquad [\text{IV - 6, 8}]$$

$$\overline{\cos\vartheta_{i,i+k}} = [\overline{\cos\vartheta_{i,i+1}}]^k, \qquad [\text{IV - 6, 9}]$$

und schließlich

$$f = 1 + 2\,\overline{\cos\vartheta_{i,i+1}} + 2[\overline{\cos\vartheta_{i,i+1}}]^2 + \cdots \qquad [\text{IV - 6, 10}]$$

$$= 1 + 2\,\overline{\cos\vartheta_{i,i+1}}[1 + \overline{\cos\vartheta_{i,i+1}} + (\overline{\cos\vartheta_{i,i+1}})^2 + \cdots]$$

$$f = \frac{1 + \overline{\cos\vartheta_{i,i+1}}}{1 - \overline{\cos\vartheta_{i,i+1}}} \qquad [\text{IV - 6, 11}]$$

Für Diffusion einzelner Zwischengitter-Teilchen ist eine Korrelation nicht zu erwarten, da nach einem Sprung die Umgebung des Teilchens nicht geändert ist [siehe jedoch dazu Barrer u. Jost (4)].

Anders ist es bei dem sog. „interstitialcy"-Mechanismus nach C. Wagner, bei dem ein Zwischengitter-Teilchen ein Gitterteilchen verdrängt, und dieses in den Zwischengitterraum übergeht.

Wir gehen im Anschluß an HAVEN u. COMPAAN (16) auf die Diffusion in NaCl-Kristallen ein. Die Leitfähigkeit σ ist in deren Schreibweise gegeben durch

$$\sigma = 4n v e^2 d^2/kT, \qquad [\text{IV - 6, 12}]$$

und der Diffusionskoeffizient der Leerstellen durch

$$D = 4 v \delta^2, \qquad [\text{IV - 6, 13}]$$

wenn v die Sprungfrequenz einer Leerstelle bedeutet, d den Abstand Kation–Anion, e die Elementarladung, k die BOLTZMANNsche Konstante, T Temperatur und n Leerstellendichte (sowohl durch n wie durch v werden exponentielle Temperaturabhängigkeiten in das Resultat eingeführt). Außerdem wird angenommen, daß nur Na^+-Ionen wandern (was bei hohen Temperaturen nicht mehr stimmt, aber dann leicht durch ein additives Glied zu kompensieren wäre).

Die NERNST–EINSTEIN-Beziehung lautet

$$D = ukT/e = \sigma kT/ne^2, \qquad [\text{IV - 6, 14}]$$

wenn u die Beweglichkeit im Feld 1 Volt/cm war. Dagegen wird der Diffusionskoeffizient der Na^+-Ionen (aus Isotopenmessungen)

$$D_{Na^+} = f 4 (n/N) v \delta^2$$
$$D_{Na^+} = f u_{Na^+} kT/e = f \sigma k/N e^2; \qquad [\text{IV - 6, 15}]$$

n/N, Zahl der Leerstellen durch Zahl der Na^+-Lagen je cm³ gibt die Wahrscheinlichkeit, daß Na^+ eine spezielle benachbarte Leerstelle findet. Der Korrelationsfaktor f trägt der Tatsache Rechnung, daß nach dem Sprung eines Na^+-Ions dieses bevorzugt in die soeben verlassene Leerstelle zurückspringen kann.

HAVEN u. COMPAAN (16) geben die folgenden Werte für $\overline{\cos \vartheta}$ und f an:

	$-\overline{\cos \vartheta}$	f
Diamantgitter	1/3	1/2
Kubisches Gitter	0,20894	0,65311
Raumzentriert kubisches Gitter	0,15793	0,72722
Flächenzentriert kubisches Gitter	0,12268	0,78146
Hexagonal dichteste Packung	$f_a (= f_x = f)$	0,78121
	$f_c = f_z$	0,78146

Der Effekt ist interessant und von grundsätzlicher Bedeutung, da die Zahlenwerte für f von dem speziellen Wanderungs-Mechanismus abhängen, ist aber meist nicht so groß, daß er merklich außerhalb der experimentellen Fehlerquellen läge.

COMPAAN u. HAVEN geben auch Zahlenwerte für die Diffusion zweiwertiger Ionen in NaCl, und für die Diffusion in NaCl über assoziierte Fehlstellen (Leerstellen, die mit einer zugesetzten Verunreinigung assoziiert sind, z. B. mit Ca^{++}), ferner für die Diffusion von Isotopen über Leerstellen-Paare. Wichtig ist die Behandlung anisotroper Gitter, weil hier bereits durch Korrelationseffekte eine Anisotropie der Diffusion zustande kommen kann [z. B. ein Verhältnis in f_c und f_a wie 2:1 bzw. 1:2, wobei c und a die Kristallographischen Richtungen bezeichnen, c die 6- (bzw. 3-) zählige Achse].

In der späteren Arbeit diskutieren COMPAAN u. HAVEN ausführlich die Verhältnisse für den indirekten Zwischengitter-Mechanismus „interstitialcy migration"; man kann damit die bei Silberhalogeniden gefundenen Werte erklären, nämlich

$$f_i(\text{AgCl}) = 0{,}55 \quad \text{zwischen 200 und 400 °C [COMPTON u. MAURER (17)]}$$

$$f_i(\text{AgBr}) = 0{,}53 \quad \text{zwischen 200 und 400 °C [FRIAUF (32)]}$$

$$f_i(\text{AgBr}) = 0{,}62 \quad \text{zwischen 200 und 300 °C [MILLER u. MAURER (73)]}$$

IV, 7. Temperatur- und Druckabhängigkeit der Fehlordnungsenergie

Wenn wir nach den vorangehenden Überlegungen für den Diffusionskoeffizienten schreiben

$$D \approx \frac{d^2 \nu}{2} \exp[-(\Delta H_F/2 + \Delta H_u)/RT] \equiv \frac{d^2 \nu}{2} \exp\left[-\frac{Q}{RT}\right] = \Delta \exp[-Q/RT],$$
$$[\text{IV - 7, 1}]$$

so erhalten wir damit eine gute Näherung für D oder für den damit zusammenhängenden Wert der elektrischen Leitfähigkeit σ, sofern das hier vernachlässigte Glied $\exp[\Delta S/R]$ nicht stark von 1 verschieden ist (siehe oben IV, 3). Wenn wir bedenken, daß sich ΔH_F und ΔH_u aus Energiebeiträgen zusammensetzen, die in verschiedener Weise vom Gitterabstand abhängen, so können wir uns folgendes überlegen: Ein Term der BORNschen Abstoßungsenergie, proportional r^{-n}, $n \gtrsim 8$, wird zu einer starken Abhängigkeit der Aktivierungsenergie Q vom Gitterabstand führen, wegen des Faktors $(-n)$, der beim Differenzieren nach r auftritt. Diese Abhängigkeit der Größe Q von r muß sowohl einen temperaturabhängigen als einen Druck- (d. h. ursprünglich Volumen-) abhängigen Term liefern

$$\frac{\partial Q}{\partial T} = \frac{\partial Q}{\partial r}\frac{\partial r}{\partial T} \quad \text{bzw.} \quad \frac{\partial Q}{\partial P} = \frac{\partial Q}{\partial r}\frac{\partial r}{\partial P}. \qquad [\text{IV - 7, 2}]$$

Der erste Ausdruck wird in der normalen Darstellung des Diffusionskoeffizienten und der elektrolytischen Leitfähigkeit als Funktion der Temperatur eine Rolle spielen können, der zweite wird eine Druckabhängigkeit der mittleren Beweglichkeit voraussehen lassen. Wenn es gelingt, von Gln. [IV - 7, 1] und [IV - 7, 2] ausgehend eine Verknüpfung beider Effekte herzustellen und experimentell zu bestätigen, so wird dies eine Prüfung der zugrunde liegenden theoretischen Vorstellung bedeuten (51)*).

---

*) Die thermodynamische Konsistenz der erhaltenen Beziehungen wurde eingehend begründet (58).

Das wollen wir im folgenden zeigen. Integrieren wir Gl. [IV - 7, 2] vom absoluten Nullpunkt bis zur Versuchstemperatur, so erhält man

$$Q = Q_0 + \int_0^T \frac{\partial Q}{\partial r} \frac{\partial r}{\partial \vartheta}\, d\vartheta \approx Q_0 + \overline{\frac{\partial Q}{\partial r} \frac{\partial r}{\partial T}}\, T\,. \qquad [\text{IV - 7, 3}]$$

Die vereinfachte zweite Schreibweise, die der Anwendung des *Mittelwert-satzes* der Integralrechnung entspricht, wo also $\overline{(\partial Q/\partial r)\partial r/\partial T}$ ein geeigneter Mittelwert dieses Produkts zwischen 0 und T darstellt, ist für die relativ hohen Temperaturen, auf die sich alle Messungen beziehen, unbedenklich, während sie für die Nähe des absoluten Nullpunkts zu Widersprüchen führen würde; das ist aber hier irrelevant, da in diesem Bereich sowieso keine merkbaren Effektr auftreten.

Einsetzen von Gl. [IV - 7, 3] in Gl. [IV - 7, 1] liefert

$$D = \varDelta \exp[-Q_0/RT]\, \exp\left[-\overline{\frac{\partial Q}{\partial r}}\, \overline{\frac{\partial r}{\partial T}}\Big/R\right]$$

$$= D_{\text{ber}} \exp\left[-\overline{\frac{\partial Q}{\partial r}}\, \overline{\frac{\partial r}{\partial T}}\Big/R\right] = D_{\text{ber}}\, A^*\,, \qquad [\text{IV - 7, 4}]$$

wenn wir den vereinfachten Ausdruck

$$D_{\text{ber}} = \varDelta \exp[-Q_0/RT] \qquad [\text{IV - 7, 5}]$$

als berechneten Diffusionskoeffizienten bezeichnen, und den zusätzlichen Faktor als A^*

$$A^* = \frac{D_{\text{beob}}}{D_{\text{ber}}} = \exp\left[-\overline{\frac{\partial Q}{\partial r}}\, \overline{\frac{\partial r}{\partial T}}\Big/R\right]\,. \qquad [\text{IV - 7, 6}]$$

Wegen der NERNST–EINSTEIN-Beziehung gilt dieser Ausdruck auch für die elektrolytische Leitfähigkeit. Wir berechnen nun nach dem gleichen Verfahren den Druckkoeffizienten der Diffusion oder der Leitfähigkeit

$$\frac{1}{D}\frac{\partial D}{\partial P} = \frac{1}{\sigma}\frac{\partial \sigma}{\partial P} = \frac{1}{D_0 \exp[-Q/RT]}\frac{\partial}{\partial P}\left[D_0 \exp\{-Q/RT\}\right]$$

$$= -\frac{1}{RT}\frac{\partial Q}{\partial r}\frac{\partial r}{\partial P}\,, \qquad [\text{IV - 7, 7}]$$

wo analog dem Diffusionskoeffizienten für die Leitfähigkeit geschrieben wurde

$$\sigma = \sigma_0 \exp[-Q/RT]\,.$$

Aus Gl. [IV - 7, 6] erhalten wir (wenn wir statt der Mittelwerte die tatsächlichen Werte der Differentialquotienten benutzen)

$$\partial Q/\partial r = -\mathrm{R}\log A^*/(\partial r/\partial T)\,, \qquad [\text{IV - 7, 8}]$$

und durch Einsetzen von Gl. [IV - 7, 8] in Gl. [IV - 7, 7]

$$\frac{1}{D}\frac{\partial D}{\partial P} = \frac{1}{\sigma}\frac{\partial \sigma}{\partial P} \approx \frac{\log A^*}{T}\frac{\partial r}{\partial P}\Big/\frac{\partial r}{\partial T}\,. \qquad [\text{IV - 7, 9}]$$

Unter Benutzung der Kompressibilität χ und des Ausdehnungskoeffizienten α

$$\chi = -\frac{1}{r_0}\frac{\partial r}{\partial P}\;; \qquad \alpha = \frac{1}{r_0}\frac{\partial r}{\partial T}$$

wird

$$\frac{\partial \ln D}{\partial P} = \frac{\partial \ln \sigma}{\partial P} \approx -\frac{\ln A^*}{T}\frac{\chi}{\alpha}. \qquad\qquad [\text{IV - 7, 10}]$$

(da nur der Quotient χ/α auftritt, darf man für beide Größen sowohl die linearen wie die kubischen Koeffizienten benutzen). Das heißt also, wir können aus dem Extrafaktor A^* den Druckkoeffizienten vorausberechnen. Die folgende Tabelle, nach JOST u. NEHLEP (52, 54) enthält Werte für AgCl und AgBr.

Tabelle IV, 7, 1. Druckkoeffizienten der elektrolytischen Leitfähigkeit nach JOST
u. NEHLEP.

		AgCl	AgBr
	$\sigma_{0,\text{beob}}$	$5\cdot10^5$	$1,5\cdot10^6\,\text{Ohm}^{-1}\text{cm}^{-1}$
$A^* = $	$\sigma_{0,\text{beob}}/\sigma_{0,\text{ber}}$	10^4	$3\cdot10^4$
	χ	$8\cdot10^{-7}$	$9\cdot10^{-7}\,\text{At}^{-1}$
	α	$3,3\cdot10^{-5}$	$3,5\cdot10^{-5}\,\text{grad}^{-1}$
Für 300 °C AgCl $(\partial \ln \sigma/\partial P)_{\text{ber}}$		$-3,9\cdot10^{-4}\,\text{At}^{-1}$	beob. $-2,5\cdot10^{-4}$
Für 300 °C AgBr $(\partial \ln \sigma/\partial P)_{\text{ber}}$		$-4,5\cdot10^{-4}\,\text{At}^{-1}$	beob. $-3,5\cdot10^{-4}$

Spätere Messungen ergaben (Abb. IV, 7 - 1 und 2) wenig höhere Werte ($-3\cdot10^{-4}$ für AgCl, $-3,5$ und $4,1\cdot10^{-4}$ bei AgBr für 270 und 365 °C). Wir sahen, daß Zusetzen zweiwertiger Kationen die Leerstellenkonzentration im Gitter und damit die Leitfähigkeit erhöht. Je höher der Zusatz, desto weniger wird damit die Fehlstellenkonzentration temperaturabhängig, und damit druckabhängig; dem entsprechen die Ergebnisse der Abb. IV, 7 - 1 und IV, 7 - 2.

Der wesentlich niedrigere Grenzwert, der sich bei höheren Zusätzen ergibt (hoch ist zu verstehen im Verhältnis zur Eigenfehlordnung, d. h. je höher die Temperatur, desto höher muß der Zusatz sein) ist so leicht einzusehen.

In den nächsten Abbildungen zeigen wir Messungen an NaCl, die ebenfalls aus unserem Institut stammen (Abb. IV, 7 - 3 bis 5).

Hochdruck

Die Diffusion in AgJ wurde unter Hochdruckbedingungen in einer Diamantzelle von SCHOCK u. KATZ (83) studiert. Es wurde mit Proben von etwa 0,5 mm Durchmesser gearbeitet, bei einem Volumen von etwa 0,0 mm³. Die Methode erlaubte Temperaturen bis 400 °C und Drucke von vielen kb. Die bei AgJ maximal angewandten Drucke lagen bei etwa 36 kb. Außer mit AgJ wurde auch mit AgBr, CuBr, CuJ gearbeitet. Die wesentlichen Beobachtungen, die noch keineswegs klar sind, beziehen sich auf die Steinsalz-Phase, die je nach Temperatur oberhalb etwa 3–3,5 kb stabil ist. Die Leitfähigkeit in dieser Phase und ihre Druckabhängigkeit und Temperaturabhängigkeit sind orientierend von K. WEISS (105) gemessen worden; die Leitfähigkeit ist zwar kleiner als die von α-AgJ, aber immer noch beträchtlich.

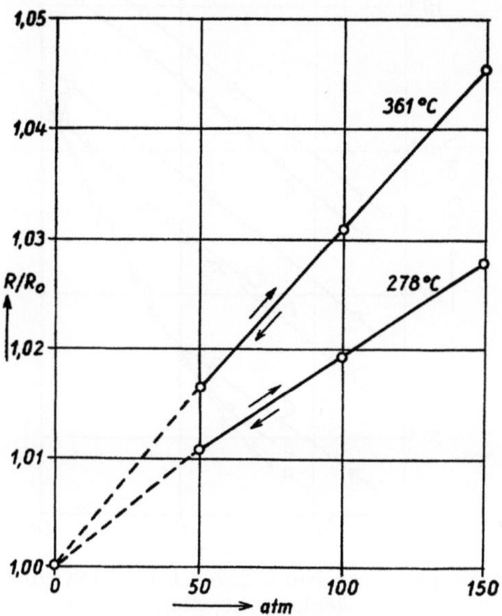

Abb. IV, 7 - 1. Einfluß des Drucks auf den relativen Widerstand R/R_0 (R_0 Widerstand bei Normaldruck) von AgBr für zwei Temperaturen. Messungen bei steigenden und fallenden Drucken (n. BIERMANN).

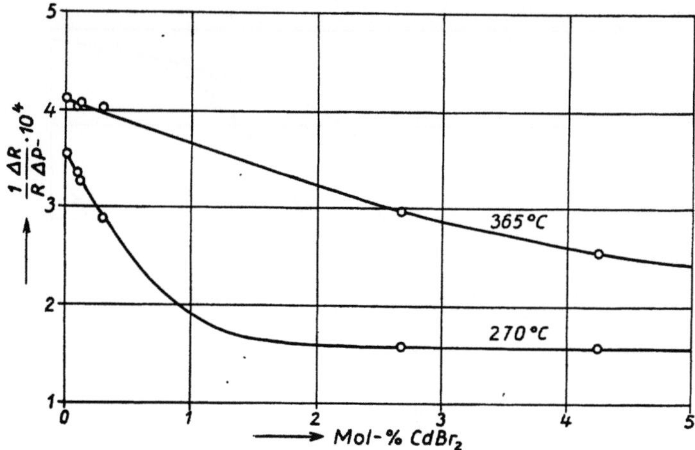

Abb. IV, 7 - 2. Relative Widerstandszunahme. $10^4\,(1/R)\,\Delta R/\Delta P$ für AgBr, bei zwei Temperaturen, als Funktion der Dotierung mit $CdBr_2$.

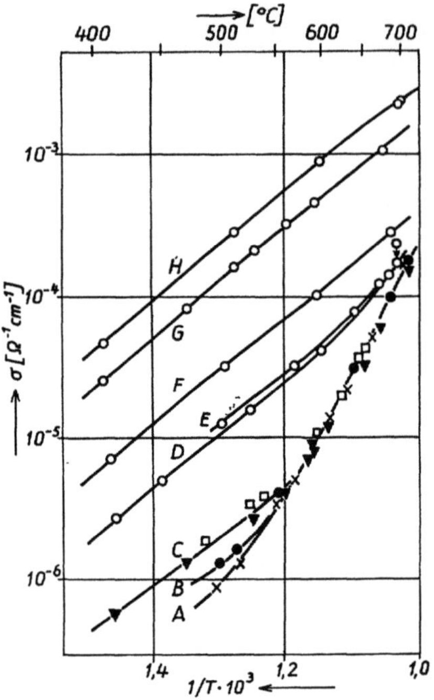

Abb. IV, 7 - 3. Leitfähigkeit von NaCl, gegen I/T. „Beweglichkeit" und Leerstellenkonzentration.

A, Br,	NaCl p. a., Merck
C	Einkristalle
D, E	NaCl + 0,004 Mol % CdCl$_2$
F	NaCl + 0,01 Mol % CaCl$_2$
G	NaCl + 0,1 Mol % CaCl$_2$
H	NaCl + 0,2 Mol % CaCl$_2$

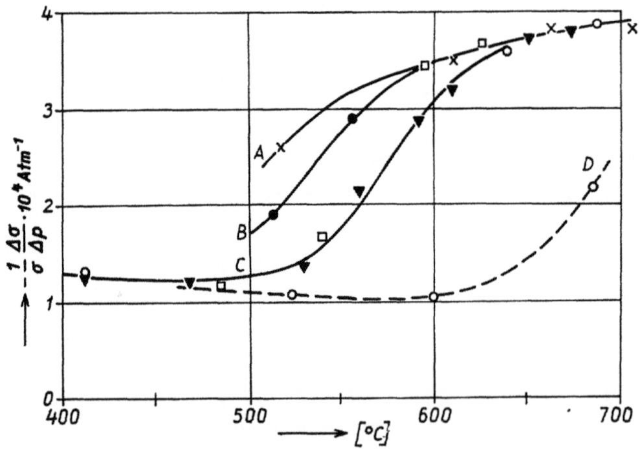

Abb. IV, 7 - 4. Druckabhängigkeit der der Leitfähigkeit der Proben A bis D der
Abb. IV, 7 - 3. Die Druckabhängigkei tsteigt mit steigender Reinheit.

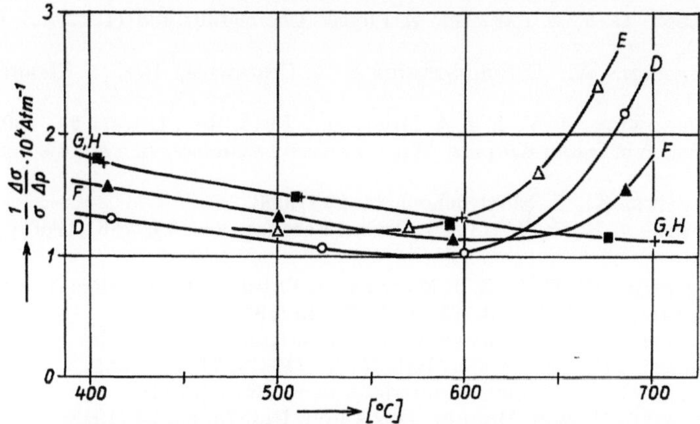

Abb. IV, 7 - 5, wie IV, 7 - 4, für die restlichen Proben der Abb. IV, 7 - 3. Die Abbildungen IV, 7 - 3 bis 5 nach W. BIERMANN, 1960.

Literatur zu Kapitel IV

1. ANDERSON, A. C., H. R. HART & J. C. WHEATLEY, in: Helium Three, Proceedings of the Second Symposium, August 1960, ed. by J. G. Daunt (Columbus/ Ohio 1960).

2. BANERJE, J. E. & J. S. KOEHLER, Phys. Rev. 107, 1493 (1957).

3. BARDEEN, J. & C. HERRING, Diffusion in Alloys and the KIRKENDALL-Effect, in: Imperfections in nearly Perfect Crystals, W. SHOCKLEY, ed. S. 261ff., insbes. 291ff. (New York 1952); sowie in; Atom Movements, S. 87ff., American Society for Metals (Cleveland 1951).

4. BARRER, R. M. & W. JOST, Trans. Faraday Soc. 45, 928 (1949).

5. BASSET, G. A., Phil. Mag. 3, 1042 (1958).

6. BEELER, J. R. & R. A. JOHNSON, Phys. Rev. 156, 677 (1967).

6a. BIERMANN, W. & W. JOST, Elektrolytische Leitfähigkeit fester Elektrolyte mit struktureller Fehlordnung. Z. Phys. Chem. N.F. 25, 139 (1960).

6b. BIERMANN, W., Z. Phys. Chem. N.F. 25, 90 (1960); vgl. 25, 253 (1960).

7. BIJVOET, J. M., N. H. KOLKMEIJER & C. H. MacGILLAVRY, Röntgenanalyse von Kristallen (Berlin 1940).

8. BLATT, F. J., Theory of Mobility of Electrons in Solids, in Solid State Physics 4, 199ff. (1957) (New York), insbes. S. 315—328.

8a. BLOEMBERGEN, N., E. M. PURCELL & R. V. POUND, Phys. Rev. 73, 679 (1948).

9. BLÜH, O. & W. JOST, Elektrolytische Leitfähigkeit von Kristalloberflächen und Lockerionenleitung fester Salze. Z. Physik. Chem. B1, 269 (1928).

9a. H. P. BONZEL, Diffusion von Ni-63 in Kupfer bei niedrigen Temperaturen. Ber. Bunsenges. physik. Chem. 70, 73—81 (1966).

10. BORN, M., Z. Physik 1, 45 (1920).

11. BORN, M. & J. E. MAYER, Z. Physik 75, 1 (1932).

12. BRADLEY, J. N. & P. D. GREENE, Trans. Faraday Soc. 62, 2069 (1966); 63, 424 (1967).

12a. BRODOWSKY, H., H. GIBMEIER & E. WICKE, Diffusionstrennfaktoren für Wasserstoff-Deuterium-Gemische an Pd- und Pd/Ag-Folien. Z. physik. Chem. N.F. 49, 222 (1966).

13. BRUNI, G. & A. FERRARI, Z. Physik. Chem. **130**, 488 (1927); Z. Krist. **89**, 499 (1934).

14. BUESSEM, W., C. SCHUSTERIUS & A. UNGEWISS, Ber. D. Keram. Ges. **18**, 433 (1937).

14a. CHADWICK, A. V. & J. A. MORRISON, Phys. Rev. Letters **21**, 1803 (1968). Selbstdiffusion in festen Körpern. Wir verweisen besonders auch auf die dort zitierte Literatur.

15. CLUSIUS, K., Z. Elektrochem. **44**, 23 (1938).

16. COMPAAN, K. & Y. HAVEN, Trans. Faraday Soc. **52**, 786 (1956); **54**, 1498 (1958).

17. COMPTON, W. D. & R. J. MAURER, J. Physics Chem. Solids **1**, 191 (1956).

18. CREMER, E., Z. Physik. Chem. **B39**, 445 (1938).

19. CROATTO, U. & A. MAYER, Gazz. Chim. Ital. **73**, 199 (1943).

20. CROATTO, U., Gazz. Chim. Ital. **73**, 257 (1943); **74**, 20 (1944).

21. CROATTO, U., Chimia e industria (Milano) **26**, 1 (1944).

22. CROATTO, U. & M. BRUNO, Gazz. Chim. Ital. **78**, 83, 95 (1948).

22a. DARKEN, L. S., Trans. Amer. Inst. Min. Met. Engrs. **175**, 184 (1948); Atom Movements, American Society of Metals, S. 1—25 (Cleveland/Ohio 1951).

23. DIENES, G. J., J. Chem. Phys. **16**, 620 (1948).

24. DIENES, G. J. & G. H. VINEYARD, Radiation Effects in Solids, Interscience Publ. (New York 1957).

25. DOYAMA, M. & J. S. KOEHLER, Phys. Rev. **119**, 939 (1960) (Quenching of gold and silver).

26. DOYAMA, MASAO, Phys. Rev. **10**, 497 (1967).

27. EBERT, F. & E. COHN, Z. Anorg. Allg. Chem. **213**, 321 (1933).

28. EBERT, I. & J. TELTOW, Ann. Physik **15**, 268 (1955).

29. EDWARDS, D. O., A. S. MC WILLIAMS & G. DAUNT, Phys. Rev. Letters **1**, 218 (1962).

29a. EISENSTADT, M. & R. G. REDFIELD, Phys. Rev. **132**, 635 (1965).

29b. EISENSTADT, M., Phys. Rev. **132**, 630 (1963) (LiF).

30. FAJANS, K., Verh. D. physikal. Ges. **21**, 549, 709, 714 (1919).

30a. FEIT, MICHAEL D. & H. B., HUNTINGTON, Structure-Factor Approach to Migration Energy of Interstitials. Phys. Rev. **172**, 580 (1968).

30b. FRADIN, F. Y. & T. J. ROWLAND, Appl. Phys. Letters **11**, 207 (1967).

31. FRENKEL, I., Z. Physik **35**, 652 (1926).

31a. FRENZEL, D., Der Einfluß von α-Strahlung auf die Selbstdiffusion in Blei. Z. physik. Chem. N.F. **51**, 67—83 (1966).

32. FRIAUF, R. J., Phys. Rev. **105**, 843 (1957).

33. FULLER, C. S., K. B. WOLFSTIRN & H. W. ALLISON, J. Appl. Phys. **38**, 4339 (1967).

33a. FULLER, ROBERT G., CHARLES L. MARQUARDT, MICHAEL H. REILLY & JOHN C. WELLS, Jr., Ionic Transport in Potassium Chloride. Phys. Rev. **176**, 1036 (1968).

33b. FUNKE, K. & H. RICHTERING, Ber. Bunsenges. Physik. Chem. **72**, 619 (1968).

34. GELLER, S., Science **157**, 310 (1967).

35. GIRIFALCO, L. A., Scripta Metallurgica **1**, 5—8 (1967).

36. Vgl. insbes. GLASSTONE, S., K. J. LAIDLER & H. EYRING, The Theory of Rate Processes (New York 1941).

36b. GUTOWSKI, H. S. & B. R. MCGARVEY, J. Chem. Phys. **20**, 1472 (1952).

37. HÄGG, G. & J. SUCKSTORFF, Z. physikal. Chem. **B22**, 244 (1933); G. HÄGG u. A. L. KLINGSTRÖM, ebda. **22**, 453 (1933).

37b. HAMANN, H., Dissertation (Göttingen 1969).

37c. HEITKAMP, D., Dissertation (Göttingen 1959).

37d. HEITKAMP, D., Z. physik Chem. N.F. **21**, 82 (1959).

38. HELTEMES, E. C. & C. A. SWENSON, Phys. Rev. Letters **7**, 363 (1961).

38a. HERZOG, G. W. & H. RICHTERING, Ber. Bunsenges. Physik. Chem. **74** (1970).

40. HEVESY, G. v. mit J. GROH, Ann. Physik [4] **63**, 85 (1920).

41. HEVESY, G. v., Ann. Physik [4] **65**, 216 (1921); Z. Physik **10**, 80 (1922).

42. HEVESY, G. v. & A. OBRUTSCHEWA, Nature **115**, 674 (1925).

43. HEVESY, G. v. & W. SEITH, Z. Physik **56**, 790 (1929); Z. anorg. allg. Chem. **180**, 150 (1929).

44. HOLLOWAY, H., J. Chem. Phys. **36**, 2820 (1962).

45. HUEBENER, R. P. & C. G. HOMAN, Phys. Rev. **129**, 1162 (1963).

46. HUNT, E. R., R. C. RICHARDSON, J. R. THOMPSON, R. A. GUYER & H. MEYER, Phys. Rev. **163**, 181 (1967).

47. JEANS, J., Dynamische Theorie d. Gase, übers. von R. FÜRTH (Braunschweig).

48. JETTE. E. R. a. F. FOOTE, J. Chem. Phys. **1**, 29 (1933).

49. JOST, W., Diffusion und chemische Reaktionen in festen Stoffen (Dresden 1937).

50. JOST, W., J. Chem. Phys. **1**, 466 (1933).

51. JOST, W., Z. physik. Chem. **A169**, 129 (1934); Z. techn. Physik **16**, 363 (1935); Trans. Faraday Soc. **34**, 860 (1938).

52. JOST, W. & G. NEHLEP, Z. physik. Chem. **B32**, 1 (1936).

53. JOST, W., Z. physik. Chem. **A169**, 129 (1934).

54. JOST, W. & G. NEHLEP, Z. physik. Chem. **B34**, 347 (1936).

55. JOST, W. & A. WIDMANN, Z. physik. Chem. **B29**, 247 (1935); **B45**, 285 (1940).

56. JOST, W., Physikal. ZS. **36**, 757 (1937), dazu W. JOST, Forsch. u. Fortschr. **26**, 3. Sonderh. 3 (1950) 1949 (Koll. Göttingen, Juli 1949).

57. JOST, W., Diffusion in Solids, Liquids, Gases, First Printing 1952, Third Printing (with Addendum) 1960 (New York 1960).

57a. JOST, W., Platzwechsel in Kristallen, in: Halbleiterprobleme Bd. II, herausgeg. v. W. SCHOTTKY (Braunschweig 1955).

58. JOST, W., Nachr. Akad. Wiss. Göttingen, Math. Nat. Kl. Nr. 2 (1959); Z. physik. Chem. N.F. **21**, 202 (1959).

58a. JOST, W. & W. BIERMANN, Elektr. Leitfähigkeit fester Elektrolyte mit struktureller Fehlordnung. Z. physik. Chem. N.F. **25**, 139 (1960).

59. KETELAAR, J. A. A. & D. J. H. WILLEMS, Rec. Trav. Chim. **56**, 29 (1937).

60. KINO, T. & J. S. KOEHLER, Phys. Rev. **162**, 632 (1967); vgl. auch SHARMA, R. K., C. LEE & J. S. KOEHLER, Phys. Rev. Letters **19**, 1379 (1967).

61. KOCH, E. & C. WAGNER, Z. physik. Chem. **B38**, 295 (1938).

62. KOROSTOFF, E., J. applied Physics **33**, 2078 (1962).

62a. KUBO, R. & K. TOMITA, J. Phys. Soc. Japan **9**, 888 (1954).

63. KRISEMENT, O., Phys. Kondens. Mat. **1**, 326 (1963).

63a. LANDSHOFF, R., Phys. Rev. **55**, 631 (1939).

63b. LAKATOS, E. & K. H. LIESER, Diffusionskoeffizient von Jodidionen in Silberjodid-Einkristallen. Z. physik. Chem. N.F. **48**, 228 (1966).

LAKATOS, E. & K. H. LIESER, Diffusionskoeffizient von Chloridionen in Silberjodid-Einkristallen. Z. physik. Chem. N.F. **48**, 213 (1966).

64a. LOSEE, D. L. & R. O. SIMMONS, Phys. Rev. **172**, 934, 944 (1968).

65. LAZARUS, D., Diffusion in Metals, Solid State Physics **10**, 71 (1960).

65a. LE CLAIRE, A. D., Treatise on Physical Chemistry, EYRING, H., D. HENDERSON, W. JOST eds., Vol. X, Solid State (New York 1969).

65b. LE CLAIRE, A. D., Progress Metal Physics **1**, 306—379 (1949); **4**, 265—332 (1953).

66. LEVY, P. W., Phys. Rev. **129**, 1076 (1962).

67. LIFSCHITZ, I. M., A. M. KOSSEWITSCH & JA. E. GEGUZIN, J. Phys. Chem. Solids **28**, 783—798 (1967).

67a. MANZHELII, V. G., V. G. GAVRILKO & V. I. KUCHNEV, Thermal Expansion of Solid Xenon, phys. stat. sol. **34**, K 55 (1969).

68. MAPOTHER, D., H. N. CROOKS & R. MAURER, J. Chem. Phys. **19**, 1073 (1951).

69. MARTIN, D. L., Phys. Rev. **154**, 571 (1967).

70. MAYER, J. E. & M. GOEPPERT-MAYER, Phys. Rev. **43**, 605 (1933).

71. MAYER, J. E., J. Chem. Phys. **1**, 270 (1933).

72. MERRIAM, M. F., R. SMOLUCHOWSKI & D. A. WIEGAND, Phys. Rev. **125**, 65 (1962).

73. MILLER, A. S. & R. J. MAURER, J. Physics Chem. Solids **4**, 196 (1958).

74. MONTET, G. L., Appl. Phys. Letters **11**, 223 (1967).

75. MOTT, N. F. & M. J. LITTLETON, Trans. Faraday Soc. **34**, 485 (1938); F. SEITZ, Fundamental Aspects of Diffusion in Solids (Pittsburgh 1948).

76. MÜLLER, P., Phys. stat. sol. **21**, 693 (1967).

76a. NÖLTING, J., Die Messung von Diffusionskoeffizienten in Festkörpern bei verschiedenen Temperaturen mit einem kontinuierlichen Verfahren nach der Methode der radioaktiven Oberfläche. Z. physik. Chem. N.F. **32**, 154 (1962).

77. OWENS, B. B. & G. R. ARGUE, Science **157**, 308 (1967).

77a. PARKER, E. H. C., H. R. GLYDE & B. L. SMITH, Self-Diffusion in Solid Argon, Phys. Rev. **176**, 1107 (1968).

77b. PRICE, J. B. & J. B. WAGNER, Jr., Diffusionskoeffizienten, chemische, in Einkristallen von Kobaltoxid und Nickeloxid. Z. physik. Chem. N.F. **49**, 257 (1966).

77c. PETERSON, N. L., Diffusion in Metals, Solid State Physics, Vol. 22, p. 409 to 512 (New York 1968).

78. REICH, H. A., Self-diffusion and Spin Relaxation in Solid He³, in: Helium Three, Proceedings of the Second Symposium, August 1960, Ohio State, ed. by J. G. Daunt (Columbus/Ohio 1960).

78a. REIF, F., Phys. Rev. **100**, 1597 (1955).

79. REUTER, B. & K. HARDEL, Naturwiss. **48**, 161 (1961); Z. anorg. allg. Chem. **340**, 158 (1965).

79a. RICHTERING, H., Nachr. Akad. Wiss. Göttingen, Math.Phys. Klasse, Nr. 3 (1969).

79b. RICKERT, H. & R. STEINER, Diffusionskoeffizient von Sauerstoff in Metallen, elektrochemische Messungen. Z. physik. Chem. N.F. **49**, 127 (1966).

80. RITTNER, E. S., R. A. HUTNER & F. K. DU PRÉ, J. Chem. Phys. **17**, 198 (1949).

80b. ROBERTS, E. M. & C. W. MERIDETH, Phys. Rev. **179**, 381 (1969).

80c. ROY, K., Diplomarbeit (Göttingen 1965).

81. RUFF, O. & F. EBERT, Z. anorg. allg. Chem. **180**, 19 (1929).

81a. SATO, M., J. Phys. Soc. Japan **20**, 1008 (1965) (NaCl).

82. SCHMALZRIED, H., Z. physik. Chem. **22**, 199 (1959).

83. SCHOCK, R. N. & S. KATZ, J. Phys. Chem. Solids **28**, 1985—1993 (1967).

84. SCHOTTKY, W., Z. physik Chem. **B 29**, 335 (1935).

84a. SCHÜTZ, W., Diplomarbeit (Göttingen 1967).

85. SCHWOEBEL, R. L., J. Appl. Phys. **38**, 3154 (1967).

86. SEEGER, A., Theorie der Gitterfehlstellen, in; Handbuch d. Physik, Herausg. von S. FLÜGGE, Bd. VII, Teil 1, Kristallphysik I, S. 383—665 (Berlin-Göttingen-Heidelberg 1955).

86a. SEITZ, F., Fundamental Aspects of Diffusion in Solids (Pittsburgh 1948). SEITZ, F. a. J. S. KOEHLER, Solid State Physics, ed. by F. SEITZ a. D. TURNBULL, Bd. 2 (New York 1956).

87. Sillén, L. G. & B. Aurivillius, Z. Kryst. **101**, 483 (1939); Naturwiss. **27**, 388 (1939).

88. Sillén, L. G. & B. Siélln, Z. physik. Chem. B **49**, 27 (1941).

89. Simmons, R. O. & R. W. Balluffi, Phys. Rev. **119**, 600 (1960); Thermal expansion of silver.

90. Simmons, R. O. & R. W. Balluffi, Phys. Rev. **125**, 862—872 (1962), thermal expansion of gold, mit 58 Zitaten, desgl. **117**, 52, 62 (1960), Aluminium.

91. Sizmann, R. & H. Wenzl, Z. Naturforschg. **18**a, 673 (1963).

91a. Smigelskas, A. D. & E. O. Kirkendall, Trans. Amer. Inst. Min. Met. Eng. **171**, 130 (1947).

91b. Spencer, O. S. & C. A. Plint, Formation Energy of Individual Cation Vacancies in LiF and NaCl. J. Appl. Phys. **40**, 168 (1969).

92. Vgl. die zusammenfassende Darstellung in: Stasiw, O., Elektronen- und Ionenprozesse in Ionenkristallen (Berlin-Göttingen-Heidelberg 1958).

93. Stasiw, O. & J. Teltow, Ann. Physik [6] **1**, 261 (1947); Z. anorg. allg. Chem. **257**, 103 (1948); **259**, 143 (1949); Stasiw, O., Ann. Physik [6] **5**, 151 (1949); Z. Physik **127**, 522 (1950).

93a. Stoebe, T. G. & R. A. Huggins, J. Material Science **1**, 117 (1966) (LiF).

93b. Stoebe, T. G., T. O. Ogurtani & R. A. Huggins, Phys. Stat. Sol. **12**, 649 (1965).

94. Strock, L. W., Z. physik. Chem. B **25**, 441 (1934); B **31**, 132 (1935).

94a. Swalin, R. A. & C. A. Yin, Acta Metallurgica **15**, 246 (1967).

95. Takahashi, T. & O. Yamamoto, Denki Kagaku **32**, 610 (1964); **33**, 346 (1965); Electrochim. Acta **11**, 779 (1966).

96. Teltow, J., Ann. Physik [6] **5**, 63, 71 (1949); Z. physik. Chem. **195**, 197, 213 (1950).

97. Teltow, J., Z. physik. Chem. **195**, 197 (1950).

98. Thomas, J. T., N. L. Alpert & H. C. Torray, J. Chem. Phys. **18**, 1511 (1950); es handelt sich dabei um Kernresonanzmessungen.

98a. Torrey, H. C., Phys. Rev. **92**, 962 (1953).

99. Tubandt, C. & Mitarb., seit 1913; Zusammenfassung: Leitfähigkeit und Überführungszahlen in festen Elektrolyten, Hdb. d. Exp. Physik, Bd. **12**, Teil 1 (Leipzig 1932).

100. Volin, T. E. & R. W. Balluffi, Appl. Phys. Letters **11**, 259 (1967).

100a. Wagner, C., Z. angew. Chem. **49**, 735 (1936).

100b. Wagner, C., The evaluation of data obtained with diffusion couples of binary single-phase and multiphase systems. Acta Metallurgica **17**, 99 (1969).

101. Wagener, K., Z. physik. Chem. **23**, 305 (1960).

101a. Wagener, K., Z. physik. Chem. N.F. **23**, 311 (1960).

101b. Wagener, K., Dissertation (Göttingen 1959).

101c. Wagener, K., Z. physik. Chem. N.F. **21**, 151 (1959).

102. Wasilewski, R. J., Acta Metallurgica **15**, 1757 (1967).

103. Waugh, J. S., J. Chem. Phys. **26**, 966 (1957), dazu 98.

104. Webb, W. W., J. Appl. Phys. **33**, 1961 (1962).

104a. Weber, M. J., Phys. Rev. **130**, 1 (1963) (LiBr).

105. Weiss, K., Dissertation (Göttingen 1956).

106. de Wette, F. W., Phys. Rev. **129**, 1160 (1963).

106a. Wicke, E. & G. Holleck, Diffusionskoeffizient von Wasserstoff und Deuterium in Pd/Ag-Folienelektroden bei hohen Wasserstoffgehalten aus Messungen der Diffusionsüberspannung. Z. physik. Chem. N.F. **46**, 123 (1965).

107. Witt, H., Z. Physik **134**, 117 (1953).

108. Zieten, W., Z. Physik **145**, 125 (1956); **146**, 451 (1956).

109. Zintl, E. & A. Udgard, Z. anorg. u. allg. Chem. **240**, 150 (1939).

110. Zintl, E. & U. Croatto, Z. anorg. u. allg. Chem. **242**, 79 (1939).

Kapitel V

Diffusion in Gasen

Wie bereits erwähnt, liegen Diffusionskoeffizienten von Gasen unter Normalbedingungen in der Größenordnung 1 bis $10^{-1}\,cm^2 sec^{-1}$ und sind in erster Näherung proportional P^{-1}. Die mittlere Verschiebung eines Gasmoleküls in einer Sekunde ist also von der Größenordnung von 1cm. Die naheliegende experimentelle Anordnung zur Messung der Gasdiffusion besteht daher in einem ziemlich langen Rohr von nicht zu großem Durchmesser, das mittels eines Hahns mit Bohrung gleich dem Rohrdurchmesser oder eines Schiebers in zwei Teile unterteilt ist, vgl. Kap. I. Das Rohr muß vertikal stehen, mit der schweren Komponente im unteren Ende. Nachdem beide Rohrenden entweder mit zwei verschiedenen Gasen oder mit Gasmischungen verschiedener Konzentration gefüllt sind, beginnt man einen Versuch durch Öffnen des Hahns. Da Konvektion beträchtliche Fehler verursachen kann, muß die Temperatur über die gesamte Rohrlänge konstant gehalten werden. In manchen Versuchen erschien es zweckmäßig, einen sehr geringen Temperaturanstieg nach oben aufrechtzuerhalten, von der Größenordnung einiger Zehntel Grade über eine Rohrlänge von etwa 1 m zur Vermeidung von Konvektion.

Die Methode des unterteilten Rohrs ist mit geringen Modifikationen seit der Zeit von LOSCHMIDT (36, 37) und STEFAN (56, 57, 58) immer wieder angewandt worden. Die effektive Grenze für die Unterteilung des Rohres ist das eine Ende der Hahnbohrung, sofern ein Hahn zur Verbindung der beiden Rohrhälften benutzt wird. Folglich muß zu Versuchsbeginn der Hahn mit einer Komponente gefüllt werden. Ein nach diesem Prinzip sehr gut durchgearbeiteter Apparat ist von O. OBERMAYER (45) beschrieben worden. Die einzige grundsätzliche Verbesserung, die später eingeführt wurde, ist die Verwendung zweier geschliffener Platten, die aufeinander gleiten oder rotieren und mit je einer Rohrhälfte verbunden sind zur Vermeidung des Hahns. Diese Methode wurde zuerst für Messungen an Flüssigkeiten benutzt [v. WOGAU (74), SCHUMEISTER, COHEN u. BRUINS (10)]; später benutzten z. B. BOARDMAN u. WILD (8) und BRAUNE u. ZEHLE (9) die gleiche Methode für Gase. Die gesamte Rohrlänge in den frühen Diffusionsversuchen betrug etwa 1 m, spätere Experimentatoren arbeiteten mit ähnlichen Längen. Die für einen Versuch notwendige Zeit ist von der Größenordnung von etwa 10 min bis zu etwa 2 Std. für Verhältnisse nicht weit von Normalbedingungen.

Ein Ziel dieser Messungen war gewesen, die richtige Temperaturabhängigkeit des Diffusionskoeffizienten zu finden. Da alle Theorien auf eine Beziehung führen $D = f\eta/\varrho$, wo f ein dimensionsloser Faktor der Größenordnung 1 ist, η der Viskositätskoeffizient und ϱ die Dichte, welche bei konstantem Druck wie T^{-1} variiert, so sollte die Temperaturabhängigkeit von D um einen Faktor T^{+1} größer sein als die der Viskosität. Der Quotient $\eta/\varrho = \nu$ wird kinematische Zähigkeit genannt und hat die gleiche Dimension wie der Diffusionskoeffizient D [Länge]^2[Zeit]$^{-1}$. Dies war innerhalb der Fehlergrenzen das Ergebnis der Messungen.

Zur Untersuchung der Abhängigkeit des Diffusionskoeffizienten vom Konzentrationsverhältnis der beiden diffundierenden Gase wurden unter DORN [vgl. LONIUS (35)] in Halle eine Reihe von Untersuchungen ausgeführt [Dissertationen von R. SCHMIDT (53); O. JACKMANN, 1906; R. DEUTSCH, 1907; A. LONIUS (9)]. Die Ergebnisse von LONIUS ergaben eine Variation des Diffusionskoeffizienten mit der Konzentration um bis zu 8%. Das entspricht etwa der maximalen Variation, welche die CHAPMAN-ENSKOG-Theorie für starre Kugeln ergibt, nämlich

$$\frac{D_{12}(n_2 = 0)}{D_{12}(n_1 = 0)} = \frac{1 - m_2{}^2/[13\,m_2{}^2 + 30\,m_1{}^2 + 16\,m_1 m_2]}{1 - m_1{}^2/[13\,m_1{}^2 + 30\,m_2{}^2 + 16\,m_1 m_2]} \,,$$

wo m_1, m_2 die Massen der Teilchen 1 und 2 sind. In der Grenze $m_1/m_2 \to 0$ gibt dies eine Variation der Diffusionskoeffizienten wie 13/12, also um maximal $8\tfrac{1}{3}\%$.

BOARDMAN u. WILD (8) untersuchten die Diffusion von Gaspaaren mit Molekülen gleicher Masse und sehr ähnlichen Moleküleigenschaften. Die Ergebnisse sollten daher nicht sehr von der Selbstdiffusion abweichen. Sie folgten der Methode von COHEN u. BRUINS (10); es wurden zwei Kupferrohre von 13 mm Durchmesser mit zwei Messingscheiben verbunden. Die Temperatur des Apparates wurde bei 16 °C gehalten in einem Keller konstanter Temperatur; dabei war das obere Rohr ungefähr 0,3° wärmer als das untere. Die auf 15 °C und 760 mm Druck reduzierten Versuchsresultate sind wie folgt:

Diffusionskoeffizienten für 15 °C und 760 mmHg

Gaspaar	N_2-CO	N_2O-CO_2	H_2-N_2	H_2-CO_2	N_2-CO_2
D_{12} cm^2/sec^{-1}	0,211	0,107	0,743	0,619	0,158

BRAUNE u. ZEHLE (9) benutzten eine ganz ähnliche Versuchsanordnung für Messungen an den Gaspaaren DCl—HCl und DBr—HBr, welche sehr nahe die Selbstdiffusion ergeben sollten.

HARTECK u. SCHMIDT (21) suchten die Selbstdiffusion in Wasserstoff aus der Diffusion von Para-Wasserstoff in normalem Wasserstoff zu bestimmen. Versuche bei Zimmertemperatur nach der üblichen MAXWELL-LOSCHMIDTschen Methode ergaben einen Diffusionskoeffizienten von 1,28 cm^{2}sec^{-1}, reduziert auf Normalbedingungen. Weiterhin bestimmten sie, wenn auch mit geringerer Genauigkeit, die Diffusion über ein größeres Temperaturgebiet nach einer von HERTZ (22) stammenden Strömungsmethode. Das Prinzip der Methode ersieht man aus Abb. V, 1 - 1. Normal-Wasserstoff strömt durch eine Kapillare

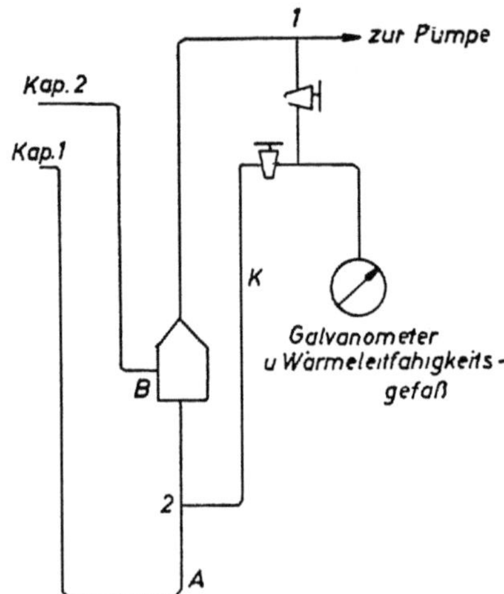

Abb. V - 1. Strömungsapparatur nach HARTECK für Diffusionsmessungen am System $H_2-p\text{-}H_2$. H_2-Eintritt bei Kap 1; para-H_2 bei Kap 2; Analyse auf para-Wasserstoff bei 1 und 2.

Kap 1, Para-Wasserstoff tritt durch eine Kapillare Kap 2 ein und wird in dem kleinen Mischgefäß B dem Normal-Wasserstoff zugemischt; bei 1 wird die Mischung abgepumpt. Para-Wasserstoff diffundiert von B gegen den Strom von Normal-Wasserstoff zurück; bei 2 kann seine Konzentration mittels einer Probekapillaren bestimmt werden, während bei 1 die Konzentration des strömenden Gemischs analysiert werden kann. Wenn wir die Richtung von B nach 2 als positive x-Achse wählen, dann läßt sich die Differentialgleichung für unser Problem schreiben (vgl. Kap. I, S. 13.)

$$\partial c/\partial t = D\,\partial^2 c/\partial x^2 - v\,\partial c/\partial x, \qquad [\text{V - 1}]$$

wo v die Strömungsgeschwindigkeit des Wasserstoffs ist und das zweite Glied auf der rechten Seite die Konzentrationsänderung durch Konvektion angibt. Im stationären Zustand ändert sich die Konzentration mit der Zeit nicht, es ist also

$$0 = D\,\partial^2 c/\partial x^2 + v\,\partial c/\partial x, \qquad [\text{V - 2}]$$

und daraus

$$c = c_0 \exp[-v(x - x_0)/D]. \qquad [\text{V - 3}]$$

Hier sind c_0 und x_0 Konzentration und Lagekoordinate bei B, Abb. V, 1 - 1, x und c beziehen sich auf Punkt 2. Wenn $x - x_0$, v, c und c_0 gemessen worden sind, läßt sich D aus Gl. [V - 1, 3] bestimmen. Messungen wurden zwischen dem Gefrierpunkt des Wassers und 20 °K mit den folgenden Ergebnissen ausgeführt.

Diffusionskoeffizienten von Para-Wasserstoff in Wasserstoff

Temp. °K	273	85	20,6
D cm²sec^{-1}	1,26	0,172	0,00816

Für den Faktor f in der Beziehung

$$D_{11} = f\eta/\varrho$$

ergibt sich ein Mittelwert von $f = 1,32$. Hier ist D_{11} der Selbstdiffusionskoeffizient, η die Viskosität und ϱ die Dichte [vgl. Chapman u. Cowling (zit. Kap. III); Hirschfelder (25)].

Wie schon früher erwähnt (Kap. I), kann man die Verdampfung einer Flüssigkeit, die sich am Boden eines offenen Zylinders befindet, der oben mit der Atmosphäre in Verbindung steht, zur Bestimmung von Diffusionskoeffizienten von Dämpfen in Luft (oder auch in anderen Gasen) benutzen. Die ersten quantitativen Versuche hierzu wurden von Stefan (13, 14, 15) ausgeführt, der enge Rohre (von Durchmessern zwischen 0,64 und 6,16 mm) benutzte; diese

Tabelle V, 1. Diffusion in Gasen

	c Molenbruch		Druck mm	Temp. °C	D cm²sec⁻¹	Literatur
Argon	0,273	Helium	760	15	0,679	(35)
Argon	0,763	Helium	760	15	0,730	(35)
Sauerstoff	0,25	Wasserstoff	760	15	0,767	(14)
Sauerstoff	0,75	Wasserstoff	760	15	0,804	(14)
Sauerstoff	0,50	Stickstoff	760	15	0,203	(28)

Tabelle V, 2. Diffusion von Dämpfen

Dampf	Diffusionsmedium	Druck mm	Temp. °C	D cm²sec⁻¹	Literatur
Ammoniak	Luft	760	0	0,198	(72)
Wasserdampf	Luft	760	16,1	0,282	(59)
Jod	Luft	760	25	0,108	(38)
Jod	Stickstoff	10	19,4	5,70	(44)
Äthylalkohol	Luft	760	9,5	0,109	(64)

waren mit einer leicht siedenden Flüssigkeit gefüllt (wie Äther, Schwefelkohlenstoff). Die Versuche wurden durch Konvektionsströme nicht wesentlich gestört, wie man aus der Übereinstimmung der verschiedenen Resultate ersieht. Besonders ist innerhalb der Fehlergrenzen kein Unterschied für das 0,64- und 6,16-mm-Rohr vorhanden. Die Verdampfungsgeschwindigkeit wurde der Höhe der Luftschicht, durch die der Dampf diffundieren muß, umgekehrt proportional gefunden, wie sich als Folge des I. Fickschen Diffusionsgesetzes für einen quasistationären Zustand ergibt.

Die Methode wurde später u. a. verwandt von Kimpton u. Wall (33).

Walker u. Westenberg (65) geben eine „Punkt-Quellen"-Methode an, mit der sie Diffusionskoeffizienten bis 1200 °K gemessen haben (67, 68). Sie lassen das Gas 1 kontinuierlich aus einer Kanüle in einen stationären Strom der

Komponente 2 strömen und messen das Konzentrationsfeld aus. Mit Zylinderkoordinaten x, r, der Quelle der Ergiebigkeit Q bei $x = 0$, $r = 0$, und Strömungsgeschwindigkeit u in der x-Richtung gilt (vgl. 66)

$$c = [Q/4\pi D r] \exp[-(r - x)u/2D].$$

Wir geben einige Zahlenwerte nach WALKER u. WESTENBERG im Vergleich zu Streuexperimenten von AMDUR und theoretischen Werten für ein BUCKINGHAM (exp-six)-Potential.

Tabelle V, 3. $D\,(\mathrm{cm^2 sec^{-1}})$ *für Spuren von Helium in Stickstoff*

°K	$D_{\mathrm{beob.}}$	$D_{\mathrm{(Amdur)}}$	$D_{\mathrm{(exp-6)}}$
300	0,743	—	0,70
600	2,40	—	2,32
900	4,76	—	4,70
1200	7,74	7,67	7,72
2400	—	26,39	25,67
3000	—	39,28	38,02

Bei Diffusion in Mehrkomponenten-Systemen kann es zu Instabilitäten kommen; wenn z. B. in Versuchen, wie sie bereits früher erwähnt wurden (HELLUND, vgl. S. 18, 121), zwei wechselseitig diffundierende Komponenten von unten nach oben eine dritte, schwerere Komponente mitführen, so kann die Schichtung hydrodynamisch instabil werden. Dieser, an sich bekannte, Fall ist besonders von MILLER u. MASON (43) experimentell und theoretisch untersucht worden. Dabei kann es zu oszillatorischen Instabilitäten kommen.

Tabelle V, 4. *Beobachtete und berechnete Selbstdiffusionskoeffizienten* D_{11}
einiger Gase bei 1 At (*nach* HIRSCHFELDER)

Gas	°K	$D_{11(\mathrm{ber.})}$	$D_{11(\mathrm{beob.})}\mathrm{cm^2 sec^{-1}}$
A	273,2	0,154	0,156
Xe	300,5	0,057	0,0576
H_2	273	1,243	1,258
N_2	273,2	0,174	0,172
CO_2	273,2	0,092	0,092

Tabelle V, 5. *Diffusion von Wasser in einigen nichtpolaren Gasen bei* 34,4 °C
[*nach* F. A. SCHWERTZ u. J. E. BRON]

	$H_2O - H_2$	$H_2O - CO_2$	$H_2O - He$	$H_2O - N_2$
$D_{12(\mathrm{beob.})}$	1,02	0,202	0,90	0,256
$D_{12(\mathrm{ber.})}$	0,95	0,183	0,95	0,255

Literatur zu Kapitel V

1. AMDUR, I., I. W. IRVINE, E. A. MASON, & I. ROSS, J. Chem. Phys. **20**, 436 (1952).

2. AMDUR, I., E. A. MASON, & J. E. JORDAN, Scattering of high velocity neutral particles. X. He–Ne; A–N_2. The N_2–N_2 interaction. J. Chem. Phys. **27**, 527 (1957).

3. AMDUR, I. & T. F. SCHATZKI, Diffusion coefficients of the systems Xe–Xe and A–Xe. J. Chem. Phys. **27**, 1049 (1957).

4. AMDUR, I. & T. F. SCHATZKI, Composition dependence of the diffusion coefficient of the system A–Xe. J. Chem. Phys. **29**, 1425 (1958).

4a. ARNOLD, K. R. & H. L. TOOR, Unsteady Diffusion in Ternary Gas Mixtures. AIChE J. **13**, 909 (1967).

5. BENDT, P. J., Measurements of He^3–He^4 and H_2–D_2 gas diffusion coefficients. Phys. Rev. **110**, 85 (1958).

6. BERNARD, J., Diffusion par «Balayage». Application à la séparation des constituants d'un mélange gazeux. J. chim. phys. **55**, 846 (1958).

7. BIRD, R. B., Theory of diffusion, Advances in Chem. Eng. **1**, 156 (1956).

8. BOARDMAN, L. E. & N. E. WILD, Proc. Roy. Soc. (London) A **162**, 511 (1937).

9. BRAUNE, H. & F. ZEHLE, Z. physik. Chem. B **49**, 247 (1941).

10. COHEN, E. & H. R. BRUINS, Z. physik. Chem. **103**, 349 (1923).

10a. CORDES, H. & K. KERL, Diffusionskoeffizient von Ar–H_2- und N_2–H_2-Gemischen. Z. physik. Chem. N.F. **45**, 369 (1965).

10b. CORDES, H. & M. STEINMEIER, Diffusionskoeffizient im System Tetrachlorkohlenstoff–Chloroform. Z. physik. Chem. N.F. **49**, 335 (1966).

11. CURTISS, C. F. & C. MUCKENFUSS, Kinetic theory of non-spherical molecules. II. J. Chem. Phys. **26**, 1619 (1957).

12. CURTISS, C. F., J. O. HIRSCHFELDER, & R. B. BIRD, Theories of gas transport properties. Transport properties in gases (TD). Proceedings Second Gas Dynamics Symposium, Evanston. Illinois 1957, pp. 3–11 (1958).

13. CURTISS, C. F., Statistical mechanics. Ann. Rev. Phys. Chem. **9**, 379–395 (1958).

14. DEUTSCH, R., Dissertation (Halle 1907).

15. DE NORDWALL, H. J. & R. H. FLOWERS, The diffusion of iodine in air, Atomic Energy Research Establ. (Gt Brit.) C/M 342, 5 pp., 1958.

16. ESTERMANN, I., Molecular beam applications to transport properties in gases. Transport Properties in Gases, Proceedings Second Gas Dynamics Symposium, Evanston, Illinois 1957 (1958).

17. FRIEDLANDER, S. K. & M. LITT, Diffusion controlled reaction in a laminar boundary layer. Chem. Eng. Sci. **7**, 229 (1958).

18. GRÜN, F. & D. WALZ, Helv. Phys. Acta **38**, 207–214 (1965), Induktionszeitmethoden zur Bestimmung von Diffusionskoeffizienten und Wärmeleitfähigkeiten.

19. HALLERAN, E. M., Diffusion und Thermodiffusion von Isotopen-Gasen. J. Chem. Phys. **21**, 2184 (1953).

20. HAMANN, S. D., Physico-Chemical Effects of Pressure (New York 1957).

21. HARTECK, P. & H. W. SCHMIDT, Z. physik. Chem. B **21**, 447 (1933).

22. HERTZ, G., Z. Physik **19**, 35 (1923).

23. HILSENRATH, J., Sources of transport coefficients and correlations of thermodynamic and transport data (1945–1954). Selected Combustion Problems II, pp. 199–244 (London 1956).

24. HILSENRATH, J., Report on sources and compilations of transport properties of gases (TD), Second Biennial Gas Dynamics Symposium. Northwestern University, Evanston, Illinois (1957).

25. Hirschfelder, J. O., C. F. Curtiss, & R. B. Bird, Molecular theory of gases and liquids (New York 1954). Neudruck 1964 mit Korrekturen.

26. Hirschfelder, J. O., Diffusion coefficients in flames and detonations with constant enthalpy. Phys. Fluids **3**, 109 (1960).

27. Van Itterbeck, A., Measurements on thermal diffusion combined with ordinary diffusion in gas mixtures (using velocity of sound measurements). Proceedings International Symposium on Transport Processes in Statistical Mechanics (I. Prigogine, ed.), p. 387 (New York 1958).

28. Jackmann, O., Dissertation (Halle 1906).

29. Jeffries, Q. R. & H. G. Drickamer, Diffusion in the System CH_4–CH_3T to 300 Atm. Pressure (0–25–50 °C. Die Meßwerte bestätigen die Enskog–Chapman-Theorie). J. Chem. Phys. **21**, 1358 (1953).

30. Jeffries, Q. R. & H. G. Drickamer, Diffusion in CO_2–CH_4-Mixtures to 225 Atm. Pressure (25–50 °C, 50% CO_2 und 75% CO_2, Gesamtdichte zwischen 0,07 und 0,58 g/cm³, $C^{14}O_2$. Bei 50% Übereinstimmung mit Chapman-Enskog, bei 75% positive Abweichungen). J. Chem. Phys. **22**, 436 (1954).

31. Jost, W., Diffusion in Solids, Liquids, Gases. 3rd Printing with Addendum (New York 1960).

32. Keyes, J. J. Jr. & R. L. Pigford, Diffusion in a ternary gas system with application to gas separation. Chem. Eng. Sci. **6**, 215 (1957).

33. Kimpton, D. T. & F. T. Wall, Bestimmung von Diffusionskoeffizienten aus den Geschwindigkeiten der Verdampfung von H_2, H_2O, CH_4, C_2H_6, C_2H_4, SO_2, D_2O in Luft. J. Phys. Chem. **56**, 715 (1952).

34. Kirk, R. E. & D. F. Othmer, eds., Diffusion in gases. Encyclopaedia of Chemical Technology, Vol. **5** by M. Benedict (New York 1950).

35. Lonius, A., Ann. Phys. (4) **29**, 664 (1909).

36. Loschmidt, J., Wiener Ber. **61**, 367 (1870).

37. Loschmidt, J., Wiener Ber. **62**, 468 (1870).

37a. Lund, I. M. & A. S. Berman, Flow and Self-Diffusion of Gases in Capillaries. Part. II. J. Appl. Phys. **37**, 2496 (1966).

38. Mack, E., J. Amer. Chem. Soc. **47**, 2468 (1925).

39. Mason, E. A., Higher approximations for the transport properties of binary gas mixtures. I. General formulas. J. Chem. Phys. **27**, 75 (1957).

40. Mason, E. A., Higher approximations for the transport properties of binary gas mixtures. II. Applications. J. Chem. Phys. **27**, 782 (1957).

41. Mason, E. A., J. T. Vanderslice, & J. M. Yos, Transport properties of high-temperature multicomponent gas mixtures. Phys. Fluids **2**, 688 (1959).

41a. Mason, E. A., Kirkendall Effect in Gaseous Diffusion. II. Absolute Determination of Diffusion Coefficients. Phys. Fluids **4**, 1504 (1961).

42. Mifflin, T. R. & C. O. Bennett, Self-diffusion in argon to 300 atmospheres. J. Chem. Phys. **29**, 975 (1958).

43. Miller, L. & E. A. Mason, Oscillating Instabilities in Multicomponent Diffusion. Phys. Fluids **9**, 711 (1966).

43a. Miller, L., Instabilities in Ternary Diffusion. Phys. Fluids **10**, 1809 (1967).

44. Mullaly, J. M., Nature **113**, 711 (1924); Phil. Mag. **48**, 1105 (1924).

45. Von Obermayer, A., Wiener Ber. **81** (II), 1102 (1880).

46. O'Hern, Jr., H. A. & J. J. Martin, Diffusion in Kohlendioxid bei höheren Drucken (Messungen bei 0 °C bis 25 Atm., bei 35 °C bis 100 Atm., bei 100 °C bis 200 Atm. Zwei Ionisationszellen, getrennt durch porösen Pfropfen aus gesinterter Bronze. Gleichmäßige Füllung und Injektion von wenig $C^{14}O_2$. $D \cdot \varrho$ in (cm²/sec) (mol/l) etwa 0,57, 0,47 und 0,42 bei 100°, 35° und 0 °C. Fast unabhängig von der Dichte. Bis maximal 17 mol/l. Nach Chapman-Enskog hätte $D \cdot \varrho$ bis dahin auf die Hälfte fallen müssen). Ind. Eng. Chem. **47**, 2081 (1955).

46a. PAKURAR, THOMAS A. & JOHN R. FERRON, Binary Diffusion Coefficients in Nonpolar Gases. I & EC Fundamentals **5**, 144 (1966).

47. PRESENT, R. D., Kinetic Theory of Gases. McGraw-Hill (New York 1958).

48. Proceedings of the International Symposium on Transport Processes in Statistical Mechanics, Brüssel 1956 (I. PRIGOGINE, ed.) (New York 1958).

49. Proceedings of the Second Gas Dynamics Symposium on Transport Properties in Gases. Evanston, Illinois, 1957 (1958).

50. REID, R. C. & T. K. SHERWOOD. The Properties of Gases and Liquids (New York 1958).

51. REIK, H. G., Viscosity pressure tensor, diffusion and heat flow in strongly inhomogeneous gases. Z. Naturforsch. **12a**, 663 (1957).

52. ROBB, W. L. & H. G. DRICKAMER, Diffusion in CO_2 up to 150 Atm. Pressure. (0–45 °C, Apparat. - Beschreibung: kleine, mit grobporigen Stoffen gefüllte Zellen wurden über plan-geschliffene Flächen aufeinandergeschoben. Nachweis des C^{14} über Szintillationskristalle. Übereinstimmung der Resultate mit ENSKOG–CHAPMAN zwischen 0 und 0,07 g/cm^3 gut, zwischen 0,07 und 0,7 g/cm^3 gemessene Werte zu hoch, zwischen 0,7 und 0,8 g/cm^3 gemessene Werte zu tief im Vergleich zu ENSKOG–CHAPMAN.) J. Chem. Phys. **19**, 1504 (1951).

53. SCHMIDT, R., Ann. Physik (4) **14**, 801 (1904).

54. SNIEDER, R. F. & C. F. CURTISS, Kinetic theory of moderately dense gases. Phys. Fluids **1**, 122 (1958).

55. SQUIRE, D. R. & W. G. HOOVER, J. Chem. Phys. **50**, 701 (1969).

55a. SRIVASTAVA, B. N. & ANIL SARAN, Mutual Diffusion in Polar–Nonpolar Gases: Krypton–Sulphur Dioxide and Krypton–Diethyl Ether. Can. J. Phys. **44**, 2595 (1966).

56. STEFAN, A., Wiener Ber. (II) **68**, 385 (1874).

57. STEFAN, A., Wiener Ber. (II) **98**, 1418 (1889).

58. STEFAN, A., Ann. Physik (3) **41**, 724 (1890).

59. SUMMERHAYS, W. E., Proc. phys. Soc. **42**, 218 (1930).

60. TIMMERHAUS, K. D. & H. G. DRICKAMER, "Self-Diffusion" in CO_2 at Moderate Pressures (296 °K, 0,5–28 Atm., $C^{14}O_2$–CO_2. D_{11} fällt nahezu linear mit dem Druck. Übereinstimmung mit ENSKOG–CHAPMAN gut). J. Chem. Phys. **19**, 1242 (1951).

61. TIMMERHAUS, K. D. & H. G. DRICKAMER, Diffusion in the System $C^{14}O_2$–CO_2 to 1000 Atm. Pressure. (0–25–50 °C, 100–1000 Atm., 0,8–1,1 g/cm^3. ENSKOG–CHAPMAN-Theorie unbrauchbar. Darstellung nach $D = D_0 \exp[-Q/RT]$. Q steigt im genannten Dichtebereich von 200 auf 1400 cal/mol. D_0 von $7 \cdot 10^{-5}$ auf $30 \cdot 10^{-5}$ cm²/sec.) J. Chem. Phys. **20**, 981 (1952).

62. TOOR, H. L., Diffusion in three-component gas mixtures. A. I. Ch. E. J. **3**, 198–207 (1957).

63. ULLMANNs Encyclopädie der technischen Chemie (W. FOERST, ed.). Diffusion, Bd. **5**, pp. 845–855 (München–Berlin, 1954).

64. VAILLANT, P., J. phys. **1**, 877 (1911).

65. WALKER, R. E. & A. A. WESTENBERG, Molecular diffusion studies in gases at high temperatures. J. Chem. Phys. **29**, 1139 (1958).

66. CARSLAW & JAEGER, Conduction of Heat in Solids, § 106, p. 223/4 (Oxford 1959).

67. WESTENBERG, A. A., Review on gaseous diffusion. Combustion and Flame **1**, 346 (1957).

68. WESTENBERG, A. A. & R. E. WALKER, New method of measuring diffusion coefficients of gases. J. Chem. Phys. **26**, 1753 (1957).

69. WHALLEY, E. & W. G. SCHNEIDER, Intermolecular potentials of argon, krypton and xenon. J. Chem. Phys. **23**, 1644 (1955).

69b. WICKE, E. & G. HOLLECK, Diffusionsüberspannung von Wasserstoff und Deuterium. Z. phys. Chem. N.F. **46**, 123 (1965).

70. Winn, E. B., Phys. Rev. **80**, 1024 (1950).

71. Winter, E. R. S., Trans. Far. Soc. **47**, 342 (1952).

72. Wintergoest, E., Ann. Physik (5) **4**, 33 (1930).

73. Wise, H., Diffusion coefficient of atomic hydrogen through multicomponent mixtures. J. Chem. Phys. **31**, 1414 (1959).

74. Von Wogau, M., Ann. Physik (4) **23**, 345 (1907).

75. Wu, T.-Y. & I. Amdur, Note on the He–He interaction potential and its determination from Amdur's scattering measurements. J. Chem. Phys. **28**, 986 (1958).

76. Youssef, A. & M. D. Migahed, Diffusionskoeffizient von Stickstoff–Kohlendioxid-Gemischen. Z. physik. Chem. N.F. **45**, 317 (1965).

Kapitel VI

Diffusion in Flüssigkeiten

VI, 1. Allgemeines

Diffusionskoeffizienten in Flüssigkeiten sind um mindestens vier Zehnerpotenzen kleiner als die in Gasen unter Normalbedingungen. Eine Abnahme des Diffusionskoeffizienten um vier Zehnerpotenzen würde eine Zunahme der Beobachtungszeit um den gleichen Faktor 10^4 bedingen. Wenn man daran interessiert ist, die Beobachtungszeit nicht über die für Gase notwendige auszudehnen, so muß man Apparate benutzen, die nur etwa 10^{-2}–10^{-3} mal so groß sind wie die für Gase. So kommt man zu Lineardimensionen der Größenordnung 1 cm oder in einigen speziellen Anordnungen sogar darunter.

VI, 2. Messungen im stationären oder quasi-stationären Zustand

Beobachtet man Diffusion während eines stationären oder quasistationären Zustandes, wo man den gesamten Diffusionsfluß messen kann, so hat man

$$J = -D\,\partial c/\partial x. \qquad\qquad [\text{VI - 2, 1}]$$

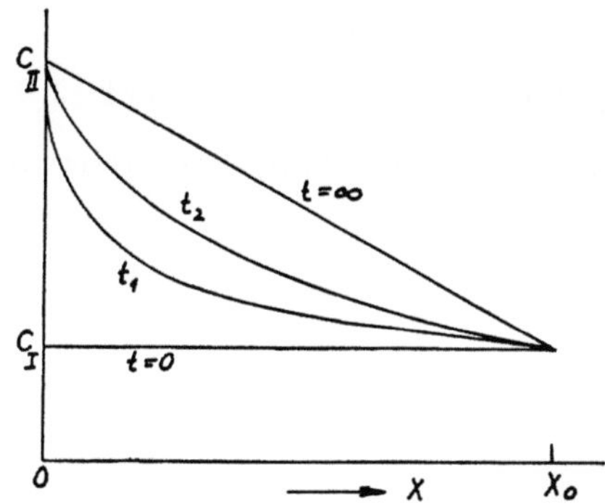

Abb. VI, 2 - 1. Einstellung des quasi-stationären Zustandes in dem vertikalen Verbindungsrohr III zwischen einem höheren Behälter I und einem tieferen Behälter II ($0 < t_1 < t_2 < \infty$). Die Einstellung des quasi-stationären Zustandes (entsprechend $t \to \infty$) kann praktisch Tage dauern! D ist als konstant vorausgesetzt!

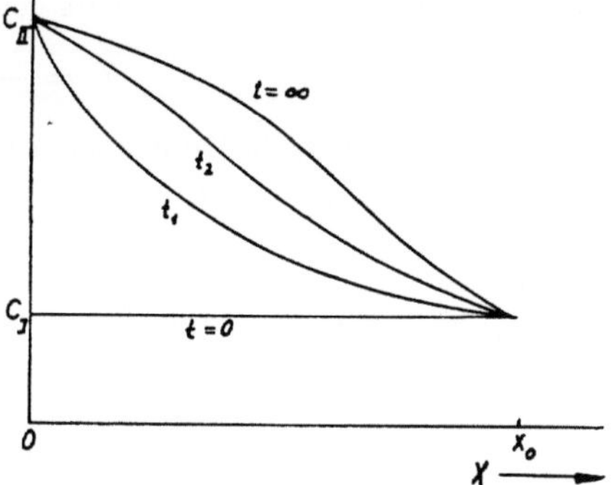

Abb. VI, 2 - 2. Hier ist das gleiche dargestellt wie in Abb. VI, 2 - 1, jedoch ist die Voraussetzung D = konstant fallen gelassen. Jetzt braucht für $t \to \infty$ die Konzentrationsverteilung nicht mehr einer Geraden zu entsprechen!

Zwei große Behälter, I und II, mit Lösungen verschiedener Konzentrationen, c_I und c_{II} (c_I wird oft gleich 0 gewählt, d. h. der obere Behälter wird mit reinem Lösungsmittel gefüllt), sind durch ein verhältnismäßig enges Rohr III von bekanntem Durchmesser r und bekannter Länge l verbunden. Nach einer gewissen Induktionszeit, welche nach den Methoden von Kap. I berechnet werden kann und welche von der Größenordnung von Tagen sein kann, wird sich ein stationärer Zustand einstellen, vgl. die in Abb. VI, 2 - 1 gezeichneten Konzentrationsverteilungen (hier ist oben und unten vertauscht). Wenn dafür gesorgt wird, daß in beiden Behältern mittels Konvektion eine gleichförmige Konzentrationsverteilung aufrechterhalten wird, welche sich nur langsam mit der Zeit ändert, dann hat man

$$\partial c/\partial x \approx -\Delta c/l = (c_I - c_{II})/l \qquad \text{[VI - 2, 2]}$$

und

$$J = s/(\Delta t \cdot 4\pi r^2), \qquad \text{[VI - 2, 3]}$$

wo s die Zunahme des Gehaltes an diffundierender Substanz innerhalb des oberen Behälters während der Zeit Δt ist. Wenn s und Δt experimentell bestimmt worden sind, und wenn Rohrradius r, l, c_I und c_{II} bekannt sind (wobei angenommen wird, daß die Konzentrationen während eines Versuchs nahezu konstant bleiben), kann man D mittels Gl. [VI - 2, 1] berechnen.

Wenn D von der Konzentration abhängt, so wird die stationäre Konzentrationsverteilung (welche $t = \infty$ entspricht) nicht linear, wie in Abb. VI, 2 - 1, sondern sie ist durch irgendeine Kurve gegeben. Abb. VI, 2 - 2 (vgl. Kap. I). Anwendung der Gln. [VI - 2, 2] und [VI - 2, 3] auf diesen Fall gibt nicht einen wahren Diffusionskoeffizienten, sondern einen mittleren für ein endliches Konzentrationsintervall definierten Diffusionskoeffizienten. Da der wahre, differentielle Diffusionskoeffizient gegeben ist durch (nach Gl. [VI - 2, 1])

$$D = -J/(\partial c/\partial x), \qquad \text{[VI - 2, 4]}$$

während der integrale Diffusionskoeffizient $\bar{D}$ für das Konzentrationsintervall von c_I bis c_{II} gegeben ist durch

$$\bar{D} = J \cdot l/(c_{II} - c_I) \qquad \text{[VI - 2, 5]}$$

so sind D und $\bar{D}$ verknüpft durch

$$\bar{D} = \frac{1}{c_{II} - c_I} \int_{c_I}^{c_{II}} D\, dc . \qquad \text{[VI - 2, 6]}$$

Wie man aus Gl. [VI - 2, 4] ersieht, variiert D umgekehrt proportional mit dem Konzentrationsgradienten $\partial c/\partial x$ und kann als Funktion von x und von c bestimmt werden, wenn c als Funktion von x gemessen worden ist. Infolgedessen hängt die Bestimmung differentieller Diffusionskoeffizienten, D, von der Messung der Konzentrationsverteilung während des stationären Zustandes ab. Solche Messungen sind mittels optischer Methoden oder auch durch Dichtebestimmungen ausgeführt worden, indem man eine an einem Faden aufgehängte Kugel bei verschiedenen Höhen innerhalb des Rohres III gewogen hat.

Die Methode des stationären Diffusionsstromes ist das älteste Verfahren [A. Fick (73)] quantitativer Bestimmung von Diffusionskoeffizienten, aber sie hat in neueren Experimentaluntersuchungen nicht die Beachtung gefunden, die sie wahrscheinlich verdient, mit Ausnahme der Diaphragmenmethode von McBain (129, 130) und Northrup (140); bei dieser wird im quasi-stationären Zustand gearbeitet (vgl. unten). Clack (44) gelang es, die Methode der stationären Diffusion zu hoher Genauigkeit zu entwickeln. Seine erste Anordnung war der von Fick (73) sehr ähnlich; der Lösungsbehälter war durch einen feinen Draht an einer Waage aufgehängt und befand sich in einem großen Behälter mit Lösungsmittel oder verdünnter Lösung. So konnte man aus der Geschwindigkeit des Gewichtsverlustes sehen, ob ein stationärer Zustand eingestellt war, und aus dem gleichförmigen Gewichtsverlust während der stationären Diffusion konnte der integrale Diffusionskoeffizient berechnet werden. Die für die Einstellung des stationären Zustandes notwendige Zeit war ziemlich lang, bis zu 14 Tagen. Diese Zeit kann verkürzt werden, wenn ein kürzeres Diffusionsrohr benutzt wird, wobei gleichzeitig der Rohrdurchmesser herabgesetzt werden muß, damit Störungen durch Konvektion in der Nähe der Rohrenden vermieden werden.

Später verbesserte Clack (140) seine Methode beträchtlich, indem er das zylindrische Rohr durch ein rechteckiges Verbindungsstück mit planparallelen Fenstern ersetzte, welche eine optische Konzentrationsbestimmung erlaubten. Mittels der Wienerschen Methode konnten unmittelbar Konzentrationsgradienten bestimmt werden. Die Ablenkung Δh eines Lichtstrahles, der durch eine Zelle der Dicke a hindurchgeht, ist gegeben durch (vgl. unten)

$$\Delta h = a\,b\,(dn/dh). \qquad\qquad [\text{VI - 2, 7}]$$

Wenn also der Brechungsexponent n als Funktion der Konzentration gegeben ist, so gibt Messung der vertikalen Verschiebung Δh des Lichtstrahls für verschiedene Werte von h sofort dc/dh als Funktion von h, nach der Beziehung

$$dn/dh = (dn/dc) \cdot (dc/dh). \qquad\qquad [\text{VI - 2, 8}]$$

Bei Clacks Messungen konnten die beobachteten Werte von dc/dh nicht unmittelbar für die Berechnung von D verwendet werden. Um einen stationären Diffusionsstrom zu erhalten, füllte Clack (140) nämlich den unteren Behälter seiner Apparatur mit einer konzentrierten Lösung in Berührung mit festem Salz. Im Verlaufe eines Versuchs wird dieses Salz aufgelöst und diffundiert aus dem Behälter heraus, wobei sein Volumen durch eine entsprechende Menge Lösung ersetzt wird. Infolgedessen hat man eine Strömung des Lösungsmittels in der Richtung entgegen dem Diffusionsstrom.

Für die notwendigen Korrekturen vgl. Clack (l. c.) oder Jost (9).

K. Schwarz benutzte die Methode der stationären Diffusion zur Bestimmung von Diffusionskoeffizienten in Amalgamen, Abb. VI, 2 - 3. Aus seiner

Anordnung ist nicht ersichtlich, ob er hinreichende Konvektion in dem unteren Behälter hatte und ob auch die eben diskutierte Strömung in der Kapillaren [welche allerdings sehr viel kleiner als bei CLACKS (140) Versuchen sein muß, da keine Auflösung festen Metalles stattfindet] Anlaß zu Fehlern geben könnte.

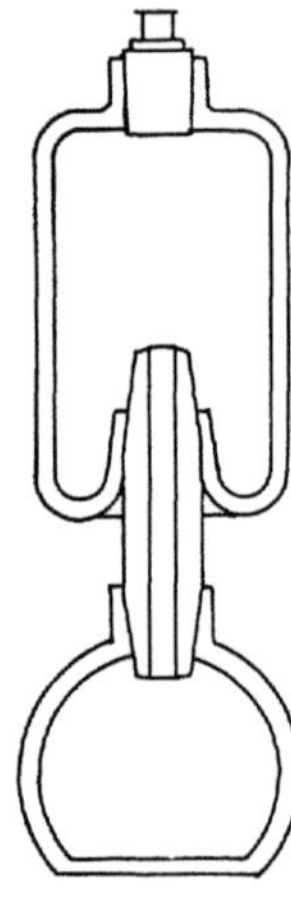

Abb. VI, 2 - 3. Ausführungsform der Apparatur von SCHWARZ, für die Untersuchung der Diffusion in Amalgamen benutzt.

Die gegenwärtig wichtigste Anwendung der Methode der quasi-stationären Diffusion ist die NORTHRUP-McBAINsche Diaphragmenzelle [NORTHRUP u. ANSON (140), McBAIN u. LIU (129)] [vgl. insbesondere GORDON (82, 83)], welcher eine sehr gründliche, kritische Übersicht über die Methode der Diaphragmenzelle sowie deren Theorie gegeben hat. Um Störungen durch Konvektion zu vermeiden und um einen hinreichend hohen Konzentrationsgradienten aufrechtzuerhalten, werden zwei Volumina mit Lösungen verschiedener Konzentrationen durch ein poröses Diaphragma aus gesintertem Glas getrennt. Das Diaphragma hat gewöhnlich eine Dicke von einigen Millimeter, mit Porendurchmessern der Größenordnung 10^{-3} bis 10^{-4} cm. Ein Versuch wird in der Weise angesetzt, daß nur innerhalb des Diaphragmas ein Konzentrationsgradient auftritt. Vollkommene Mischung wird durch Konvektion innerhalb jedes Behälters angestrebt [schwere Lösung in dem oberen Behälter, verdünntere Lösung (oder das reine Lösungsmittel) in dem unteren Behälter], oder möglichst durch mechanisches Rühren verbessert [HARTLEY u. RUNNICLES (102)]. BARNES (26) hat das Problem der Diaphragmenzelle ohne die Annahme eines quasi-stationären Zustandes behandelt.

Es treten jedoch zwei weitere Probleme auf, welche sorgfältige Erwägung erfordern. Das erste ist die Eichung der Diffusionszelle; diese ist notwendig, weil der wirksame Querschnitt des Diaphragmas nicht bekannt ist. Das zweite ist die Abhängigkeit des Diffusionskoeffizienten von der Konzentration. Zur Eichung hat man gewöhnlich die Diffusion von Salzen benutzt, und da die Diffusionskoeffizienten von Elektrolyten eine ausgesprochene Konzentrationsabhängigkeit aufweisen, so sind beide Probleme miteinander verknüpft. Diese Frage ist von GORDON (82, 83) und von HARTLEY u. RUNNICLES (102) sehr sorgfältig diskutiert worden.

GORDON schlägt als beste Werte für die Diffusion von 0,1 N KCl in reines Wasser bei 25 °C vor

$D = 1{,}838\ 10^{-5}$ cm²/sec für kleine Konzentrationsänderung;

$D = 1{,}830\ 10^{-5}$ cm²/sec für eine Änderung der Differenz der Konzentrationen beider Behälter um etwa 50% [vgl. hierzu (14)].

GORDON (l. c.) diskutiert weiter die Beziehung zwischen den differentiellen Diffusionskoeffizienten und dem integralen Wert, wie ihn die Methode der Diaphragmenzelle liefert, sowie das kompliziertere Problem, differentielle Diffusionskoeffizienten aus gemessenen integralen Diffusionskoeffizienten abzuleiten. [Eichwert 0,5 N KCl nach GOSTING, HARNED u. NUTTAL (98), vgl. STOKES (172).]

Eine kompetente moderne Darstellung der Methoden der Messung von Diffusionskoeffizienten von Elektrolytlösungen geben ROBINSON u. STOKES (14).

VI, 3. Messungen bei nicht-stationärer Diffusion

Für nicht-stationäre Versuche muß eine bestimmte Anfangsverteilung der Konzentration vorgegeben und die resultierende Verteilung bei einer späteren Zeit gemessen werden. Bei Messungen mit Flüssigkeiten hat man fast ausschließlich eine eindimensionale Anordnung benutzt. Sei c_1 eine höhere Konzentration (höherer Dichte), c_0 eine niedrigere Konzentration, häufig $c_0 = 0$; dann wird die angestrebte Anfangsverteilung gewöhnlich so sein, daß für $0 \leqq x < h_1\ \ c = c_1$, während für $x > h_1\ \ c = c_0$, bei $t = 0$. Beide Lösungen sollten sich in einer scharfen Grenzfläche berühren, ohne irgendeine Mischungszone zu Beginn eines Versuches. Da eine geringe Mischung kaum vermieden werden kann, sollte die Höhe der Diffusionszelle groß sein im Verhältnis zu den Dimensionen der am Anfang vorhandenen Mischungszone. Aus hydrodynamischen Gründen ist es gewöhnlich nicht schwer, eine ziemlich scharfe Grenzfläche zu erhalten, indem man die schwerere Lösung unter die leichtere fließen läßt. Eine von SVENSSON (176) vorgeschlagene und von COULSON, COX, OGSTON u. PHILPOT (55) benutzte Füllmethode, bei der Lösungsmittel und Lösung strömen und die Diffusionszelle durch einen verschließbaren Schlitz in Höhe der Grenzfläche verlassen, liefert eine außergewöhnlich scharfe Grenzfläche, vgl. unten.

Bei Diffusionszellen von ziemlich kleiner Höhe kann selbst eine sehr geringe Mischung zu Beginn zu nicht vernachlässigbaren Fehlern führen. In solchen Fällen kann es immer noch möglich sein, eine Korrektur für die anfängliche Durchmischung anzubringen. Im Prinzip gibt es dafür zwei Methoden. Die erste (anscheinend niemals angewandte) würde darin bestehen, daß man mittels einer geeigneten physikalischen Analysenmethode die Anfangsverteilung bei einem willkürlichen Zeitpunkt $t = 0$ mißt, und die Versuche mittels einer Lösung der Diffusionsgleichung auswertet, die zu dieser Anfangsverteilung gehört. Das ist mittels der in Kap. I diskutierten mathematischen Methoden möglich. Die übliche Methode der Korrektur besteht darin, daß man die aus einer Mischung vor Versuchsbeginn resultierende Konzentrationsverteilung als sehr ähnlich voraussetzt der Konzentrationsverteilung, wie man sie durch Diffusion innerhalb einer bestimmten Zeit Δt erhalten würde. Dieses Zeitintervall Δt wird durch Probieren bestimmt, derart, daß Beobachtungen bei verschiedenen Diffusionszeiten übereinstimmende Ergebnisse liefern, wenn man diese Zeit Δt zu der tatsächlichen Versuchszeit addiert.

Zusammenfassende Berichte über Diffusion in Flüssigkeiten sind mehrfach veröffentlicht worden: FÜRTH (4), WILLIAMS u. CADY (18), DUCLAUX (2), NEURATH (11), COHN u. EDSALL (51), HARNED u. OWEN (6), HARNED (5), LONGSWORTH (121, 123) und TYRELL (17).

Für die Messung nicht-stationärer Diffusion kann man eine Anordnung benutzen, die der für stationäre Diffusion beschriebenen sehr ähnlich ist. Die vertikale Diffusionszelle kann beliebigen Querschnitt haben; meistens ist dieser zylindrisch oder, besonders für optische Analysenmethoden, rechteckig. Die mathematischen Methoden zur Auswertung sind verschieden, je nachdem die Konzentrationsänderungen die obere und untere Begrenzung der Diffusionszelle erreichen oder nicht. In diesem Falle kann man die einfacheren Lösungen für ein unbegrenztes System anwenden, in dem ersten Falle muß man die Lösungen für endliches System benutzen (vgl. Kap. I). Wenn der Diffusionskoeffizient mit der Konzentration variiert und die BOLTZMANNsche Methode (vgl. Kap. I) zur Auswertung herangezogen werden muß, ist es notwendig, Konzentrationsänderungen in der Nähe der Begrenzung zu vermeiden.

Die ursprüngliche diskontinuierliche Konzentrationsverteilung läßt sich auch dadurch erzielen, daß man zwei vertikale Rohre oder Zellen gleichen Querschnittes mit Lösungen verschiedener Konzentrationen füllt und sie zu Versuchsbeginn in Kontakt bringt. Diese bereits bei den Gasen beschriebene Methode wurde für die Diffusion in Flüssigkeiten zuerst von SCHUMEISTER (165) benutzt.

Sie war verbessert worden, vgl. auch v. WOGAU (198), von COHEN u. BRUINS (46), welche sie zu einer Präzisionsmethode mit einer Meßgenauigkeit von etwa 0,3% ausbildeten. Die Autoren benutzten einen Satz von sechs gebohrten Glasscheiben, welche sorgfältig geschliffen waren und um eine gemeinsame Achse rotieren konnten. Auch die LAMMsche (115, 116) Methode, bei der beide Teile einer Diffusionszelle durch einen Schieber getrennt sind, ist hier zu nennen.

Mit physikalischen Analysenmethoden kann man die Konzentrationen und die Geschwindigkeit ihrer Änderung mit der Zeit für jeden Querschnitt einer Diffusionszelle bestimmen ohne Unterbrechung eines Versuches [z. B. durch Messung der Lichtabsorption, ULLMANN (183), FÜRTH (s. unten), des Brechungsindex, der Dichte, z. B. aus der Verschiebung kleiner Schwimmer bekannter Dichte, usw.]. Eine elegante Mikromethode zur Bestimmung von Diffusionskoeffizienten gefärbter Substanzen ist von FÜRTH (78, 79, 80, 81) entwickelt worden. Die Totalreflektion des Lichtes ist in einer Mikromethode von ZUBER (200, 201) benutzt worden.

Messung des Brechungsindex kann zu fehlerhaften Resultaten führen, wenn man die Ablenkung eines Lichtstrahles beim Durchtritt durch ein Medium von variablem Brechungsindex [STEFAN (169, 170), WIENER (196)] vernachlässigt. Der gleiche Effekt kann jedoch für die Messung der Diffusionsgeschwindigkeit nutzbar gemacht werden.

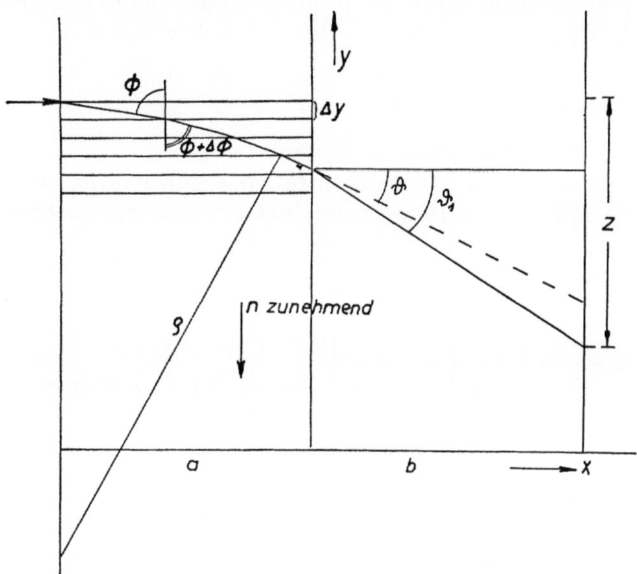

Abb. VI, 3 - 1. Ablenkung eines Lichtstrahls, der von links kommend eine Zelle der Dicke a mit nach unten ansteigendem Brechungsexponenten durchsetzt. ϱ Krümmungsradius des Lichtstrahls.

Ein Lichtstrahl, der durch ein Medium mit variablem Brechungsindex hindurchtritt, wird selbst dann abgelenkt, wenn er senkrecht zum Gradienten des Brechungsindex einfällt, Abb. VI, 3 - 1. Wir ersetzen das Medium mit kontinuierlich variierendem Brechungsexponenten durch ein solches aus einer Anzahl dünner Schichten, je von der Höhe Δy, mit von Schicht zu Schicht um Δn zunehmendem Brechungsindex (und zwar von oben nach unten): dann haben wir die Situation der Abb. VI, 3 - 1. Die Ablenkung des Lichtstrahles, beim Durchschnitt von einer Schicht zur nächsten, ist gegeben durch

$$\frac{\sin \varphi}{\sin (\varphi + \Delta\varphi)} = \frac{n + \Delta n}{n} \approx \frac{\sin \varphi}{\sin \varphi + \cos \varphi \, \Delta\varphi}, \qquad \text{[VI - 3, 1]}$$

wobei sich die Bedeutung der eingeführten Winkel aus Abb. 41 ergibt. Folglich

$$-\operatorname{ctg} \varphi \cdot \Delta\varphi \approx \Delta n / n. \qquad \text{[VI - 3, 2]}$$

Wenn die x–Koordinate in der Richtung des einfallenden Lichtes ist, senkrecht zur Richtung y des Gradienten des Brechungsindex, dann haben wir, Abb. VI, 3 - 1,

$$\Delta y = \Delta x \operatorname{ctg} \varphi,$$

und nach Gl. [VI - 3, 2]

$$\Delta \varphi / \Delta y \approx - \Delta n / \Delta x n. \qquad [IV - 3, 3]$$

So erhalten wir schließlich für den Krümmungsradius des abgelenkten Lichtstrahls, Abb. VI, 3 - 1, $\varrho = 1/(d\varphi/ds)$ durch Grenzübergang $\Delta y \to 0$

$$\varrho = - \frac{n}{dn/dy} = - n \Big/ \left(\frac{dn}{dc} \cdot \frac{dc}{dy} \right) \qquad [IV - 3, 4]$$

Abb. VI, 3 - 1 entspricht $dn/dy < 0$, $\varrho > 0$.

Wenn n als Funktion der Konzentration c bekannt ist, ist es möglich, dc/dy aus Gl. [VI - 3, 4] mittels beobachteter Werte der Lichtablenkung zu berechnen.

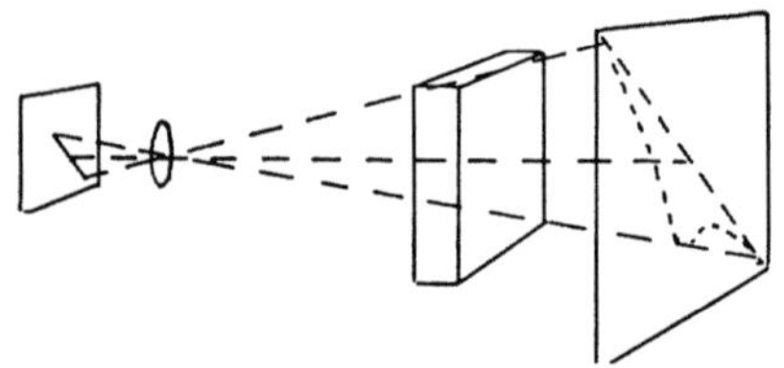

Abb. VI, 3 - 2. Experimentelle Anordnung für die WIENERsche Methode der Ablenkung des Lichtstrahls im Konzentrationsgradienten.

WIENER (196) hat diesen Effekt für die Messung von Diffusionskoeffizienten benutzt. Ein enger, gegen die Vertikale unter 45° geneigter Spalt wird mittels einer monochromatischen Lichtquelle beleuchtet, Abb. VI, 3 - 2. Durch eine Linse großer Brennweite wird der Spalt in einem Abstand von mehreren Metern abgebildet. Ohne Diffusionszelle erhält man so einfach ein vergrößertes Bild des Spaltes, Abb. VI, 3 - 3. Wenn man eine Diffusionszelle von rechteckigem Querschnitt mit planparallelen Glasfenstern zwischen Linse und

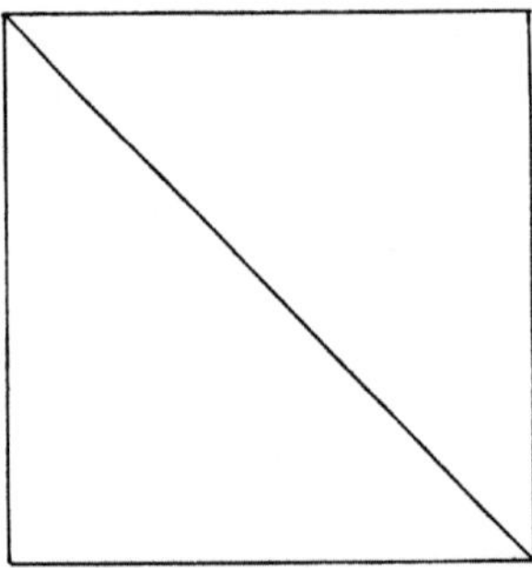

Abb. VI, 3 - 3. Bild des 45°-Spaltes bei der WIENERschen Methode, ohne Konzentrationsgradienten.

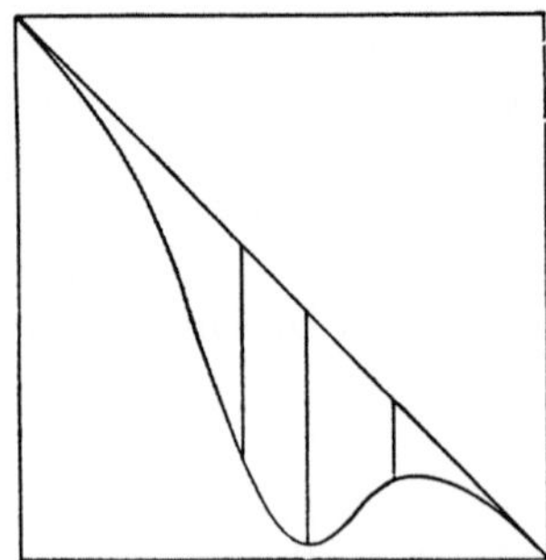

Abb. VI, 3 - 4. Bild des gleichen Spaltes, mit Konzentrationsgradienten, der etwa in der Mitte sein Maximum hat.

Schirm bringt, dann wird das Bild verzerrt, wie in Abb. VI, 3 - 4 gezeigt, entsprechend der Variation des Konzentrationsgradienten innerhalb der Lösung. Da der Konzentrationsgradient an der oberen und unteren Begrenzung der Diffusionssäule verschwinden muß, so muß dort auch die Ablenkung verschwinden. Für die Ablenkung des Lichtstrahles auf dem Schirm erhält man aus Gl. [VI - 3, 4]

$$z = ba/\varrho = ba\,dn/dy, \qquad\qquad \text{[VI - 3, 5]}$$

a Dicke der Diffusionszelle, b Abstand Zelle-Schirm, mit einer Vernachlässigung, die wegen $b \gg a$ erlaubt ist. Solange man die Diffusionssäule als unbegrenzt betrachten darf, ist der Konzentrationsgradient durch eine Fehlerkurve gegeben

$$\frac{\partial c}{\partial y} = - \frac{c_0}{2\sqrt{\pi D t}} \cdot \exp(-y^2/4D t). \qquad\qquad \text{[VI - 3, 6]}$$

Die WIENERsche Methode ist von THOVERT (177, 178) verbessert worden. Er benutzt nicht einen beleuchteten schrägen Spalt, der mit einer sphärischen Linse abgebildet wird, sondern statt dessen eine punktförmige Lichtquelle 1, eine Kollimatorlinse L_1 und eine zylindrische Linse L_2 mit horizontaler Achse, welche eine horizontale Linie als Bild der Lichtquelle auf dem Schirm S entwirft. Indem er vor der Diffusionszelle einen um 45° geneigten Spalt anbringt, erhält er die vertikalen Ablenkungen, die durch den vertikalen variablen Gradienten des Brechungsindex innerhalb der Zelle verursacht sind, an verschiedenen Stellen des horizontalen Bildes auf dem Schirm. So kann die GAUSSsche Fehlerkurve für dn/dx unmittelbar photographiert werden. Wenn der Brechungsindex eine lineare Funktion der Konzentration ist, folgt aus Gl. [VI - 3, 7]

$$\frac{dn}{dy} = \frac{n_0 - n_1}{2\sqrt{\pi D t}} \exp(-y^2/4D t), \qquad\qquad \text{[VI - 3, 7]}$$

wo n der Brechungsindex beim Punkt y ist, n_0 der Brechungsindex der ursprünglichen Lösung und n_1 der Brechungsindex des reinen Lösungsmittels (oder der

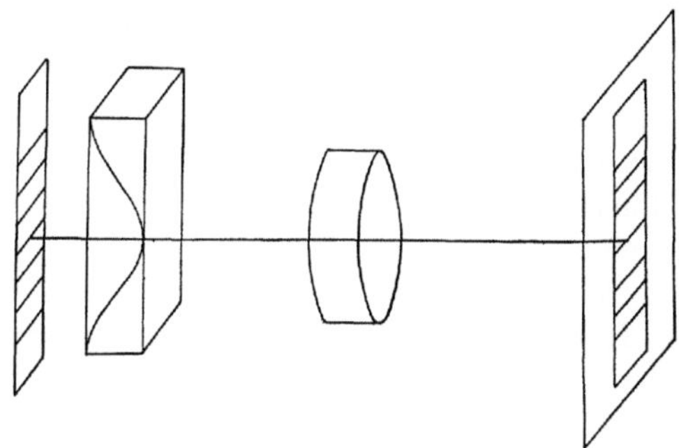

Abb. VI, 3 - 5. LAMMsche Skalenmethode, schematisch. Die Skala S links wird mittels der Linse L rechts abgebildet. Befindet sich im Strahlengang die Diffusionszelle Z mit einem Konzentrationsgradienten, so wird das Bild der Skala verzerrt.

der verdünnten Lösung, wenn die obigen Anfangsbedingungen ersetzt werden durch $c = c_1$ für $y > 0$, mit $c_1 < c_0$). Da die WIENERsche Methode dn/dy für jedes y gibt, und da diese Größe proportional zur Ablenkung des Lichtstrahls ist, ist das erhaltene Bild unmittelbar die Fehlerkurve [VI - 3, 7], die in der WIENERschen Anordnung lediglich dadurch verzerrt ist, daß sie auf ein Koordinatensystem transformiert ist, dessen Achsen einen Winkel von 45° bilden.

Die Methode ist von LAMM (115) in Form der sogenannten Skalenmethode benutzt worden. Eine Skala S, Abb. VI, 3 - 5, wird durch die Diffusionszelle hindurch photographiert. Wenn die Diffusionszelle eine Lösung einheitlicher Konzentration enthält, bekommt man so eine gleichförmige Bezugsskala auf der photographischen Platte P. Wenn die Skala dann wiederum während eines Diffusionsversuches photographiert wird, erhält man ein verzerrtes Bild der Skala, Abb. VI, 3 - 5. Die Verzerrung ist durch die Anwensenheit eines variablen Konzentrationsgradienten bedingt, welcher in der Abb. VI, 3 - 5 der Diffusionszelle angedeutet ist, und durch eine daher rührende variable Ablenkung von Lichtstrahlen, welche die Zelle in verschiedenen Höhen durchsetzen. Wenn die Aufnahme mit hinreichend kleiner Apertur gemacht worden ist, dann bezieht sich jede Linie der Skala auf eine wohl definierte Höhe der Diffusionszelle. Dann kann man also durch Vermessen der Linie auf der Platte, relativ zu dem Bild der unverzerrten Skala, mittels eines Komparators dn/dy als Funktion von y erhalten, gemäß Abb. VI, 3 - 5 und den Gln. [VI - 2, 6] und [VI - 2, 7].

LAMM (15, 115) benutzte außer den Skalenmethoden die sogenannte Spaltmethode, welche eine spezielle Form der Schlierenmethode ist. Das Prinzip geht aus Abb. VI, 3 - 6 hervor. Licht von einem beleuchteten Spalt S_1 tritt

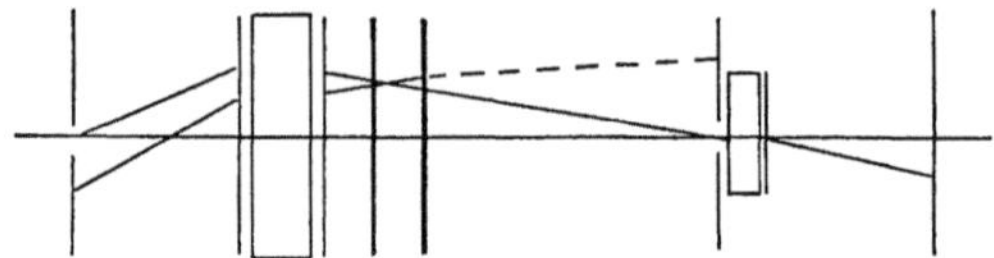

Abb. VI, 3 - 6. LAMMsche Spaltmethode.

durch eine Linse L_1 und eine Zelle C und gibt schließlich ein Bild des ersten Spaltes auf dem zweiten Spalt S_2. Man beobachte die Zelle durch ein Fernrohr, das aus der Linse L_2 und einem Okular bei A besteht. Nur wenn keine Lichtablenkung durch einen Konzentrationsgradienten in der Zelle vorhanden ist, tritt Licht von dem ersten Spalt durch den zweiten Spalt S_2 hindurch. Wenn ein mit der Höhe variierender Konzentrationsgradient vorhanden ist, dann ist eine vertikale Verschiebung des ersten Spaltes notwendig, damit das abgelenkte Licht durch den zweiten Spalt hindurchtreten kann, wobei jede Lage des ersten Spalts einem bestimmten Konzentrationsgradienten und einer bestimmten Höhe in der Zelle entspricht. So ist es also möglich, die Lichtablenkung als Funktion der vertikalen Lagekoordinate zu bestimmen.

Man hat verschiedene Modifikationen der Schlierenmethode zur Bestimmung von Diffusionskoeffizienten benutzt [z. B. TISELIUS (179), PHILPOT (150), LONGSWORTH (122)]. Die Methode hat sich sehr bewährt, besonders in der Form von LONGSWORTHs „Schlieren scanning method", welche einen schnellen Überblick erlaubt. Die Anwendung von Interferenzmethoden auf die Konzentrationsbestimmung in einem Diffusionsversuch ist verhältnismäßig einfach, unter Umständen kann man die gängigen Typen von Flüssigkeitsinterferometern dafür verwenden. Interferometrische Konzentrationsbestimmungen wurden von CALVET u. CHEVALERIAS (35) sowie von RÖGENER (156, 157) im Laboratorium des Verf. benutzt; beide benutzten ein YOUNGsches Interferometer in Verbindung mit einer Zwillingsdiffusionszelle; bei RÖGENERs Versuchen stand der Doppelspalt des Interferometers senkrecht zu dem Konzentrationsgradienten, in CALVETs Versuchen parallel dazu (Abb. VI, 3 - 7a, b).

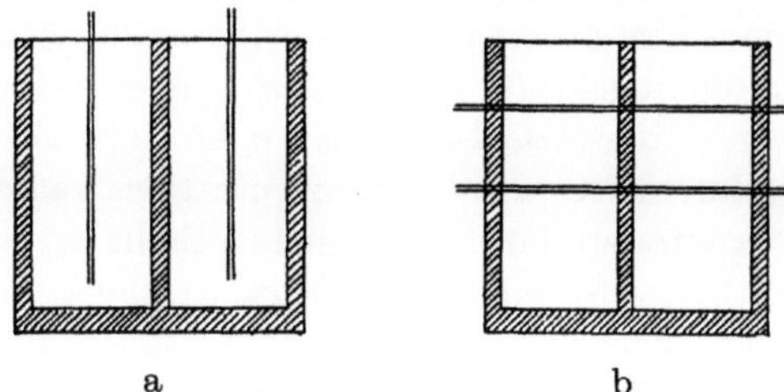

a   b

Abb. VI, 3 - 7. Zwillings-Diffusionszelle, a) mit senkrechtem Doppelspalt, von CALVET u. CHEVALERIAS für interferometrische Diffusionsmessungen benutzt; b) mit horizontalem Doppelspalt, von RÖGENER benutzt.

RÖGENER erhält zwei Serien von Interferenzstreifen, von denen die eine durch die gleichförmige Lösung (oder das Lösungsmittel) in der Vergleichszelle entstand und als Bezugssystem diente.

In CALVETs Anordnung wird ein System von Interferenzstreifen beobachtet, welches für jeden Wert der Höhe den Unterschied des Brechungsindex in der Diffusionszelle gegen den in der Vergleichszelle darstellt. Wird dieses Bild fotographiert, so erhält man eine Darstellung der Konzentrations-Verteilung innerhalb der Zelle. In dieser Art hatten auch RÖGENER und SATTLER, in unveröffentlichten Versuchen, ihre Anordnung benutzt. CALVET und CHEVALERIAS benutzten eine andere Art der Registrierung auf einer rotierenden Trommel.

GOUY (88) beobachtete zuerst die Interferenzerscheinung, welche von einer Diffusionszone in einer Flüssigkeit hervorgerufen wird, und gab auch schon eine qualitative Erklärung dafür. In Abb. VI, 3 - 8 nach LONGSWORTH (121–126) ist das Schema der optischen Anordnung gezeigt. Licht von einem horizontalen Spalt in der Brennebene einer Linse L_1 tritt durch eine Zelle C; eine zweite Linse L_2 bildet den Spalt auf dem Schirm D ab, Abb. VI, 3 - 8. Wenn die Brennweite der beiden Linsen gleich sind, erhält man ein Spaltbild in natürlicher Größe, das nicht verzerrt oder abgelenkt ist, solange die Konzentration innerhalb der Zelle gleichförmig ist. Ist innerhalb der Zelle ein Kon-

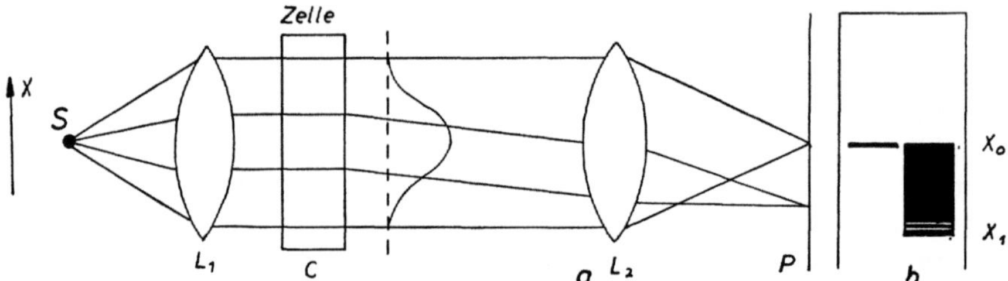

Abb. VI, 3 - 8. Gouysche Interferenzmethode, nach KEGELES u. GOSTING. Rechts von der Diffusionszelle (c) ist schematisch der Konzentrationsgradient angedeutet. Bei b Schema des Bildes ohne und mit Konzentrationsgradient.

zentrationsgradient vorhanden, Abb. VI, 3 - 8 (höhere Konzentration und höherer Brechungsindex im unteren Teil), so wird ein durch die Zelle tretender Lichtstrahl nach unten abgelenkt, verschieden je nach Höhe, bei welcher der Lichtstrahl die Zelle durchsetzt. Licht, das nahe dem oberen oder unteren Ende der Zelle hindurchtritt, wo der Konzentrationsgradient verschwindet, liefert ein Bild des Spaltes an der ursprünglichen Stelle x_0, während Licht aus Gebieten mit nicht verschwindendem Konzentrationsgradienten ein Bild unterhalb x_0 gibt. Der Kurve dc/dx, Abb. VI, 3 - 8 entspricht ein Maximum von dc/dx in der Mitte der Zelle, und infolgedessen erfahren Lichtstrahlen, die durch die Mitte der Zelle hindurchtreten, eine maximale Ablenkung und geben ein Bild bei x_1. Das ursprünglich scharfe Bild des Spaltes ist jetzt in ein Rechteck auseinandergezogen, Abb. VI, 3 - 8; VI, 3 - 9. Die vertikale Ausdehnung dieses Bildes ist um so höher, je höher der Konzentrationsgradient ist, d. h. je enger die Diffusionszone ist; der Abstand x_0x ist umgekehrt proportional der Ausdehnung der Diffusionszone. Gleichzeitig tritt eine Interferenzerscheinung auf infolge des Unterschiedes der Länge des Lichtweges für Strahlen, die in verschiedenen Höhen der Diffusionszelle abgelenkt worden sind. Das System von Interferenzstreifen ist schematisch in Abb. VI, 3 - 9 dargestellt.

KEGELES u. GOSTING (109) gaben eine quantitative Theorie dieser Interferenzmethode, die sich zur Auswertung von Diffusionsmessungen eignet.

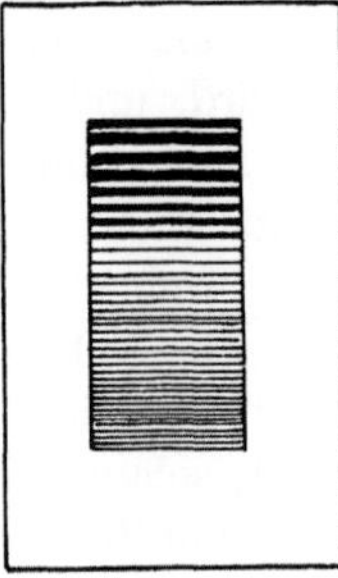

Abb. VI, 3 - 9. Schema der Interferenzstreifen, entsprechend Abb. VI, 3 - 8.

LONGSWORTH (124) hat die Methode experimentell geprüft und erhielt Diffusionskoeffizienten mit einer mittleren Abweichung von nur 0,15%.

PHILPOTS Interferenzmethode ist der eben beschriebenen analog, vgl. COULSON, COX, OGSTON u. PHILPOT (55). Ihnen gelang eine sehr schnelle Bestimmung von Diffusionskoeffizienten mit hoher Genauigkeit, einerseits durch Anwendung der Interferenzmethode, andererseits durch die Benutzung einer Diffusionszelle, welche eine sehr scharfe anfängliche Trennfläche zwischen Lösungsmittel und Lösung ergibt, nach einem Vorschlag von SVENSSON (176).

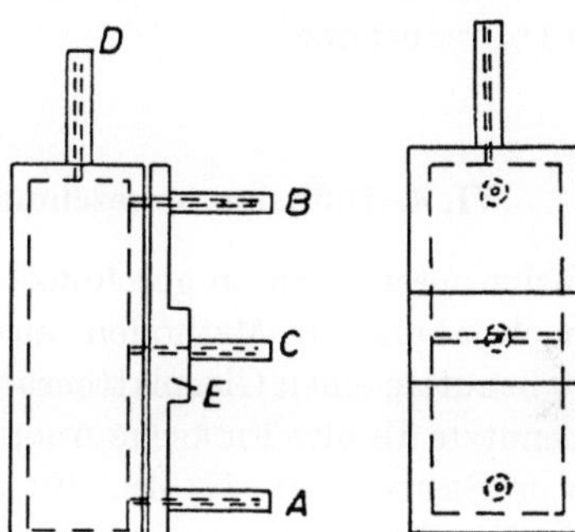

Abb. VI, 3 - 10. Diffusionszelle von COULSON, COX, OGSTON u. PHILPOT.

Das Schema der Diffusionszelle ist aus Abb. VI, 3 - 10 zu ersehen. Lösung und Lösungsmittel treten durch das untere und obere der drei Rohre an der Seite der Zelle ein und treten gemeinsam durch einen horizontalen Spalt und das mittlere Rohr wieder aus. Zu Versuchsbeginn wird die Strömung durch alle drei Rohre gleichzeitig abgesperrt.

Für die Bestimmung von Diffusionskoeffizienten von Elektrolyten hat man mit Erfolg die Messung der elektrolytischen Leitfähigkeit herangezogen. Eine Anordnung von HARNED u. FRENCH (97) ist in Abb. VI, 3 - 11 dargestellt. In einer Diffusionszelle aus Isoliermaterial von rechteckigem Querschnitt sind zwei Elektrodenpaare eingeführt in den Höhen ξ und $h - \xi$, h Höhe der Zelle.

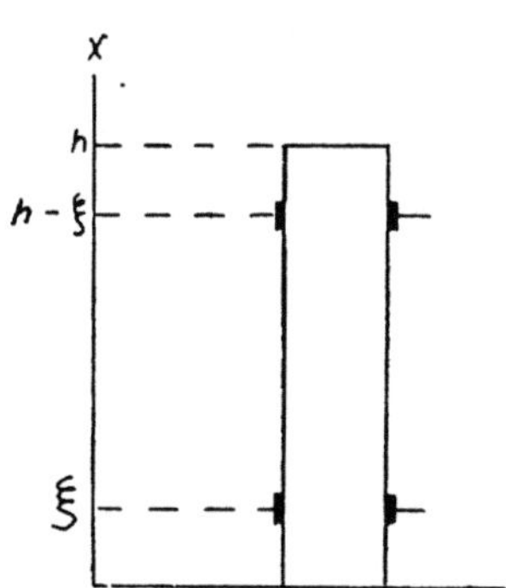

Abb. VI, 3 - 11. Diffusionszelle für Elektrolyte nach HARNED u. FRENCH.

Die Lösung des Diffusionsproblems wird besonders einfach dadurch, daß man die symmetrische Elektrodenanordnung gewählt hat und für ξ den speziellen Wert $h/6$ wählt

$$c(\xi) - c(h - \xi) = 2A_1 \cos \frac{\pi}{6} \exp\left(- \frac{\pi D t}{h^2}\right) + 2A_5. \qquad [\text{VI - 3, 8}]$$

vgl. Kap. I.

Da die Reihe für nicht zu kleine Werte von t sehr schnell konvergiert, braucht man meistens nur das erste Glied zu berücksichtigen.

Der Fehler in der Bestimmung von Diffusionskoeffizienten ließ sich auf etwa $0,1\%$ reduzieren.

VI, 4. Diffusion in geschmolzenen Legierungen und Salzen

Diffusionsmessungen an geschmolzenen Legierungen und Amalgamen lassen sich nach ähnlichen Methoden ausführen wie bei anderen Flüssigkeiten. WOGAU benutzte einen Glasplattensatz mit zylindrischen Löchern, K. SCHWARZ (166) benutzte die alte FICKsche Anordnung für stationäre Diffusion (vgl. oben), COHEN u. BRUINS (40, 47, 48, 49) arbeiteten mit einer potentiometrischen Analyse, Leitfähigkeitsmessungen wurden von WEISCHEDEL (194) benutzt.

Diffusionsmessungen an geschmolzenen Legierungen sind in mancher Beziehung einfacher als solche an normalen Flüssigkeiten, weil man am Ende eines Versuchs das System abkühlen und einzelne Schichten zur Analyse mechanisch abtrennen kann. Jedoch ist es bei höheren Temperaturen schwieriger, über die ganze Länge des Systems eine gleichförmige Temperatur aufrechtzuerhalten. In solchen Fällen wäre es wahrscheinlich das beste, zur Vermeidung von Konvektion eine von unten nach oben schwach ansteigende Temperaturverteilung zu wählen. Für Zahlenwerte vgl. die folgenden Tabellen.

Abschätzungen über die Ionendiffusion in geschmolzenen Salzen sind aus Leitfähigkeitsmessungen möglich [vgl. (8, 65)].

Diffusion in den flüssigen Systemen Methan-Dekan und Methan und Pentan wurde von REAMER, OPFELL u. SAGE (152) sowie von REAMER, DUFFY u. SAGE (153, 154) gemessen. Daselbst ausführliche Literaturangaben über Diffusionskoeffizienten in Kohlenwasserstoff-Systemen. Die gleichen Autoren untersuchten auch das System Methan-,,White Oil" (154). Selbstdiffusion von flüssigem Hg über einen Bereich von 273,2 bis 371,8 °K wurde von N. H. NACHTRIEB u. J. PETIT (138, vgl. auch 139) gemessen, und zwar nach der 4-Schichtenmethode mit einem Satz rotierender Stahlplatten, und zum Vergleich in einer 20 cm Glaskapillare (mit Analyse vieler Schichten); die Ergebnisse stimmen untereinander gut überein, liegen aber um ca. 15% unter denen von R. E. HOFFMAN (105), nach der Methode der einsietig offenen Kapillare. Die Meßwerte liegen zwischen 1,39 und $2{,}26 \cdot 10^{-5}\,\text{cm}^2\text{sec}^{-1}$ und werden dargestellt durch $D = 8{,}5 \cdot 10^{-5} \exp.\,(-1005/RT)$. Die STOKES-EINSTEIN-Beziehung ist bemerkenswert gut erfüllt. Der Druckeinfluß ist ausgeprägt,

Druckerhöhung um 8400 At. erniedrigt bei 30 °C den Diffusionskoeffizienten um etwa 20%.

Selbstdiffusionsmessungen: Hg: M. Haissinsky u. M. Cottin (93); R. E. Hoffman (105); In: Careri, Paoletti u. Salvetti (40); Pb: Groh u. Hevesy (90); Na: R. E. Mayer u. N. H. Nachtrieb (133).

Die Nernst-Einstein-Beziehung ist auf Ionenbeweglichkeit und Selbstdiffusion in Salzschmelzen nicht anwendbar [A. Z. Borucka, J. O. M. Bockris u. J. A. Kitchener (30)]. Bei NaCl mit Na(22) und Cl(36) als Indikatoren wurde gefunden bei 935 °C

$$D(\text{Na}) = 1{,}53 \cdot 10^{-4} \text{ cm}^2 \text{ sec}^{-1}$$

$$D(\text{Cl}) = 0{,}83 \cdot 10^{-4} \text{ cm}^2 \text{ sec}^{-1}.$$

Die Summe der Ionenbeweglichkeiten ergibt sich aus der Diffusion zu $2{,}27 \cdot 10^{-3}$, aus der Leitfähigkeit zu $1{,}62 \cdot 10^{-3} \text{ cm}^2 \text{sec}^{-1}$ Volt^{-1}. Das Ergebnis ist zu verstehen aus Verschiebungen (z. B. von NaCl als Ganzem), welche nicht zur Leitfähigkeit beitragen.

Die Selbstdiffusion in flüssigem Gallium in Abhängigkeit von Temperatur und Druck wurde von Petit u. Nachtrieb (149) untersucht, unter Verwendung von Ga 72, mit einer Diffusionszelle aus vier Platten von „stainless steel" nach dem Muster von Cohen u. Bruins.

Nach dem Versuch werden die vier Schichten getrennt und ihre Aktivitäten bestimmt. Die Diffusionskoeffizienten lassen sich darstellen durch

$$D = 1{,}07 \cdot 10^{-4} \exp(-1112/RT) \text{ cm}^2 \text{sec}^{-1} \quad \text{(Meßbereich 30 bis 98 °C)}.$$

Drucksteigerung erniedrigt die Diffusionsgeschwindigkeit (bei 10000 At. um etwa 25%). Die Stokes-Einstein-Beziehung zwischen D und Viskosität ist mit einem nicht unvernünftigen, aber leicht temperaturabhängigen Radius ($\approx 0{,}7 \cdot 10^{-8}$ cm) erfüllt.

J. H. Wernick (195) hat Diffusionskoeffizienten in Flüssigkeiten gemessen mit Hilfe des Zonenschmelzverfahrens in einem Temperaturgradienten (unter Vernachlässigung des Soret-Effektes). Es wurde die Diffusion von Germanium in Aluminium und Gold, die von Silizium in Aluminium gemessen, bei Temperaturen zwischen 529 und 697 °C; die beobachteten Diffusionskoeffizienten lagen zwischen 4 und $17 \cdot 10^{-5} \text{ cm}^2 \text{sec}^{-1}$.

Tabelle VI, 4, 1. Diffusion in Flüssigkeiten bei Zimmertemperatur

Diffun-dierende Substanz	Konz.	Lösungs-mittel	Temp. °C	$D \cdot 10^5$ cm^{2}sec^{-1}	Literatur
Methanol	0,25%	Wasser	18	1,37	(81a)
Phenol	0,25%	Wasser	18	0,80	(177, 178)
CO_2		Wasser	18	1,46	(176a)
N_2		Wasser	18	1,62	(81a)

Tabelle VI, 4, 2. Diffusion in Flüssigkeiten bei Zimmertemperatur

Diffundierende Substanz	Konz.	Lösungsmittel	Temp. °C	$D \cdot 10^5$ cm² sec⁻¹	Lit.
H_2		Wasser	18	3,59	(176a)
KCl	0,00 m	Wasser	25	1,996	(82)
KCl	0,20 m	Wasser	25	1,857	(82)
KCl	2,00 m	Wasser	25	1,901	(82)
NaCl	0,00 m	Wasser	18,5	1,354	(82)
NaCl	0,20 m	Wasser	18,5	1,274	(82)
NaCl	2,00 m	Wasser	18,5	1,273	(82)
KNO_3	0,00 m	Wasser	18,5	1,645	(82)
KNO_3	1,00 m	Wasser	18,5	1,29	(82)
J_2	0,1 n	Benzol	20	1,67	(133a)
J_2	0,1 n	Methanol	20	1,572	(133a)
J_2	0,1 n	Heptan	20	2,386	(133a)
Benzol	50%	n Heptan	25	2,47	(180)

Tabelle VI, 4, 3. Diffusion in Salzschmelzen

Diffundierende Substanz	Lösungsmittel	Temp. °C	$D \cdot 10^5$ cm² sec⁻¹
$AgNO_3$	$NaNO_3$	330	4,57
AgBr	KBr	780	4,92
AgJ	KJ	720	4,63
KJ	KNO_3	360	2,96
$Ba(NO_3)_2$	KNO_3	370	2,06

Isotopeneffekte bei der Diffusion in Flüssigkeiten wurden von L. B. EPSTEIN (72a) unter Verwendung der Diaphragmenmethode gemessen und diskutiert.

Die letzte bekannt gewordene Arbeit unter Verwendung der Diaphragmenzelle stammt von A. S. CUKROWSKI (61a), auf die hiermit verwiesen sei.

Diffusion in binären Systemen in einem „Keil"-Interferometer werden von DUDA, SIGELKO u. VRENTAS (65a) beschrieben.

Diffusion in binären flüssigen Mischungen wird im Zusammenhang mit der RICE-ALLNATTschen Theorie im Anschluß an RICE u. KIRKWOOD von LOFLIN u. McLAUGHLIN (120a) besprochen.

Die Kernspin-Echo-Methode ist von HAHN (92a) eingeführt und im Zusammenhang mit der Diffusion von CARR u. PURCELL (42a) und von TORREY (179a) diskutiert worden. Zusammenfassende Darstellungen findet man bei LAUKIEN (117a) und bei ABRAGAM (19a). Zugänglich sind Diffusionskoeffizienten zwischen 10^{-3} und 10^{-7} cm² · sec⁻¹ (169a). Die Übereinstimmung von Selbstdiffusionskoeffizienten, die mit der Spin-Echo-Methode bestimmt wurden, mit solchen, die man mit Hilfe von Indikatoren erhielt, bestätigen Messungen an H_2O (179b) und am System Benzol-Cyclohexan (131a). Als weitere Anwendungsbeispiele seien hier nur Untersuchungen bei hohen Drucken (26a), an reinen organischen Flüssigkeiten (131b) und an binären Flüssigkeitsmischungen

(110a) erwähnt. Bei den Messungen in binären Systemen verlangt das Verfahren, daß nicht beide Komponenten die zur Messung benutzte Kernsorte enthalten (eventuell vorhandene chemische Verschiebungen zwischen den beiden Komponenten sind zu klein, als daß eine gemeinsame Anregung im Impulsverfahren verhindert würde).

Da bei dem Spin-Echo-Verfahren nur ein Gradient der Kernmagnetisierung, nicht aber einer in der Konzentration des untersuchten Moleküls vorhanden sein muß, waren auch Messungen in der Nähe von kritischen Zuständen möglich, z. B. in C_2H_6 (139b), in C_2H_4 (93a), in CH_4 (179c), im binären System $SF_6-C_2H_4$ (93b) und an den oberen kritischen Entmischungspunkten der Systeme CS_2-CH_3OH und $n\text{-}C_7H_{14}-CF_3C_6F_{11}$ (105a). Im Gegensatz zum binären Diffusionskoeffizienten behalten die Selbstdiffusionskoeffizienten dort normale Werte.

Literatur zu Kapitel VI

A. Monographien, Übersichtsberichte, usw.

0. COHN, O. & EDSALL, vgl. 51.

1. Diffusion in Liquids. 7e réunion de la Société de Chimie Physique, Paris 1957. J. chim. phys. **54**, 851—937; **55**, 77—158 (1958).

2. DUCLAUX, J., Diffusion dans les liquides. Actualités scientifiques et industrielles, Nr. 349 (Paris 1936).

3. FRANCK, E. U. & W. JOST, Transportvorgänge in Flüssigkeiten. Z. Elektrochem. **62**, 1054 (1958).

4. FÜRTH, R., Artikel „Diffusion", in: AUERBACH, F. u. W. HORT, Handb. physik. techn. Mechanik 7, 635—739 (Leipzig 1931).

5. HARNED, H. S., The Quantitative Aspect of Diffusion in Electrolyte Solutions. Chem. Rev. **40**, 461 (1947).

6. HARNED, H. S. & B. B. OWEN, The Physical Chemistry of Electrolyte Solutions, 3rd. ed. REINHOLD (New York 1958). (Chapter 4: Theory of irreversible processes in electrolyte solutions. Chapter 6: Experimental investigation of irreversible processes in solutions of strong electrolytes. Conductance, transference numbers, viscosity, and diffusion.)

7. HIRSCHFELDER, J. O., C. F. CURTISS, & R. B. BIRD, Molecular Theory of Gases and Liquids (New York 1954). Neudruck 1964, mit Fehlerberichtigung.

8. Ionic Melts, The Structure and Properties of, Discussion of the Faraday Society, No. **32** (1961).

9. JOST, W., Diffusion in Solids, Liquids, Gases (New York 1952). Third Printing with Addendum (1960).

10. LAMM, O., Artikel „Diffusion" in: BAMANN, E. & K. MYRBÄCK, Die Methoden der Fermentforschung, Band 1, S. 659 (Leipzig 1941).

11. NEURATH, H., The Investigation of Proteins by Diffusion Measurements. Chem. Rev. **30**, 357 (1942).

12. REID, R. C. & T. K. SHERWOOD, The Properties of Gases and Liquids, Their Estimation and Correlation (New York 1958).

13. ROBINSON, R. A., Electrochemical Constants. National Bureau of Standard. Circular 524 (1953).

14. ROBINSON, R. A. & R. H. STOKES, Electrolyte Solutions, 2nd ed. (New York 1959).

15. SVEDBERG, THE & K. O. PEDERSEN, Die Ultrazentrifuge (Dresden und Leipzig 1940).

16. Transport Processes in Statistical Mechanics. Proceedings of the International Symposium, Brussels 1956 (PRIGOGINE, I., ed.) (New York 1958). FALKENHAGEN, H., Some results of the theory of strong electrolytes, p. 251; MAZO, R. M. & J. DE BOER, A kinetic theory of the viscosity of liquid helium II, p. 261; CARERI, G. & A. PAOLETTI, Diffusion in a quasi-crystalline liquid, p. 309.

17. TYRELL, H. J. V., Diffusion and Heat Flow in Liquids (London 1961).

18. WILLIAMS, J. W. & L. C. CADY, Molecular Diffusion in Solution. Chem. Rev. 14, 171 (1934).

19. YOSIM, S. J. & H. REISS, Fused Salts, in Ann. Rev. Physical Chem. 19, 59 (1958).

19a. ABRAGAM, A., The Principles of Nuclear Magnetism (Oxford 1961).

B. Allgemeine Verweisungen

20. ADAMSON, A. W. & R. IRANDI, Diffusion und Selbstdiffusion in wäßrigen Lösungen von Rohrzucker und in $H_2O–D_2O$. J. chim. phys. 55, 102 (1958).

21. AKELEY, D. F. & L. J. GOSTING, Diffusionsmessungen an gemischten Lösungen mit dem Gouy-Diffusiometer. J. Amer. Chem. Soc. 75, 5685 (1953). (KCl–Rohrzucker; Rohrzucker–KCl–BPA; KCl–Harnstoff; BPA = „Bovine Plasma Albumine".)

22. ANDERSON, D. K., J. R. HALL & A. L. BABB, Diffusion in nicht idealen binären flüssigen Mischungen. J. Phys. Chem. 62, 404 (1958); Mischungen Aceton–Benzol bei 25,15 °C; Aceton–Wasser bei 25,15 °C; Aceton–Chloroform bei 25,15 °C und 39,98 °C; Aceton–Tetrachlorkohlenstoff bei 25,15 °C; Aethanol–Benzol bei 25,15 °C und 39,98 °C; Methanol–Benzol bei 39,95 °C.)

23. BAK, T. A. & W. G. KAUMAN, Beitrag zur Theorie der Elektrodiffusion. J. Chem. Phys. 28, 509 (1958).

24. BALDWIN, R. L., P. J. DUNLOP & L. J. GOSTING, Wechselwirkung zwischen Flüssen bei der Diffusion in Flüssigkeiten: Gleichungen zur Auswertung von Diffusionskoeffizienten aus Momenten der Brechungsindex–Gradientenkurve. J. Amer. Chem. Soc. 77, 5235 (1955).

25. BAMBYNEK, W. & V. FREISE, Selbstdiffusion von Zinntetramethyl. Z. physik. Chem. N.F. 7, 317 (1956).

26. BARNES, C., Physics 5, 4 (1934).

26a. BENEDEK, G. B. & E. M. PURCELL, J. Chem. Phys. 22, 2003 (1954).

27. BENNET, J. A. R. & J. B. LEWIS, Diffusion und chemische Kontrolle der Auflösung von Metallen in Quecksilber. J. chim. phys. 55, 83 (1958).

28. BIANCHERIA, A. & G. KEGELES, Diffusionsmessungen in wäßrigen Lösungen verschiedener Viskosität. J. Amer. Chem. Soc. 79, 5908 (1957). (Glycolamid–Wasser; Glycolamid–Polyvinylalkohol; Glycolamid–Acetamid; Glycolamid–Acetat-Puffer; Glycolamid–Methanol; Glycolamid–Raffinose; Glycolamid–Glycerin; Acetamid–Polyvinylalkohol; Acetamid–Methanol.)

29. BILTZ, W. & W. KLEMM, Z. anorg. allgem. Chem. 152, 267 (1926).

30. BORUCKA, A. Z., J. O. M. BOCKRIS & J. A. KITCHENER, Prüfung der Anwendbarkeit der Nernst-Einstein-Beziehung auf die Selbstdiffusion und Ionenleitung in geschmolzenem NaCl. J. Chem. Phys. 24, 1282 (1956).

31. BORUCKA, A. Z., J. O. M. BOCKRIS & J. A. KITCHENER, Selbstdiffusion in geschmolzenem NaCl: Prüfung der Anwendbarkeit der Nernst-Einstein-Beziehung. Proc. Roy. Soc. (London) A 241, 554 (1957).

32. BRUN, B., Etude des interactions particulaires par mesure des coefficients de self-diffusion. Thèse (Université de Montpellier, 1967).

32b. BRUN, B., R. GAUFRES, J. ROUVIÈRE & J. SALVINIEN, Mise en évidence d'une association eau–pyridine par measure des coefficients de diffusion propre de l'eau et de la pyridine. C. R. Acad. Sc. Paris 260, 3636 (1965).

33. CALDWELL, C. S. & A. L. BABB, Diffusion im System Methanol–Benzol. J. Phys. Chem. 59, 1113 (1955).

34. CALDWELL, C. S. & A. L. BABB, Diffusion in idealen binären flüssigen Mischungen. J. Phys. Chem. **60**, 51 (1956). Benzol–Tetrachlorkohlenstoff; Chlorbenzol–Brombenzol; Toluol–Chlorbenzol.)

35. CALVET, E. & R. CHEVALERIAS, J. chim. phys. **43**, 37 (1946).

36. CALVET, E. & H. PATIN, Interferometrische Studie der vertikalen Diffusion in Flüssigkeiten. J. chim. phys. **54**, 910 (1957).

37. CARASSITI, V., Trennung optischer Antipoden mittels Diffusion in optisch aktiven Lösungsmitteln. Angew. Chem. **69**, 677 (1957).

38. CARASSITI, V., Diffusion optischer Antipoden in Lösung. Angew. Chem. **70**, 598 (1958).

39. CARASSITI, V., Trennung optischer Antipoden durch Diffusion in asymmetrischen Flüssigkeiten. J. chim. phys. **55**, 120 (1958).

40. CARERI, PAOLETTI & SALVETTI, Nuovo Cimento **11**, 399 (1954).

41. CARMAN, P. C. & L. H. STEIN, Selbstdiffusion in Mischungen. Trans. Faraday Soc. **52**, 619 (1956). Teil I. Theorie und deren Anwendung auf fast-ideale binäre Flüssigkeitsgemische (Aethyl-jodid–n-Butyljodid).

42. CARMICHAEL, L. T., H. H. REAMER, B. H. SAGE & W. N. LACEY, Diffusionskoeffizienten in Kohlenwasserstoff-Systemen. Ind. Eng. Chem. **47**, 2205 (1955).

42a. CARR, H. Y. & E. M. PURCELL, Phys. Rev. **94**, 630 (1954).

43. CHANG, P. & C. R. WILKE, Diffusionsmessungen an Flüssigkeiten. J. Phys. Chem. **59**, 592 (1955). (Benzoësäure in Tetrachlorkohlenstoff, in Benzol, in Toluol, in Aceton, in Aethylenglykol. Essigsäure in Tetrachlorkohlenstoff, in Benzol, in Toluol, in Aethylen-Glykol, in Aceton. Ameisensäure in Tetrachlorkohlenstoff, in Benzol, in Toluol, in Aceton, in Aethylen-Glykol. Zimtsäure in Tetrachlorkohlenstoff, in Benzol, in Toluol, in Aceton. Jod in n-Tetradekan, in n-Oktan, in n-Hexan, in Cyclohexan, in Methylcyclohexan, in Aethylalkohol, in Brombenzol, in Tetrachlorkohlenstoff. Toluol in n-Hexan, in n-Heptan, in n-Dekan, in n-Dodekan, in n-Tetradekan, in n-Heptan).

44. CLACK, B. W., Proc. Phys. Soc. (London) **36**, 313 (1924) und frühere Veröffentlichungen.

45. CLAESSON, S. & L. O. SUNDELOF, Freie Diffusion in der Nachbarschaft der kritischen Entmischungstemperatur. J. chim. phys. **54**, 914 (1957).

46. COHEN, E. & H. R. BRUINS, Ein Präzisionsverfahren zur Bestimmung von Diffusionskoeffizienten in beliebigen Lösungsmitteln. Z. physik. Chem. **103**, 349 (1923).

47. COHEN, E. & H. R. BRUINS, Z. physik. Chem. **113**, 157 (1924).

48. COHEN, E. & H. R. BRUINS, Z. physik. Chem. **109**, 397 (1924).

49. COHEN, E. & H. R. BRUINS, Z. physik. Chem. **109**, 422 (1924).

50. COHEN, M. H. & D. TURNBULL, Molekularer Transport in Flüssigkeiten und in Gläsern. J. Chem. Phys. **31**, 1164 (1959).

51. COHN, E. J. & J. T. EDSALL, Proteine, Aminosäuren und Polypeptide, Kap. 18 u. 21 (New York 1943).

52. COOPER, W. C. & N. H. FURMAN, Diffusionskoeffizienten einiger Metalle in Quecksilber. J. Amer. Chem. Soc. **74**, 6183 (1952). Zn, Cd, Pb, Cu, Tl, Sn, Bi.

53. CORBETT, J. W. & J. H. WANG, Selbstdiffusion in flüssigem Argon. J. Chem. Phys. **25**, 422 (1956).

54. COVA, D. R. & H. G. DRICKAMER, Druck-Einfluß auf die Diffusion in flüssigem Schwefel. J. Chem. Phys. **21**, 1364 (1953).

55. COULSON, C. A., J. T. COX, A. OGSTON & J. S. L. PHILPOT, Proc. Roy. Soc. (London) **A 192**, 382 (1948).

56. CRANK, J., Diffusion von Farbstoffen. J. Soc. Dyers Colourists **66**, 366 (1955).

57. CREETH, J. M., Studien der Diffusion in Flüssigkeiten mit der Rayleigh-Methode. I. Bestimmung differentieller Diffusionskoeffizienten in konzentrationsabhängigen Systemen aus zwei Komponenten. J. Amer. Chem. Soc. **77**, 6428—6440 (1955).

58. CREETH, J. M. & L. J. GOSTING, Studien der Diffusion in Flüssigkeiten mit der Rayleigh-Methode. II. Analyse für Systeme mit zwei gelösten Stoffen. J. Phys. Chem. **62**, 58 (1958).

59. CREETH, J. M., Studien der Diffusion in Flüssigkeiten nach der Rayleigh-Methode. III. Analyse bekannter Mischungen und vorläufige Untersuchungen mit Proteinen. J. Phys. Chem. **62**, 66 (1958).

60. CUDDEBACK, R. B. & H. G. DRICKAMER, Druckeinfluß auf die Diffusion in Wasser und in Sulfatlösungen. J. Chem. Phys. **21**, 589 (1953).

61. CUDDEBACK, R. B. u. H. G. DRICKAMER, Druckeinfluß auf die Diffusion in wäßrigen und alkoholischen Salzlösungen. J. Chem. Phys. **21**, 597 (1953).

61a. CUKROWSKI, A. S., The Diaphragm Cell Method for the Investigation of Thermal and Self-Thermal Diffusion in Liquid Electrolyte Solutions. J. Phys. Chem. **73**, 6 (1969).

62. DAVIES, J. T. & J. B. WIGGIL, Diffusion durch eine Öl–Wasser-Grenzfläche. Proc. Roy. Soc. A **255**, 277 (1960).

63. DEAN, R. B., Ein neuer Apparat zur Messung der Diffusion in Lösungen. J. Amer. Chem. Soc. **71**, 3127 (1947).

64. DOANE, E. P. & H. G. DRICKAMER, Druckeinfluß auf die Diffusion im System CCl_4—SnJ_4. J. Chem. Phys. **21**, 1359 (1953).

65. DRICKAMER, H. G. & Mitarb., J. Chem. Phys. **19**, 1504 (1951); **19**, 1075 (1951); **17**, 1117 (1949); **20**, 6 (1952); **20**, 10 (1952).

65a. DUDA, J. L., W. L. SIGELKO, & J. S. VRENTAS, Binary Diffusion Studies with a Wedge Interferometer. J. Phys. Chem. **73**, 141 (1969).

66. DUNLOP, P. J., Studien der Diffusion gemischter Lösungen mit dem Gouy-Diffusiometer. J. Amer. Chem. Soc. **77**, 2994 (1955). (Glykolamid–Rohrzucker; Glycin–Glykolamid.)

67. DUNLOP, P. J., Konzentrationsabhängigkeit der Diffusion von Raffinose in verdünnten wäßrigen Lösungen bei 25 °C. J. Phys. Chem. **60**, 1464 (1956).

68. DUNLOP, P. J., Wechselwirkung zwischen Diffusionsflüssen im System Raffinose–KCl–H_2O bei 25 °C. J. Phys. Chem. **61**, 994 (1957).

69. DUNLOP, P. J., Wechselwirkung zwischen Diffusionsflüssen im System Raffinose–Harnstoff–Wasser. J. Phys. Chem. **61**, 1619 (1957).

70. DUNLOP, P. J. & L. J. GOSTING, Benutzung von Diffusions- und Thermodynamischen Daten zur Prüfung der Onsager-Beziehungen bei der Diffusion in $NaCl-KCl-H_2O$ bei 25 °C. J. Phys. Chem. **63**, 86 (1959).

71. DUX, J. P. & J. STEIGMAN, Isotopendiffusionskoeffizienten von Strontium-Ionen in wäßrigen Polystyrolsulfonsäure-Lösungen. J. Phys. Chem. **63**, 269 (1959).

72. EDWARDS, O. W. & E. O. HOFFMAN, Diffusion in wäßriger Phosphorsäure bei 25 °C. J. Phys. Chem. **63**, 86 (1959).

72a. EPSTEIN, L. B., Isotope Effects in the Diffusion of [12]C- and ^{14}C-Substituted Molecules in the Liquid Phase. J. Phys. Chem. **73**, 269 (1969).

73. FICK, A., Pogg. Ann. **94**, 59 (1855).

74. FISHMAN, E., Selbstdiffusion in n-Pentan und n-Heptan. J. Phys. Chem. **59**, 469 (1955).

75. FREISE, V., Diffusionsbedingte Konvektion. Angew. Chem. **69**, 679 (1957).

76. FREISE, V., Diffusionsbedingte Konvektion. J. chim. phys. **54**, 879 (1957).

77. FUJITA, H., Konzentrationseinfluß auf die Sedimentation in Ultrazentrifugen. J. Chem. Phys. **24**, 1084 (1956).

78. FÜRTH, R., Physik.-Z. **26**, 718 (1925).

79. FÜRTH, R., Kolloid-Z. **41**, 300 (1927).

80. FÜRTH, R., J. Sci. Instruments **22**, 61 (1945).

81. FÜRTH, R. & R. ZUBER, Z. Physik **91**, 609 (1934).

81a. GERLACH, B., Ann. Phys. **10**, 437 (1931).

81b. GAINES, J. R., K. LUSZCZYNSKI, a. R. E. NORBERG, Spin-Lattice Relaxation and Self-Diffusion in Liquid He^3. Phys. Rev. **131**, 901 (1963).

82. GORDON, A. R., J. Chem. Phys. 5, 522 (1937).

83. GORDON, A. R., Ann. New York Acad. Sci. 46, 285 (1945).

84. GOSTING, L. J. & M. S. MORRIS, Diffusion in verdünnten Rohrzucker-Lösungen bei 1 und 25 °C, mit dem Gouy-Diffusiometer. J. Amer. Chem. Soc. 71, 1998 (1949).

85. GOSTING, L. J. & D. F. AKELEY, Diffusion von Harnstoff in Wasser bei 25 °C, mit dem Gouy-Diffusiometer. J. Amer. Chem. Soc. 74, 2058 (1952).

86. GOSTING, L. J. & L. ONSAGER, Allgemeine Theorie der Gouy-Diffusionsmethode. J. Amer. Chem. Soc. 74, 6066 (1952).

87. GOSTING, L. J. & H. FUJITA, Interpretation der Daten konzentrationsabhängiger Diffusion in Zweikomponenten-Systemen. J. Amer. Chem. Soc. 79, 1359 (1957).

88. GOUY, G. L., Compt. rend. 90, 307 (1880).

89. GRAHAM, TH., Phil. Trans. Roy. Soc. 1850, 1, 905; 1851, 483.

90. GROH, J. & G. VON HEVESY, Ann. Physik (4) 63, 85 (1920).

91. GRÜTTNER, B., G. JANDER u. I. BERTRAM, Bestimmung von Diffusionskoeffizienten in Lösung. Z. anorg. Chem. 287, 186 (1956).

92. HAASE, R. & M. SIRY, Diffusion im kritischen Entmischungsgebiet binärer flüssiger Systeme. Z. Physik. Chem. N.F. 57, 56 (1968).

92a. HAHN, E. L., Phys. Rev. 80, 580 (1950).

93. HAISSINSKY, M. & M. COTTIN, J. Phys. Radium 11, 611 (1950).

93a. HAMANN, H., H. RICHTERING & U. ZUCKER, Ber. Bunsenges. Physik. Chem. 70, 1084 (1966).

93b. HAMANN, H., Dissertation (Göttingen 1969).

94. HAMMOND, B. R. & R. H. STOKES, Diffusion in binären Flüssigkeitsmischungen. Trans. Faraday Soc. 49, 890 (1953).

95. HAMMOND, B. R. & R. H. STOKES, Diffusion von Tetrachlorkohlenstoff in einigen organischen Lösungsmitteln bei 25 °C. Trans. Faraday Soc. 51, 1641 (1955).

96. HARDT, A. P., D. K. ANDERSON, R. RATHBUN, B. W. MAR u. A. L. BABB, Selbstdiffusion in Flüssigkeiten. II. Vergleich zwischen wechselseitigen und Selbstdiffusionskoeffizienten. J. Physic. Chem. 63, 2059 (1959).

97. HARNED, H. S. & D. M. FRENCH, Ann. New York. Acad. Sci. 46, 267 (1945).

98. HARNED, H. S. & R. L. NUTTAL, J. Amer. Chem. Soc. 69, 736 (1947); 71, 1460 (1949).

99. HARNED, H. S. & J. A. SHROPSHIRE, Diffusion und Aktivitätskoeffizienten von Alkali-Nitraten und -Perchloraten in verdünnten wäßrigen Lösungen bei 25 °C. J. Amer. Chem. Soc. 80, 2618, 2967 (1958).

100. HARNED, H. S. & J. A. SHROPSHIRE, Diffusionskoeffizienten bei 25 °C für KCl bei niederen Konzentrationen in 0,25 molarer wäßriger Rohrzucker-Lösung. J. Amer. Chem. Soc. 80, 5652 (1958).

101. HARNED, H. S. & J. A. SHROPSHIRE, Diffusionskoeffizient bei 25 °C von KCl niederer Konzentration in 0,75 molarer wäßriger Rohrzucker-Lösung. J. Amer. Chem. Soc. 82, 799 (1960).

102. HARTLEY, G. S. & D. F. RUNNICLES, Proc. Roy. Soc. (London) A 168, 401, 420 (1938).

103. HAYCOOK, E. W., B. J. ALDER & J. H. HILDEBRAND, Diffusion von Jod in Tetrachlorkohlenstoff unter Druck. J. Chem. Phys. 21, 1601 (1953).

104. HELFFERICH, F. & H. S. PLESSET, Ionen-Austausch-Kinetik. Ein nichtlineares Diffusionsproblem. J. Chem. Phys. 28, 418 (1958).

104a. HILDEBRAND, J. H., s. NAKANASHI 139a, und ROSS, 155a

104b. HIMMELBLAU, D. M., Diffusion of Dissolved Gases in Liquids. Chem. Rev. 64, 527 (1964).

105. HOFFMAN, R. E., Selbstdiffusion von flüssigem Quecksilber. J. Chem. Phys. 20, 1567 (1952). (Kapillaren-Technik.)

105a. HOHEISEL, C. & H. RICHTERING, Z. physik. Chem. N.F. 55, 322 (1967).

106. INNES, K. K. & L. F. ALBRIGHT, Einfluß von Temperatur und Volumen des Gelösten auf Diffusionskoeffizienten. Ind. Eng. Chem. **49**, 1793 (1957).

107. JOHNSON, P. A. & A. L. BABB, Selbstdiffusion in Flüssigkeiten. I. Konzentrationsabhängigkeit in idealen und nichtidealen binären Mischungen. J. Phys. Chem. **60**, 14 (1956).

108. KAWALKI, W., Wied. Ann. **52**, 185 (1894).

109. KEGELES, G. & L. J. GOSTING, Theorie einer Interferenzmethode zum Studium der Diffusion. J. Amer. Chem. Soc. **69**, 2516 (1947).

110. KELLY, F. J. & R. H. STOKES, Diffusionskoeffizienten und Dichten für Tetrachlorkohlenstoff und Tetrachlorkohlenstoff–Mesitylen bei 25 °C. Trans. Faraday Soc. **55**, 388 (1959).

110a. KESSLER, D. & H. WITTE, Ber. Bunsenges. Physik. Chem. **73**, 368 (1969).

111. KING, T. B., Diffusion in flüssigen Silikaten. Angew. Chem. **70**, 603 (1958).

112. KOELLER, R. C. & H. G. DRICKAMER, Druckeinfluß bei der Selbstdiffusion in Schwefelkohlenstoff. J. Chem. Phys. **21**, 267 (1953).

113. KOELLER, R. C. & H. G. DRICKAMER, Druckeinfluß bei der Diffusion von CS_2-Mischungen. J. Chem. Phys. **21**, 575 (1953).

114. KRAUS, G., Berechnung „integraler" Diffusionskoeffizienten aus Diffusionsmessungen. J. Chem. Phys. **20**, 200 (1952).

114a. KWAK, J. C. TH. & J. A. A. KETELAAR, J. Phys. Chem. **73**, 94 (1969). Temperature dependence of electrical and diffusional mobilities of ^{22}Na and ^{137}Cs in molten $LiNO_3$, $NaNO_3$ and $RbNO_3$.

115. LAMM, O., Nova Acta Reg. Soc. Scient. Upsaliensis Ser. IV, **10**, Nr. 6 (1937).

115a. LAMM, OLE, Contribution to the Hydrodynamic-Osmotic Theory of Sedimentation and Diffusion of an Incompressible Two-Component System, Acta Chem. Scand. **7**, 173 (1953).

116. LAMM, O., Arkiv Kemi. Mineral. Geol. **17**, B, Nr. 13 (1944).

117. LAMM, O., Dynamik der Diffusion von Fluiden in bezug auf die Wahl der Komponenten. J. Phys. Chem. **59**, 1149 (1955).

117a. LAUKIEN, G., Handbuch der Physik, Band **38**, 1 (Berlin-Göttingen-Heidelberg 1958).

118. LAUWERIER, H. A., Diffusion aus einer Quelle in ein schiefes Geschwindigkeitsfeld. Appl. Sci. Research 4, 153–156 (1954).

119. LI, J. C. M. & P. CHANG, Selbstdiffusion und Viskosität in Flüssigkeiten. J. Chem. Phys. **23**, 518 (1955). Erratum: J. Chem. Phys. **29**, 1421 (1958).

120. LODDING, A., Selbstdiffusion in flüssigem Indium. Z. Naturforsch. **11a**, 200 (1956).

120a. LOFLIN, T. & E. McLAUGHLIN, Diffusion in Binary Liquid Mixtures. J. Phys. Chem. **73**, 186 (1969).

121. LONGSWORTH, L. G., Ann. New York Acad. Sci. **39**, 187 (1939).

122. LONGSWORTH, L. G. & D. A. MacINNES, J. Amer. Chem. Soc. **62**, 705 (1940).

123. LONGSWORTH, L. G., Ann. New York Acad. Sci. **46**, 211 (1945).

124. LONGSWORTH, L. G., Test einer Interferenz-Methode zur Diffusionsmessung. J. Amer. Chem. Soc. **69**, 2510 (1947).

125. LONGSWORTH, L. G., Diffusionsmessungen bei 25° an wäßrigen Lösungen von Aminosäuren, Peptiden und Zuckern. J. Amer. Chem. Soc. **75**, 5705 (1953).

126. LONGSWORTH, L. G., Austauschdiffusion von ionenähnlicher Beweglichkeit. J. Phys. Chem. **61**, 244 (1957).

127. LYONS, M. S. & J. V. THOMAS, Diffusionsstudien an verdünnten Glycinlösungen bei 1 und 25 °C, mit der Gouy-Methode. J. Amer. Chem. Soc. **72**, 4506 (1950).

128. LYONS, P. L. & C. L. SANDQUIST, Diffusion von n-Butylalkohol in Wasser, mit der Gouy-Methode. J. Amer. Chem. Soc. **75**, 3896 (1953).

129. McBain, J. W. & T. H. Liu, J. Amer. Chem. Soc. **53**, 59 (1931).

130. McBain, J. W. & C. R. Dawson, Proc. Roy. Soc. (London) A **48**, 32 (1935).

131. McCall, D. W., D. C. Douglass & E. W. Anderson, Selbstdiffusion in Flüssigkeiten: Paraffin–Kohlenwasserstoffe, Phys. Fluids **2**, 87 (1959). (Druckabhängigkeit der Selbstdiffusion einiger Normalparaffine usw. Temperaturabhängigkeit der Selbstdiffusionskoeffizienten. Aktivierungsvolumina ca. 10–20% der Molvolumina. Vergleich mit einer Gleichung von Longuet-Higgins und Pople.)

131a. D. W. McCall & E. W. Anderson, J. Phys. Chem. **70**, 601 (1966) (C_6H_6–C_6D_{12} und C_6D_6–C_6H_{12}, Spin-Echo); R. Mills, J. Phys. Chem. **69**, 3116 (1965) (C_6H_6–C_6H_{12} mit ^{14}C als Indikator).

131b. McCall, D. W. D. C. Douglass & E. W. Anderson, Ber. Bunsenges. Physik. Chem. **67**, 336 (1963).

132. McKenzie, J. D. & W. B. Hillig, Selbstdiffusion von Flüssigkeiten am Gefrierpunkt. J. Chem. Phys. **28**, 1259 (1958).

133. Mayer, R. E. & N. H. Nachtrieb, Selbstdiffusion in Na beim Schmelzpunkt. J. Chem. Phys. **23**, 405, 1851 (1955). Temperaturgebiet von 98° bis 226 °C, Kapillaren-Technik; $D = 1,1 \cdot 10^{-3} \exp[-2430/RT]$.

134. Mills, R., Selbstdiffusion von Chloridionen bei 25°. J. Phys. Chem. **61**, 1631 (1957).

135. Mills, R., Isotopendiffusion von Na^+ und Rb^+-Ionen bei 25 °C. J. Phys. Chem. **63**, 1873 (1959).

136. Morgan, D. W. & J. A. Kitchener, Lösungen in flüssigem Eisen; 3. Diffusion von Co und C. Trans. Faraday Soc. **50**, 51 (1954).

137. Mulcahy, M. F. R. & E. Heymann, J. Phys. Chem. **47**, 485 (1943).

138. Nachtrieb, N. H. & J. Petit, Selbstdiffusion in flüssigem Hg. J. Chem. Phys. **24**, 746 (1956). Aktivierungsvolumen $\approx$ 0,6 cm³.

139. Nachtrieb, N. H. & J. Petit, Selbstdiffusion in flüssigem Gallium. J. Chem. Phys. **24**, 1027 (1956). ($D = 1,07 \cdot 10^{-4} \exp[-1122/RT]$ cm² sec⁻¹. Bei 30 °C $\log_{13} D = -4,7793 - 9,529 \cdot 10^{-6}$ P [kg $\cdot$ cm⁻²]. Aktivierungsvolumen 0,55 cm³. Stokes-Einstein-Radius stimmt mit Ionenradius von Ga^{3+} überein.)

139a. Nakanishi, K., E. M. Voigt, & J. H. Hildebrand, Quantum Effect in the Diffusion of Gases in Liquids at 25 °C. J. Chem. Phys. **42**, 1860 (1965).

139b. Noble, J. D. & M. Bloom, Phys. Rev. Letters **14**, 250 (1965).

140. Northrup, J. H. & M. L. Anson, J. Gen. Physiol. **12**, 543 (1929).

141. Ogston, A., Proc. Roy. Soc. (London) A **196**, 272 (1949). Das Gouy-Diffusiometer.

142. Olson, R. L. & J. S. Walton, Diffusionskoeffizienten organischer Flüssigkeiten. Ind. Eng. Chem. **43**, 703 (1951). (Wäßrige Lösungen von Essigsäure, Methylalkohol, Aethylalkohol, n-Propylalkohol, Isobutylalkohol, Glycerin; Allylalkohol–Methylalkohol, Phenol–Methylalkohol, Propionsäure–Methylalkohol, Essigsäure–Benzol, Isoamylalkohol–Benzol, Propylalkohol–Benzol, Wasser–Isoamylalkohol, Methylalkohol–Isoamylalkohol, Benzol–Isoamylalkohol.)

143. Opfell, J. B. & B. H. Sage, Beziehungen beim Material-Transport. Ind. Eng. Chem. **47**, 918 (1955).

144. Othmer, D. F. & M. S. Thakar, Korrelation von Diffusionskoeffizienten in Flüssigkeiten. Ind. Eng. Chem. **45**, 589 (1953).

145. Pantchenkov, G. M., Diffusion in Flüssigkeiten; Mikrobrechungsmethode. J. chim. phys. **54**, 931 (1957).

146. Parker, R. A. & S. P. Wasik, Diffusionskoeffizienten von Dodecyltrimethylammoniumchlorid in wäßriger Lösung bei 23 °C. J. Phys. Chem. **63**, 1921 (1959). Diffusionskoeffizient $8,3 \cdot 10^{-6}$ cm² sec⁻¹ für $c = 0,01$ g/100 ml. (Druckfehler in der Zusammenfassung des Autors!) $D = 2,2 \cdot 10^{-6}$, für $c = 0,57$ g/100 ml.

147. Partington, J. R., R. F. Hudson & K. W. Bagnall, Selbstdiffusion aliphatischer Alkohole. J. chim. phys. **55**, 77 (1958).

148. Peter, S. & M. Weinert, Diffusion von Wasserstoff in Kohlenwasserstoffen bei höheren Drucken. Z. physik. Chem. (Frankfurt) N.F. **9**, 49 (1956). (Verbesserte Methode.)

149. Petit, J. & N. H. Nachtrieb, Selbstdiffusion in flüssigem Ga. J. Chem. Phys. **24**, 1027 (1956).

150. Philpot, J. S. L., Nature **141**, 282 (1938).

151. Powell, R. E. & H. Eyring, Eigenschaften des flüssigen Schwefels. J. Amer. Chem. Soc. **65**, 648 (1943).

152. Reamer, H. H., J. B. Opfell & B. H. Sage, Diffusionskoeffizienten in Kohlenwasserstoff-Systemen. Methan–Dekan. Ind. Eng. Chem. **48**, 275 (1956).

153. Reamer, H. H., C. H. Duffy & B. H. Sage, Diffusionskoeffizienten in Kohlenwasserstoff-Systemen. Methan–Pentan. Ind. Eng. Chem. **48**, 282–284 (1956). Drucke bis 1700 lb/sq in, 40° bis 280 °F.

154. Reamer, H. H., C. H. Duffy & B. H. Sage, Diffusionskoeffizienten in Kohlenwasserstoff-Systemen. Methan–Weiß-Öl. Ind. Eng. Chem. **48**, 285–288 (1956).

155. Record, B. R. & R. G. Wallis, Diffusion von Polyglutaminsäure. J. chim. phys. **55**, 110 (1958).

155a. Ross, M. & J. H. Hildebrand, Diffusion of Hydrogen, Deuterium, Nitrogen, Argon, Methane, and Carbon Tetrafluoride in Carbon Tetrachloride. J. Chem. Phys. **40**, 2397 (1964).

156. Rögener, H., Z. Elektrochem. **47**, 164 (1941).

157. Rögener, H., Kolloid-Z. **118**, 10 (1950).

158. Rossi, C., E. Bianchi & A. Rossi, Diffusion in Benzol. J. chim. phys. **55**, 97 (1958).

159. Rossi, C., E. Bianchi u. A. Rossi, Diffusion der Moleküle in Wasser. J. chim. phys. **55**, 91 (1958).

159a. Salvinien, Jean & Bernard, Brun, Mesure des coefficients de self-diffusion des constituants (ions et solvant) de solutions salines entre de larges limites de concentrations. C. R. Acad. Sc. Paris **259**, 565 (1964).

159b. Jean Salvinien & Bernard Brun, Analyse diffusiométrique d'un mélange binaire dans lequel se forme un complexe moléculaire du type AB. C. R. Acad. Sc. Paris **260**, 6872 (1965).

160. Sandquist, C. L. & P. A. Lyons, Diffusionskoeffizienten von Biphenyl–Benzol. J. Amer. Chem. Soc. **76**, 4641 (1954).

161. Sata, N. & H. Okuyama, Diffusion oberflächenaktiver Stoffe. J. chim. phys. **55**, 125 (1958).

162. Saxton, R. L. & H. G. Drickamer, Diffusion in flüssigem Schwefel. J. Chem. Phys. **21**, 1362 (1953). Zwischen 120 und 320 °C, mit S^{35}.

163. Scheibel, E. G., Flüssigkeits-Diffusion. Ind. Eng. Chem. **46**, 2007 (1954).

164. Scheffer, J. D. R., Z. physik. Chem. **2**, 390 (1888).

165. Schumeister, J., Wiener Ber. (II) **79**, 603 (1879).

166. Schwarz, K. & R. Stockert, Monatsh. Chem. **68**, 338 (1936).

167. Scott, E. J., L. H. Tung & H. G. Drickamer, Diffusion durch eine Grenzfläche. J. Chem. Phys. **19**, 1075 (1951).

167a. Shuck, F. O. & H. L. Toor, Separation of Liquids by Mass Diffusion. A. I. Ch. E. J. **9**, 442 (1963).

168. Simpson, J. H. & H. Y. Carr, Diffusion und Kernspinrelaxation in Wasser. Phys. Rev. **111**, 1201 (1958).

169. Stefan, J., Wiener Ber. (II) **78**, 957 (1878).

169a. Stejskal, E. O. & J. E. Tanner, J. Chem. Phys. **42**, 288 (1965).

170. Stefan, J., Wiener Ber. (II) **79**, 161 (1879).

171. Stokes, R. H., J. Amer. Chem. Soc. **72**, 763, 2243 (1950).

172. Stokes, R. H., Integrale Diffusionskoeffizienten von KCl zur Kalibrierung von Diaphragmen-Zellen. J. Amer. Chem. Soc. **73**, 3527 (1951); s. auch Trans. Faraday Soc. **51**, 1641 (1955).

173. Stokes, R. H., L. A. Woolf & R. R. Mills, Isotopendiffusion des Jodidions in wäßrigen Lösungen bei 25°. J. Phys. Chem. **61**, 1634 (1957).

174. Stokes, R. H. & L. A. Woolf, Bestimmung von Diffusionskoeffizienten von Indikatoren durch chemische Analyse. J. chim. phys. **54**, 906 (1957).

175. Svedberg, The & A. Andreen-Svedberg, Z. physik. Chem. **76**, 145 (1911).

176. Svensson, H., Arkiv Kemi, Mineral. Geol. **22**, A, Nr. 10 (1946).

177. Thovert, J., Ann. chim. phys. (7) **26**, 366 (1902).

178. Thovert, J., Ann. chim. phys. (9) **2**, 369 (1949).

179. Tiselius, A., Trans. Faraday Soc. **33**, 524 (1937).

179a. Torrey H. C., Phys. Rev. **104**, 563 (1956).

197b. Trappeniers, N. J., C. J. Gerritsma, & P. H. Oosting, Physics Letters **18**, 256 (1965).

179c. Trappeniers, N. J. & P. H. Oosting, Physics Letters **23**, 445 (1966).

180. Trevoy, D. J. & H. G. Drickamer, Diffusion in binären flüssigen Kohlenwasserstoff-Mischungen. J. Chem. Phys. **17**, 1117 (1949).

181. Tung, L. H. & H. G. Drickamer, Diffusion durch eine Grenzfläche. J. Chem. Phys. **20**, 6 (1952). (Diffusion zwischen gesättigten Schichten im System SO_2-n-Heptan, mit S^{35}. Grenzflächenwiderstand ist wesentlich im Vergleich zum Diffusionswiderstand.)

182. Tung, L. H. & H. G. Drickamer, Diffusion durch eine Grenzfläche. J. Chem. Phys. **20**, 10 (1952). Messungen bei 22 °C und bei 40 °C im System Phenol-H_2SO_4-H_2O mit S^{35}. (Wesentlicher Grenzflächenwiderstand bei beiden Temperaturen.)

183. Ullmann, E., Z. Physik **41**, 301 (1927).

184. Van Hook, A. & H. D. Russel, Diffusion konzentrierter Sucroselösungen. J. Amer. Chem. Soc. **67**, 370 (1945).

185. Vitagliamo, V. & P. A. Lyons, Diffusionskoeffizienten für wäßrige Lösungen von NaCl und $BaCl_2$. J. Amer. Chem. Soc. **78**, 1549 (1956).

186. Vitagliamo, V. & P. A. Lyons, Diffusion in Essigsäure-Lösungen. J. Amer. Chem. Soc. **78**, 4538 (1956).

187. Waldmann, L., Stationäre Methode zur Messung von Diffusionskoeffizienten. Z. Naturforsch. **5a**, 322 (1950).

188. Wang, J. H., Selbstdiffusion und Struktur von flüssigem Wasser. Deuterium als Indikator. J. Amer. Chem. Soc. **73**, 510 (1951).

189. Wang, J. H., Selbstdiffusion und Struktur von flüssigem Wasser. II. Selbstdiffusion mit O^{18}. J. Amer. Chem. Soc. **73**, 4181 (1951).

190. Wang, J. H., Isotopen-Diffusion in Flüssigkeiten. I. Diffusion von Na^+-Spuren in KCl-Lösung. J. Amer. Chem. Soc. **74**, 1182 (1952).

191. Wang, J. H., C. V. Robinson & I. S. Edelman, Selbstdiffusion und Struktur von Wasser. III. Selbstdiffusion mit ^2H, ^3H und ^{18}O. J. Amer. Chem. Soc. **75**, 466 (1953).

192. Watts, H., B. J. Alder & J. H. Hildebrand, Selbstdiffusion von Tetrachlorkohlenstoff. Isobaren und Isochoren. J. Chem. Phys. **23**, 659 (1955).

193. Weir, F. E. & M. Dole, Diffusion in Zuckerlösungen. IV. Onsager-Diffusionskoeffizient für Glucose in Sucrose-Lösungen. J. Amer. Chem. Soc. **80**, 302 (1958).

194. Weischedel, F., Z. Physik **85**, 29 (1933).

195. Wernick, J. H., Diffusionskoeffizienten in flüssigen Metallen mittels Temperatur-Gradient-Zonenschmelzen. J. Chem. Phys. **25**, 47 (1956) (Ge–Al, Ge–Au, Si—Al, ca. 10^{-5} cm²/sec bei 530 °C bis 700 °C).

196. WIENER, O., Ann. Phys. Chem. N.F. **49**, 105 (1893).

197. WHITE, J. R., Diffusionskoeffizienten von Fettsäuren und einbasischen Phosphorsäuren in n-Dekan. J. Chem. Phys. **23**, 2247 (1955).

197a. WHITE, J. R., Diffusion Coefficient Measurement with Glass Diaphragm Cells. J. Chem. Phys. **24**, 470 (1956).

198. v. WOGAU, M., Ann. Physik (4) **23**, 345 (1907).

199. YANG, L., Gültigkeit der Nernst–Einstein- und Stokes–Einstein-Beziehungen für geschmolzenes $NaNO_2$. J. Chem. Phys. **27**, 601 (1957).

200. ZUBER, R., Z. Physik. **30**, 882 (1929).

201. ZUBER, R., Z. Physik. **79**, 280 (1932).

Kapitel VII

Thermodiffusion

VII, 1. Definitionen. Thermodiffusion in Gasen

Wir setzen für die (vom Koordinatensystem unabhängige) mittlere Relativgeschwindigkeit von Teilchen 1 gegen Teilchen 2, $v_1 - v_2$

$$v_1 - v_2 = - \frac{1}{N_1 N_2}\left[D_{12}\frac{\partial N_1}{\partial x} - \frac{D_T}{T}\frac{\partial T}{\partial x}\right]. \qquad [\text{VII - 1, 1}]$$

Gl. [VII - 1, 1] kann man der Reihe nach umformen in

$$v_1 - v_2 = - \frac{1}{N_1 N_2}D_{12}\left[\frac{\partial N_1}{\partial x} - \frac{k_T}{T}\frac{\partial T}{\partial x}\right] \qquad [\text{VII - 1, 2}]$$

$$= - \frac{1}{N_1 N_2}D_{12}\left[\frac{\partial N_1}{\partial x} - \frac{\alpha\, N_1 N_2}{T}\frac{\partial T}{\partial x}\right], \qquad [\text{VII - 1, 3}]$$

wo folgende Bezeichnungen benutzt sind:

$$k_T = D_T/D_{12} \qquad \text{Thermodiffusions-Verhältnis} \qquad [\text{VII - 1, 4}]$$

$$\alpha = k_T/N_1 N_2 \qquad \text{Thermodiffusions-Faktor} \qquad [\text{VII - 1, 5}]$$

α ist nicht wirklich eine Konstante, kann aber bei idealen Gasen häufig in erster Näherung als solche behandelt werden.

Die experimentelle Bestimmung des Thermodiffusionsverhältnisses ist verhältnismäßig einfach. In den ersten Versuchen, die zur Bestätigung des theore-

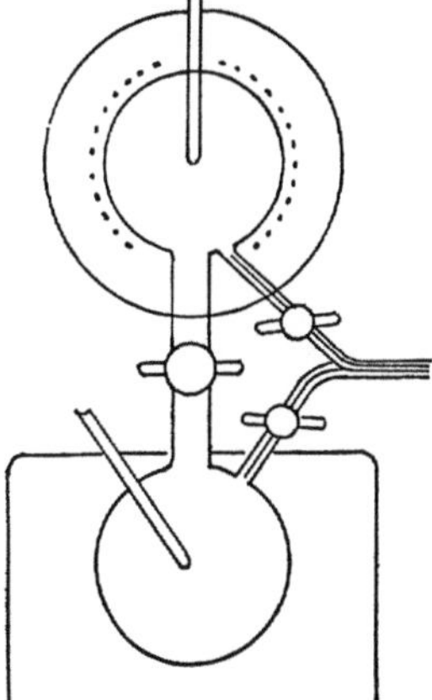

Abb. VII, 1 - 1. Experimentelle Anordnung zur Messung des Thermodiffusionsverhältnisses in Gasen nach Drickamer. Unten kalter (thermostatierter) Kolben, oben geheizter Kolben.

tisch vorausgesagten Effektes führten, benutzten CHAPMAN u. DOOTSON (7)
zwei Glaskolben von je 100 cm³ Volumen, welche durch einen Hahn mit weiterer
Bohrung verbunden waren. Der eine konnte auf 230° erhitzt werden, während
der andere bei 10 °C gehalten wurde. Nach dem Versuch wurde das Gas aus
beiden Behältern analysiert.

IBBS (17) verbesserte die Meßempfindlichkeit beträchtlich, indem er Wärme-
leitfähigkeitsmessungen zur Analyse benutzte. O. u. G. BLÜH (5) führten
Thermodiffusionsmessungen mit einem Gasinterferometer aus. In Abb. VII, 1 - 1
zeigen wir eine Apparatur, mit der DRICKAMER (1949) Thermodiffusions-Konstanten bestimmte. Für Versuche bei erhöhtem Druck vgl. E. W. BECKER
(2, 3), R. HAASE (13a, 14, 15, 16), WALDMANN (31, 32, 34, 36).

VII, 2. Diffusionsthermoeffekt

Aus der kinetischen Gastheorie oder aus den ONSAGERschen Reziprozitätsbeziehungen kann man schließen, daß als Umkehrung der Thermodiffusion
ein Diffusions-Thermoeffekt existieren muß. Dieser Effekt [DUFOUR (10f)]
wurde von CLUSIUS u. WALDMANN (9) von neuem beobachtet. Die gegenseitige Diffusion zweier Gase hat Temperaturänderungen zur Folge, welche
die Größenordnung von Graden erreichen können. In Abb. VII, 2 - 1 reproduzieren wir Beobachtungen von WALDMANN (33). Hier wurden Temperaturänderungen mittels eines Widerstandthermometers und Galvanometers regi-

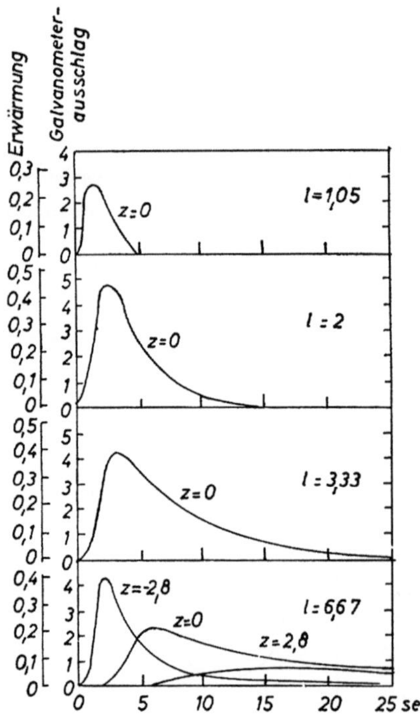

Abb. VII, 2 - 1. Diffusionsthermoeffekt
nach WALDMANN. Temperaturänderung (in °C, linke Skala) während der
Diffusion von Wasserstoff (obere Kammer, ursprüngliche Zusammensetzung
$80 N_2 + 20 H_2$) und Stickstoff (untere
Kammer, ursprünglich reiner Stickstoff). Meßwerte für verschiedene
Höhen z (cm) oberhalb der Mitte der
oberen Diffusionskammer der Höhe l.

striert. Die Diffusion von N_2 gegen ein Gemisch von 80 N_2 + 20 H_2 wurde in einer LOSCHMIDT-Apparatur (vgl. Kap. V) beobachtet. Das Widerstandthermometer bestand aus einem horizontalen Platindraht von 0,015 mm Durchmesser, welcher in verschiedenen Höhen z oberhalb der Mitte einer Diffusionszelle gehalten werden konnte.

In einer binären Mischung mit einem Diffusionsstrom der Komponente 1 (N Molenbruch dieser Komponenten)

$$J_1 = -nD \text{ grad } N \qquad\qquad \text{[VII - 2, 1]}$$

tritt ein Wärmestrom auf

$$J_3 = -\beta k T n \text{ grad } N, \qquad\qquad \text{[VII - 2, 2]}$$

wo n die Gesamtkonzentration von Teilchen 1 und 2 ist (Zahl der Moleküle im Kubikzentimeter). Der Koeffizient β, der diesen Wärmestrom charakterisiert, ist mit dem Thermo-Diffusions-Faktor bei idealen Gasen verknüpft, wie man aus den ONSAGERschen Reziprozitätsbeziehungen [MEIXNER (23)] oder aus der kinetischen Theorie des Effekts [WALDMANN (35, 36)] beweisen kann. Daher ist einerseits eine quantitative Voraussage des Diffusionsthermoeffekts möglich, aus gemessenen Thermodiffusions-Konstanten, andererseits bieten Messungen des Diffusionsthermoeffekts eine neue Methode zur Bestimmung von Thermodiffusions-Konstanten. Weiter ist es möglich, aus der zeitlichen Temperaturänderung gewöhnliche Diffusionskoeffizienten D zu bestimmen und dann natürlich auch Thermodiffusions-Koeffizienten [WALDMANN (36)]. Das steht in einer gewissen Analogie zur DE GROOTschen (13) Methode zur Bestimmung dieser Koeffizienten in Flüssigkeiten aus der Geschwindigkeit von Konzentrationsänderungen in einem Temperaturfeld.

In nicht-idealen Gasen können zusätzliche Effekte der Thermodiffusion und des Diffusionsthermo-Effekts auftreten, worüber einige experimentelle und theoretische Resultate vorliegen [E. W. BECKER (2, 3), R. HAASE (13a, 14, 15, 16), WALDMANN (31, 34).]

VII, 3. Thermodiffusion in kondensierten Phasen. SORET-Effekt

Thermodiffusion in Flüssigkeit wurde experimentell von LUDWIG (22) 1856 entdeckt. Er benutzte ein umgekehrtes U-Rohr, das auf der einen Seite mit Eis gekühlt wurde, während die andere mit siedendem Wasser erhitzt wurde. Wurde dieses Rohr mit Natrium-Sulfatlösung gefüllt, so begann einige Stunden nach Versuchsbeginn das Salz am kalten Ende auszukristallisieren; das zeigt, daß das gelöste Salz nach dem kalten Rohrende gewandert war. 1879 fand SORET (27) unabhängig den Effekt noch einmal. Er benutzte ein vertikales Rohr von 30 cm Länge, dessen oberes Ende auf 80 °C erhitzt war, und desses unteres Ende auf Zimmertemperatur, 20 °C, gehalten wurde. In allen Fällen nahm die Konzentration am kälteren Rohrende zu [vgl. hier DE GROOT (13)].

Spätere Beobachter verbesserten die Technik der Messung von SORET-Koeffizienten (Definition siehe unten S. 251) beträchtlich, besonders durch Ver-

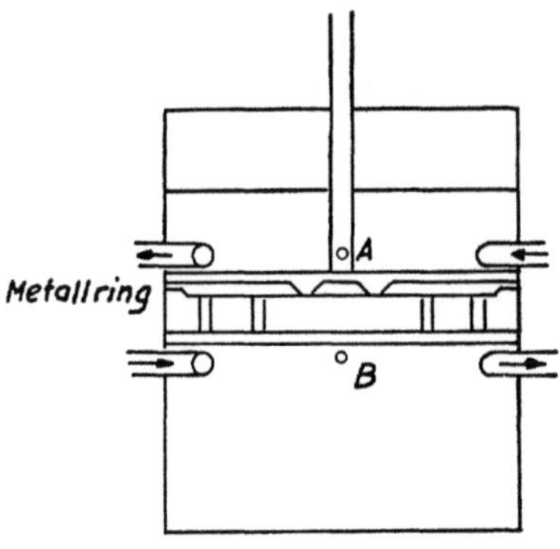

Abb. VII, 3 - 1. Apparatur zur Messung von SORET-Koeffizienten nach WEREIDE.

kleinerung der Apparat-Dimensionen, WEREIDE (37), EILERT (11), BRUINS (6), CHIPMAN (8). Der Abstand zwischen heißen und kalten Behältern war in WEREIDES Versuchen 1,5 cm, TANNER (28) ging noch etwas weiter, indem er die Lösung zwischen versilberten Kupferflächen hielt, welche auf konstanter Temperatur gehalten wurden bei einem gegenseitigen Abstand von nur 10 mm. Der Konzentrationsgradient, der sich in dem Temperaturfeld ausbildete, wurde mittels der WIENERschen (38) optischen Methode (vgl. Kap. IV, S. 227 ff.) gemessen; das bedeutet eine Messung des Gradienten des Brechungsindex. Da eine Temperaturänderung, ohne Konzentrationsänderung, ebenfalls zu einer Änderung des Brechungsindex führt, mußte dieser Anteil innerhalb der ersten Minuten eines Versuchs gesondert ermittelt werden, bevor Konzentrationsänderungen meßbar wurden. In Abb. VII, 3 - 1 ist die von WEREIDE und von TANNER benutzte Anordnung gezeigt.

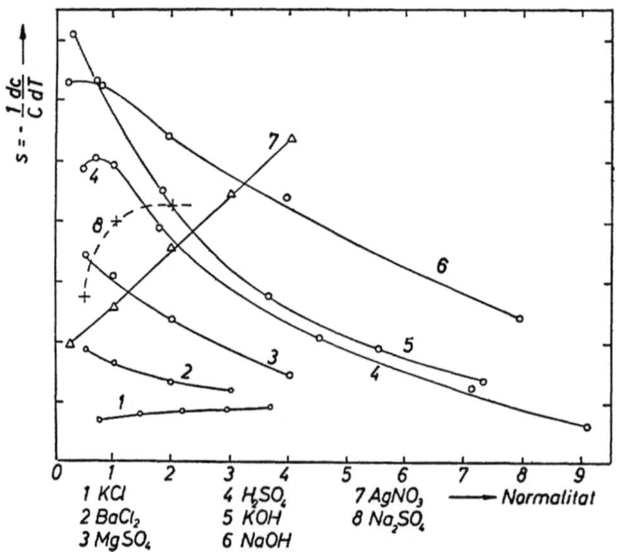

Abb. VII, 3 - 2. Von TANNER gemessene SORET-Koeffizienten.

Tabelle VII, 3, 1

Prozent Blei in der Legierung	Überschüssiger Bleigehalt am kälteren Rohrende
10	1,07
36	5,28
64	3,74
90	0,66

BALLAY (1c) untersuchte Konzentrationsänderungen geschmolzener Metalle in einem Temperaturfeld. Mit einer Blei-Zinnlegierung und bei einer Temperaturvariation von 360 °C am kälteren Rohrende auf 600 °C am heißeren Ende erhielt er die folgenden Resultate; dabei nahm die Bleikonzentration nach tieferen Temperaturen hin zu. In Kupfer-Zinn- und in Zink-Zinn-Legierungen wanderte das Zinn nach höheren Temperaturen.

Wenn wir für die resultierende Strömung einer Komponenten schreiben

$$J_1 = -D\,\frac{\partial n_1}{\partial x} - \frac{n_1\,n_2}{n_1 + n_2}\,D'\,\frac{\partial T}{\partial x}\,, \qquad\qquad \text{[VII - 3, 1]}$$

wo sich das erste Glied auf die gewöhnliche Diffusion bezieht, während das zweite den durch den Temperaturgradienten bedingten Materiestrom angibt, dann haben wir für den stationären Zustand

$$0 = -D\,\frac{\partial n_1}{\partial x} - \frac{n_1\,n_2}{n_1 + n_2}\,D'\,\frac{\partial T}{\partial x} \qquad\qquad \text{[VII - 3, 2]}$$

und

$$\frac{D'}{D} = -\frac{n_1 + n_2}{n_1\,n_2}\,\frac{dn_1}{dT} = s\,. \qquad\qquad \text{[VII - 3, 3]}$$

Der Koeffizient s, der ein Maß für die relative Konzentrationsänderung in einem Temperaturfeld darstellt, wird SORET-Koeffizient genannt und entspricht der Größe α bei der Thermodiffusion von Gasen nämlich $s = \alpha/T$.

Für kleine Konzentrationen $n_1 \ll n_2$ können wir an Stelle von Gl. [VII - 3, 3] schreiben

$$s = -(1/n_1)\,dn_1/dT\,. \qquad\qquad \text{[VII - 3, 4]}$$

Offensichtlich gilt, wenn s' der SORET-Koeffizient ist, welcher für die Konzentrationsänderung der zweiten Komponente statt der ersten definiert ist

$$s' = -s\,. \qquad\qquad \text{[VII - 3, 5]}$$

WIRTZ definiert s mit umgekehrten Vorzeichen.

In Tab. VII, 3 - 2 und 4 und Abb. VII, 3 - 3 und VII, 3 - 4 reproduzieren wir einige SORET-Messungen.

Messungen von DE GROOT (13) haben gezeigt, daß die Einstellungsgeschwindigkeit des Gleichgewichts von dem Ausdruck abhängt

$$\Theta = a^2/\pi^2 D\,, \qquad\qquad \text{[VII - 3, 6]}$$

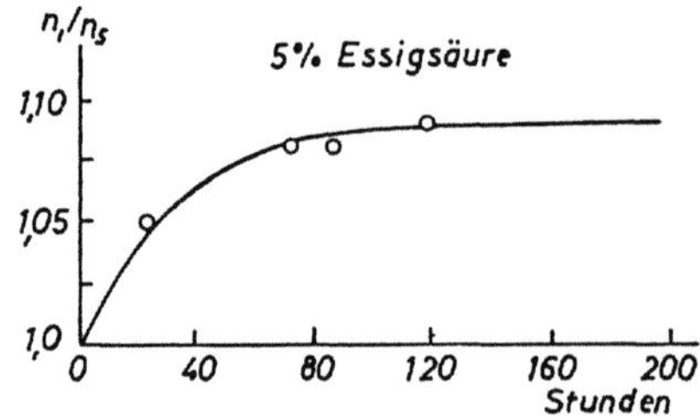

Abb. VII, 3 - 3. Messungen von WEREIDE, ausgewertet von DE GROOT. 5% Essigsäure, $D = 2{,}05 \cdot 10^{-6}\,\mathrm{cm^2 sec^{-1}}$, $D' = 5{,}9 \cdot 10^{-9}\,(\mathrm{cm^2/sec\ °C})$. Relative Konzentrationsänderung gegen die Zeit aufgetragen.

wo a der Abstand zwischen kaltem und heißem Ende der Apparatur ist, und D den gewöhnlichen Diffusionskoeffizienten bezeichnet. Nach einer Zeit $t = 5\Theta$ wird der Endzustand erreicht bis auf etwa $\exp(-5) = 0{,}0067$. DE GROOT schätzt für SORETS Versuche Θ als von der Größenordnung 80 Tage, folglich $5\Theta = 400$ Tage, und es könnte also in den SORETschen Versuchen das Gleichgewicht noch nicht erreicht gewesen sein. Wo man die Konzentrationsänderung mit der Zeit registriert hat, kann man die DE GROOTsche Theorie zu einer Auswertung des gewöhnlichen Diffusionskoeffizienten D benutzen und damit auch den Thermodiffusions-Koeffizienten, weil beider Verhältnis D'/D gemäß Gl. [VII - 3, 3], bekannt ist.

Für den Fall kleiner Konzentrationen ($N \ll 1$) ist eine exakte Lösung der Gleichung, welche die Annäherung an das Gleichgewicht bestimmt, möglich [DE GROOT (13)]. Eine annähernde Lösung ausreichender Genauigkeit, die man so erhält, ist

$$\frac{N}{N_0} = 1 + [1 - \exp(-t/\Theta)] \left\{ \frac{p}{1 - \exp(-p)} \exp(-p\xi) - 1 \right\}, \qquad \text{[VII - 3, 7]}$$

wo N Molenbruch der diffundierenden Komponenten; N_0 bezieht sich auf die Zeit $t = 0$;

t Zeit,

Θ ist durch Gl. (V - 3, 6) definiert,

a Abstand zwischen kalter und heißer Platte,

D, D' Koeffizienten für gewöhnliche Diffusion und für Thermodiffusion

ΔT Temperaturdifferenz zwischen kalter und heißer Platte,

x Koordinate in der Richtung des Temperaturgradienten.

$$\xi = \frac{x}{a} \qquad p = \frac{D'}{D}\Delta T.$$

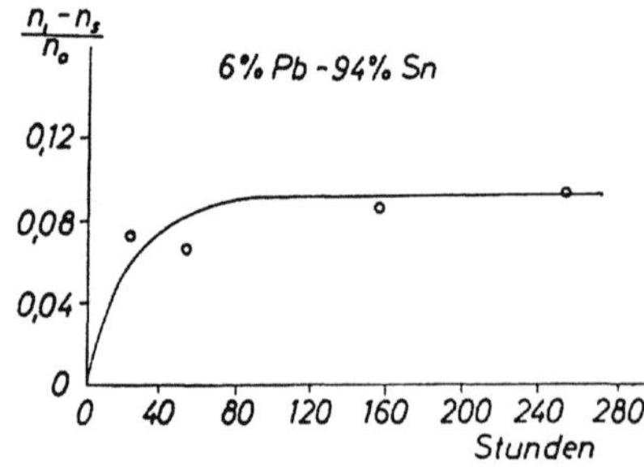

Abb. VII, 3 - 4. Analog zu Abb. VII, 3 - 3 nach Messungen von BALLAY.

Aus Gl. (VII - 3, 7] finden wir für das Verhältnis der Konzentrationen an der oberen (heißeren) und der unteren (kälteren) Platte ($x = a$ bzw. $x = 0$)

$$\frac{N_0}{N_u} = \frac{1 + [1 - \exp(-t/\Theta)]\,[p/(\exp(p) - 1\} \quad - 1]}{1 + [1 - \exp(-t/\Theta)]\,[p/\{1 - \exp(-p)\} - 1]} \qquad \text{[VII - 3, 8]}$$

mit den Grenzwerten

$$\frac{N_u}{N_0} = 1 + \frac{pt}{\Theta} = 1 + \frac{\pi^2 D' \Delta t}{a^2}\,(t \to 0). \qquad \text{[VII - 3, 9]}$$

und

$$\frac{N_u}{N_0} = \exp(p) = \exp\left(\frac{D' \Delta T}{D}\right)(t \to \infty) \qquad \text{[VII - 3, 10]}$$

Der SORET-Koeffizient für Nitrobenzol-n-Hexan zeigt in der Nähe der Kritischen Entmischungstemperatur eine starke Zunahme (um einen Faktor 20 bei einer Temperaturerniedrigung von 305 °K auf 294 °K) (29).

Infolgedessen ist es möglich, aus der Neigung bei $t = 0$ einer gemessenen Kurve von N_u/N_0 gegen t den Wert von D' zu berechnen, unter Benutzung von [VII - 3, 9]. Der SORET-Koeffizient $s = D'/D$, welcher für hinreichend große t erhalten wird, liefert das Verhältnis der beiden Koeffizienten; man kann also beide Größen getrennt bestimmen.

In Abb. VII, 3 - 3 reproduzieren wir Messungen von WEREIDE (37), die von DE GROOT (13) ausgewertet worden sind.

Eine Schnell-Methode zur Bestimmung von SORET-Koeffizienten ist von RIEHL (25) beschrieben worden. WIRTZ (39, 40) hat eine kinetische Theorie der gleichzeitigen Überführung des Lösungsmittels versucht.

Tabelle VII, 3, 2. Thermodiffusion

System		T_1, °C	T_2 °C	α	Literatur
H_2-CH_4		537	372	0,292	(10b)
H_2-CH_4		299	189	0,212	
N_2-A		290	273	0,070	(17b)
	Molenbruch von H_2				
H_2-O_2	0,338	293,6	90,2	0,15	(17c)
H_2-O_2	0,482	293,6	90,2	0,19	
H_2-O_2	0,846	293,6	90,2	0,24	
$Ne^{20}-Ne^{22}$		195	90	0,0162	(27a)
$Ne^{20}-Ne^{22}$		819	621	0,0346	

SORET-Effekt

System		T_1, °C	T_2 °C	α	Literatur
Benzol-n-Heptan		298,8	293,4	−1,19	(29b)
Benzol-n-Heptan		324,0	318,7	−1,06	
Benzol-n-Heptan		314,7	198,4	−1,28	

Ältere Messungen der Thermodiffusion in Ionenkristallen von REINHOLD (24) waren nicht schlüssig [DE GROOT (13), JOST (18)]. Inzwischen ist Thermodiffusion in festen Stoffen mehrfach theoretisch diskutiert worden [SHOCKLEY

(26), Le Claire (21), Brinkman (4), Keyes (29)] und von Darken u. Oriani (10) an den Systemen α-Fe$-$N, α-Fe$-$C und Au$-$Cu eindeutig nachgewiesen worden.

<table>
<tr><td colspan="3">

Tabelle VII, 3, 3.

Diffusions-Thermoeffekt

</td><td colspan="3">

Tabelle VII, 3, 4.

Thermodiffusion von Salzen in Wasser)

</td></tr>
</table>

	O_2-A			System	T °C	D'/D
$T =$	89	194	293 °C	NaCl	30	1,91
$\alpha =$	$-0,037$	$+0,026$	$+0,019$	NaCl	40	2,18
	Literatur (32 a)			NaCl	50	3,24
				NaCl	60	3,83
				LiBr	30	$-0,24$
				LiBr	40	0,40
				LiBr	50	0,95
				LiBr	60	0,78
				LiJ	30	$-1,35$
				LiJ	40	$-0,71$
				LiJ	50	$-0,14$
				LiJ	60	$+0,42$
					Literatur (1 a)	

*) Positives Vorzeichen besagt, daß sich das Salz an der kalten Wand anreichert.

Gewöhnliche Diffusion und Thermodiffusion können im Gegenstrom als wirksame Trennanlagen betrieben werden. Die Bedeutung der Gasdiffusion zur Trennung der Uranisotopie ist heute allgemein bekannt (A, B).

VII, 4. Thermodiffusion in Gasen: Trennschaukel*)

Eine weitere Vorrichtung zur einfachen und eleganten, experimentellen Bestimmung des Thermodiffusionsfaktors α innerhalb kleiner Temperatur-intervalle für beliebige Temperatur-, Druck- und Mischungsverhältnisse ist die 1952/1955 von Clusius und Huber beschriebene und in Abb. VII, 4 - 1 abgebildete *Trennschaukel* (1, 2). Hierbei ist ein System von vertikalen Rohren, deren Enden abwechselnd auf höherer und tieferer Temperatur gehalten wer-den, durch Kapillaren hintereinandergeschaltet. Das erste und letzte Rohr sind durch Kapillaren mit einem Zylinder Zy verbunden, in dem der Kolben K die Gasmischung periodisch hin und her schaukelt. Der durch Thermodiffusion hervorgerufene Trennfaktor q des Einzelrohres steigt bei z Rohren auf q^z. Eine Theorie zu dieser Methode wurde durch van der Waerden gegeben (3).

Unter Zuhilfenahme der Trennschaukel kann auch die Methode zur Be-stimmung relativer Thermodiffusionsfaktoren mit dem *Trennrohr* (4), die sich besonders zur Messung geringfügiger Trenneffekte (kleine Thermodiffusions-faktoren) eignet, in ein exaktes Verfahren umgewandelt werden (2, 5). In einem

---

*) Verfaßt von J. Meinrenken, Oldenburg

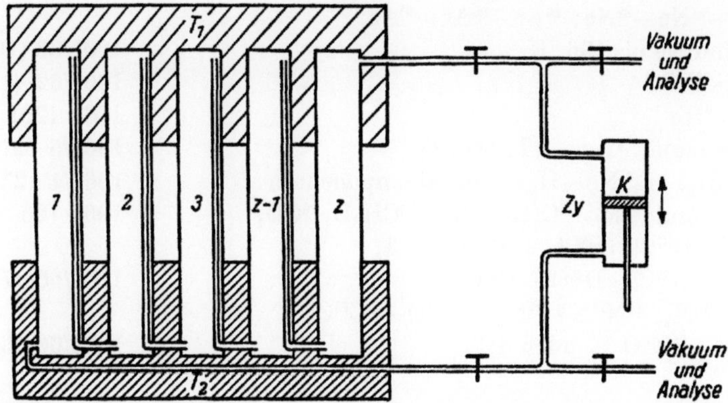

Abb. VII, 4 - 1. Erläuterung des Prinzips der Trennschaukel [nach (1)].

Ringspalt- oder Drahttrennrohr wird der Trennfaktor Q einer Gasmischung für verschiedene Drucke gemessen. Der Logarithmus des maximalen Trennfaktors Q_{max} ist proportional dem Thermodiffusionsfaktor; die Proportionalitätskonstante kann durch Eichung des Trennrohres mit einer Trennschaukel oder einem Gemisch bekannten Thermodiffusionsfaktors bestimmt werden, wobei α innerhalb des in Frage kommenden Druckbereiches als druckunabhängig angesehen wird.

Mit Hilfe der Trennschaukel und geeichter Trennrohre wurden die *Thermodiffusionsfaktoren* zahlreicher gasförmiger Systeme *experimentell bestimmt*, wobei der exakten Vermessung der Temperatur- und Konzentrationsabhängigkeit des Thermodiffusionsfaktors α und der Vorzeichen-Umkehr des Thermodiffusions-Effektes, sowie polynärer Gemische besondere Aufmerksamkeit geschenkt wurde (1, 2, 5–32)*).

Im einzelnen wurden folgende Systeme untersucht:

a) $CO_2 - H_2$ 1952/55 (1, 2)

b) $^{20}Ne - {}^{22}Ne$; $^{20}Ne - NH_3$, ND_3, CH_4, CH_3D, CHD_3;
$^{22}Ne - NH_3$, ND_3; $^{20}Ne - {}^{22}Ne - NH_3$ 1952/55 (2, 5)

c) $^{12}C^{16}O^{17}O - {}^{12}C^{16}O_2$; $^{13}C^{16}O_2 - {}^{12}C^{16}O_2$ 1952 (6)

d) $^{14}C^{16}O - {}^{12}C^{16}O$; $^{12}C^{18}O - {}^{12}C^{16}O$ 1956/64 (7, 8)

e) $^{40}Ar - H^{35}Cl$, $H^{37}Cl$, $D^{35}Cl$, $D^{37}Cl$; $^{40}Ar - H^{35}Cl - H^{37}Cl$;
$^{40}Ar - D^{35}Cl - D^{37}Cl$ 1958/9 (9, 10)

f) $^{40}Ar - CH_3NH_2$ Methylamin, C_2H_4 Äthylen,
CH_3F Methylfluorid, H_2S 1959 (10)

g) $^3He - {}^4He$; $^{20}Ne - {}^{22}Ne$; $^{36}Ar - {}^{40}Ar$; Kr; Xe 1958 (11, 12)

h) $^{20}Ne - CH_4$, CD_4 [s. auch b)]; $^{20}Ne - {}^{22}Ne$ bis 93 °K 1959 (13)

i) $H_2 - HT$, DT, T_2; $D_2 - HT$, DT, T_2 1961/4 (14, 15)

---

*) Hierzu besonderes Literaturverzeichnis S. 259.

j) ^{20}Ne—^{21}Ne—^{22}Ne; ^{36}Ar—^{38}Ar—^{40}Ar;

He und Ne bis 136 °K   1961/63 (16, 17)

k) ^{14}N$_2$—^{12}C^{16}O   1960/62 (18, 19)

l) ^{3}He—^{4}He   1961 (20)

m) Wasserstoff; ^{4}He—HT, DT, T$_2$ 1963/5 (21, 22)

n) He—H$_2$, Ar; Ne—H$_2$; Zusatzkomponenten   1963/4 (23–25)

o) ^{20}Ne— und ^{22}Ne—^{12}CH$_4$, ^{13}CH$_4$, ^{12}CH$_3$D, ^{12}CD$_4$ 1964 (26, 27)

p) H^{35}Cl—H^{37}Cl, D^{35}Cl; D^{35}Cl—D^{37}Cl;

H^{35}Cl—H^{37}Cl—D^{35}Cl—D^{37}Cl   1961/66/67 (28–30)

q) ^{15}N$_2$—^{14}N$_2$; ^{14}N^{15}N—^{14}N$_2$; ^{13}C^{16}O—^{12}C^{16}O;

^{12}C^{18}O—^{14}C^{16}O [s. auch d)]   1965/66 (31, 32)

Abweichend von den bis dahin gültigen Vorstellungen über die Thermodiffusion in binären Gemischen als Funktion der Parameter: 1. Temperatur, 2. Molekülmassen, 3. gaskinetische Wirkungsquerschnitte, 4. Tiefe der Potentialmulde zur Beschreibung der Wechselwirkungskräfte, sowie 5. molares Mischungsverhältnis wurde bei diesen Messungen darüber hinaus ein großer Einfluß der Massenverteilung innerhalb der Moleküle bzw. des Trägheitsmomentes auf die Thermodiffusion festgestellt, die z. B. beim Gemisch Ar-Methylamin einer Massendifferenz von 9 und beim CF$_4$—Kr von 11 Atomgewichtseinheiten entspricht (10, 33). Versuche zur Beschreibung dieser Verhältnisse werden von verschiedenen Autoren gegeben (14, 15, 24, 25, 28–30, 32, 34, 35), eine befriedigende theoretische Erklärung fehlt jedoch bisher.

Versuche mit *höheren Drucken* bis 140 atm werden in (36) und (37) beschrieben. Ein *Einfluß magnetischer Felder* auf die Thermodiffusion konnte experimentell nicht festgestellt werden (38). *Quantenmechanische Effekte* in der Thermodiffusion bei tiefen Temperaturen wurden von verschiedenen Autoren gemessen und diskutiert (1, 23, 39, 40).

Literatur zu Kapitel VII*)

Übersichten

I. WALDMANN, L., Handbuch der Physik, Bd. 12, S. 295 ((Berlin-Göttingen-Heidelberg 1958).

II. GREW, K. E. & T. L. IBBS, Thermodiffusion in Gasen (Berlin 1962).

III. VASARU, G., Fortschr. d. Phys. **15**, 1 (1967).

A. COHEN, K., The Theory of Isotope Separation (New York 1957).

B. PRATT, H. R. C., Countercurrent Separation Processes (Amsterdam 1967).

1. AGAR, J. N., Thermal diffusion and thermoelectric effects in solutions of electrolytes. Revs. Pure and Appl. Chem. (Australia) **8**, 1, 32 (1958); AGAR, J. N. a. J. C. R. TURNER, Thermal diffusion in solutions of electrolytes. Proc. Roy. Soc. (London) **A 255**, 307 (1960).

1 a. ALEXANDER, K. F., Z. physik. Chem. **203**, 223 (1954).

1 b. ALLNATT, A. R. & A. V. CHADWICK, Thermal Diffusion in Crystalline Solids. Chem. Rev. **67**, 681 (1967).

1 c. BALLAY, M., Rev. métal. **25**, 427, 509 (1928).

---

*) Literatur zu VII, 4 folgt anschließend (S. 259).

2. BECKER, E. W., Z. Naturforschg. **2a**, 441, 447 (1947).

3. BECKER, E. W. & A. SCHULZEFF, Naturwiss. **35**, 219 (1948).

3a. BECKER, E. W., Thermische Entmischung von Gasen unter hohem Druck. (Zwei-Kugel-System, $T = 287$–427 °K, 3–80 Atm. CO_2–H_2, –N_2, –Ar, –CH_4, N_2–H_2, CH_4 Variation von α im genannten Druckbereich: 0,3–1,0; 0,05–0,4; 0,03–0,24; 0,07–0,35; 0,35–0,45; 0,07–0,00.) Z. Naturforsch. **5a**, 457 (1950).

3b. BECKER, E. W., Effect of Pressure on Thermal Diffusion in Gases. (Kurze Zusammenfassung der vorigen Arbeit, Diskussion der Ergebnisse von DRICKAMER u. Mitarb. hinsichtlich des Einflusses der intermolekularen Anziehung auf α.) J. Chem. Phys. **19**, 131 (1951).

4. BRINKMAN, J. A., Phys. Rev. **93**, 345 (1954).

5. BLÜH, G. & O. BLÜH, Z. Phys. **90**, 12 (1934).

6. BRUINS, H. R., Z. physik. Chem. **130**, 601 (1927).

7. CHAPMAN, S. & F. W. DOOTSON, Phil. Mag. **33**, 248 (1917).

8. CHIPMAN, J., J. Amer. Chem. Soc. **48**, 2577 (1926).

9. CLUSIUS, K. & L. WALDMANN, Naturwiss. **30**, 711 (1942).

9a. COZENS, J. R. & K. E. GREW, Thermal Diffusion in Mixtures Containing Carbon Dioxide. Phys. Fluids **7**, 1395 (1964).

10. DARKEN, L. S. & R. A. ORIANI, Acta Metallurgica **2**, 841 (1954).

10a. DRICKAMER, H. G., E. W. MELLOW, & L. H. TUNG, A Modification of the Theory of the Thermal Diffusion Column. (Messungen mit A—Ne, 20 °C, 4 bis 108 Atm., zwischen 0 und 0,14 g/cm³ steigt α von 0,21 auf 0,23. Klassische Theorie von FURRY, JONES und ONSAGER erweist sich als unzureichend, Verbesserungen werden angebracht. Apparat beschrieben.) J. Chem. Phys. **18**, 945 (1950).

10b. TUNG, L. H. & H. G. DRICKAMER, Thermal Diffusion in the System CH_4Xe. (Messungen zwischen 10 und 20 °C, 4–100 Atm. Trennrohr-Methode. Bei Gesamtdichten von 0,0–0,02 bis 0,08 g/cm³, ergab sich α 0,25–0,1–0,23, durchläuft also ein Minimum.) J. Chem. Phys. **18**, 1031 (1950).

10bb. DRICKAMER, H. G., S. L. DOWNEY, & N. C. PIERCE, J. Chem. Phys. **17**, 408 (1949).

10c. PIERCE, N. C., R. B. DUFFIELD, & H. G. DRICKAMER, Thermal Diffusion in the Critical Region I. (Xe—Methan 20–60 °C, 4–60 Atm., Xe^{133}, hohe negative Werte von α im kritischen Bereich des Äthans, einfache kinetische Theorie unzureichend. Schlüsse auf Cluster-Bildung des Äthans.) J. Chem. Phys. **18**, 950 (1950).

10d. GILLER, E. B., R. B. DUFFIELD, & H. G. DRICKAMER, Thermal Diffusion in the Critical Region II. (Äthan—Xe, -15 bis $+55$ °C, 4–100 Atm., etwas veränderte Tracer-Technik. Apparat beschrieben, Trennrohr, vollständiges Diagramm mit α in Abhängigkeit von Temperatur und Dichte zwischen 0,01 und 0,5 g/cm³.) J. Chem. Phys. **18**, 1027 (1950).

10e. CASKEY, F. E. & H. G. DRICKAMER, Thermal Diffusion in Isotopic Mixtures in the Critical Region. ($C^{14}O_2$—CO_2 von -15 bis $+50$ °C bis 160 Atm. CH_4—CH_3T bei -15 °C. Vorzeichenwechsel und hohe negative Werte von α im kritischen Bereich. Meßwerte weichen stark ab von der Voraussage nach ENSKOG-CHAPMAN, passen aber zu den für Xe—Äthan gefundenen Ergebnissen.) J. Chem. Phys. **21**, 153 (1953).

10f. DUFOUR, L., Pogg. Ann. **148**, 490 (1873).

10g. DUPUIS, A., Mesures des constantes de diffusion thermique et α H_2—HD et α H_2—HT à l'acide de l'effet élémentaire. J. chim. Phys. **63**, 776 (1966).

11. EILERT, A., Z. anorg. allgem. Chem. **88**, 1 (1914).

12. EILIOT, G. A. a. I. MASSON, Proc. Roy. Soc. (London) **A108**, 378 (1925).

13. DE GROOT, S. R., L'effet SORET, Thesis (Amsterdam 1945).

13a. HAASE, R., Thermodynamik irreversibler Prozesse, Fortschr. d. Physikal. Chemie, Bd. **8** (Darmstadt 1963); Thermodynamics of Irreversible Processes (Reading, Mass., 1969).

14. HAASE, R., Z. Physik **127**, 1 (1950).

15. HAASE, R., Z. Elektrochem. **54**, 450 (1950).

16. HAASE, R., Z. phys. Chem. **196**, 4 (1950).

17. IBBS, T. L., Physica **4**, 1133 (1927).

17b. IBBS, T. L., K. E. GREW, & A. A. HIRST, Proc. Phys. Soc. (London) **41**, 456 (1929).

17c. VAN ITTERBEEK, A., O. VAN PAEMEL, & J. VAN LIERDE, Physica **13**, 231 (1947).

17d. VAN ITTERBECK, A. & W. DE ROP, Measurements on thermal diffusion in hydrogen-nitrogen mixtures as a function of pressure. Proc. Joint Conf. on Thermodynam. Transport. Prop. of Fluids, London, July 1957 (London 1958).

18. JOST, W., Diffusion in Solids, Liquids, Gases (New York 1952 und 1960).

19. KARGER, W., Z. Phys. Chem. N.F. **5**, 233 (1955).

20. KEYES, R. W., Phys. Rev. **93**, 1389 (1954).

20a. LANGHAMMER, G., H. PFENNIG, a. K. QUITZSCH, Thermal diffusion of macro-molecules in solution. Z. Elektrochem. **62**, 458 (1958).

20b. LANGHAMMER, G. & K. QUITZSCH, Thermal diffusion in ternary mixtures containing one macromolecular component. Z. physik. Chem. (Leipzig) **208**, 131 (1958).

21. LE CLAIRE, A. D., Phys. Rev. **93**, 344 (1954).

22. LUDWIG, C., Sitzber. Akad. Wiss. Wien, Math.-Naturw. Kl. **20**, 539 (1856).

22a. MASON, E. A., M. ISLAM, & STANLEY WEISSMAN, Thermal Diffusion and Diffusion in Hydrogen–Krypton Mixtures. Phys. Fluids **7**, 1011 (1964).

22b. MASON, E. A. & STANLEY WEISSMAN, Gaseous Diffusion in a Temperature Gradient. Phys. Fluids **8**, 1240 (1965).

23. MEIXNER, J., Ann. Physik **43**, 244 (1943).

23a. MORAN, T. I. & W. W. WATSON, Thermal diffusion factors for the noble gases. Phys. Rev. **109**, 1184 (1958).

24. REINHOLD, H. & R. SCHULZ, Z. physik. Chem. A **164**, 241 (1933).

25. RIEHL, N., Z. Elektrochem. **49**, 306 (1943).

25a. SAXENA, S. C. & B. P. MATHUR, Thermal diffusion in binary gas mixtures and intermolecular forces. Rev. Mod. Phys. **37**, 316 (1965).

25b. JOSHI, R. K., B. P. MATHUR, & S. C. SAXENA, Evaluation of thermal diffusion factor and diffusion coefficient from measurements on a Trennschaukel. Molecular Physics **12**, 249 (1967).

26. SHOCKLEY, W., Phys. Rev. **91**, 156 (1953); **93**, 345 (1954).

27. SORET, CH., Arch. Genève **3**, 48 (1879).

27a. STIER, L. G., Phys. Rev. **62**, 548 (1942).

28. TANNER, C. C., Trans. Faraday Soc. **23**, 75 (1927).

29. THOMAES, G., J. Chem. Phys. **25**, 32 (1956).

29b. TREVOY, D. J. & H. G. DRICKAMER, J. Chem. Phys. **17**, 1120 (1949).

30. TUNG, S. 10b.

30a. WALTHER, J. E. & H. G. DRICKAMER, Thermal diffusion in dense gases. J. Phys. Chem. **62**, 421 (1958).

31. WALDMANN, L., Z. Naturforschg. **1**, 59 (1946).

32. WALDMANN, L., Z. Naturforschg. **2a**, 358 (1947).

32a. WALDMANN, L., Z. Naturforschg. **4a**, 105 (1949).

33. WALDMANN, L., Z. Physik **24**, 2, 20, 175 (1948).

34. WALDMANN, L., Naturwiss. **31**, 204 (1943).

35. WALDMANN, L., Z. Physik **121**, 501 (1943).

36. WALDMANN, L., Naturwiss. **32**, 222, 223 (1944).

37. WEREIDE, TH., Ann. Phys. (9) **2**, 55 (1914).

38. WIENER, O., Wied. Ann. **49**, 105 (1893).

39. WIRTZ, K., Naturwiss. **27**, 369 (1939).

40. WIRTZ, K., Ann. Physik (5) **36**, 295 (1939).

Literatur zu VII, 4

1. CLUSIUS, K. & M. HUBER, Z. Naturforschg. **10a**, 230 (1955).
2. HUBER, M., Dissertation Universität (Zürich 1952).
3. VAN DER WAERDEN, B. L., Z. Naturforschg. **12a**, 583 (1957).
4. GREW, K. E., Phil. Mag. **35**, 30 (1944).
5. CLUSIUS, K. & M. HUBER, Z. Naturforschg. **10a**, 556 (1955).
6. BECKER, E. W. & W. BEYRICH, J. Phys. Chem. **56**, 911 (1952).
7. DE VRIES, A. E., A. HARING, a. W. SLOTS, Physica **22**, 247 (1956), Isotope Separation Symposium, Amsterdam 1957, S. 478.
8. DE VRIES, A. E. & A. HARING, Z. Naturforschg. **19a**, 225 (1964).
9. CLUSIUS, K. & P. FLUBACHER, Helv. Chim. Acta **41**, 2323 (1958).
10. FLUBACHER, P., Dissertation Universität (Zürich 1959).
11. MORAN, T. J. & W. W. WATSON, Phys. Rev. **109**, 1184 (1958).
12. MORAN, T. I. & W. W. WATSON, Phys. Rev. **111**, 380 (1958).
13. FISCHER, A., Dissertation Universität (Zürich 1959).
14. SCHIRDEWAHN, J., A. KLEMM & L. WALDMANN, Z. Naturforschg. **16a**, 133 (1961).
15. REICHENBACHER, W. & A. KLEMM, Z. Naturforschg. **19a**, 1051 (1964).
16. SAXENA, S. C., J. G. KELLEY, & W. W. WATSON, Phys. Fluids 4, 1216 (1961).
17. WATSON, W. W., A. J. HOWARD, N. E. MILLER & R. M. SHIFFRIN, Z. Naturforschg. **18a**, 242 (1963).
18. DE VRIES, A. E. & M. F. LARANJEIRA, J. Chem. Phys. **32**, 1714 (1960).
19. MÜLLER, G., Kernenergie **5**, 284 (1962).
20. VAN DER VALK, F. & A. E. DE VRIES, J. Chem. Phys. **34**, 345 (1961).
21. SLIEKER, C. J. G. & A. E. DE VRIES, J. Chim. Phys. **60**, 172 (1963).
22. SLIEKER, C. J. G., Physica **31**, 1388 (1965).
23. VAN DER VALK, F., Thesis Universität (Amsterdam 1963).
24. VAN DER VALK, F. & A. E. DE VRIES, Physica **29**, 427 (1963).
25. VAN DER VALK, F., Physica **30**, 729 (1964).
26. QUINTANILLA, M., Thesis Universität (Zaragoza u. Zürich 1964).
27. CLUSIUS, K. & M. QUINTANILLA, Anal. Real. Soc. Esp. Fis. Quim. **60A**, 159 (1964).
28. CLUSIUS, K., Helv. Chim. Acta **44**, 1349 (1961).
29. MEIER, W., Dissertation (Universität Zürich 1966).
30. MEIER, W., Helv. Chim. Acta **50**, 405 (1967).
31. DE VRIES, A. E. & A. HARING, Z. Naturforschg. **20a**, 433 (1965).
32. BOERSMA-KLEIN, V. & A. E. DE VRIES, Physica **32**, 717 (1966).
33. MEINRENKEN, J., Dissertation Universität (Zürich 1965).
34. TRÜBENBACHER, E., Z. Naturforschg. **17a**, 539 (1962).
35. VAN DE REE, J., J. LOS, & A. E. DE VRIES, Physica **36**, 66 (1967).
36. VAN EE, H., Thesis Universität (Leiden 1966).
37. VELDS, C. A., J. LOS, & A. E. DE VRIES, Physica **35**, 417 (1967).
38. TIP, A., A. E. DE VRIES, & J. LOS, Physica **32**, 1429 (1966).
39. GHOZLAN, A. J. & J. KISTEMAKER, Kernenergie **5**, 287 (1962).
40. GHOZLAN, A. J. & J. LOS, J. Chim. Phys. **60**, 178 (1963).

Kapitel VIII

Grenzflächen-Diffusion*)

Diffusionsvorgänge in unmittelbarer Nähe von Phasengrenzen, d. h. an Korngrenzen und Oberflächen, laufen häufig mit erheblich größeren Geschwindigkeiten ab als solche durch das Kristallinnere (Volumen-Diffusion). Während im Gebiet niederer und mittlerer Temperaturen der Materialtransport infolge Korngrenzen- und Oberflächen-Diffusion im allgemeinen um mehrere Zehnerpotenzen schneller ist als der durch Volumen-Diffusion, wird bei höheren und hohen Temperaturen in zahlreichen Fällen der Materietransport durch Volumendiffusion überwiegen, d. h. der Beitrag der Grenzflächen-Diffusion verschwinden.

Da die Grenzflächen-Diffusion neben der Volumen-Diffusion für Festkörperreaktionen ebenfalls in Betracht kommt und für den Reaktionsablauf pulverförmiger Reaktionspartner wesentlich werden kann, erscheint eine Behandlung auch dieser Diffusionserscheinungen notwendig. Nach TURNBALL (1) und FISHER (2) wählen wir das in Abb. VIII - 1 dargestellte Diffusionsmodell, das aus zwei Kristallen besteht, in die von oben her und auch längs der Oberfläche Atome eines Fremdmetalls oder eines fremden Ionenkristalls in das Diffusionsmedium infolge Volum- und Korngrenzen-Diffusion eindringen. Die Koeffizienten der Oberflächen-Korngrenzen- und Volumendiffusion nehmen in der folgenden Reihenfolge ab: $D_F > D_R > D_V$.

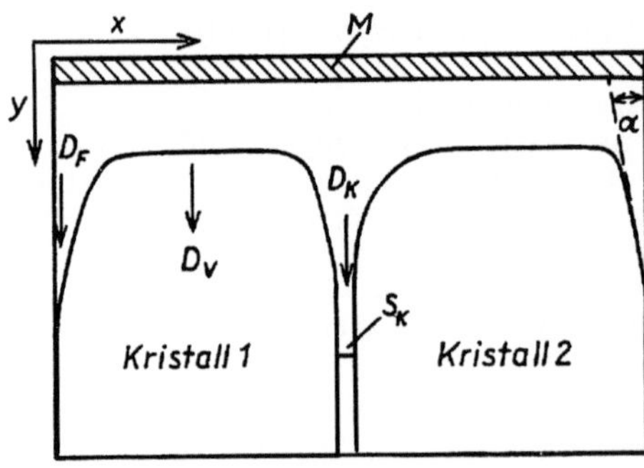

Abb. VIII - 1. Schematisches Diffusionsbild mit Volumen-, Korngrenzen- und Oberflächendiffusion. Zwei Kristalle werden durch eine Korngrenze der Dicke δ_K getrennt.

Vernachlässigt man zunächst eine seitliche Diffusion in der x-Richtung, so erhält man für die Konzentration c_M des Fremdstoffs M im Abstand y von der anfänglichen Phasengrenze

---

*) Verfasst von Prof. Dr. K. HAUFFE, Göttingen

$$c_M = c_M^0 \left[1 - \mathrm{erf}\,\frac{y}{\sqrt{4Dt}}\right],\qquad\qquad \text{[VIII - 1]}$$

wo c_M^0 die konstant bleibende Ausgangskonzentration ($=$ konstante Quelle) ist. Nimmt man an, daß die anfängliche Phasengrenzfläche infolge der polykristallinen Struktur des Diffusionsmediums in z quadratische Flächenbezirke der Seitenlänge R aufgeteilt wird, so gilt für ein Volumenelement dV der Dicke dy im Abstand y von dieser Fläche parallel zu ihr:

$$dV = zR^2 dy. \qquad\qquad \text{[VIII - 2]}$$

Die Menge dn_M^V an Fremdatomen, die bis zur Zeit t in dieses Volumenelement eingewandert ist, erhält man mit Hilfe der Lösung [VIII − 1]:

$$dn_M^V = zR^2 dy\, c_M^0 \left[1 - \mathrm{erf}\,\frac{y}{\sqrt{4D_V t}}\right]. \qquad\qquad \text{[VIII - 3]}$$

Hierbei wird der Flächeninhalt der Korngrenze gegenüber der Gesamtfläche vernachlässigt.

Unter Annahme einer konstanten Breite der Korngrenze (s. Abb. VIII, 1) während der Diffusion kann man nun in Analogie zu den Beziehungen [VIII - 2] und [VIII - 3] entsprechende Ansätze für die Korngrenzen- und Oberflächen-Diffusion herleiten. Diese lauten:

$$dn_M^K = 2zR\,\delta_K dy\, c_M^0 \left[1 - \mathrm{erf}\,\frac{y}{\sqrt{4D_K t}}\right] \quad \text{für Korngrenzen-Diffusion} \qquad \text{[VIII - 4]}$$

und

$$dn_M^F = 4\sqrt{z}\,R\,\delta_F dy\, c_M^0 \left[1 - \mathrm{erf}\,\frac{y}{\sqrt{4D_F t}}\right] \quad \text{für Oberflächen-Diffusion.} \qquad \text{[VIII - 5]}$$

Hier bedeuten δ_K und δ_F die mittlere Breite der Korngrenze und der Oberflächen-Diffusionsschicht.

Fisher (2) hat nun das häufig nicht vernachlässigbare seitliche (in x-Richtung, s. Abb. VIII - 1) Abdiffundieren unter einigen vereinfachenden Voraussetzungen berücksichtigt und erhält für die Fremdstoffkonzentration in der Nähe der Korngrenze (2,3):

$$c_M = c_M^0 \exp\left\{-y\,\sqrt{\frac{2}{\delta_K D_K}}\,\sqrt[4]{\frac{D_V}{\pi t}}\right\} \left[1 - \mathrm{erf}\,\frac{x}{\sqrt{4D_V t}}\right]. \qquad \text{[VIII - 6]}$$

Die entsprechende Gleichung für c_M in der Nähe der freien Oberfläche folgt hieraus, indem man D_K durch D_F und δ_K durch $2\delta_F$ ersetzt.

Diesen Gleichungen liegen die folgenden Annahmen zugrunde:

1. Die Korngrenzen- bzw. Oberflächenbereiche haben eine einheitliche Dicke δ_K bzw. δ_F, in deren Richtung sich die Konzentration der diffundierenden Atome räumlich nicht ändert.
2. Die Diffusion in das Korninnere erfolgt senkrecht zu den Korngrenzen.
3. Die Zunahme der Fremstoffmenge im Korngrenzenbereich ist vernachlässigbar gegenüber dem Verlust durch seitliche Diffusion.

4. Bezüglich der seitlichen Diffusion wird so gerechnet, als ob die Konzentration im Korngrenzenbereich während der Dauer der Diffusion ihren Endwert annimmt.

5. An den Grenzflächen des Korngrenzen- bzw. Oberflächenbereichs ist stets $\partial c_M/\partial t = 0$.

Als Ergebnis der den Gln. [VIII - 4] und [VIII - 5] analogen Beziehungen erhält man für die Korngrenzen-Diffusion:

$$dn_M^K = 4{,}514\, z\, R\, dy\; c_M^0 \sqrt{D_V t}\, \exp\left\{-y\left(\frac{2}{\partial_K D_K}\right)^{1/2}\left(\frac{D_V}{\pi t}\right)^{1/4}\right\} \qquad \text{[VIII - 7]}$$

und für den Anteil der Oberflächen-Diffusion:

$$dn_M^F = 4{,}514\, \sqrt{z}\; R\, dy\; c_M^0 \sqrt{D_V t}\, \exp\left\{-y\left(\frac{1}{\delta_F D_F}\right)^{1/2}\left(\frac{D_V}{\pi t}\right)^{1/4}\right\}. \qquad \text{[VIII - 8]}$$

Addiert man alle drei Anteile Gln. [VIII - 3], [VIII - 7] und [VIII - 8], so erhält man die im Abstande y von der ursprünglichen Phasengrenze während der Zeit t eindiffundierte Gesamtmenge an Fremdatomen

$$dn_M = dn_M^V + dn_M^K + dn_M^F. \qquad \text{[VIII - 9]}$$

Mit diesen Formeln konnte gezeigt werden, daß z. B. im Falle einer Diffusion, bei der für $0{,}1\ \text{cm} \geqslant R \geqslant 0{,}005\ \text{cm}$ keine Korngrenzeneffekte mehr bemerkbar sind, obwohl

$$D_K/D_V \geqslant 10^5$$

ist.

Unter Zugrundelegung dieser Beziehungen konnte LECLAIRE (4) einen einfachen Zusammenhang zwischen dem Quotienten der Diffusionskoeffizienten D_K/D_V und dem experimentell ermittelbaren Winkel α (Abb. VIII, 1) aufzeigen:

$$\frac{D_K}{D_V} = \frac{2}{\delta_K}\,(\pi D_V t)^{1/2}\,\cotg^2\alpha. \qquad \text{[VIII - 10]}$$

Verwendet man den von BARNES (5) aus Diffusionsversuchen mit Kupfer in polykristallinem Nickel gefundenen Diffusionskoeffizienten

$$D_V \approx 10^{-10}\ \text{cm}^2/\text{Tag}$$

und wählt $\alpha = 30°$ sowie $\delta_K = 5\cdot 10^{-8}\ \text{cm}$, so findet man bei 1000 °C

$$D_K/D_V = 8\cdot 10^5,$$

woraus sich für den Koeffizienten der Korngrenzendiffusion

$$D_K \approx 8\cdot 10^{-5}\ \text{cm}^2/\text{sec}$$

ergibt.

Eine wesentliche Voraussetzung für die Anwendbarkeit der Beziehung von FISHER ist, wie bereits erwähnt, das Vorhandensein einer in bezug auf die Konzentration konstanten Quelle der eindiffundierenden Teilchen, eine Forderung, die häufig bei TRACER-Diffusionsversuchen nicht erfüllt ist. Mit diesem

Sachverhalt hat sich besonders SUZUOKA (6) beschäftigt. Unter Umgehung der mathematisch langwierigen Ableitung ergibt sich für das Verhältnis der Korngrenzen-Diffusionskoeffizienten $D_K(\text{exakt})/D_K$ (FISHER) aus der „exakten" und der FISHER-Gleichung

$$D_K(\text{exakt})/D_K(\text{FISHER}) = \beta_{\text{exakt}}/\beta_{\text{Fischer}} = 2 \to 3, \qquad \text{[VIII - 11]}$$

wobei

$$\beta = \frac{[(D_K/D_V) - 1]\,\delta_K}{\sqrt{4D_K t}}$$

ist (7). Im allgemeinen nimmt das Verhältnis der Diffusionskoeffizienten mit abnehmenden Werten für β zu. Wie man aus Beziehung [VIII - 11] erkennt, wird für viele Zwecke die einfache Formel von FISHER genügen.

Von AMAR und DREW wurde in neuerer Zeit das Problem einer Kopplung von Oberflächen- und Volumendiffusion behandelt (8). Hierbei wird die Frage des Zusammenhangs zwischen der Volumenkonzentration unmittelbar unter der Oberfläche und der Oberflächenkonzentration besondere Aufmerksamkeit gewidmet. Das Wissen um diese Zusammenhänge ist nach wie vor spärlich. Die Annahme einer Oberflächenschicht bringt mehr neue Probleme, als es die bisherigen Probleme lösen hilft. Auf diese Zusammenhänge wird auch von SHEWMON (9) hingewiesen.

Für die folgenden Betrachtungen wird die erlaubte Annahme eingeführt, daß das Oberflächen-Volumenverhältnis sich als eine nur langsam ändernde Funktion des Abstandes von der Quelle ansehen läßt. Es wird in erster Näherung als konstant angesehen und mit λ (= reziproke Länge) bezeichnet. Diese Annahme ist nicht unvernünftig und hat den Vorteil, wesentlich kompliziertere Annahmen abzulösen. Nach Ableitung der gesetzmäßigen Zusammenhänge wurde die charakteristische Länge $1/\lambda$ mit den Schichtdicken-Daten anderer Autoren verglichen.

Da $D_V \ll D_F$ ist, kann D_V nur als kleine Störung betrachtet werden. Infolge der recht komplizierten mathematischen Ansätze für das „radikale" Oberflächendiffusions-Problem unter Einbeziehung eines nach innen abfließenden „Leckstromes" wurde zunächst nur das 1-dimensionale – das allerdings quantitativ – behandelt (s. Abb. VIII, 2) (8).

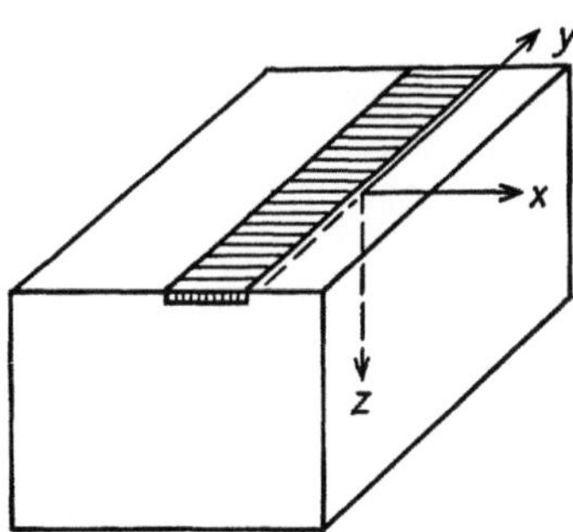

Abb. VIII, 2. Schematische Darstellung der Diffusionsrichtungen.

Ausgehend von der Gleichung der Oberflächendiffusion mit der Oberflächenkonzentration Γ

$$\partial^2 \Gamma(x, y, t)/\partial x^2 - (1/D_F)\partial\Gamma/\partial t = 0 \qquad \text{[VIII - 12]}$$

mit den Randbedingungen

       a. $\Gamma(0, y, t) = \Gamma_0$

       b. $\Gamma(x, y, 0) = 0$ mit $x > 0$ [VIII - 13]

       c. $\Gamma(\infty, y, t) = 0$

ergibt sich schließlich für die exakte Lösung der effektiven Oberflächenkonzentration:

$$\Delta\Gamma(x, y, t) = \Gamma_0 \left\{ \operatorname{erfc} \frac{x}{\sqrt{4D_F t}} - \lambda(4D_V t)^{1/2} i \operatorname{erf} c \frac{x}{\sqrt{4D_F t}} \right\}, \qquad \text{[VIII - 14]}$$

wobei $i \operatorname{erf} c$ die „iterierte komplementäre Fehlerfunktion" kennzeichnet.
Bei Vorliegen einer *reinen Oberflächen-Diffusion*, was im Bereich *niedriger Temperatur* der Fall ist, wie bereits erwähnt, erhält man aus der Neigung der sich aus der Auftragung $- \log(-\partial\Delta\Gamma/\partial x)$ gegen $x^2/4t$ — ergebenden Geraden $-1/D_F$ entsprechend der aus Gl. [VIII - 12] folgenden Beziehung:

$$\log\left(-\frac{\partial\Delta\Gamma}{\partial x}\right) = \log\left| \Gamma_0/(\pi D_F t)^{1/2} \right| - x^2/4D_F t. \qquad \text{[VIII - 15]}$$

Bei Vorliegen einer *gemischten Diffusion* (Oberflächen- und Volumendiffusion) im Bereich *hoher Temperaturen* ergibt sich aus Gl. [VIII - 14] unter Anwendung der quadratischen Näherung für die effektive Oberflächenkonzentration:

$$\Delta\Gamma = \Gamma_0 \operatorname{erfc} \frac{x}{\sqrt{4D_F t}} \{1 - L_1\xi^2 + L_2\xi - L_3\} \qquad \text{[VIII - 16]}$$

mit

       a. $L_1\xi^2 = \lambda\sqrt{4D_V t} \cdot \dfrac{0,08 x^2}{4D_F t}$

       b. $L_2\xi = \lambda\sqrt{4D_V t} \cdot \dfrac{0,309 x}{\sqrt{4D_F t}}$ [VIII - 17]

       c. $L_3 = \lambda\sqrt{4D_V t} \cdot 0,57.$

Die hier abgeleiteten Beziehungen können für die Auswertung von Diffusionsmessungen bei überwiegender Oberflächendiffusion herangezogen werden. Mit der Oberflächendiffusion hat sich auch in neuerer Zeit SUZUOKA (15) befaßt.

ACHTER u. SMOLUCHOWSKI (10) untersuchten die Korngrenzendiffusion als Funktion der relativen Orientierung der Kristallite. Die Meßergebnisse an Silber bei etwa 700 °C zeigten, daß bei einem Winkel von 45° zwischen den angrenzenden Kristalliten die Korngrenzen-Diffusionsgeschwindigkeit ein Maximum erreicht. Für Winkel zwischen 20 und 70° ist sie größer als die

Volumen-Diffusionsgeschwindigkeit. Außerhalb dieses Winkelintervalls war keine Korngrenzendiffusion beobachtbar. Bei der Eindiffusion von Zink in Kupfer zwischen 550 und 650 °C wurde die erwähnte Winkelabhängigkeit der Korngrenzendiffusion studiert (11).

In einer weiteren Arbeit untersuchten HAYNES u. SMOLUCHOWSKI (12) die Korngrenzendiffusion von ^{55}Fe an orientierten Zwillingen einer Eisen–Siliziumlegierung mit 3,17 Gew. % Si zwischen 770 und 830 °C in trockenem Wasserstoff. Die Eindringtiefe des ^{55}Fe entlang der Korngrenze wurde autoradiographisch verfolgt. Die Geschwindigkeit der Eindiffusion war orientierungsabhängig und nahm mit dem Orientierungsunterschied bis zu $-86°$ zu und hatte im Bereich von 50° ein breites Maximum. Über einen interessanten Korngrenzen-Diffusionseffekt bei der Eindiffusion von Schwefel in α-Eisen berichten TURNBULL u. Mitarb. (13). Weitere Literatur findet sich in dem Übersichtsbericht von WEINBERG (14).

Literatur zu Kapitel VIII

1. TURNBULL, D., In: Atom Movements, hersg. von der Amer. Soc. for Metals, S. 129—152, Cleveland 1951; J. Metals **3**, 661 (1951). — Siehe auch die erweiterte Darstellung von TURNBULL, D. & R. E. HOFFMAN, Acta Met. **2**, 419 (1954).

2. FISHER, J. C., J. appl. Phys. **22**, 74 (1951). — Vgl. auch ROE, G. M., Phys. Rev. **83**, 871 (1951).

3. AMELINCKX, S. & W. DEKEYSER: Solid State Phys. **8**, 459 (1959).

4. LECLAIRE, A. D., Phil. Mag. (7) **42**, 468 (1951); Diffusion in Metals, in: Progr. Metal Phys. **4**, 265ff. (1953).

5. BARNES, R. S., Nature **166**, 1032 (1950).

6. SUZUOKA, T., J. Phys. Soc. Japan **19**, 839 (1964).

7. Die Definition von β entspricht derjenigen von R. T. P. WHIPPLE, Phil. Mag. **45**, 1225 (1954).

8. AMAR, H. & J. B. DREW, J. appl. Phys. **35**, 533 (1964).

9. SHEWMON, P. G., J. appl. Phys. **34**, 755 (1963).

10. ACHTER, M. R. & R. SMOLUCHOWSKI, J. appl. Phys. **22**, 1260 (1951).

11. FLANAGRAN, R. & R. SMOLUCHOWSKI, J. appl. Phys. **23**, 785 (1952).

12. HAYNER, C. W. & R. SMOLUCHOWSKI, Acta Met. **3**, 130 (1955).

13. AINSLIE, N. V. PHILLIPS & D. TURNBULL, Acta Met. **8**, 528 (1960).

14. WEINBERG, F., Progr. Metal Phys. **8**, 105 (1959).

15. SUZUOKA, T., J. Phys. Soc. Japan **20**, 1259 (1965).

Kapitel IX

Diffusion in festen Stoffen. Experimentelle Methoden

IX, 1. Experimentelle Methoden der Diffusionsmessung *)

Infolge der Mannigfaltigkeit der Diffusionserscheinungen, wie sie durch die
Struktur der metallischen und nichtmetallischen Systeme verursacht werden,
sind eine Vielzahl von Arbeitsmethoden zur experimentellen Ermittlung der
Diffusionsgeschwindigkeit der wandernden Teilchen mit zweckmäßigen Aus-
wertungsverfahren entwickelt worden, deren grundsätzliche rechnerische Behandlung bereits im Kap. I mitgeteilt wurde. Je nach dem zu erreichenden
Ziel und den besonderen Bedingungen in einem Diffusionsmedium, die wesentlich durch die Chemie (Abweichung von der stöchiometrischen Zusammensetzung, Fehlordnung) und durch die äußeren Einflüsse (Temperatur, Druck,
Gasatmosphären, elektrische Felder) verursacht sind, wird die Versuchsanordnung von Fall zu Fall den Gegebenheiten angepaßt werden müssen.
Während Diffusionsmessungen an Einkristallen stets von Vorteil sind und auch
heute weitgehend verwendet werden, muß man sich doch häufig mit Diffusionsmessungen an polykristallinem Material begnügen, da die Erzeugung von Einkristallen an zahlreichen Systemen noch erhebliche Schwierigkeiten bereitet.
Für gewisse technische Probleme jedoch ist die Verwendung von polykristallinem Material notwendig, wenn man sich dem wahren Sachverhalt eines Diffusionsproblems anzupassen wünscht.

Die erheblichen Unterschiede in den Diffusionsgeschwindigkeiten an Einkristallen und an polykristallinem Material sind häufig nicht mit Sicherheit
anzugeben. Ganz allgemein wird man bei polykristallinen Körpern der Korn-
grenzen- und Oberflächendiffusion vor allem im Bereich mittlerer Temperaturen, besondere Beachtung schenken müssen. Ferner spielt die Reinheit der
Kristalle (Verunreinigungen) und die mechanische Bearbeitung sowie die
Wärmebehandlung häufig eine maßgebende Rolle, da hierdurch die Struktur
des Materials und damit die Diffusionsbedingungen, verändert werden. Um
daher für die jeweiligen Bedürfnisse die dem eigenen vorliegenden System
richtigen Diffusionskoeffizienten zu erhalten, muß man alle diese Punkte
berücksichtigen.

Bei der Entwicklung geeigneter experimenteller Methoden wird es darauf
ankommen, die durch die eindiffundierende Komponente verursachte physikalische oder chemische Veränderung im Diffusionsmedium für ein Meß-

---

*) Verfaßt von Prof. Dr. K. Hauffe, Göttingen

verfahren zu verwenden. Als klassisches Verfahren hat sich die chemische
Analyse zur Ermittlung des örtlichen Konzentrationsprofils gekoppelt mit
einer immer mehr verfeinerten Abtragungstechnik sehr dünner Schichten des
Diffusionsmediums bewährt. Durch die Verfügbarkeit einer großen Zahl
radioaktiver Elemente wurde die Indikator (Tracer)-Diffusionstechnik mit
Erfolg möglich. Hier muß jedoch beachtet werden, daß nicht ohne weiteres
die Kopplungskoeffizienten der ONSAGERschen Beziehungen (s. II, 4) gleich
Null gesetzt werden dürfen, wie dies sonst üblicherweise gehandhabt wird.
Ferner muß bei Tracer-Diffusionsexperimenten beachtet werden, daß die
Bewegungen der Ionen als Bestandteil des gleichen Teilgitters, wie z. B. der
$^{22}Na^+$- und $^{23}Na^+$-Ionen im NaCl-Kristall, im allgemeinen nicht unabhängig
voneinander sind. Daher müssen wir für den Tracer-Diffusionskoeffizienten D_i^*
der Teilchensorte i schreiben:

$$D_i^* = f_i D_i^K, \qquad\qquad [\text{IX - 1, 1}]$$

wobei der Korrelationsfaktor f_i den Komponenten-Diffusionskoeffizienten D_i^K
erheblich ändern kann. Unter Beachtung der Betrachtungen von BARDEEN u.
HERRING (1) haben sich mit diesem Problem JOST (2), COMPAAN u. HAVEN (3)
sowie LIDIARD (4) beschäftigt.

Neben der Tracer-Diffusionstechnik, die in verschiedenen Anordnungen
angewandt wird, haben sich zur Ermittlung von Diffusionsdaten spezielle
Techniken, wie z. B. die elektrische Leitfähigkeit, die Verfolgung der Wanderung eines p—n-Übergangs an geeigneten Halbleiter-Kombinationen, ferner
die Masseverschiebung in einer Thermowaage oder die Verfolgung der Änderung der Mikrohärte bewährt.

IX, 1, 1. Chemisch-analytische Methoden

Für Diffusionsversuche in metallischen Systemen hat es sich als zweckmäßig
erwiesen, Probekörper mit ihren plangeschliffenen Oberflächen entweder auf-
einanderzuschweißen oder bei Verwendung eines reinen Metalls zur Diffusion
in eine Legierung dieses elektrolytisch auf den Legierungskörper abzuscheiden.

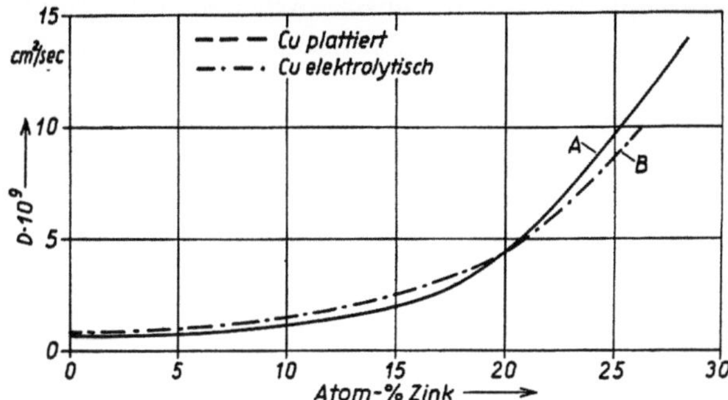

Abb. IX, 1 - 1. Abhängigkeit des Diffusionskoeffizienten von Zink in α-Messing
vom Zinkgehalt der Legierung bei 837 °C nach CORREA DA SILVA u. MEHL (Kurve A
mit aufgeschweißtem und Kurve B mit elektrolytisch abgeschiedenem Kupfer).

Correa da Silva u. Mehl (5) konnten zeigen, daß nach beiden Verfahren der gleiche Verlauf der Konzentration von Zink in α-Messing bei 837 °C in Abhängigkeit vom Zinkgehalt erhalten wurde (Abb. IX, 1 - 1). Während Paschke u. Hauttmann (6) sowie Wells u. Mehl (7) die Verschweißung auf elektrischem Wege ausführten, erreichten Correa da Silva (8) und Ham u. Mitarb. (9) die Verschweißung der beiden Versuchsproben durch Aufheizen der Versuchskörper auf die Diffusionstemperatur im Vakuumofen unter Druck, wobei die Glühdauer beim nachfolgenden Diffusionsversuch berücksichtigt wurde. Im allgemeinen ist das Schweißverfahren der Elektroplattierung überlegen, da das erstere auf nahezu beliebige Legierungskombinationen anwendbar ist und auch eine einwandfreie Kontaktierung leichter erreicht wird. Trotzdem kann ein elektrolytisches Abscheidungsverfahren unumgänglich werden, wenn man beispielsweise ein Isotopengemisch definierter Zusammensetzung einzudiffundieren wünscht, wie dies von Heumann u. Imm (10) für die Diffusion von ^{55}Fe und ^{59}Fe in γ-Eisen erforderlich war. Hier wurde eine wäßrige Lösung der Chloride im gewünschten Verhältnis auf die γ-Eisenoberfläche abgeschieden. Zur Vermeidung einer Verdampfung der Tracer (Diffusions-Temperaturen zwischen 1170 und 1360 °C) wurde die mit radioaktivem Eisen besetzte Oberfläche mit einer polierten Saphirscheibe abgedeckt. In neuerer Zeit wurden die elektrolytischen Abscheidungsverfahren immer mehr entwickelt (11). Die Meßgenauigkeit des Abstandes von der Verschweißungsfläche beträgt etwa $\pm 0{,}0025$ cm. Die Genauigkeit der Ermittlung der Konzentration des eindiffundierten Bestandteils hängt von der Empfindlichkeit des analytischen Verfahrens ab. Ferner ist der umgebenden Atmosphäre Beachtung zu schenken zur Vermeidung chemischer Veränderungen während des Diffusionsversuches, wie diese bei oxidationsempfindlichen Substanzen, wie z. B. bei der Diffusion von Gold in Silizium (12) eintreten können. Als weitere Möglichkeit des Aufbringens des diffundierenden Stoffes auf einen Festkörper ist das Aufdampfen im Hochvakuum oder in definierten Gasatmosphären zu nennen, wie dies in der Transistor-Technik entwickelt wurde. Dieses Verfahren wird besonders in den Industrielaboratorien, z. B. für die Eindiffusion von Phosphor und Bor in Silizium angewandt (13, 14). In neueren Arbeiten (15) wird über die vorteilhafte Anwendung einer Eindiffusion von Bor und Phosphor aus dünnen auf Silizium aufgebrachten dotierten Oxidschichten berichtet. Ein für die Auswertung geeignetes Modell wurde von Barry u. Olofsen (16) vorgeschlagen und auf die Auswertung der Diffusion von Bor in Silizium angewandt. Hierbei wurden Bor-dotierte Oxide durch Oxidation von Silanen und Diboranen bei 400 °C auf Silizium abgeschieden, wobei etwa $0{,}15\ \mu$ dicke Schichten erhalten wurden. Die sich anschließenden Diffusionsversuche wurden in hochreiner Stickstoff-Atmosphäre ausgeführt.

Für eine sinnvolle Auswertung der Versuchsergebnisse wurde vorgeschlagen (17), die Zahl der Atome je Elementarzelle als Ordinatenwerte gegen die Zahl der Gitterabstände als Abszissenwerte aufzutragen, wie dies aus Abb. IX, 1 - 2 im Falle der Kohlenstoff-Diffusion im Austenit zu entnehmen ist. In dieser

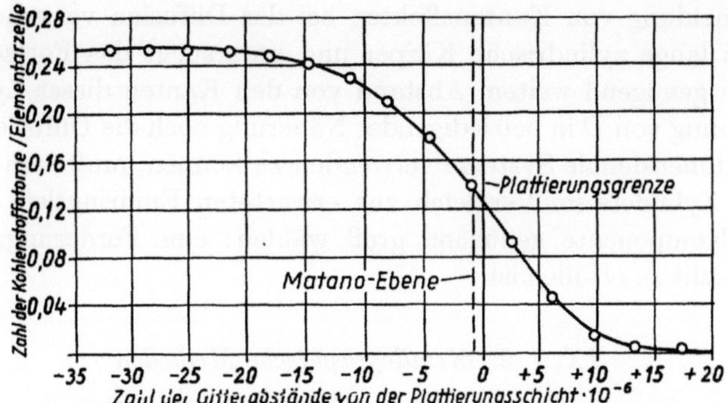

Abb. IX, 1 - 2. Zahl der C-Atome je Elementarzelle im Austenit als Funktion des Gitterabstands, ausgewertet von Birchenall et al. nach Kohlenstoff-Diffusionsversuchen in Austenit bei 1000 °C.

Darstellung sind die Abszissenwerte unabhängig von Temperatur und Zusammensetzung und somit auch praktisch von Volumänderungen, die während der Diffusion auftreten können. In gleicher Weise können auch auf der Ordinaten die jeweiligen Atomprozente der diffundierenden Komponente aufgetragen werden, wobei aber zu beachten ist, daß der Diffusionskoeffizient D in cm²sec⁻¹ die Konzentrationsangabe in Masse je cm³ fordert. Für die Auswertung der Meßergebnisse ist zu beachten, daß im allgemeinen die Messung der Entfernung der zu analysierenden Diffusionsschicht von der Schweißnahtfläche bei Zimmertemperatur erfolgt, was bei Legierungen mit hohem Ausdehnungskoeffizienten durch entsprechende Korrekturen zu berücksichtigen ist.

Zwecks objektiver Darstellung der Diffusionswerte hat Johnson (18) vorgeschlagen, das Konzentrationsverhältnis c/c_0 gegen den Abstand im Maßstab der Lösungsfunktion aufzutragen, wo c_0 die Ausgangskonzentration und c diejenige in einem Abstand von der Schweißnahtfläche nach bestimmter Diffusionszeit darstellt. Nach diesem Verfahren wurden Kohlenstoff-Diffusionsmessungen ausgewertet (19).

Während in der bisherigen Darstellung nur solche Diffusionssysteme behandelt wurden, bei denen die in den Festkörper eindiffundierende Komponente als feste Phase niedergeschlagen wurde, haben wir nun auch solche Systeme zu betrachten, bei denen die eindiffundierende Komponente aus der Gasphase über die Oberfläche des Diffusionsmediums eintrifft. In solchen Fällen können geschwindigkeitsbestimmende Phasengrenzreaktionen nicht immer ausgeschaltet werden. Sofern man während des Diffusionsverlaufs die Oberflächenkonzentration konstant halten kann und sich der Diffusionskoeffizient D mit der Konzentration nicht ändert, ist die Berechnung von D mit Hilfe einer von Grube (61) stammenden Lösung möglich. Nicht immer kann jedoch eine konstante Oberflächenkonzentration während des Diffusionsversuchs ermöglicht werden, wie z. B. die Aufkohlungsexperimente von Bramley (20) von Armco-Eisen in mit Toluoldampf gesättigtem CO bei 950 °C ergeben haben.

Zur Vermeidung von Kanteneffekten bei der Diffusion verwendet man im allgemeinen lange zylindrische Körper und untersucht das Fortschreiten der Diffusion in genügend weitem Abstand von den Kanten dieser Zylinder. Um zur Berechnung von D in befriedigender Näherung noch die Diffusionsgleichungen für eindimensionale Systeme verwenden zu können, muß man den Durchmesser des Zylinders im Vergleich zur erwarteten Eindringtiefe der diffundierenden Komponente genügend groß wählen; eine Forderung, die im allgemeinen leicht zu erfüllen ist.

IX, 1, 2. Metallographische Methoden

Das Heranziehen mikroskopischer Untersuchungen zur Ermittlung der Diffusionsgeschwindigkeit ist immer dann gegeben, wenn die in den Festkörper eindiffundierende Komponente bei einer definierten kritischen Konzentration entweder eine Gefügeänderung oder eine sichtbare Verfärbung unter dem Mikroskop erkennen läßt. Diese an sich empfehlenswerte Methode, die bisher viel zu wenig Beachtung gefunden hat, soll im folgenden an einem Beispiel – der von FRAENKEL u. HOUBEN (21) untersuchten Eindiffusion von Silber in Gold – diskutiert werden. Zu diesem Zweck wurde ein Silberdraht mit einem Goldmantel umgeben und nach erfolgter Diffusion die Eindringtiefe des Silbers in Gold durch Schwarzfärbung infolge Anätzen mittels Ammoniumsulfid bestimmt. Der Beginn der Schwarzfärbung wird durch eine bestimmte minimale Ag-Konzentration festgelegt (siehe Abb. XI, 1 - 3). Das Vordringen dieser Konzentrationsfront ist eine einfache Funktion von Ort und Zeit und gestattet die Berechnung des Diffusionskoeffizienten nach der einfachen integrierten Formel des 2. FICKschen Diffusionsgesetzes.

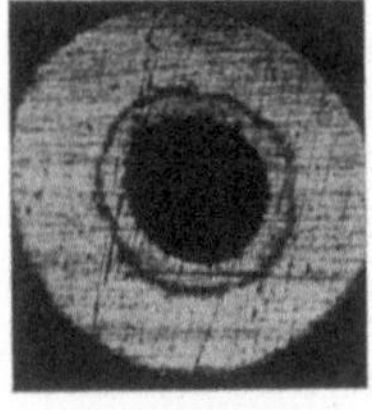

1 - 3

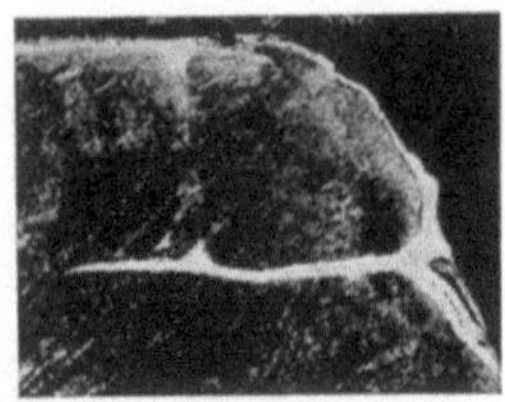

1 - 4

Abb. IX, 1 - 3. Ätzbild eines mit Gold umgebenen Silberdrahtes nach einem Diffusionsversuch von FRAENKEL u. HOUBEN (100fache Vergrößerung).

Abb. IX, 1 - 4. Bevorzugte Diffusion von Chrom längs der Korngrenzen einer Eisen–Nickellegierung nach HOFFMAN (250fache Vergrößerung).

Ganz besonders eignet sich die mikroskopische Untersuchungsmethode zur Ermittlung der Eindringtiefe einer diffundierenden Komponente längs der Korngrenzen, wie dies in Abb. IX, 1 - 4 für die Diffusion von Chrom längs der Korngrenzen einer Eisen–Nickellegierung gezeigt ist (22). Als ein weiteres optisches Verfahren zur Ermittlung von Diffusionskoeffizienten kann die

Änderung des Reflexionsvermögens der Oberfläche eines Festkörpers während der Diffusion verwandt werden. Hier wurde z. B. von COLEMAN u. YEAGLEY (23) ein dünner Film eines Metalls auf eine Glasplatte aufgedampft und darauf der eines anderen Metalls. Anschließend wird die Diffusion an der Änderung des Reflexionsvermögens gemessen. Die zeitliche Änderung des Reflexionsvermögens gestattet auch sehr kleine Diffusionsgeschwindigkeiten, wie sie besonders bei niedrigen Temperaturen beobachtet werden, zu bestimmen. Von anderen Autoren (24, 25) wurde der Fortgang der Diffusion in solchen dünnen Filmen auch durch Elektronenbeugung verfolgt.

Neben der mikroskopisch-optischen Methode ist insbesondere von BÜCKLE (26) für den Diffusionsverlauf in Aluminium-Legierungen die Mikrohärteprüfung herangezogen worden. Nach Aufstellen einer Eichkurve (Härte gegen Konzentration) des zu untersuchenden Diffusionssystems wird in Abständen von etwa 5 μ, ausgehend von der Phasengrenze Legierung/Metall, die Änderung der Härte und damit die Konzentration der eindiffundierten Komponente ermittelt. ZWICKER (27) konnte aus Mikrohärtemessungen die Korngrenzendiffusion von Kupfer in Eisen bestimmen. Die Anwendung dieses Verfahrens ist aber nur eingeschränkt möglich und hat daher nur spezielle Anwendung gefunden. Erheblich vielversprechender ist die Elektronen-Mikrosonde, die eine Konzentrationsermittlung der eindiffundierenden Komponente in Abständen von etwa 0,1 μ erlaubt (28).

In Metallegierungen vom Einlagerungstyp wurden von ZENER u. WERT (29) Messungen der inneren Reibung zur Berechnung von Diffusionskoeffizienten herangezogen. Diese Methode, die auf einer Arbeit von SNOEK (30) über das anelastische Verhalten von kubisch-raumzentrierten Metallen bei mechanischer Torsionsbelastung beruht, soll besonders zur Ermittlung sehr kleiner Diffusionskoeffizienten zwischen $D = 10^{-19}$ und 10^{-20} cm²/sec geeignet sein. Hier können die Messungen an Proben mit einheitlicher Konzentration des diffusionsfähigen Metalls ausgeführt werden, und somit kann der Diffusionskoeffizient von Legierungen mit verschiedenen Konzentrationen auf elegante Weise ermittelt werden. Von NOWICK (31) wurde dieses Verfahren auf Legierungen vom Substitutionstyp erweitert.

IX, 1, 3. Wägungsmethoden

Eine weitere interessante Bestimmungsmethode beruht auf der leichten Verdampfbarkeit eines der Legierungspartner. Diese von DUNN (32) erstmalig angewandte Methode gestattet die Diffusionsgeschwindigkeit der flüchtigen Komponente aus deren Verdampfungsgeschwindigkeit zu ermitteln. Man erhitzt dabei die betreffende Legierung bestimmte Zeiten bei der gewünschten Diffusionstemperatur im Vakuum und bestimmt fortlaufend den Masseverlust durch Wägung. Nach dieser Methode wurde die Diffusionsgeschwindigkeit von Zink in Messing ermittelt. Da aber die so erhaltenen Meßergebnisse im allgemeinen nicht sehr genau sind, ist dieses Verfahren ohne Bedeutung geblieben. Der Grund für die Ungenauigkeit dieser Methode dürfte in den durch die Verdampfung verursachten, unkontrollierbaren Nebenerscheinungen zu suchen sein, von denen die Schrumpfung der Kristallite und die Vergröberung der Korngrenzen erhebliche Fehlerquellen darstellen. Weitere Untersuchungen dieser Methoden liegen von GERZRICKEN u. Mitarb. (33) vor. Nach dem gleichen Verfahren wurde z. B. der Einfluß von Magnesium und Antimon auf die Diffusionsgeschwindigkeit von Quecksilber in Blei–Quecksilberlegierungen untersucht (34).

Ein interessantes Verfahren zur kontinuierlichen Beobachtung der gegenseitigen Diffusion zweier Metalle, die miteinander Substitutions-Mischkristalle bilden, wurde von KARGER (35) veröffentlicht. Eine Legierungsprobe A/B (siehe Abb. IX, 1 - 5) aus einer silber- und einer goldreichen Ag—Au-Legierung

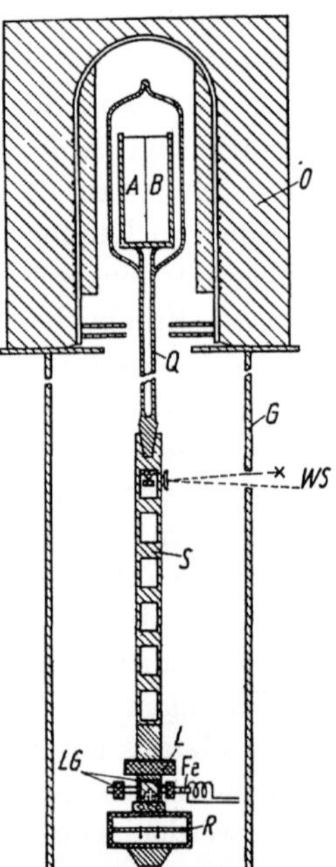

Abb. IX, 1 - 5. Thermowaage mit senkrecht stehendem Waagenarm nach KARGER (Zeichenerklärung im Text).

wird in eine kastenartige Halterung auf eine Stabwaage montiert und nun die Schwerpunktsverlagerung während des Diffusionsvorganges verfolgt. Das Meßprinzip ist hierbei die Ausnutzung der durch den Diffusionsvorgang bewirkten Masse- bzw. Schwerpunktsverschiebung. Der senkrecht auf die Waagenschneide aus Achat ruhende Waagenkörper besteht aus einem Duraluminrohr, in welchem aus Gründen der Gewichtsersparnis fensterartige Löcher eingeschnitten wurden. Am unteren Ende des Stabkörpers S befindet sich ein verstellbares Laufgewicht L zur Veränderung des Schwerpunktes der Waage. Zwei seitlich angebrachte Laufgewichte LG ermöglichen einen groben Ausgleich quer zur Waagenschneide. Eine magnetische Kompensationseinrichtung Fe erlaubt feinere Schwerpunktskorrekturen vorzunehmen. Zur Eichung dienen zwei verschieden schwere Reitergewichte (0,3 und 0,1 g) auf einem

Reiterlineal R, dessen unteres Ende als Dämpfungsscheibe für eine Wirbel-
strombremse ausgebildet ist. Der die Legierungsprobe enthaltende Quarz-
aufsatz Q ist evakuierbar und kann mit Argon gefüllt werden. Das obere Ende
des Quarzaufsatzes mit der Probe A/B ragt in einen Glühofen O. Die gesamte
Waage befindet sich vor Luftströmungen geschützt in einem Gehäuse mit
Fenster für die Lichtzeigeranordnung WS.

Richtige Diffusionskoeffizienten erhält man nun, wenn die Masseverschiebung
durch Diffusion der wandernden Teilchen und nicht durch plastisches Fließen
zustande kommt. Wenn Neigung zum plastischen Fließen besteht, sind Vorkehrungen zur Konstanz der Form der Probe zu treffen. Dieses Verfahren eignet
sich besonders für die Ermittlung von großen Diffusionskoeffizienten zwischen
10^{-4} und 10^{-8} cm²/sec.

IX, 1, 4. Die Sintermethode

Durch geometrisches Auswerten auf ebenen Flächen angesinterter Zylinder
gelang es KUCZYNSKI (36) in einer recht einfachen Versuchsanordnung ohne
Verwendung radioaktiver Isotope Komponenten-Diffusionskoeffizienten in
Metallen mit hinreichender Genauigkeit zu bestimmen. Da dieses Verfahren
auch dort zu befriedigend genauen Ergebnissen führt, wie z. B. im Falle der
Diffusion von Aluminium, wo geeignete radioaktive Isotope nicht verfügbar
sind, ist es technisch als besonders interessant zu bezeichnen.

Es wurde z. B. die geometrische Veränderung der Berührungsfläche eines
dünnen Silberdrahtes auf einem größeren Silberzylinder beim Glühen aus-
gemessen, die durch eine Sinterung des Drahtes mit dem Zylinder infolge gegen-
seitiger Diffusion der Ag-Atome verursacht wird. Unter der Annahme eines
Leerstellen-Wanderungsmechanismus wird in den allmählich zuwachsenden
Räumen ABC und $A'B'C'$ (siehe Abb. IX, 1 - 6) eine Leerstellenkonzentration

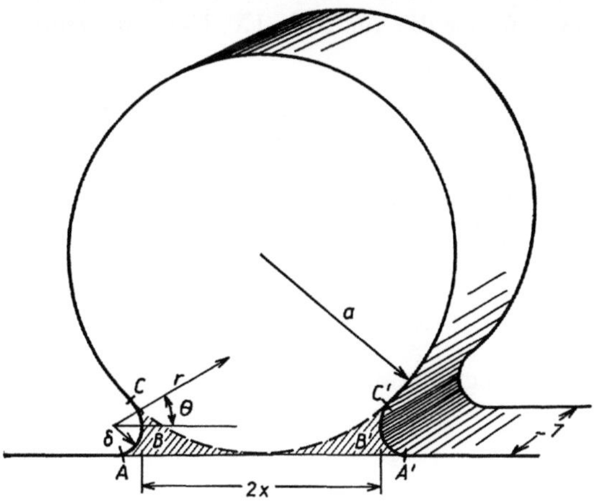

Abb. IX, 1 - 6. Schematische Darstellung der Versuchsanordnung eines auf einem
Zylinder festgesinterten Drahtes nach KUCZYNSKI.

$c = c_0 + \Delta c$ auftreten, die um den Betrag Δc größer ist als im Draht- oder Zylinderinnern, wo sie c_0 beträgt. Bezeichnen wir mit O die Oberfläche, durch welche die Leerstellen in das System eindiffundieren, mit V das zwischen Draht und Ebene (die Schnittflächen dieser Räume sind schraffiert) ausgefüllte Volum und mit $(\partial \Delta c/\partial r)_{r=\varrho}$ den Gradienten der Leerstellenkonzentration auf der Oberfläche mit dem Krümmungsradius ϱ sowie mit D den Leerstellen-Diffusionskoeffizienten, für den $D = D^K/c_0$ gilt, so lautet die Diffusionsgleichung:

$$dV/dt = O D \left| (\partial \Delta c/\partial r)_{r=\varrho} \right|. \qquad [\text{IX - 1, 2}]$$

Für den Konzentrationszuwachs Δc erhält man

$$\Delta c = \delta^3 \gamma/\varrho \cdot c_0/k T, \qquad [\text{IX - 1, 3}]$$

wo δ den atomaren Abstand (auch $\approx$ Durchmesser der Leerstelle), γ die Oberflächenenergie und k die BOLTZMANN-Konstante bedeuten. Setzt man die zeitliche Änderung der Leerstellenkonzentration $\partial c/\partial t = 0$, dann kann man die Konzentration c aus der LAPLACE-Gleichung

$$\nabla^2 c = 0$$

erhalten, deren Lösung eine Funktion des Radius r und des Winkels Θ ist, der mit der Geraden senkrecht zur Drahtachse und parallel zur Ebene erhalten wird (Abb. IX, 1 - 6). Eine solche Lösung lautet:

$$\Delta c = \sum_{n=1}^{\infty} \frac{c_n \cos n \Theta}{r^n}. \qquad [\text{IX - 1, 4}]$$

An der Oberfläches des Sinterraumes, wo $r = \varrho$ und $|c_n|$ für $n > 1$ klein ist, so daß die nachfolgenden Glieder in Gl. [IX - 1, 4] vernachlässigt werden können, kann man die Gln. [IX - 1, 3 und IX - 1, 4] in guter Näherung gleichsetzen. Berücksichtigt man ferner die aus Abb. IX, 1 - 6 aus geometrischen Betrachtungen folgenden Beziehungen

$$\varrho = \frac{x^2}{4a} \qquad O = \frac{\pi x^2 L}{2a} \qquad V = \frac{x^3 L}{2a},$$

wo L die Länge des Drahtes bedeutet, so erhält man schließlich für die zeitliche Verbreiterung der Berührungsfläche zwischen Draht und Zylinder:

$$\frac{dx}{dt} = \frac{80\pi}{3} \cdot \frac{\delta^3 \gamma \, a^2}{x^4 k T} D^K. \qquad [\text{IX - 1, 5}]$$

Durch Integration folgt hieraus:

$$\frac{x^5}{a^2} = \frac{400\pi}{3} \frac{\delta^3 \gamma}{k T} D^K t. \qquad [\text{IX - 1, 6}]$$

Wie man aus Gl. [IX - 1, 6] erkennt, läßt sich der Komponenten-Diffusionskoeffizient D^K als Funktion von leicht bestimmbaren Variablen x, a, T und t

darstellen. Zur graphischen Auswertung von D^K wird die logarithmische Form der Gl. [IX - 1, 6] verwandt

$$5 \log \frac{x}{a} = {}_{10}\log t + {}_{10}\log \left[\frac{400\pi}{3} \frac{\delta^3 \gamma D^K}{k T a^3} \right], \qquad \text{[IX - 1, 7]}$$

wobei man $\log(x/a)$ gegen $\log t$ aufträgt. Entsprechende Auswertung der Silber-Diffusion zwischen 460 und 900 °C ergaben für den Komponenten-Diffusions-koeffizienten von Silber den Ausdruck

$$D^K_{\text{Ag}} = 0{,}60 \exp(-45000/R T) \quad \text{cm}^2/\text{sec}$$

in guter Übereinstimmung mit dem von JOHNSON (37) ermittelten Tracer-Diffusionskoeffizienten

$$D^*_{\text{Ag}} = 0{,}89 \exp(-45900/R T).$$

Dieses Verfahren wurde später vom gleichen Autor (38) auf die Ermittlung von Diffusionsdaten in NiO durch Sintern kleiner NiO-Kügelchen angewandt. Der hieraus erhaltene Diffusionskoeffizient der Ni-Ionen war mit

$$D^K_{\text{Ni}}(\text{NiO}) = 10^5 \exp(-73300/R T) \quad \text{cm}^2/\text{sec}$$

um etwa 10^4 größer als der von CHO und MOORE (39) erhaltene Selbstdiffusions-koeffizient $D^*_{\text{Ni}} = 1{,}83 \cdot 10^{-3} \exp(-45600/R T)$.

DEDRICK u. KUCZYNSKI (36) haben eine weitere interessante Methode zur Ermittlung von Komponenten-Diffusionskoeffizienten in Metallen entwickelt, die auf der zeitlichen Änderung der Kontaktleitfähigkeit zweier sich mit ihren halbkugelförmigen Enden berührenden Metallelektroden beruht (siehe Abb. IX, 1 - 7). Durch Kombination der Gl. [IX - 1, 6] mit einer von BOWDEN und TABOR (40) aufgestellten Beziehung:

$$\sigma_B = 2\sigma x, \qquad \text{[IX - 1, 8]}$$

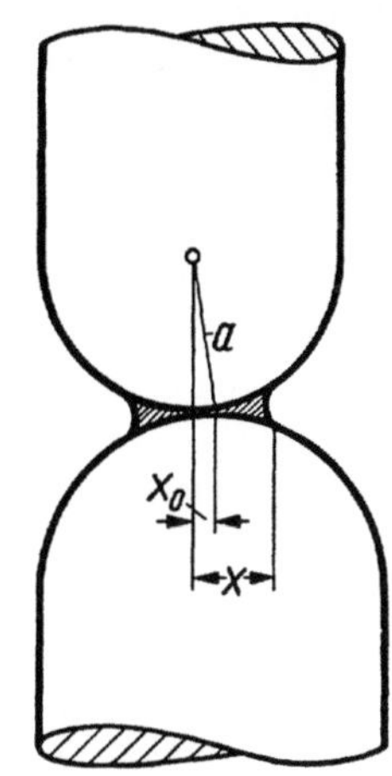

Abb. IX, 1 - 7. Schematische Darstellung des Kontaktes der beiden halbkugelförmigen Enden der Elektroden nach DEDRICK u. KUCZYNSKI. (a = Radius der Halbkugeln, x_0 = Radius der kreisförmigen Kontaktfläche bei Versuchsbeginn und x = Radius am Ende des Experiments.)

wo σ_B die an der Berührungsstelle mit dem Radius x maßgebende elektrische Leitfähigkeit und σ die entsprechende Leitfähigkeit des kompakten Materials ist, erhalten wir für die zeitliche Änderung der Leitfähigkeit an der wachsenden Berührungsfläche:

$$\frac{(\sigma_B/2\,\sigma)^5}{a^2} = \frac{40\,\gamma\,\delta^3}{k\,T}\,D^K t. \qquad\qquad [\text{IX - 1, 9}]$$

Aus den Kontaktleitfähigkeiten in Abhängigkeit von der Erhitzungsdauer lassen sich durch Messungen bei verschiedenen Temperaturen die Komponenten-Diffusionskoeffizienten D^K berechnen.

CABRERA (41) und SCHWED (42) haben das Verfahren mit dem Hinweis kritisiert, daß man im Falle $x^5 \sim t$ zwischen Oberflächen- und Volumdiffusion nicht unterscheiden kann und daß für sehr kleine Teilchen sogar $x^3 \sim t$ gelten soll. Ohne Zweifel mahnt diese Kritik sowohl zu einer sorgfältigen und kritischen Ausführung der Experimente als auch zu einer kritischen Auswertung der Versuchsergebnisse.

IX, 1, 5. *Elektrische und magnetische Methoden*

Für bestimmte Vorgänge der Oberflächendiffusion kann die Elektronenemission ein nützlicher Indikator für das zeitliche Fortschreiten der Diffusion sein. Diese Methode wurde schon vor längerer Zeit von LANGMUIR (43) für die Oberflächendiffusion von Thorium auf Wolfram eingeführt. Hierbei wird von der Tatsache Gebrauch gemacht, daß das Ausmaß der Elektronenemission von der Oberflächenkonzentration der Thoriumatome auf Wolfram abhängt. Zur Vorbereitung der Messung wird das mit Thoriumoxid bedeckte Wolfram vor dem Experiment auf etwa 2800 °K erhitzt. In dieser Heizperiode wird ein Teil des Thoriumoxids verdampfen und ein anderer Teil zu Thoriummetall reduziert werden. Anschließend wird für die eigentlichen Diffusionsversuche die Temperatur auf etwa 1800–2200 °K gesenkt. Die zur Ermittlung der jeweiligen Konzentration an Thorium erforderliche Messung der Elektronenemission wurde bei etwa 1300 °K ausgeführt. In ähnlicher Weise wurde die Diffusionsgeschwindigkeit anderer Metalle auf und durch Wolfram bestimmt (44, 45). MÜLLER konnte mit der Feldelektronen-Emission den Selbstdiffusionskoeffizienten von Wolfram ermitteln (46).

Eine interessante Methode zur Bestimmung von Diffusionskoeffizienten verschiedener Elemente, wie z. B. Sb, As, P, Zn, Ga und In, in Valenzhalbleitern, wie z. B. Germanium, mittels des zeitlichen Wanderns eines p—n-Überganges wurde von DUNLAP (47) ausgearbeitet. Wie aus Abb. IX, 1 - 8 zu erkennen, diffundieren kleine Zusätze der genannten Elemente bei 900 °C in eine keilförmige Germanium-Probe ein. Die Position der Diffusionsfront auf der schiefen Ebene des Keils ließ sich durch das Auftreten eines p—n-Überganges (Gleichrichterverhalten) ermitteln und somit zeitlich verfolgen, woraus sich eine einfache Möglichkeit der Bestimmung von D ergibt.

Eine abgewandelte Methode wurde von FULLER (48) beschrieben. BLOEM u. KRÖGER (49) haben diese Methode erweitert und auf die Ermittlung der

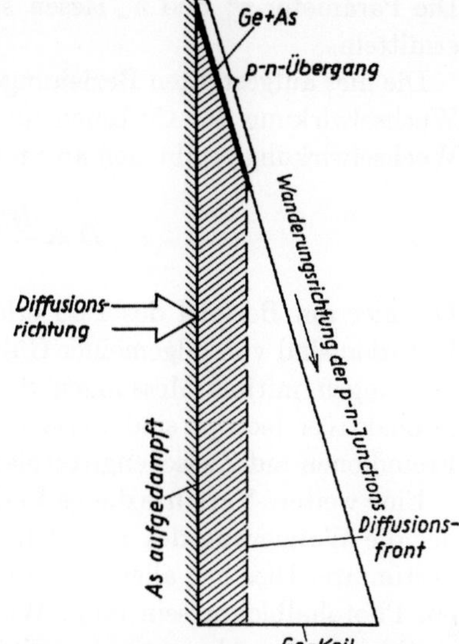

Abb. IX, 1 - 8. Germanium-Keil mit fort-
schreitender Diffusionsfront von Arsen,
das auf der linken Seite des Keiles aufgedampft ist (nach DUNLAP). Die Wanderung
des $p-n$-Überganges wird durch Sonden-
messung (Gleichrichter-Effekt) auf der
rechten Seite des Keils verfolgt.

Diffusionsgeschwindigkeit von Cu in PbS angewandt. Nach dem zuletzt erwähnten Verfahren ist der Diffusionskoeffizient D des wandernden $p-n$-Über-
ganges vom Ausmaß der Wechselwirkung zwischen den über Zwischengitterplätze und über Pb-Ionenleerstellen wandernden Kupferionen abhängig,
wobei die Wanderung über Leerstellen erheblich langsamer erfolgt. Für die
Zahl der Kupferionen N_{Cu}, die im Zeitabschnitt dt durch den Einheitsquerschnitt diffundiert, erhält man

$$N_{\mathrm{Cu}}\,dt = D\,\frac{n_-}{x_{pn}}\,dt. \qquad [\text{IX - 1, 10}]$$

Hier bedeuten n_- die den Cu-Ionen auf Zwischengitterplatz äquivalente Konzentration an freien Elektronen und x_{pn} den Ort des $p-n$-Überganges. Wenn
$v = dx_{pn}/dt$ die Geschwindigkeit der wandernden Kupferfront ($\equiv p-n$-
Übergang) ist, erhält man für

$$N_{\mathrm{Cu}}\,dt = v\,(n_+^0 + n_{|\mathrm{Pb}|'})\,dt, \qquad [\text{IX - 1, 11}]$$

wo n_+^0 die Konzentration der Defektelektronen im undotierten PbS-Kristall
und $n_{|\mathrm{Pb}|'}$, die Konzentration der Leerstellen ist. Aus den Gln. [IX - 1, 10] und
[IX - 1, 11] folgt nach Integration:

$$D = \frac{n_+^0 + n_{|\mathrm{Pb}|'}}{n_-} \cdot \frac{x_{pn}^2}{2t}. \qquad [\text{IX - 1, 12}]$$

War vor Beginn der Dotierung $n_+^0 \approx n_{|\mathrm{Pb}|'}$, so vereinfacht sich Gl. [IX - 1, 12]
zu

$$D = \frac{n_+^0}{n_-}\,\frac{x_{pn}^2}{t}. \qquad [\text{IX - 1, 13}]$$

Die Parameter n_+^0 und n_- lassen sich unabhängig aus HALL-Effektmessungen ermitteln.

Die hier aufgestellten Beziehungen wurden unter der Annahme einer starken Wechselwirkung der Cu-Ionen im PbS-Kristall erhalten. Im Falle schwacher Wechselwirkung ergibt sich an Stelle von Gl. [IX - 1, 13] der Ausdruck:

$$D = \frac{(n_+^0 + n_-)\,n_+^0}{n_-^2} \cdot \frac{x_{pn}^2}{2t}\,.$$

[IX - 1, 14]

Die hier am Beispiel des PbS erläuterten Zusammenhänge der Fremdionen-Diffusion sind von allgemeiner Gültigkeit. Durch Kombination von Diffusions-messungen mittels Messungen des p—n-Überganges und durch Anwendung radioaktiver Isotope sind wertvolle Aufschlüsse über die Wechselwirkung von Fremdionen auf Zwischengitterplatz, mit solchen auf Gitterplatz zu erwarten.

Eine weitere Variante dieses Verfahrens wurde von BOLTAKS (50) eingeführt, der die Wanderung des p—n-Überganges durch Messung der Photospannung bestimmte. Dies hat allerdings zur Voraussetzung, daß das Diffusionsmedium ein Photohalbleiter sein muß. Wie das Experiment ergibt, werden beim Ein-strahlen in das Absorptionsmaximum des Halbleiters die erzeugten Elektron-Lochpaare in der p—n-Übergangszone getrennt. Hierbei diffundieren die Elek-tronen in das n-Gebiet und die Defektelektronen in das p-Gebiet ab. Durch diese Ladungstrennung wird eine Photospannung verursacht. Zu diesem Zweck wird entsprechend der schematischen Darstellung in Abb. IX, 1 - 9 die Probe unter einem flachen Winkel angeschnitten und im n-Gebiet mit einem hoch-

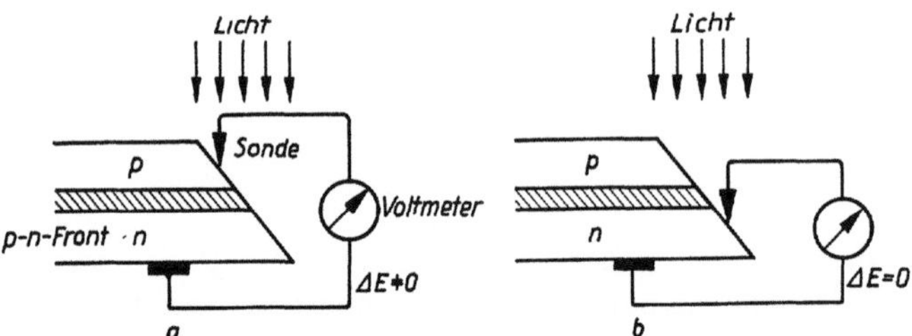

Abb. IX, 1 - 9. Schematische Darstellung eines p—n-Überganges mit wandernder Sonde zwecks Bestimmung der Lage des Überganges nach BOLTAKS. [In (a) wird eine Photospannung gemessen, während in (b) eine solche nicht auftreten kann.]

ohmigen Röhrenvoltmeter ohne äußere Stromquelle fest verbunden. Die Spannungssonde, deren Kontaktfläche möglichst klein sein muß, kann man von links oben nach rechts unten bewegen. Bei gleichmäßiger Ausleuchtung der Schnittfläche beobachtet man, daß die Photospannung dann verschwindet, wenn die Sonde aus dem p-Gebiet kommend die p—n-Front gerade über-schritten hat. Aus der zeitlichen Wanderung des p—n-Überganges läßt sich der Diffusionskoeffizient bestimmen. Die Genauigkeit dieser Methode hängt wesentlich von der Feinheit der Sondenspitze ab.

Die Veränderung der magnetischen Eigenschaften durch die Diffusion eines Fremdmetalls in eine ferromagnetische Legierung, ist ebenfalls zur Ermittlung von Diffusionsdaten herangezogen worden. Auch diese Methode hat den Vorteil, daß man zerstörungsfrei den gesamten Verlauf der Diffusion kontinuierlich verfolgen kann. Hier seien u. a. die Arbeiten von CHEVENARD u. Mitarb. (51) erwähnt, die die während der Diffusion eintretende Änderung des CURIE-Punktes einer ferromagnetischen Legierung verfolgen. In ähnlicher Weise wurde von KÖSTER u. RAFFELSICKER (52) der Diffusionsverlauf beim Sintern einer Nickel–Kupfer-Legierung durch magnetische Messungen ermittelt.

IX, 1, 6. Methoden mit radioaktiven Indikatoren

Während nach den bisher beschriebenen Methoden nur Diffusionsversuche mit Fremdatomen ausgeführt werden konnten, versagen diese Methoden, außer denen von KUCZYNSKI zur Ermittlung der Diffusionsfähigkeit gittereigener Teilchen. Das Versagen dieser Methoden ist durch das Fehlen einer chemischen und physikalischen Unterscheidbarkeit bedingt. Die Ermittlung von Diffusionskoeffizienten gittereigener Teilchen erfordert die Verwendung radioaktiver Isotope mit hinreichend großer Lebensdauer bzw. Halbwertszeit. Diese radioaktiven Isotope, die man ursprünglich Indikatoren, heute auch Tracer nennt, können α-, β- oder γ-Strahlen aussenden und somit ihren Standort in dem Festkörper bekanntgeben, wenn man einen geeigneten Strahlen-Empfänger benutzt. Die Diffusionskoeffizienten von z. B. Ag in Ag oder Pb in Pb konnten erst dann ermittelt werden, als man radioaktive Elemente zur Verfügung hatte. VON HEVESY (53) war der erste, der Indikatoren-Diffusionsmessungen ausführte, die häufig auch in der Literatur als Selbstdiffusionsmessungen bezeichnet werden. Während die technische Anwendung infolge der geringen Zahl – anfänglich stand nur das Blei-Isotop zur Verfügung – natürlich vorkommender strahlender Isotope zunächst auf wenige Diffusionssysteme beschränkt blieb, konnten in den letzten 15 Jahren, seit radioaktive Indikatoren in größerer Zahl verfügbar sind, Diffusionsmessungen an zahlreichen Festkörpern ausgeführt werden. So ist es verständlich, daß der Tracer-Diffusionstechnik heute unter den Diffusionsmethoden die größte Bedeutung zukommt.

Zur Ermittlung nicht zu kleiner Selbstdiffusionskoeffizienten

$$(10^{-10} - 10^{-11}\,\text{cm}^2/\text{sec})$$

hat sich das in Abb. IX, 1 - 10 schematisch dargestellte Verfahren bewährt. Zwei präparierte Oberflächen eines Metalls oder einer Legierung bzw. eines Ionenkristalls, auf denen sich das gewünschte radioaktive Isotop befindet, werden mit ihren strahlenden Oberflächen aufeinandergelegt und bestimmte Zeiten bei der gewünschten Temperatur wärmebehandelt. Die in Abb. IX, 1 - 10 dargestellte „Sandwich-Anordnung" ist unerläßlich, wenn bei hohen Diffusions-Temperaturen die Verdampfung des Isotops merklich wird. Liegt das Diffusionsmedium als Legierung oder als Ionenmischkristall vor, so müssen

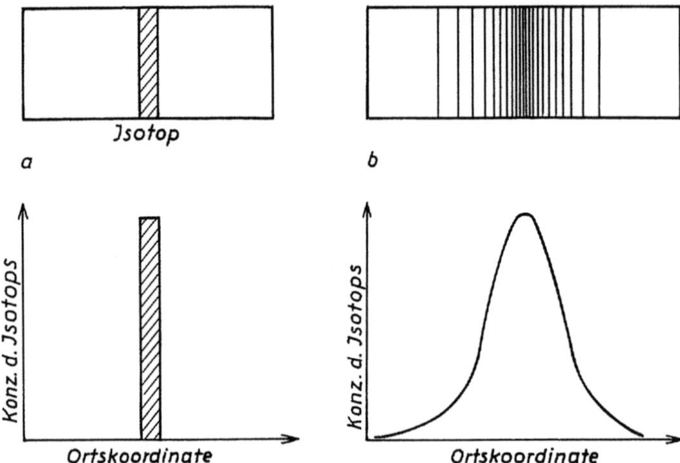

Abb. IX, 1 - 10. Konzentrationsverlauf des zwischen zwei gleichen Diffusionsmedien eingebetteten Isotops a) vor Versuchsbeginn, b) nach dem Diffusionsversuch

beide Hälften die gleiche Zusammensetzung und Vorbehandlung aufweisen. Die Ermittlung der örtlichen Verteilung der diffundierten Teilchen kann in der bereits erwähnten Weise durch Abschneiden oder Abschleifen dünner Schichten und Messung der Strahlungsintensität erfolgen. Für die oben angegebenen Diffusionskoeffizienten von etwa 10^{-10} bis 10^{-11} cm^2/sec ist bei einer einwöchigen Diffusion mit einer mittleren Eindringtiefe von etwa 0,003 bis 0,01 cm zu rechnen. Derartig lange Diffusionszeiten werden jedoch unerwünscht, wenn Rekristallisations- und Kornwachstumserscheinungen zu erwarten sind, oder wenn die Halbwertszeit des Isotops zu klein ist.

Zur Bestimmung kleinerer Diffusionskoeffizienten in kürzeren Versuchszeiten wurde ein Verfahren entwickelt, das auf der Messung der Abnahme der Oberflächenaktivität mittels Zählrohr beruht. Wie in Abb. IX, 1 - 11 schematisch dargestellt, wird das radioaktive Isotop auf eine Fläche des Körpers auf-

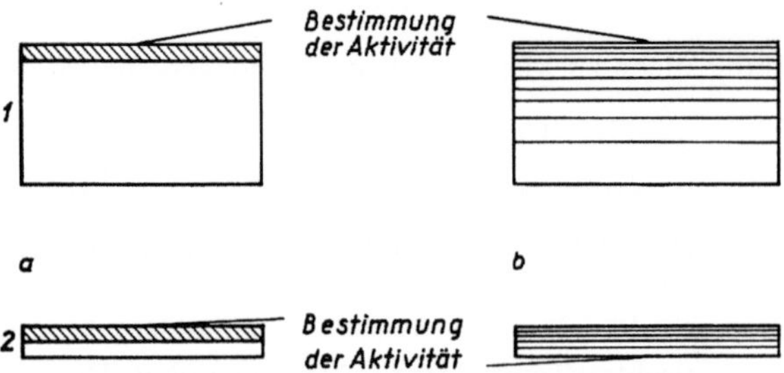

Abb. IX, 1 - 11. Isotopenfilm auf massivem Körper (1) und Folie (2) vor Versuchsbeginn (a). Nach dem Diffusionsversuch wird im Falle (1b) die Abnahme der Oberflächenaktivität und im Falle (2b) der Beginn der Strahlung und dessen zeitliche Zunahme an der entgegengesetzten Fläche (also von unten) gemessen.

gebracht und nun entweder die Abnahme der Aktivität der Strahlung an dieser
Oberfläche verfolgt (s. Abb. IX, 1 - 11 a) oder im Falle der Verwendung dünner
Filme, das Auftreten und die zeitliche Zunahme der Strahlungsintensität auf
der entgegengesetzten Seite (s. Abb. IX, 1 - 11 b) gemessen. Ein besonders
empfindliches Verfahren, mit dem Diffusionskoeffizienten in der Größenordnung von 10^{-15} bis 10^{-20} cm²/sec bestimmt werden können, wurde von
HEVESY u. SEITH (54) entwickelt. Hiernach werden nicht die α-Strahlenaktivi-
tät selbst, sondern die Rückstoßstrahlen des gebildeten Thorium C″ angewandt, deren Reichweite nur etwa $3 \cdot 10^{-6}$ cm betragen, so daß man bei viel
kleinerer Eindringtiefe eine meßbare Abnahme der Oberflächenaktivität
erhält. Dieser Methode haben sich an Pb-Einkristallen verschiedene Autoren
bedient (55, 56). Experimentelle Einzelheiten über dieses Verfahren unter
Beachtung des Einflusses einer Bestrahlung der Proben mit α-Teilchen aus einer
$^{210}_{84}$Po-Quelle wurden im Göttinger Institut von FRENZEL (56) mitgeteilt.

Für die Messung kleiner Selbstdiffusionskoeffizienten wurde von GRUNAU
und NÖLTING (57) ein weiteres Meßverfahren entwickelt, das auf dem Ab-
sorptions- und Streuverhalten dünner Materieschichten für β-Strahlung beruht. Hierbei werden die Elektronen durch dünne Materieschichten bevorzugt
in Richtung der Flächennormalen gestreut (Vorwärtsstreuung). In Versuchen,
bei denen mit dem Zählrohr die Strahlung nur in einem kleinen Raumwinkel
um die Flächennormale gemessen wird, erhält man höhere Zählraten als ohne
Absorber.

Eine weitere Verbesserung des Meßverfahrens von HEVESY wurde dadurch
erreicht (58), daß man eine Messung der Radioaktivität sehr dünner Schichten
mittels einer mikro-anodischen Auflösung ermöglichte. Zu diesem Zweck wird
ein Stück Filtrierpapier mit einem geeigneten Elektrolyten getränkt und zwischen die radioaktive Oberfläche und eine geeignete Metall-Gegenelektrode
(z. B. eine Stahlplatte) gebracht. Durch Verwendung eines entsprechend
kleinen Stromes mit dem Minuspol an der Gegenelektrode wird eine kleine
Menge des radioaktiven Stoffes als getreuer Abdruck der Oberfläche in das
Filtrierpapier überführt. Während aus der Intensität I_β der β-Strahlung die
Ermittlung der Konzentration n an der Oberfläche gemäß:

$$n = \frac{1}{k_1} I_\beta$$

möglich ist, kann aus der integralen Intensität I_γ der γ-Strahlung die Gesamtmenge des diffundierenden Isotops bestimmt werden:

$$n^* = k_2 I_\gamma,$$

wobei $n^* = n^0 d$ die zur Verfügung stehende Gesamtmenge des Isotops je
Flächeneinheit, n^0 die entsprechende Menge auf der Oberfläche zu Beginn
und d die Dicke der Oberflächenschicht ist. In Verbindung mit der Beziehung

$$n = n^*/\sqrt{\pi D t}$$

folgt für I_β:

$$I_\beta = k_1 k_2 I_\gamma/\sqrt{\pi D t}. \qquad\qquad [\text{IX - 1, 15}]$$

Sorgt man nun für eine homogene Verteilung des radioaktiven Isotops in der Probe mit der Dicke d und bezeichnet die jetzt auftretenden Intensitäten mit $I_\beta{}^0$ und $I_\gamma{}^0$, so erhält man für das Verhältnis der Intensitäten:

$$I_\beta/I_\gamma = (I_\beta{}^0/I_\gamma{}^0)d/\overline{\sqrt{\pi D t}} \equiv m/\overline{\sqrt{t}}.$$

[IX - 1, 16]

Durch Auftragen des Verhältnisses I_β/I_γ gegen $1/\sqrt{t}$ berechnet man aus der Neigung m den Diffusionskoeffizienten D:

$$D = \frac{1}{\pi} \left(\frac{I_\beta{}^0}{I_\gamma{}^0} \frac{d}{m} \right)^2.$$

[IX - 1, 17]

Dieses Verfahren ist unabhängig von der Art der Strahlung und kann daher für die verschiedensten Isotope verwandt werden.

Im folgenden seien einige der hauptsächlichsten Fehlermöglichkeiten aufgeführt:

1. Um zu vergleichbaren Ergebnissen zu kommen, muß man die geometrische Anordnung des Meßobjeks und der Zählrohreinrichtung auf höchste Präzision abstimmen.

2. Bei der Verwendung von kurzlebigeren Isotopen mit einer Halbwertszeit von einigen Wochen und Monaten, ist neben der zeitlichen Änderung der Aktivität am Diffusionssystem, zum Vergleich auch die am reinen Isotop zu messen, und bei der Auswertung der Diffusionsversuche in Rechnung zu setzen.

3. Es ist nicht nur auf ein definiertes Aufbringen des radioaktiven Isotops auf die Probenoberfläche zu achten, sondern es sind alle Vorkehrungen (z. B. Abdecken der Oberfläche durch eine Saphirscheibe) zu treffen zur Vermeidung von Verlusten durch mechanische Einwirkung und Verdampfung.

4. Im Falle sehr kleiner Diffusionskoeffizienten sind die Anfangs- und Endwerte der Aktivität nur wenig verschieden, so daß eine größere Zahl von Zählrohrimpulsen zur Vermeidung von Schwankungen erforderlich ist.

Ein weiteres elegantes Meßverfahren, das ein Zerschneiden der Diffusionsprobe zur Ermittlung der Konzentrationsverteilung der radioaktiven Isotope nicht erforderlich macht, stammt von Kuczynski (59). Hiernach wird die eine Seite einer rechteckigen Probe von einigen Zentimetern Länge mit einer möglichst sehr dünnen Schicht des einzudiffundierenden radioaktiven Isotops bedeckt. Nach Beendigung der Diffusionsperiode wird vor der Messung die eine der breiten Flächen, die senkrecht zu der mit dem Isotop bedeckten Fläche stehen, elektrolytisch stark angeätzt zur Säuberung der durch Oberflächendiffusion verunreinigten Flächen. Anschließend wird der Versuchskörper mit der angeätzten Oberfläche nach oben in einen Bleikasten gebracht (siehe Abb. IX, 1 - 12), der durch einen definiert verschiebbaren Bleideckel mit exakt geschliffenen Kanten abgeschlossen werden kann. Es werden nun die folgenden beiden Messungen ausgeführt:

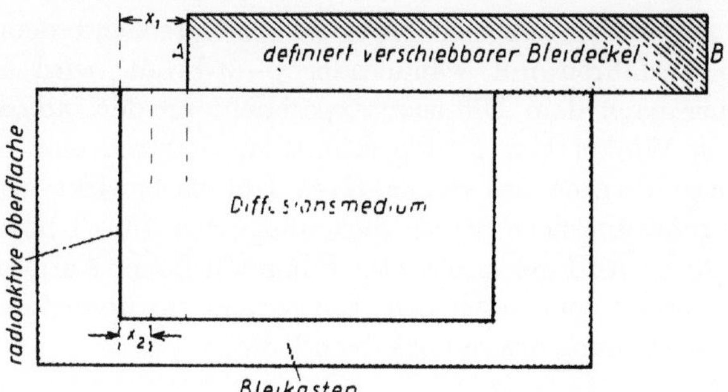

Abb. IX, 1 - 12. Versuchsanordnung zur Messung der Selbstdiffusion unter Anwendung radioaktiver Isotope nach KUCZYNSKI.

1. Der Deckel wird mit der Kante A in einen beliebigen Abstand x_1 von der radioaktiven Oberfläche gebracht. Die gemessene Strahlungsintensität beträgt I_1.

2. Anschließend wird der Deckel soweit nach links verschoben, bis die Strahlungsintensität des neuen Flächenstückes $I_2 = I_1$ beträgt. Dies sei dann der Fall, wenn sich die Kante B im Abstand x_2 von der radioaktiven Oberfläche befindet.

Mit diesen beiden Messungen ist man in der Lage, den Diffusionskoeffizienten irgendeines Isotops ohne Kenntnis der Absorptionskoeffizienten zu berechnen. Aus der Bedingung $I_1 = I_2$ folgt unter Verwendung des in Gl. [I - 6, 3] definierten GAUSSschen Fehlerintegrals:

$$\operatorname{erf} s_1 + \operatorname{erf} s_2 = 1\,,$$

wo

$$s_1 = x_1/2\sqrt{Dt} \quad \text{und} \quad s_2 = x_2/2\sqrt{Dt}$$

ist. Hieraus ergibt sich

$$s_2/s_1 = x_2/x_1$$

und damit

$$\operatorname{erf} s_1 + \operatorname{erf}(x_1 s_1/x_2) = 1\,. \qquad \text{[IX - 1, 18]}$$

Diese Gleichung läßt sich aber leicht durch graphische Verfahren auflösen. Wenn beispielsweise s_1 bekannt ist, läßt sich D durch den folgenden Ausdruck berechnen:

$$D = \frac{1}{t}\left(\frac{x_1}{2s_1}\right)^2. \qquad \text{[IX - 1, 19]}$$

Wie man sieht, ist zur Berechnung von D weder die Kenntnis der Ausgangskonzentration des radioaktiven Isotops auf der Oberfläche, noch die Kenntnis des Absorptionskoeffizienten erforderlich.

Eine weitere interessante Bestimmungsmethode für Tracer-Diffusionskoeffizienten, insbesondere für polykristallines Material, wo der Anteil der Korngrenzen-Diffusion ebenfalls erfaßt werden soll, ist die von HOFFMAN (60) beschriebene autoradiographische Methode. Entsprechend dem weiter oben beschriebenen Verfahren mit wandernder p—n-Front, wird auch hier der Diffusionskörper nach dem Diffusionsexperiment an der radioaktiven Oberfläche in einem Winkel von 1° angeschnitten, wodurch eine Streckung des Konzentrationsgradienten des radioaktiven Isotops bewirkt wird. Bei dieser Art wird eine kontinuierliche Schichtdickenfolge von 0 bis 1 bzw. 0 bis 10 mm durchlaufen. Durch Auflegen geeigneter Filme mit hoher Auflösung auf solche Schnittflächen, erhält man nach dem Entwickeln ein unmittelbares Bild der Konzentrationsverteilung des radioaktiven Isotops.

IX, 2. Diffusion in Systemen aus mehr als einer Phase

Die Diffusion von Kohlenstoff in legierten Stählen wurde von SEITH u. BARTSCHAT (5) untersucht. Dabei wurden Proben verschieden legierter Stähle bzw. unlegiertes Eisen aneinandergeschweißt und die resultierende Konzentrationsverteilung bestimmt. Dafür würden die von JOST (vgl. Kap. I, S. 36ff.; 96; 108/9) gegebenen Lösungen für zweiphasige Systeme anzuwenden sein, wenn die Diffusion innerhalb einer Phase konzentrationsunabhängig wäre. Da dies tatsächlich nicht der Fall ist, dürften die von SEITH u. BARTSCHAT berechneten Diffusionskoeffizienten die gleiche Unsicherheit aufweisen wie die von GRUBE u. Mitarb. ohne Benutzung der BOLTZMANNschen Methode für eine einzige Phase berechneten Diffusionskonstanten. Für die Messung wurden die folgenden Legierungskomponenten benutzt: Ni, Co, Cr und Cu.

Den Einfluß von Kobalt auf die Diffusion von Kohlenstoff in Eisen untersuchte SMOLUCHOWSKI (6). Für die Auswertung in einem zweiphasigen System leitete er aus den Gleichungen des Verf. ([I - 16,1 bis 6], [I - 20,4]), vergl. (3) für den Diffusionskoeffizienten an der Grenzfläche der beiden Phasen, $x = 0$, die Beziehung ab

$$\frac{D_{\mathrm{II}}}{D_{\mathrm{I}}} = \left(\frac{c_0 - c_{\mathrm{I}}}{c_{\mathrm{II}}}\right)^2_{x=0},$$

wo c_0 die Ausgangskonzentration in der Phase I ist und c_{I} und c_{II} die Konzentrationen in I und II an der Grenzfläche sind. Mittels dieser Beziehung abgeleitete Diffusionskoeffizienten sind in der folgenden Tabelle enthalten.

Tabelle IX, 2, 1. Diffusionskoeffizient von Kohlenstoff in Eisen–Kobalt-Legierungen bei 2,2 Atom-% Kohlenstoffkonzentration

	0% Co	$D \cdot 10^{-7}$ cm² sec⁻¹ 1,98% Co	3,91% Co
1273 °K	3,7	4,3	4,7
1463 °K	18,8	21,9	26,7

Diffusion in Systemen aus mehr als einer Phase kann sehr kompliziert werden, sobald wir nicht mehr den NERNSTschen Verteilungssatz in seiner einfachsten Form anwenden dürfen (für den Fall der Gültigkeit des NERNST-

schen Verteilungssatzes haben wir Lösungen des Problems in Kap. I, S. 96,
gegeben). So haben z. B. Tubandt u. Reinhold (7) das System untersucht

$$2\,AgJ + Cu_2S = 2\,CuJ + Ag_2S,$$

wo wir eine Jodid-Phase und eine Sulfid-Phase haben, mit vernachlässigbarer
Mischbarkeit.

Diffusion in mehrphasigen Systemen ist vom Verf. (s. I, 16; I, 18) und von C.
Wagner theoretisch behandelt worden (vgl. Kap. I, 17). Der Verf. nahm Konstanz der Diffusionskoeffizienten innerhalb einer einzelnen Phase an, sowie
Konstanz der Mengen der einzelnen Phasen. C. Wagner hat eine Anzahl
von Fällen behandelt, wo die Einschränkungen bezüglich der Verschiebung
der Diskontinuitätsfläche zwischen den Phasen fallengelassen worden sind
(vgl. Kap. I, 17). Typische Kurven für den ersten Fall sind in Kap. I,
S. 36 ff. reproduziert worden. Solche Bedingungen sollten z. B. herrschen bei der
Diffusion von Kohlenstoff aus einem Metall I in ein anderes Metall II, wenn
die Mischbarkeit der Metalle vernachlässigbar ist. Es ist dann möglich, daß
Diffusion in der Richtung von der Phase mit kleinerer Konzentration nach der
mit höherer Konzentration vor sich geht, Abb. I, 6 - 3; I, 6 - 7; I, 6 - 9.
Das wird immer eintreten, wenn die Konzentration in einer Phase niedriger ist
als in der anderen, aber wenn das Verhältnis der Konzentrationen höher ist
als durch den Nernstschen Verteilungskoeffizienten für das Gleichgewicht
gegeben ist.

Das Gleichgewicht ist nicht durch eine gleichförmige Konzentrationsverteilung gegeben, sondern durch eine gleichförmige Verteilung des chemischen
Potentials (oder der absoluten Aktivitäten).

Solche Bedingungen können selbst in Systemen bestehen, welche vom
thermodynamischen Standpunkt aus nicht aus zwei getrennten Phasen*)
bestehen. Nehmen wir an, daß wir zwei legierte Stähle haben, von verschiedener
Zusammensetzung, welche aber beide zur gleichen Mischkristallreihe gehören,
wie in Diffusionsversuchen von Darken (1). Wir betrachten die Diffusionsgeschwindigkeit des Kohlenstoffs aus einem Stahl in den anderen, wobei
näherungsweise die Diffusionsgeschwindigkeit der anderen Legierungskomponenten als vernachlässigbar klein neben der des Kohlenstoffs angesehen wird.
Dann verhält sich bezüglich der Diffusion des Kohlenstoffs dieses System wie
ein zweiphasiges System. Der Diffusionskoeffizient wird für die beiden Legierungen verschieden sein, und die Gleichgewichtsverteilung wird durch einen im
allgemeinen von 1 verschiedenen Verteilungskoeffizienten gegeben sein.

Abb. IX, 2 - 1; 2 und 3 von Darken zeigt schematisch den Verlauf der
Zusammensetzung mit der Zeit in einem ternären System; diese Veränderung

---

*) „Phase" ist nach Gibbs ein homogener Bereich der Materie. Es ist hier
zweckmäßig, ähnlich wie in der Metallkunde, damit einen erweiterten Begriff
zu verbinden. Zu einer Phase wollen wir einen Bereich von Zusammensetzungen
rechnen, welche man bei kontinuierlicher Änderung der Zusammensetzung ohne
Umwandlungen erreichen kann.

verläuft in der Anfangsstufe praktisch ohne Änderung der Konzentration der dritten Komponenten, während nach hinreichend langer Zeit natürlich ein Zustand gleichmäßiger Konzentrationsverteilung erhalten werden muß, der durch den Punkt C gegeben ist.

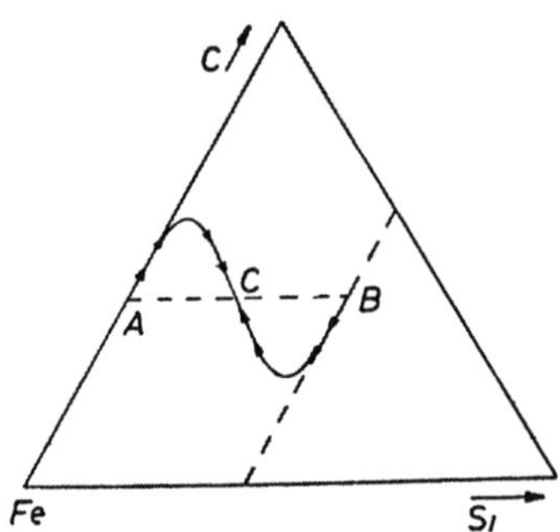

Abb. IX, 2 - 1. Diffusion im ternären System $Fe - C - S_i$, nach DARKEN. Schematisches Diagramm in Dreiecks-Koordinaten: die Änderung von den Ausgangszusammensetzungen A und B zur Endzusammensetzung C ist angedeutet.

Den obigen ähnliche Konzentrationsverteilungen könnte man auch in homogenen Systemen mit ziemlich plötzlichen Änderungen der Diffusionskoeffizienten innerhalb enger Konzentrationsbereiche erhalten. Diese Änderungen könnten sowohl durch Änderungen in der Beweglichkeit als auch durch Änderungen in den thermodynamischen Eigenschaften der Mischung, $\partial \ln \gamma / \partial \ln c$, verursacht sein.

Im stationären eindimensionalen Fall muß $D(\partial c / \partial x)$ konstant sein, einem plötzlichen Anstieg von D entspricht ein ebensolcher Abfall von $\partial c / \partial x$ und umgekehrt.

In Systemen, welche aus mehr als zwei Komponenten bestehen, wird im allgemeinen eine wechselseitige Abhängigkeit der Diffusionskoeffizienten bestehen.

Die gegenseitige Wechselwirkung mehrerer diffundierender Substanzen kann Anlaß zu anscheinend anomalen Konzentrationsverteilungen geben, wie bei der Diffusion von Phosphor und Schwefel und von Kohlenstoff und Schwefel in Eisen nach BRAMLEY [vgl. (2); DARKEN (1)].

„Anomale" Konzentrationskurven für die Diffusion in binären Systemen, wie sie oben für den stationären Zustand begründet sind, wurden auch bei

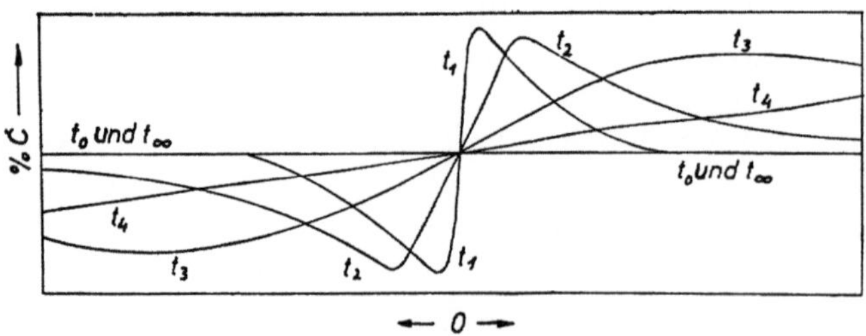

Abb. IX, 2 - 2. Anordnung wie in Abb. IX, 2 - 1; lokale Änderung des Kohlenstoffgehaltes als Funktion des Abstandes von der Schweißstelle (Abszisse), für verschiedene Zeiten t.

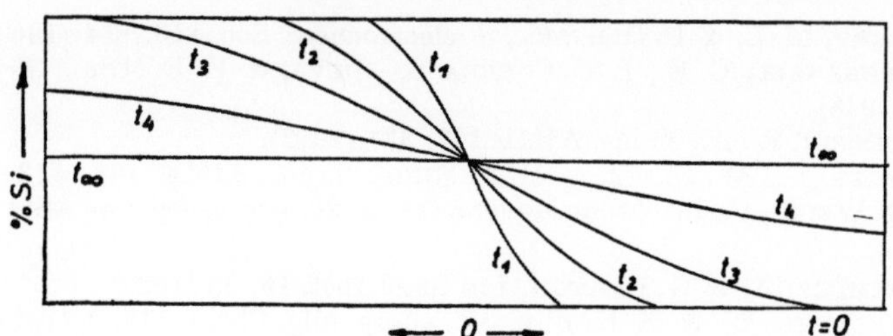

Abb. IX, 2 - 3. Wie in Abb. IX, 2 - 2 und IX, 2 - 1 gezeigt; ist die Änderung der Siliziumkonzentration.

nicht-stationärer Diffusion wiederholt beobachtet. In diesen Fällen kann man nicht, wie bei stationärer Diffusion, sofort relative Diffusionskoeffizienten aus der Neigung der Kurve für die Konzentrationsverteilung ablesen. Die qualitativen Folgerungen bleiben jedoch ähnlich wie früher. Es bleibt die Frage bestehen, warum nahezu plötzliche Änderungen der Diffusionsgeschwindigkeit mit der Konzentration auftreten. SEITH (4) betont, daß eine von GRUBE [vgl. (2, 3)] für die Diffusion von Wolfram in Eisen bei 4% beobachtete Diskontinuität kein reiner Konzentrationseffekt sein könne, da mit Elektrolyt-Eisen keine Diskontinuität zu beobachten war.

Literatur zu Kapitel IX

Literatur zu Kapitel IX, 1.

1. BARDEEN, J. & C. HERRING, Imperfections in Nearly Perfect Crystals, herausgeg. von W. SHOCKLEY, S. 261–288 (New York 1952).

2. JOST, W., Diffusion in Solids, Liquids, Gases; 3. Aufl. mit Anhang, S. A 18 bis A 24 (New York 1960); JOST, W., Platzwechsel in Kristallen, Halbleiterprobleme, herausgeg. von W. SCHOTTKY, Bd. 2, S. 145 (Braunschweig 1955).

3. COMPAAN, K. & Y. HAVEN, Trans. Faraday Soc. **52**, 786 (1956); **54**, 1498 (1958).

4. LIDIARD, A. B., Handb. Phys. **20**, 246 (1957). Der Komponenten-Diffusionskoeffizient wird hier (S. 326) "self-diffusion coefficient" genannt.

5. CORREA DA SILVA, L. C. & R. F. MEHL, Trans. AIME, J. Metals **191**, 155 (1951).

6. PASCHKE, M. & A. HAUTTMANN, Arch. Eisenhüttenwes. **9**, 305 (1935/36).

7. WELLS, C. & R. F. MEHL, Trans. AIME **140**, 279 (1940).

8. CORREA DA SILVA, L. C., Doctor Thesis (Pittsburgh 1950).

9. HAM, J. L., R. M. PARKE, & A. J. HERZIG, Trans. Amer. Soc. Metals **31**, 849 (1943).

10. HEUMANN, TH. & R. IMM, J. Phys. Chem. Solids **29**, 1613 (1968).

11. LARRABEE, G. B. & J. F. OSBORNE, J. electrochem. Soc. **113**, 564 (1966).

12. SPROKEL, G. J. & J. M. FAIRFIELD, J. electrochem. Soc. **112**, 200 (1965).

13. McDONALD, R. A., G. G. EHLENBERGER, & T. R. HUFFMAN, Solid State Electron. **9**, 807 (1966).

14. DUFFY, M. C., F. BARSON, J. M. FAIRFIELD, & G. H. SCHWUTTKE, J. electrochem. Soc. **115**, 84 (1968).

15. SCHMIDT, P. F. & A. E. OWEN, J. electrochem. Soc. **111**, 682 (1964). — SCOTT, J. & J. OLMSTEAD, RCA Rev. **26**, 357 (1965). — LEE, D. P., Solid State Electron. **10**, 623 (1967).

16. BARRY, M. L. & P. OLDFSEN, J. electrochem. Soc. **116**, 854 (1969).

17. BIRCHENALL, C. E., L. C. CORREA DA SILVA, & R. F. MEHL, Trans. AIME **175**, 197 (1948).

18. JOHNSON, W. A., Trans. AIME **147**, 331 (1942).

19. WELLS, C., W. BLATZ, & R. F. MEHL, Trans. AIME **188**, 553 (1950). — Siehe auch WELLS, C., in: Atom Movements, S. 26, herausgeg. von ASM (Cleveland 1951).

20. BRAMLEY, A. & G. LAWTON, Ion Steel Inst. **16**, 35 (1927).

21. FRAENKEL, W. & H. HOUBEN, Z. anorg. allg. Chem. **116**, 1 (1921).

22. HOFFMAN, R. E., in: Atom Movements, S. 51, herausgeg. von ASM (Cleveland 1951).

23. COLEMAN, H. S. & H. L. YEAGLEY, Phys. Rev. **62**, 295 (1942); Trans. Amer. Soc. Metals **31**, Nr. 1 (1943).

24. DUMOND, J. & J. P. YOUTZ, J. appl. Phys. **11**, 357 (1940).

25. BURR, A. A., H. S. COLEMAN, & W. P. DAVEY, Trans. Amer. Soc. Metals **33**, 73 (1944).

26. BÜCKLE, H., Z. Metallkd. **34**, 120 (1942); Metallforsch. **1**, 47, 175 (1946). — BÜCKLE, H. & J. DESCAMPS, C. R. **230**, 752 (1950).

27. ZWICKER, U., Metalloberfl. **6A**, 81 (1952).

28. Siehe auch G. LANGENSCHEID, H. A. MATHESIUS & F. K. NAUMANN, Arch. Eisenhüttenwes. **41**, 817 (1970).

29. WERT, C. & C. ZENER, Phys. Rev. **76**, 1169 (1949). — WERT, C., Phys. Rev. **78**, 639 (1950).

30. SNOEK, J., Physica **8**, 711 (1941).

31. NOWICK, A. S., Phys. Rev. **82**, 340 (1951).

32. DUNN, J. S., J. chem. Soc. (London) **129**, 2973 (1926).

33. GERZRICKEN, S. D., M. A. FAINGOLD, G. ILKEVICH & I. SAKHAROV, Z. techn. Phys. UdSSR **10**, 786 (1940). — GERZRICKEN, S. D. u. Z. GOLUBENKO, Z. Izvest. Sekt. Fiziko-Chim. Anal. UdSSR **16**, 167 (1946).

34. GERZRICKEN, S. D. & J. DEGHTYAR, Z. techn. Phys. UdSSR **17**, 88, 879 (1947).

35. KARGER, W., Z. phys. Chem. (N.F.) **7**, 119 (1956); **12**, 8 (1957); **14**, 88 (1958).

36. KUCZYNSKI, G. C., Phys. Rev. **75**, 1309 (1949); J. appl. Phys. **21**, 632 (1950). — DEDRICK, J. H. & G. C. KUCZYNSKI, J. appl. Phys. **21**, 1224 (1950).

37. JOHNSON, W. A., Trans. AIME **143**, 107 (1941).

38. JODLOWSKI, R. M. & G. C. KUCZYNSKI, in: Sintering and Related Phenomena (New York 1967), S. 553.

39. CHOI, J. C. & W. J. MOORE, J. phys. Chem. **66**, 1308 (1962).

40. BOWDEN, F. P. & D. TABOR, Proc. Roy. Soc. (London) (A) **169**, 391 (1939).

41. CABRERA, N., Trans. AIME **188**, 667 (1950).

42. SCHWED, P., J. Metals **3**, 245 (1951).

43. LANGMUIR, I., Phys. Rev. **20**, 107 (1922).

44. LANGMUIR, I. & J. B. TAYLOR, Phys. Rev. **40**, 463 (1932); **44**, 423 (1933). — STRANSKI, I. N. & R. SUHRMANN, Ann. Phys. **6 1**, 153 (1947).

45. BECKER, J. A., Trans. Amer. Electrochem. Soc. **55**, 153 (1929). — BRATTAIN, W. H. & J. A. BECKER, Phys. Rev. **43**, 428 (1933).

46. MÜLLER, E. W., Z. Phys. **126**, 642 (1949).

47. DUNLAP, jr., W. C., Phys. Rev. **86**, 615 (1952).

48. FULLER, C. S., Phys. Rev. **86**, 136 (1952).

49. BLOEM, J. & F. A. KRÖGER, Philips Res. Rep. **12**, 281 (1957).

50. BOLTAKS, B. I., Diffusion in Semiconductors, S. 154, aus dem Russischen übersetzt von J. I. CARASSO (London 1963).

51. CHEVENARD, P. & X. WACHÉ, C. R. **217**, 691 (1943). — CHEVENARD, P. a. A. PORTEVIN, C. R. **207**, 71 (1938).

52. Köster, W. & J. Raffelsicker, Z. Metallkd. **42**, 387 (1951).

53. Von Hevesy, G. & A. Obrutscheva, Nature **115**, 674 (1925). — von Hevesy, G., W. Seith & A. Keil, Z. Phys. **79**, 197 (1932).

54. Von Hevesy, G. u. W. Seith, Z. Phys. **56**, 790 (1929).

55. Nachtrieb, N. H. u. G. S. Handler, J. Chem. Phys. **23**, 1569 (1955).

56. Frenzel, D., Z. phys. Chem. (N.F.) **51**, 67 (1966).

57. Grunau, H. & J. Nölting, Z. phys. Chem. (N.F.) **51**, 150 (1966).

58. Zhukhovitskii, A. A. & V. A. Geodakyan, Z. phys. Chem. UdSSR **29**, 7 (1955).

59. Kuczynski, G. C., J. appl. Phys. **19**, 308 (1948).

60. Vgl. u. a. Hoffman, R. E., Tracer and other Techniques of Diffusion Measurements, in Atom Movements, S. 51 ff. (Cleveland 1951).

61. Grube, G. & A. Jedelle, Z. Elektrochem. angew. phys. Chem. **38**, 799 (1932).

Literatur zu Kapitel IX, 2.

1. Darken, L. S., Trans. AIME Techn. Publ. Nr. 2443 (1948).

2. Jost, W., Diffusion (New York 1952).

3. Jost, W., Diffusion und chem. Reaktion fester Stoffe (Dresden und Leipzig 1937).

4. Seith, W., Diffusion in Metallen, II. Aufl. (Berlin–Göttingen–Heidelberg 1955).

5. Seith, W., Th. Heumann & G. Walther, Naturwiss. **42**, 532/3 (1955).

6. Smoluchowski, R., Phys. Rev. **62**, 539 (1942).

7. Tubandt, C. & H. Reinhold, Z. physik. Chem. **140**, 291 (1929).

Kapitel IX A (Anhang)

Tabellarische Zusammenstellung einiger Diffusionsmessungen

Neben einigen ausgewählten Diffusionskoeffizienten in metallischen Diffusionsmedien wurden die in der Literatur vorhandenen Diffusionsdaten in halbleitenden festen Stoffen und hier wieder besonders in Germanium, Silizium und den III-V-Verbindungen in Tabellen zusammengestellt.

An Stelle der Aktivierungsenthalpie Q in Kalorien oder Joule wurden die Werte von Q/R, d. h. also eine charakteristische Temperatur $\Theta - Q/R$ [°K] tabelliert, wobei zur Berechnung von Q einmal in cal/mol der Zahlenwert mit $R = 1{,}986$ cal/mol K und zum anderen in Joule mit $R = 9{,}314\,J$/mol K zu multiplizieren ist. Hierdurch wird es den Benutzern dieser Tabellen anheimgestellt, welchem Maßsystem sie den Vorzug geben.

Tabelle IX, A, 1. Diffusionsmessungen in Kupfer, Silber und Gold

Diffund. Metall	Diffusionsmedium	Atom % des Fremdmetalls	Temperatur °C	D_0 cm²/sec	Q/R ·10⁻³ [grad]	Lit.
^{64}Cu	Cu	—	650–1060	0,47	23,8	1
Mn		verd. Lsg.	754–1069	10^7	46,0	2
^{59}Fe		verd. Lsg.	700–1075	1,4	26,1	3
^{60}Co		verd. Lsg.	700–1075	3,0	27,6	3
^{63}Ni		verd. Lsg.	250– 520	$1{,}0 \cdot 10^{-5}$	16,2	4
Pd		0,1–10	490– 950	$5{,}7 \cdot 10^{-5}$	14,9	5
Pt		0,1–10	490– 960	$1{,}8 \cdot 10^{-5}$	14,1	5
Ag		verd. Lsg.	250– 450	$3{,}1 \cdot 10^{-6}$	8,65	6
^{198}Au		verd. Lsg.	750–1000	0,17	23,3	7, 8
^{65}Zn		verd. Lsg.	605–1050	0,34	22,9	9
^{65}Zn		verd. Lsg.	600– 700	$4{,}3 \cdot 10^{-6}$		10
Zn	Cu–Zn	5,2	770– 920	$6{,}6 \cdot 10^{-2}$	20,1	11
Cu	α-Messing	5,2	770– 920	$8{,}6 \cdot 10^{-2}$	22,3	11
Zn		20,5	770– 920	$9{,}3 \cdot 10^{-2}$	18,4	11
^{110}Ag	Ag	—	500– 950	0,54	22,5	12, 27
H		10^{-3}	388– 600	$2{,}8 \cdot 10^{-3}$	37,8	13
^{59}Fe		verd. Lsg.	300– 725	$2{,}0 \cdot 10^{-5}$	10,8	14
Ni		verd. Lsg.	750– 950	21,9	27,6	15
^{109}Pd		verd. Lsg.	850	$D = 10^{-10}$		16
Cu		verd. Lsg.	710– 950	1,23	23,2	17
Au		verd. Lsg.	650– 960	0,23	23,1	17
Zn		verd. Lsg.	640– 925	0,54	21,0	17
Cd		verd. Lsg.	590– 940	0,44	21,0	17
^{212}Pb		verd. Lsg.	350– 450	150 ± 100		26
O		verd. Lsg.	412– 862	$2{,}7 \cdot 10^{-2}$	5,52	19
Sb		verd. Lsg.	460– 950	0,17	19,3	18, 27
^{198}Au	Au	—	710–1000	0,13	21,6	20, 21
^{63}Ni		verd. Lsg.	702– 988	$3{,}4 \cdot 10^{-2}$	21,2	21
Ni		10	880– 940	0,80	23,9	22
Pd		0,1–17	725– 970	$1{,}4 \cdot 10^{-3}$	19,0	23
Pt		verd. Lsg.	900–1055	7,6	30,6	24
Cu		0 … 25	440– 750	$1{,}2 \cdot 10^{-3}$	14,3	23
Ag		0 … 8,8	800–1020	$4{,}7 \cdot 10^{-2}$	19,4	25

1. KUPER, A. H., L. LETAW, L. SLIFKIN, E. SONDER, & C. T. TOMIZUKA, Phys. Rev. **96**, 1224 (1954).
2. IKUSHIMA, A., J. phys. Soc. Japan **14**, 111, 1636 (1959).
3. MACKLIET, C. A., Phys. Rev. **109**, 1964 (1958).
4. BONZEL, H. P., Ber. Bunsenges. physik. Chem. **70**, 73 (1966).
5. MATANO, C., Japan J. Phys. **9**, 41 (1934).
6. GERTSRIKEN, S. D. & A. L. RENO, Fiz. metal. metalloved. **9**, 578 (1960).
7. MARTIN, A. B., R. B. JOHNSON, & F. ASARO, J. appl. Phys. **25**, 364 (1954).
8. AUSTIN, A. E., N. A. RICHARD, & E. VAN WOOD, J. appl. Phys. **37** 3650 (1966).
9. HINO, J., C. T. TOMIZUKA, & C. W. WERT, Acta Met. **5**, 41 (1954).
10. TAVADZE, F. N., G. G. SURMAVA, & I. L. SVETLOV, Soobshch. Akad. Nauk Gruz. SSR. **42**, 45 (1966).
11. HORNE, G. T. & R. F. MEHL, J. Metals **7**, 88 (1955).
12. LANDER, J. J., H. E. KERN, & A. L. BEACH, J. appl. Phys. **23**, 1305 (1952).
13. EICHENAUER, W., Mém. Sci. Rev. Métall. **57**, 943 (1960).
14. WAJDA, E. S., G. A. SHIRN, & H. B. HUNTINGTON, Acta met. **3**, 39 (1955).
15. HIRONE, T., S. MIURA, & T. SUZUOKA, J. phys. Soc. Japan **16**, 2456 (1961).
16. ROWLAND, R. L. & N. H. NACHTRIEB, J. phys. Chem. **67**, 2817 (1963).
17. SAWATZKY, A. & F. E. JAUMOT, J. Metals **9**, 1207 (1957).
18. SONDER, E., L. SLIFKIN, & C. T. TOMIZUKA, Phys. Rev. **93**, 970 (1954).
19. EICHENAUER, W. & G. MÜLLER, Z. Metallkd. **53**, 309 (1962).
20. MEAD, H. W. & C. E. BIRCHENALL, J. Metals **9**, 874 (1957).
21. DUHL, D., K. I. HIRANO, & M. COHEN, Acta Met. **11**, 1 (1963).
22. REYNOLDS, J. E., B. L. AVERBACH, & M. COHEN, Acta Met. **5**, 29 (1957).
23. JOST, W., Z. physik. Chem. (B) **9**, 75 (1930); **21**, 158 (1933).
24. MORTLOCK, A. J., A. H. ROWE, & A. D. LECLAIRE, Phil. Mag. **5**, 803 (1960).
25. KUBASCHEWSKI, O., Trans. Faraday Soc. **46**, 713 (1950).
26. HEITKAMP, D., W. BIERMANN, & T. S. LUNDY, Acta Met. **14**, 1201 (1966).
27. BONNANO, F. R. & C. T. TOMIZUKA, Phys. Rev. **137**, 1265 (1965).

Tabelle IX, A, 2. Einige Beispiele für Volumen- und Korngrenzen-Diffusion

Metall	Temperatur °C	D_{0K} cm²/sec	D_{0V} cm²/sec	$(Q_K/R) \cdot 10^{-3}$ [grad]	$(Q_V/R \cdot 10^{-3})$ [grad]	Lit.
Ag	450–1000	0,09	0,7	10,8	22,6	1, 2
Cd	300– 350	0,7	0,1	6,55	9,3	3
Fe	800–1000	8,8	18	20,2	32,2	4
Zn	300– 400	0,14	0,4	7,05	11,6	5, 6

1. HOFFMAN, R. E. & D. TURNBULL, J. appl. Phys. **22**, 634 (1951), für Korngrenzen-Diffusion.
2. SLIFKIN, L., D. LAZARUS, & T. TOMIZUKA, J. appl. Phys. **23**, 1032 (1952), für Volumen-Diffusion
3. WAJDA, E., G. SHIRN, & H. HUNTINGTON, Acta Met. **3**, 39 (1966).
4. LEYMONIE, C., Dokt.-Arbeit, Univ. (Paris 1959).
5. WAJDA, E. S., Acta Met. **2**, 184 (1954), für Korngrenzen-Diffusion.
6. SHIRN, G., E. WAJDA, & H. HUNTINGTON, Acta Met. **1**, 513 (1953).

Tabelle IX, A, 3. Diffusionsmessung in Aluminium und Zink

Diffund. Metall	Diffusions-medium	Atom % Fremd-metall	Temperatur °C	D_0 cm²/sec	Q/R ·10⁻³ [grad]	Lit.
^{26}Al	Al	—	450–650	1,7	17,1	1, 2
Be		0,015	500–655	52	19,6	3
Ag		0–10	400–600	0,39	14,4	4
Mg		6,4	275–425	1,05	14,3	5
Cr		verd. Lsg.	250–605	$3,0 \cdot 10^{-7}$	7,75	6
^{54}Mn		verd. Lsg.	450–650	0,22	14,5	7
^{59}Fe		verd. Lsg.	360–630	$4,1 \cdot 10^{-9}$	7,0	8
^{63}Ni		verd. Lsg.	360–626	$2,9 \cdot 10^{-8}$	7,9	
Cu		verd. Lsg.	350–630	0,15	15,1	9
^{65}Zn		verd. Lsg.	405–655	1,1	15,6	10
Si		0,4	450–600	20,5	19,0	11
He		verd. Lsg.	450–600	$3,0 \pm 1,5$	18,3	12
^{65}Zn	Zn	‖ c-Achse	240–410	0,13	10,9	13
		⊥ c-Achse	240–410	0,58	12,7	
Cd	‖ c-Achse	verd. Lsg.	224–416	0,11	10,3	14, 17
Hg	‖ c-Achse	verd. Lsg.	260–412	0,056	10,0	15
	⊥ c-Achse	verd. Lsg.	260–412	0,073	10,1	
^{64}Cu	‖ c-Achse	verd. Lsg.	338–415	2,25	14,8	16
^{72}Ga	‖ c-Achse	verd. Lsg.	338–415	0,016	9,25	
Au	‖ c-Achse	verd. Lsg.	315–415	0,97	15,0	14
Ni	‖ c-Achse	verd. Lsg.	290–390	8	15,5	18

1. LUNDY, T. S. & J. F. MURDOCK, J. appl. Phys. **33**, 1671 (1962).
2. STOEBE, T. G., R. D. GULLIVER, T. O. OGURTANI, & R. A. HUGGINS, Acta Met. **13**, 701 (1965).
3. BÜCKLE, H. & J. DESCAMPS, Rev. Metallurg. **48**, 569 (1951).
4. HEUMANN, TH. & H. BÖHMER, J. Phys. Chem. Solids **29**, 237 (1968).
5. BOKSHTEIN, S. Z., M. B. BRONFIN, S. T. KISHKIN, & V. A. MARICHEW, Metalloved. i Term. Obrabotka Metal, S. 36 (1965).
6. AGARWALA, R. P., S. P. MURARKA, & M. S. ANAND, Trans. Met. Soc. AIME **233**, 986 (1965).
7. LUNDY, T. S. & J. F. MURDOCK, J. appl. Phys. **33**, 1671 (1962).
8. HIRANO, K., R. P. AGARWALA, & M. COHEN, Acta Met. **10**, 857 (1962).
9. ANAND, M. S., S. P. MURARKA, & R. P. AGARWALA, J. appl. Phys. **36**, 3860 (1965).
10. HILLIARD, J. E., B. L. AVERBACH, & M. COHEN, Acta Met. **7**, 86 (1959).
11. BÜCKLE, H. Z. Elektrochem. **49**, 238 (1943).
12. GLYDE, H. R. & K. I. MAYNE, Phil. Mag. **12**, 997 (1965).
13. SHIRN, G. A., E. S. WAJDA, & H. B. HUNTINGTON, Acta Met. **1**, 513 (1953).
14. GHATE, P. B., Phys. Rev. **131**, 174 (1963).
15. BATRA, A. P. & H. B. HUNTINGTON, Phys. Rev. **154**, 569 (1967).
16. BATRA, A. P. & H. B. HUNTINGTON, Phys. Rev. **145**, 542 (1965).
17. BATRA, A. P., Phys. Rev. **159**, 487 (1967).
18. MORTLOCK, A. J. & P. M. EWENS, Phys. Rev. **156**, 814 (1967).

Tabelle IX, A, 4. Diffusionsmessungen in Blei, Zinn, Thallium und Wismut

Diffund. Metall	Diffusions- medium	Atom % Fremd- metall	Temperatur °C	D_0 cm²/sec	Q/R ·10^{-3} [grad]	Lit.
Pb [ThB]	Pb	—	180–325	1,3	13,0	1, 2
			253 (1 bis 8000 atm)	$\log D =$ $-10,67$ $-1,55 \cdot 10^{-4}$p		3
^{110}Ag	Pb$_{fl}$	verd. Lsg.	450–640	$3,2 \cdot 10^{-4}$	1,75	4
Cd	Pb	1,0	280–310	—	(13,0)	1
In		0–2	300	$D = 10^{-9}$		5
^{204}Tl		verd. Lsg.	206–323	0,51	12,3	6
		5,2	206–323	0,364	12,0	
^{113}Sn	Sn	‖ c-Achse	177–222	8,2	12,9	7, 8
		⊥ c-Achse	177–222	1,4	11,7	
In		verd. Lsg.	180–221	12,2	12,9	9
^{110}Ag	Sn$_{fl}$	verd. Lsg.	387–590	$7,35 \cdot 10^{-4}$	2,1	4
Bi	Sn$_{fl}$	0–6	450–600	$1,3 \cdot 10^{-3}$	2,52	10
^{204}Tl	α-Tl	‖ c-Achse	150–230	0,4	11,55	11
	α-Tl	⊥ c-Achse	150–230	0,4	11,4	
	β-Tl		303–1460	$7,3 \cdot 10^{-4}$	2,2	12
Pb [ThB]		verd. Lsg.	285	$D = 2,5 \cdot 10^{-10}$		13
Bi	α-Tl–Bi	0,4	180–200	1,7	11,7	2
Ag	α-Tl	verd. Lsg.	150–230	$4,2 \cdot 10^{-2}$	6,05	14
Au	α-Tl	verd. Lsg.	150–230	$5,2 \cdot 10^{-4}$	3,13	
Bi [ThC]	Bi	‖ c-Achse	210–270	$1,0 \cdot 10^{-3}$	15,6	5
^{110}Ag	Bi–Ag$_{fl}$	verd. Lsg.	383–599	$8,2 \cdot 10^{-4}$	2,07	4
Sn	Bi–Sn$_{fl}$	1–18	450–600	$5,2 \cdot 10^{-4}$	1,61	10
Pb	Bi–Pb$_{fl}$	0,26	280–415	$1,2 \cdot 10^{-1}$	4,9	15

1. Okkerse, B., Acta Met. **2**, 551 (1954).
2. Seith, W. & A. Keil, Z. Metallkde **25**, 104 (1933); **27**, 213 (1935).
3. Nachtrieb, N. H., H. A. Resing, & S. A. Rice, J. chem. Phys. **31**, 135 (1959).
4. Niwa, K., S. Kado, T. Itoh & K. Tsuchija, Nippon Kinzoku Gakkai Shi **26**, 718 (1962).
5. Seith, W., Z. Elektrochem. **39**, 538 (1933); **41**, 872 (1935).
6. Resing, H. A. & N. H. Nachtrieb, J. Phys. Chem. Solids **21**, 40 (1961).
7. Meakin, J. D. & E. Klokholm, Trans. Met. Soc. AIME **218**, 463 (1960).
8. Coston, C. & N. H. Nachtrieb, J. phys. Chem. **68**, 2219 (1964).
9. Sawatzky, A., J. appl. Phys. **29**, 1303 (1958).
10. Niwa, K., M. Shimoji, S. Kado, Y. Watanabe, & T. Yokokawa, J. Metals **9**, 96 (1957).
11. Shirn, G. A., Acta Met. **3**, 87 (1955).
12. Cahill, J. A. & A. V. Grosse, J. phys. Chem. **69**, 518 (1965).
13. von Hevesy, G. & A. Obrutschewa, Nature **115**, 674 (1955).
14. Anthony, T. R., B. F. Dyson, & D. Turnbull, J. appl. Phys. **39**, 1391 (1968).
15. Rothman, S. J. & L. D. Hall, J. Metals **8**, 199, 1580 (1956).

Tabelle IX, A, 5. Diffusionsmessungen in Titan, Zirkon und Niob

Diffund. Metall	Diffusions- medium	Atom % Fremd- metall	Temperatur °C	D_0 cm²/sec	Q/R ·10^{-3} [grad]	Lit.
[44]Ti	α-Ti	—	690– 850	$6{,}4 \cdot 10^{-8}$	14,8	1
	β-Ti	—	900–1540	$3{,}6 \cdot 10^{-4}$	15,7	2
[48]V	β-Ti–V	verd. Lsg.	900–1540	$3{,}1 \cdot 10^{-4}$	16,2	2
[95]Nb	Ti–Nb	verd. Lsg.	900–1250	$1{,}2 \cdot 10^{-3}$	17,6	3
[95]Nb	Ti–Nb	verd. Lsg.	1400–1650	$7{,}8 \cdot 10^{-1}$	28,8	4
[95]Nb	Ti–Nb	5,0	930–1260	$1{,}2 \cdot 10^{-4}$	15,0	3
[51]Cr	Ti–Cr	verd. Lsg.	900–1250	$5{,}0 \cdot 10^{-3}$	17,8	3
[51]Cr	Ti–Cr	9,3	926–1177	$2{,}0 \cdot 10^{-2}$	20,2	5
[99]Mo	Ti–Mo	verd. Lsg.	900–1250	$8{,}0 \cdot 10^{-3}$	21,6	3
[235]U	Ti–U	verd. Lsg.	915–1200	$4{,}9 \cdot 10^{-4}$	14,8	6
[54]Mn	β-Ti–Mn	verd. Lsg.	925–1210	$6{,}1 \cdot 10^{-3}$	16,9	4
[59]Fe	Ti–Fe	verd. Lsg.	904–1284	$8{,}5 \cdot 10^{-3}$	16,1	
[60]Co	Ti–Co	verd. Lsg.	920–1230	$1{,}2 \cdot 10^{-2}$	15,4	
[63]Ni	Ti–Ni	verd. Lsg.	930–1250	$9{,}2 \cdot 10^{-3}$	14,9	
[113]Sn	β-Ti–Sn	verd. Lsg.	953–1250	$3{,}8 \cdot 10^{-4}$	15,9	7
O	α-Ti	verd. Lsg.	700– 885	$5{,}1 \cdot 10^{-3}$	16,8	8
N		verd. Lsg.	900–1570	$1{,}2 \cdot 10^{-2}$	22,8	9
C	α-Ti–C	0–1,5	700– 880	5,06	21,9	10
H	α-Ti	verd. Lsg.	500– 824	$1{,}8 \cdot 10^{-2}$	6,25	9
[95]Zr	α-Zr	—	700– 827	$D = 3 \cdot 10^{-12}$ bei 820°C		11
	β-Zr	—	900–1500	$1{,}4 \cdot 10^{-4}$	14,0	
H	α-Zr	verd. Lsg.	310– 700	$3{,}2 \cdot 10^{-3}$	4,55	12
D		verd. Lsg.	100– 225	$7{,}3 \cdot 10^{-4}$	5,75	13
[95]Nb	Zr–Nb	2	900–1250	$8{,}0 \cdot 10^{-5}$	14,3	14
[51]Cr	Zr–Cr	verd. Lsg.	900–1200	$1{,}5 \cdot 10^{-4}$	6,0	15
U		verd. Lsg.	915–1200	$7{,}8 \cdot 10^{-5}$	13,0	6
[55,59]Fe	α-Zr–Fe	verd. Lsg.	750– 850	$2{,}5 \cdot 10^{-2}$	24,2	16
Ni	α-Zr–Ni	0,3	650– 830	$6{,}3 \cdot 10^{-3}$	24,6	14
O	α-Zr	0–29	400– 700	$1{,}4 \cdot 10^{-2}$	20,0	17, 18
N	α-Zr	verd. Lsg.	750–1000	0,15	30,7	19
[95]Nb	Nb	—	1530–2120	4,0	50,5	20
H		verd. Lsg.	600– 700	$2{,}15 \cdot 10^{-2}$	4,9	21
[235]U		verd. Lsg.	1500–2000	$8.9 \cdot 10^{-2}$	38,6	6
[55]Fe		verd. Lsg.	1400–2050	1,5	39,2	22
[60]Co		verd. Lsg.	1550–2000	0,74	35,5	
N		verd. Lsg.	150– 295	$8{,}6 \cdot 10^{-3}$	17,6	23
O		0,15	42– 150	$2{,}1 \cdot 10^{-2}$	13,5	
C		verd. Lsg.	135– 275	$4{,}0 \cdot 10^{-3}$	16,7	

1. Libanati, C. M. & S. F. Dyment, Acta Met. **11**, 1263 (1963).
2. Murdock, J. F., T. S. Lundy, & E. E. Stansbury, Acta Met. **12**, 1033 (1964).
3. Gramm, D., Trans. Amer. Soc. Metals **57**, 27 (1965).
4. Peart, R. F. & D. H. Tomlin, Acta Met. **10**, 123 (1962).
5. Mortlock, A. J. & D. H. Tomlin, Phil. Mag. (8) **4**, 628 (1959).
6. Pavlinov, L. V., A. I. Nakonechnikov & V. N. Bykov, Atomnaya Ener-giya **19**, 521 (1963).
7. Askill, J., Phys. Dep., Reading Univ. Oct. 1964.
8. Roe, W. P., H. R. Palmer, & W. R. Opie, Trans. Amer. Soc. Metals **52**, 191 (1960).

9. WASILEWSKI, R. J. & G. L. KEHL, J. Inst. Metals **83**, 94 (1954).

10. WAGNER, F. C., E. J. BUCUR, & M. A. STEINBERG, Trans. Amer. Soc. Metals **48**, 742 (1956).

11. LYASHENKO V. S., V. N. BYKOV & L. V. PAVLINOV, Fiz. Metal. Metalloved. **8**, 362 (1959).

12. SOMEND, M., Nippon Kinzoku Gakkai Shi **24**, 249 (1960).

13. GULBRANSEN, E. A. & K. F. ANDREW, J. electrochem. Soc. **101**, 560 (1954).

14. LYASHENKO, V. S., V. N. BYKOV & L. V. PAVLINOV, Fiz. Metal. Metalloved. **10**, 727 (1961).

15. AGARWALA, R. P., S. P. MURARKA, & M. S. ANAND, Trans. Met. Soc. AIME **233**, 986 (1965).

16. BLINKIN, A. M. u. V. V. VOROB'EV, Ukrain. Fiz. Zhur. **9**, 91 (1964).

17. DAVIS, M., K. R. MONTGOMERY, & J. STANDRING, J. Inst. Metals **89**, 172 (1961).

18. DEBUIGNE, J. & P. LEHR, C. R. **256**, 1113 (1963).

19. ROSA, C. J. & W. W. SMELTZER, Elektrochem. Technol. **4**, 149 (1966).

20. RESNIK, R. & L. S. CASTLEMAN, Trans. Met. Soc. AIME **218**, 307 (1960)

21. ALBRECHT, W. M., W. D. GOODE, M. W. MALLETT, J. electrochem. Soc. **106**, 981 (1959).

22. PEART, R. F., D. GRAHAM, & D. H. TOMLIN, Acta Met. **10**, 519 (1962).

23. POWERS, R. W. & M. V. DOYLE, J. appl. Phys. **30**, 514 (1959).

Tabelle IX, A, 6. Diffusionsmessungen in Eisen, Nickel und Kobalt

Diffund. Element	Diffusions- medium	Atom % des Fremd- metalls	Temperatur °C	D_0 cm²/sec	Q/R ·10^{-3} [grad]	Lit.
[59]Fe	α-Fe	—	700– 790	2,9	30,5	1, 2
	γ-Fe	—	910–1390	0,62	34,3	1, 3
[51]Cr	α-Fe	verd. Lsg.	750– 850	$3 \cdot 10^4$	41,1	3
	γ-Fe	verd. Lsg.	1100–1250	$1,8 \cdot 10^4$	48,8	3
[51]Cr	α-Fe	12,8	900–1200	1,3	27,6	4
[60]Co	α- u. δ-Fe	verd. Lsg.	800–1500	6,6	31,1	5, 15
[60]Co	γ-Fe	verd. Lsg.	1100–1200	$3,0 \cdot 10^2$	43,9	5
[63]Ni	γ-Fe	verd. Lsg.	950–1400	$1,6 \cdot 10^{-2}$	29,3	6
[63]Ni	γ-Fe	5,5	1152–1400	2,1	27,0	7
Cu	Fe	0,14	800–1200	3,0	30,7	8
[35]S	α-Fe + δ-Fe	verd. Lsg.	750–1450	1,35	24,3	9, 10
[35]S	γ-Fe	verd. Lsg.	1200–1350	2,42	26,8	9, 16
N	α-Fe	verd. Lsg.	100– 600	$6,6 \cdot 10^{-3}$	10,6	11
[32]P	α-Fe + δ-Fe	verd. Lsg.	850–1460	2,9	27,7	9
[32]P	γ-Fe	verd. Lsg.	1280–1350	28,3	35,1	9
[14]C	α-Fe	0–0,9	20– 800	$2,5 \cdot 10^{-2}$	10,3	12
C	α-Fe	verd. Lsg.	20– 500	$2,9 \cdot 10^{-3}$	9,61	13
H	α-Fe	verd. Lsg.	250– 600	$1,5 \cdot 10^{-3}$	1,68	14
O	δ-Fe	verd. Lsg.	1450	$D = (4,1 \pm 0,6) \cdot 10^{-5}$		17
[63]Ni	Ni	—	700–1400	2,5	34,7	18
Ti		0–0,9	475– 650	0,07	13,8	29
Ti		0–0,9	1100–1300	0,86	30,8	19
[51]Cr		verd. Lsg.	350– 600	$5,45 \cdot 10^{-9}$	6,90	20
[99]Mo		verd. Lsg.	900–1200	$1,6 \cdot 10^{-3}$	25,0	21
[185]W		verd. Lsg.	1100–1400	1,8	36,1	22
[60]Co		verd. Lsg.	850–1260	1,0	34,7	23
Mn		0–4	1100–1300	7,5	34,8	24
Fe		verd. Lsg.	950–1125	$8,4 \cdot 10^{-3}$	25,7	24
[64]Cu		verd. Lsg.	1000–1100	0,67	31,0	29, 30
[198]Au		verd. Lsg.	900–1100	2,0	32,7	25
[35]S		0,01	1000–1200	$2,3 \cdot 10^6$	45,3	26
[14]C		verd. Lsg.	800– 850	0,13	17,4	27
[60]Co	Co	—	770–1048	0,5	31,7	23
Cr		0–40	990–1370	0,44	32,0	31
[55]Fe		verd. Lsg.	865–1405	0,09	30,5	32
[63]Ni		verd. Lsg.	770–1050	0,34	32,4	23
[14]C		11	865–1050	0,46	33,1	23
		verd. Lsg.	750– 850	0,94	15,1	27
		0–0,7	850–1100	1,77	21,1	33

1. BUFFINGTON, F. S., K. HIRANO, & M. COHEN, Acta Met. **9**, 434 (1961).
2. GRAHAM, D. & D. H. TOMLIN, Phil. Mag. (8) **8**, 1581 (1963).
3. GRUZIN, P. L., Dokl. Akad. Nauk SSR **86**, 289 (1952); **94**, 681 (1954); **100**, 65 (1955).
4. WOLFE, R. A. & H. W. PAXTON, Trans. Met. Soc. AIME **230**, 1426 (1964).
5. GRUZIN, P. L. & D. F. LITVIN, Dokl. Akad. Nauk SSR **94**, 41 (1954).
6. HIRANO, K., M. COHEN, & B. L. AVERBACH, Acta Met. **9**, 440 (1961); **11**, 323 (1963).

7. MACEWAN, J. R., J. U. MACEWAN, & L. YAFFE, Canad. J. Chem. **37**, 1623, 1629 (1959).

8. LINDNER, R. & F. KARNIK, Acta Met. **3**, 297 (1955).

9. SEIBEL, G., Compt. Rend. **255**, 3182 (1962); **256**, 466 (1963).

10. AINSLIE, N. G. & A. U. SEYBOLT, J. Iron & Steel Inst. **194**, 341 (1960).

11. GRACE, R. E. & G. DERGE, Trans. Met. Soc. AIME **212**, 331 (1958).

12. WERT, C. A., Phys. Rev. **79**, 601 (1950).

13. HELLER, W. & J. BRAUNER, Arch. Eisenhüttenwes. **35**, 1105 (1964).

14. WAGNER, R. & R. SIZMANN, Z. Angew. Phys. **18**, 193 (1964).

15. SATO, K., Trans. Japan Inst. Metals 5, 91 (1964).

16. KONONYUK, I. F., Fiz. Metal i Metalloved. **19**, 311 (1965).

17. HEPWORTH, M. T., R. P. SMITH, & E. T. TURKDOGAN, Trans. Met. Soc. AIME **236**, 1278 (1966).

18. MESSNER, A., R. BENSON, & J. E. DORN, Trans. Amer. Soc. Metals **53**, 227 (1961).

19. SWALIN, R. A. & A. MARTIN, J. Metals 8, 567 (1956).

20. MURARKA, S. P., M. S. ANAND, & R. P. AGARWALA, J. appl. Phys. **35**, 1339 (1964).

21. GRUZIN, P. L., S. V. ZEMSKI & I. B. RODINA, Metall i Metalloved. Chistykh Metallov 4, 243 (1963).

22. MOMMA, K., H. SUTO & H. OIKAWA, Nippon Kinzoku Gakkai-Shi **28**, 188, 192 (1964).

23. HIRANO, K., R. P. AGARWALA, B. L. AVERBACH, & M. COHEN, J. appl. Phys. **33**, 3047 (1962).

24. SCHADLER, H. W. & R. E. GRACE, Trans. Met. Soc. AIME **215**, 559 (1959).

25. KURTZ, A. D., B. L. AVERBACH, & M. COHEN, Acta Met. **3**, 442 (1955).

26. PFEIFFER, I., Z. Metallkde. **46**, 516 (1955).

27. SHOVENSIN, A. V., A. N. MINKEVICH & G. V. SHCHERBEDINSKY, Chernaya Metallurgiya, S. 65 (1965).

28. KOVENSKY, I. I., Fiz. Metal. Metalloved. **16**, 613 (1963).

29. WAZZAN, A. R., J. appl. Phys. **36**, 3596 (1965).

30. ANAND, M. S., S. P. MURARKA, & R. P. AGARWALA, J. appl. Phys. **36**, 3860 (1965).

31. WEETON, J. W., Trans. Amer. Soc. Metals 44, 436 (1952).

32. MEAD, H. W. & C. E. BIRCHENALL, J. Metals 7, 994 (1955); 8, 1336 (1956).

33. SMITH, R. P., Acta Met. 1, 578 (1953); Trans. Met. Soc. AIME **230**, 476 (1964).

Tabelle IX, A, 7. Diffusionsmessungen in einigen Ionenkristallen

Diffund. Ion	Diffusionsmedium	Mol-%	Temperatur °C	D_0 cm^2/sec	Q/R ·10^{-3} [grad]	Lit.
^{24}Na$^+$	NaCl	—	350–550	$1{,}6 \cdot 10^{-6}$	8,9	1
			560–780	0,6	19,0	2
			630–800	$1{,}1 \cdot 10^2$	25,8	2
^{24}Na$^+$	NaBr	—	425–680	0,67	17,7	1
^{82}Br$^-$			360–680	50	23,4	3
			280–570	$1{,}82 \cdot 10^{-2}$	12,9	11
^{42}K$^+$	KCl	—	450–750	$6{,}5 \cdot 10^{-2}$	17,4	2, 4
^{36}Cl$^-$		—	530–750	10	23,2	2
Pb^{2+}						
^{42}K$^+$	KBr	—	460–710	$1 \cdot 10^{-2}$	14,6	2
^{82}Br$^-$			480–720	$2 \cdot 10^{-2}$	16,7	
^{42}K$^+$	KJ	—	450–700	$1 \cdot 10^{-5}$	7,45	2
^{131}J$^-$			450–700	$1{,}2 \cdot 10^{-3}$	13,0	
^{137}Cs$^+$	CsCl	—	270–465	10^{-5}	8,05	2
^{36}Cl			270–465	$1{,}3 \cdot 10^{-3}$	10,1	
^{110}Ag$^+$	AgCl	—	130–400	6,5	11,4	5, 6
^{36}Cl		—	325–443	$1{,}3 \cdot 10^2$	18,8	5
			300–450	$1{,}25 \cdot 10^3$	20,7	7
^{115}Cd^{2+}		verd. Lsg.	330–402	32,8	15,7	6
^{110}Ag$^+$	AgBr	—	200–350	7,6	10,1	8
^{82}Br$^-$			250–350	$5 \cdot 10^{-2}$	12,3	
^{109}Cd^{2+}		verd. Lsg.	192–300	0,54	11,0	9
^{22}Na$^+$		verd. Lsg.	180–450	8,81	14,3	10
^{110}Ag$^+$	AgJ	—	100–140	$1{,}9 \cdot 10^2$	9,75	8
J$^-$						12
Pb^{2+} ThB	PbCl$_2$	—	180–270	$1{,}23 \cdot 10^2$	19,2	13
Pb^{2+} ThB	PbJ$_2$	—	115–325	5,0	15,0	14
^{24}Na$^+$	Na-Ca-Glas	—	340–485	$2{,}1 \cdot 10^{-4}$	8,05	15
^{110}Ag$^+$	Thür. Glas	—	510–602	$1{,}9 \cdot 10^{-2}$	13,6	16

1. Mapother, D., H. N. Crooks & R. J. Maurer, J. chem. Phys. **18**, 1231 (1950)
2. Laurent, J. F. & J. Bénard, J. Phys. Chem. Solids **3**, 7 (1957).
3. Schamp, H. W. & E. Katz, Phys. Rev. **94**, 828 (1954).
4. Arnikar, H. J. & M. Chemla, C. R. **242**, 2132 (1956).
5. Compton, W. D. & R. J. Maurer, J. Phys. Chem. Solids **2**, 191 (1956).
6. Reade, R. F. & D. S. Martin, J. appl. Phys. **31**, 1965 (1960).
7. Nölting, J., Z. phys. Chem. (N.F.) **38**, 154 (1963).
8. Murin, A. N., Radioisotope Conf. (Paris 1957), S. 549.
9. Hanlon, J., J. chem. Phys. **31**, 135 (1959).
10. Süptitz, P., Phys. Status Solidi **12**, 555 (1965).
11. Reisfeld, R., A. Glaser & A. Honigbaum, J. chem. Phys. **43**, 2923 (1965).
12. Lakatos, E. & K. H. Lieser, Z. phys. Chem. (N.F.) **48**, 228 (1966).
13. v. Hevesy, G. & W. Seith, Z. Phys. **56**, 790 (1929).
14. Seith, W., Z. Elektrochem. **39**, 538 (1933); **41**, 872 (1935).
15. Johnson, J. R., R. H. Bristow, & H. H. Blau, J. Amer. Ceram. Soc. **34**, 165 (1951).
16. Kinumaki, S. & T. Ito, Sci. Rep. Res. Inst. Tohoku Univ. **8**, 60 (1956).

Tabelle IX, A, 8. Diffusion in Oxiden und Spinellen

Grundgitter	diffund. Teilchen	Temp. °C	D cm²/sec	D_0 cm²/sec	Q/R ·10⁻³ [grad]	Lit.
BeO	Be	1150–1800	—	$2{,}49 \cdot 10^{-3}$	31,5	1
CaO	^{45}Ca	1000–1400	—	$(8{,}75 \pm 1{,}32)$ ·10⁻⁸ (nahe d. Oberfl.)	17,4 ±0,5	2
				$(1{,}95 \pm 0{,}6)$ ·10⁻⁷ (im Innern)	17,1 ±0,9	
Fe₂O₃	O	900–1250	—	2,04	39,0	5
CdO	O	640– 820		$8 \cdot 10^6$	46,9 ±2,5	6
Cu₂O	O	1030–1120		$6{,}5 \cdot 10^{-3}$	19,8 ±2,2	7
TiO₂	O	860–1030		1,1	36,8	8
		520	$1 \cdot 10^{-5}$	(D_{II} zur c-Achse) D_I um mehrere Zehnerpotenzen kleiner		9
UO₂,₀₀₂	O	550– 800		$1{,}2 \cdot 10^{+3}$	31,9 ±2,5	10
UO₂,₀₆₃	O	320– 500		$2{,}1 \cdot 10^{-3}$	15,0 ±1,2	
UO₂	O	900–1000	im elektr. Feld			11
Zr₀,₈₅Ca₀,₁₅O₁,₈₅	O	680– 900		$5{,}1 \cdot 10^{-3}$	15,0	12
Zr₀,₈₅Ca₀,₁₅O₁,₈₅	Ca			$0{,}44 \pm 0{,}3$	50,6 ±1,4	13
	Zr			$0{,}035 \pm 0{,}02$	46,6 ±1,2	
ZrO₂ auf Zr	O	300– 386		$0{,}9 \cdot 10^{-3}$	14,5 ±0,3	14
		400– 900		$1 \cdot 10^{-3}$	14,8	15
ZrO₁,₉₉₄	O	700–1000		$1{,}1 \cdot 10^{-3}$	15,6 ±1,6	16
MgO	Mg			0,25	39,8	17
PbO	Pb	600–1300		10^5	33,5	
SnO₂	Sn			10^7	63,4	
BaTiO	Ba			0,8	44,8	
NiO (polykrist.)	Ni	1000–1400		$5 \cdot 10^{-4}$	22,2	18
NiO-Einkristall				$3{,}9 \cdot 10^{-4}$	22,2	
NiCr₂O₄	Fe			$1{,}4 \cdot 10^{-3}$	30,7	19
NiAl₂O₄	Fe			1,33	41,3	
	Cr			$1{,}2 \cdot 10^{-3}$	25,2	
Co₂TiO₄	Co	1000–1200		$5 \cdot 10^{+4}$	47,8	20
CoAl₂O₄		1000–1400		8	42,8	
CoCr₂O₄		1000–1400		80	45,3	
CoCr₂O₄	Cr			$3 \cdot 10^{+2}$	42,8	20
NiCr₂O₄				2	50,3	

Tabelle IX, A, 8. Fortsetzung

Grund-gitter	diffund. Teilchen	Temp. °C	D cm²/sec	D_0 cm²/sec	$Q/R \cdot 10^{-3}$ [grad]	Lit.
ZnO	Zn	800–1370		1,3	37,2	21, 22
		1000–1270		$1,3 \cdot 10^{-5}$	21,9 ±5,6	23
FeO	^{55}Fe	700– 985		$11,8 \cdot 10^{-2}$	14,9	25
Fe$_3$O$_4$		800– 990		5,2	27,7	
Fe$_2$O$_3$		900–1200		$4 \cdot 10^{+5}$	56,4	26, 25
PbO	Pb(ThB)	400– 600		10^5	33,2	27
MgO	Ca	900–1700		$(2,95 \pm 2,6 \cdot 10^{-5} - 1,5$		28
SrTiO$_2$	^{18}O	825–1525	Vers.-Dichte $1,4 \cdot 10^6$ cm²	$1,6 \cdot 10^{-7}$	7,8 ±1	29
			$6,6 \cdot 10^5$ cm²	$1,2 \cdot 10^{-5}$	14,8 ±1,5	
SiO$_2$	Tritium	200– 800		10	21,2 ±2,5	30
CaWO$_4$	^{45}Ca	1120–1410		$(4,0 \pm 0,3) \cdot 10^{-3}$	28,1 ±0,3	31
		710–1120		$(1,9 \pm 0,4) \cdot 10^{-8}$	11,5 ±0,6	
UO$_2$	O	800–1050		$4 \cdot 10^{-2}$	67,9	32
TiO$_2$	O	520	10^{-5}	—	—	33
Bi$_2$O$_3$	^{210}Bi	600– 710		$4,29 \cdot 10^{-6}$	20,7	34
		710– 780		0,451	46,0	

1. DeBruin, H. J. & G. M. Watson, J. Nuclear Mat. **14**, 239 (1964).
2. Gupta, Y. P. & L. J. Weirick, J. Phys. Chem. Solids **28**, 811 (1967).
3. Hagel, W., Trans. AIME **236**, 179 (1966).
4. Haul, R. A. W. & D. Just, Z. Elektrochem. **62**, 1124 (1958).
5. Moore, W. J., Y. Ebisuzaki, a. J. A. Sluss, J. phys. Chem. **62**, 1038 (1958).
6. Haul, R. A. W., D. Just, & G. Dümbergen, in: Reactivity of Solids, S. 65 (Amsterdam 1961).
7. Bogomolov, V. N., Fiz. Tverd. Tela **5**, 2011 (1963).
8. Auskern, A. B. & J. Belle, J. chem. Phys. **28**, 171 (1958). — Belle, J. A. B. Auskern, W. A. Bostrom, a. F. S. Susko, in: Reactivity of Solids (Amsterdam 1961).
9. Dornelas, W. & P. Lacombe, J. Nuclear Materials **21**, 100 (1967).
10. Kingery, W. D., J. Amer. Ceram. Soc. **42**, 293 (1959).
11. Rhodes, W. H. & R. E. Carter, J. Amer. Ceram. Soc. **49**, 244 (1966).
12. Smith, T., J. electrochem. Soc. **112**, 560 (1965).
13. Debuigne, J. & P. Lehr, Corrosion of Reactor Materials. Wien **2**, 105 (1962).
14. Douglass, D. L., Corrosion of Reactor Materials. Wien **2**, 224 (1962).
15. Izvekov, V. & K. Gorbunova, Metallurgia i Metallovedemie, S. 512, Ber. Akad. Wiss. UdSSR 1958.
16. Shim, M. T. & W., J. Moore, J. chem. Phys. **26**, 802 (1957).
17. Ignatov, D., I. Belokurova & I. Belyankin, Metallurgia i Metallovedemie, S. 326, Ber. Akad. Wiss. UdSSR 1958.
18. Morkel, A. & H. Schmalzried, Z. phys. Chem. (N.F.) **32**, 76 (1962).
19. Lindner, R., Acta chem. scand. **6**, 457 (1952).

20. Secco, E. A. & W. J. Moore, J. chem. Phys. **26**, 942 (1957).
21. Moore, W. J. & E. L. Williams, Disc. Faraday Soc. **28**, 86 (1959).
22. Himmel, L., R. F. Mehl, & C. E. Birchenall, J. Metals **5**, 827 (1953).
23. Lindner, R., Ark. Kemi **4**, 381 (1952).
24. Linder, R., Ark. Kemi **4**, 385 (1952).
25. Rungis, J. & A. J. Mortlock, Phil. Mag. **14**, 821 (1966).
26. Paladino, A. E., L. G. Rubin, & J. S. Waugh, J. Phys. Chem. Solids **26**, 391 (1965).
27. Matzke, H., Z. Naturforsch. **22a**, 965 (1967).
28. Gupta, Y. P. & L. J. Weirick, J. Phys. Chem. Solids **28**, 2545 (1967).
29. Thorn, R. J. & G. H. Winslow, J. chem. Phys. **44**, 2822 (1966).
30. Bogomolov, V. N., Soviet Phys. Solid State **5**, Nr. 7 (1964).
31. Palkar, G. D., D. N. Sitharamarao, & A. K. Dasgupta, Trans. Faraday Soc. **59**, 2634 (1963).
32. Hagel, W. C., J. Am. Ceram. Soc. **48**, 70 (1965).
33. Walters, L. C. & R. E. Grace, J. appl. Phys. **36**, 2331 (1965).

Tabelle IX, A, 9. Diffusionsmessungen an einigen Sulfiden, Seleniden und Telluriden

Diffund. Element	Diffusionsmedium	Temperatur °C	D_0 cm²/sec	$(Q/R) \cdot 10^{-3}$ [grad]	Lit.
^{108}Ag	-Ag$_2$S	179	$D_{Ag} = 3,8 \cdot 10^{-7}$		1
^{35}S	-Ag$_2$S	179	$D_{S} = 3,6 \cdot 10^{-13}$		
^{108}Ag	α-Ag$_2$S	180– 280	$0,28 \cdot 10^{-8}$	1,74	2
		400	$D_{Ag} = 2,0 \cdot 10^{-5}$		3
Ag	AgSbS$_2$	400	$D_{Ag} = 3{-}10 \cdot 10^{-7}$		11
Sb	AgSbS$_2$	400	$D_{Sb} = 2,9 \cdot 10^{-11}$		
Se	Bi$_2$Se$_3$	360– 540	$8,5 \cdot 10^{-9}$	25,2	4, 5
Sn	Bi$_2$Se$_3$	360– 540	$4 \cdot 10^{-9}$	4,78	
Sb	Bi$_2$Se$_3$	360– 540	$1,8 \cdot 10^{-3}$	14,9	
Sn	Bi$_2$Te$_3$	260– 500	$3,0 \cdot 10^{-8}$	5,8	4
Sb			$4,3 \cdot 10^{-4}$	12,1	
Cd	CdS	800–1000	$3,4$	23,2	9
Cu		400– 750	$1,5 \cdot 10^{-3}$	9,0	10
Cu	Cu$_2$S	400	$D_{Cu} = 1 \cdot 10^{-5}$		6
Cu	Cu$_2$Se	450	$D_{Cu} = 5,6 \cdot 10^{-4}$		7
		25	$D_{Cu} = 2 \cdot 10^{-6}$		
Sb	HgSe	540– 630	$6,3 \cdot 10^{-5}$	9,9	8
Ni	NiS	725– 880	$\|$ *) $1,1 \cdot 10^{-2}$	$12,8 \pm 0,5$	12
			$\perp$ **) $8,5 \cdot 10^{-3}$	$12,9 \pm 0,5$	
S		800– 880	$\|$ *) $2,5 \cdot 10^{2}$	$33,5 \pm 3,3$	
			$\perp$ **) $2,2 \cdot 10^{6}$	$44,1 \pm 6,1$	
Pb	PnS	500– 800	$8,5 \cdot 10^{-5}$	17,6	13, 14
	PbS$_1$-		$2,5 \cdot 10^{-5}$	15,6	
	Pb$_1$-S		$5,5 \cdot 10^{-7}$	11,6	
	PbS + 0,5 Mol%	Bi$_2$S$_3$	$4,5 \cdot 10^{-6}$	12,4	
Cu	PbS + Ag$_2$S	200– 500	$5 \cdot 10^{-3}$	3,6	15
Ni			$17,8$	11,1	
Pb	PbSe	500– 800	$5 \cdot 10^{-6}$	9,6	13, 14
Se		650– 850	$2,1 \cdot 10^{-5}$	13,9	16
Sb			$0,34$	23,2	
Pb	PbSe + 0,5 Mol% Bi$_2$Se$_3$	500– 800	$4,5 \cdot 10^{-2}$	18,6	13, 14
	PbSe + 0,5 Mol% Ag$_2$Se		$4,5 \cdot 10^{-7}$	6,3	
Pb	PbTe	250– 500	$2,9 \cdot 10^{-5}$	6,95	16, 17
Te			$2,7 \cdot 10^{-6}$	8,7	
Sb			$4,9 \cdot 10^{-2}$	17,9	
Sn			$3,1 \cdot 10^{-2}$	18,15	
Zn	ZnS	950–1030	$1,5 \cdot 10^{4}$	37,8	18
	FeS				
^{110}Ag	PbSe	400– 850	$7,4 \cdot 10^{-4}$	4,08	19
^{22}Na	PbSe	400– 850	$5,6 \cdot 10^{-6}$	4,65	
^{65}Zn	ZnTe	675– 750	14	31,2	20
^{123}Te			$2 \cdot 10^{4}$	44,1	
^{109}Cd	CdTe	650– 900	$3,3 \cdot 10^{2}$	31,0	21
^{123}Te		700– 900	$1,66 \cdot 10^{-4}$	16,0	

*) $\|$ = parallel zur c-Achse.

**) $\perp$ = senkrecht zur c-Achse.

1. PESCHANSKI, D., J. Chim. Physique **47**, 933 (1950).

2. ALLEN, R. L. & W. J. MOORE, J. phys. Chem. **63**, 223 (1959).

3. MROWEC, ST. & H. RICKERT, Z. phys. Chem. (N.F.) **32**, 212 (1962).

4. BOLTAKS, B. I., J. techn. Phys. UdSSR **25**, 767 (1957).

5. SMITH, M. J., Appl. Letters **1**, 79 (1962).

6. WEHEFRITZ, V., Z. phys. Chem. (N.F.) **26**, 339 (1960).

7. REINHOLD, H. & H. MOEHRING, Z. phys. Chem. (B) **38**, 221 (1937).

8. BOLTAKS, B. I., Diffusion in Semiconductors, übersetzt von J. I. CAROSSA, S. 299 (London 1965).

9. WOODBURY, H. H., Phys. Rev. **134**, A492 (1964).

10. CLARKE, R. L., J. Appl. Phys. **30**, 957 (1959).

11. RICKERT, H. & C. WAGNER, Z. Elektrochem. Ber. Bunsenges. phys. Chem. **64**, 793 (1960).

12. KLOTSMAN, S. M., A. N. TIMOFEEV, a. I. S. TRAKHTENBERG, Surface Interactions Between Metals and Gases, S. 90 (New York 1966).

13. SIMKOVICH, G. & J. B. WAGNER, jr., J. chem. Phys. **38**, 1368 (1963).

14. SELTZER, M. S. & J. B. WAGNER, jr., J. chem. Phys. **36**, 130 (1962).

15. BLOEM, J. & F. A. KRÖGER, Philips Res. Rep. **12**, 281, 303 (1957).

16. BOLTAKS, B. I. & Y. MOKHOV, J. techn. Phys. UdSSR **28**, 1046 (1958).

17. BOLTAKS, B. I. & Y. MOKHOV, J. techn. Phys. UdSSR **26**, 2448 (1956).

18. SECCO, E. A., J. chem. Phys. **29**, 406 (1958).

19. FEDOROVICH, N. A., Soviet. Phys. Solid State **7**, 1289 (1965).

20. REYNOLDS, R. A. & D. A. STEVENSON, J. Phys. Chem. Solids **30**, 139 (1969).

21. BORSENBERGER, P. M. & D. A. STEVENSON, J. Phys. Chem. Solids **29**, 1277 (1968).

Tabelle IX, A, 10. Diffusionsmessungen an III–V-Verbindungen

Diffund. Element	Diffusions- medium	Temperatur °C	D_0 cm²/sec	$(Q/R) \cdot 10^{-3}$ [grad]	eV	Lit.
Ag	GaAs	500–1100	$2,5 \cdot 10^{-3}$	$17,4 \pm 1,2$		1
			$4 \quad \cdot 10^{-4}$	$9,3 \pm 0,6$		
^{76}As		1125–1225	$4 \quad \cdot 10^{21}$	11,8		14
Au		740–1025	10^{-3}		$1,0 \pm 0,2$	2
Cd		900–1100	0,05	32,5		3
^{72}Ga		1125–1225	$1 \quad \cdot 10^7$	$64,5 \pm 3,5$		14
Li		250– 500	0,53	11,6		16
Mn		850–1100	0,65		2,49	4
S	mit Zn dot.	900–1100	$2,6 \cdot 10^{-5}$	21,6		5
Se		1000–1200	$3 \quad \cdot 10^3$	$48,8 \pm 1,8$		14
Sn		1070–1200	$6 \quad \cdot 10^{-4}$	$28,9 \pm 1,3$		15
Zn		800	$D_{Zn}\ 3 \cdot 10^{-9}$			6
		900–1100	$3 \quad \cdot 10^{-7}$	11,6		3
Ag	InAs	600– 850	$7,3 \cdot 10^{-4}$	$3,0 \pm 0,5$		7
^{198}Au		600– 890	$5,8 \cdot 10^{-3}$	7,55		8
Zn		600– 800	$4,2 \cdot 10^{-3}$	11,2		9
Au	InSb	140– 510	$7 \quad \cdot 10^{-4}$	3,75		10
^{60}Co		425– 500	$2,7 \cdot 10^{-11}$		0,39	11
Cu		140– 510	$3 \quad \cdot 10^{-5}$	4,3		10
Hg		425– 500	$4 \quad \cdot 10^{-6}$	13,6		12
^{65}Zn		400– 500	$6,32 \cdot 10^{+8}$	30,2		13
^{114}In	InP	800– 100	$1 \quad \cdot 10^5$	$44,3 \pm 0,5$		14
^{32}P			$7 \quad \cdot 10^{10}$	$65,5 \pm 0,8$		

1. BOLTAKS, B. I. & F. S. SHISHIYANU, Soviet Phys. Solid State **5**, 2310 (1964).
2. SOKOLOV, V. I. & F. S. SHISHIYANU, Soviet. Phys. Solid State **6**, 265 (1964).
3. KOGAN, L. M., S. S. MESKIN & A. YA. GOIKHMAN, Soviet Phys. Solid State **6**, 882 (1964).
4. SELTZÈR, M. S., J. Phys. Chem. Solids **26**, 243 (1965).
5. FRIESER, R. G., J. electrochem. Soc. **112**, 697 (1965).
6. MALKOVICH, R. S. & G. R. MALYSH, Fiz. Tverd. Tela **9**, 553 (1967).
7. BOLTAKS, B. I., S. I. REMBEZA & B. L. SHARMAN, Fiz. Tekh. Poluprovodnikov **1**, 247 (1967).
8. REMBEZA, S. I., Soviet. Phys. Semiconductors **1**, 615 (1967).
9. BOLTAKS, B. I. & S. I. REMBEZA, Fiz. Tverd. Tela UdSSR **8**, 2649 (1966).
10. BOLTAKS, B. I. & V. I. SOKOLOV, Soviet. Phys. Solid State **6**, 600 (1964).
11. GUSEV, I. A. & A. N. MURIN, Soviet. Phys. Solid State **6**, 2274 (1964).
12. GUSEV, I. A. & A. N. MURIN, Soviet. Phys. Solid State **6**, 1229 (1964).
13. GUSEV, I. A. & A. N. MURIN, Soviet. Phys. Solid State **6**, 932 (1964).
14. GOLDSTEIN, B., Phys. Rev. **121**, 1305 (1961).
15. GOLDSTEIN, B. & H. KELLER, J. appl. Phys. **32**, 1180 (1961).
16. FULLER, C. S. & K. B. WOLFSTIRN, J. appl. Phys. **33**, 2507 (1962).

Tabelle IX, A, 11. Diffusionsmessungen an Germanium

Diffund. Element	Temperatur °C	D_0 cm²/sec	$(Q/R) \cdot 10^{-3}$ [grad]	Lit.
Ge	400–900	7,8	34,5	1
		6,2	34,1	2
Ag	750–900	$4,4 \cdot 10^{-2}$	11,6	3
As	500–700	6,3	28,0	4
	700	$D \approx 10^{-13}$	—	5
	900	$D = 8 \cdot 10^{-11}$	—	
	500–700	3	28,2	6
Au	600–900	$2,15 \cdot 10^{-2}$	29,0	7
B	600–900	$1,6 \cdot 10^{+9}$	53,3	4
Cu	750–900	$1,9 \cdot 10^{-4}$	2,07	4
	600–750	$4,0 \cdot 10^{-2}$	11,6	8
Fe	700–900	0,13	12,6	9
Ga	700–900	40,0	36,4	4
	700–900	20	35,3	10
He	750–950	$6,1 \cdot 10^{-3}$	8,05	11
In	700–900	$3 \cdot 10^{-2}$	27,9	4
Li	750–900	$1,3 \cdot 10^{-3}$	5,4	12
Ni	700–850	0,8	10,4	13
P	500–700	2,5	28,7	4
Pb			41,7	14
Sb	800–900	1,3	26,2	15
Sn	600–900	$1,7 \cdot 10^{-2}$	22,0	14
Zn	500–800	10	32,5	4

1. LETAW, H., W. M. PORTNOY, & L. M. SLIFKIN, Phys. Rev. **102**, 636 (1956).
2. PENNING, P., Phys. Rev. **110**, 586 (1958).
3. BUGAI, A. A., V. E. KOSENKO & E. G. MISELYUK, J. techn. Phys. UdSSR **27**, 67 (1957).
4. DUNLAP, jr., W. C., Phys. Rev. **94**, 1531 (1954).
5. FOXHALL, G. F. & L. E. MILLER, J. electrochem. Soc. **113**, 698 (1966).
6. ALBERS, W., Solid State Electronics **2**, 85 (1961).
7. DUNLAP, jr., W. C., Phys. Rev. **97**, 614 (1955).
8. BOLTAKS, B. I., J. techn. Phys. UdSSR **26**, 457 (1956).
9. BUGAI, A. A., V. E. KOSENKO & E. G. MISELYUK, J. techn. Phys. UdSSR **27**. 1 (1957).
10. REISS, H. & C. S. FULLER, in: Semiconductors, S. 244 (New York 1960).
11. VAN WIERINGER, A. & N. WARMOLTZ, Physica **22**, 849 (1956).
12. FULLER, C. S. & J. C. SEVERIENS, Phys. Rev. **92**, 1322 (1953).
13. VAN DER MAESEN, F. & J. A. BRENKMAN, Philips Res. Rep. **9**, 225 (1954).
14. BOLTAKS, B. I., Probleme in der Physik u. Metallurgie der Halbleiter, Ber. Akad. Wiss. UdSSR 1957, S. 121.
15. MILLER, R. C. & F. M. SMITH, Phys. Rev. **107**, 65 (1957).

Tabelle IX, A, 12. Diffusionsmessungen an Silizium

Diffund. Element	Temperatur °C	D_0 cm²/sec	$(Q/R \cdot 10^{-3})$ [grad]	eV/Mol	Lit.
^{31}Si	1100–1300	9,00		$5,13 \pm 0,1$	1
	1100	$D/D_i \approx 1,6$		mit Bor-Dot. = $2,2 \cdot 10^{20}$ cm^{-3}	
Al	1100–1400	8,0	40,3		2
	1050–1400	$4,8 \pm 1,9$	$39,0 \pm 0,6$		3, 4
Ag	1100–1350	$2,0 \cdot 10^{-3}$	18,5		5
As	1100–1350	0,32	41,3		2
Au	800–1290	$1,1 \cdot 10^{-4}$	13,0		6, 7, 8
	1000	$D = (3,2\ 15,5)\,10^{-6}$		—	9
	1100	$D = (4,3\ \ 9,0)\,10^{-6}$			
B	950–1250	10,5	42,8		2
Bi	1200	$D = 2,0 \cdot 10^{-13}$		—	2
	1100–1350	$1,0 \cdot 10^{+3}$	54,0		
Cu	800–1100	$4\ \ \cdot 10^{-2}$	11,6		10, 11
Fe	1100–1250	$6,2 \cdot 10^{-3}$	10,1		6
Ga	1100–1350	3,6	40,8		2, 12
H	1100–1200	$9,4 \cdot 10^{-3}$	55,1		13
He	1100–1200	0,11	14,6		
In	1100–1350	16,5	4,53		2
Li	350– 900	$9,4 \cdot 10^{-3}$	9,1		14, 15
		$23\ \ \cdot 10^{-4}$	7,65		
^{63}Ni	450– 800	10^3	49,1		16
O	1367	$D = 10^{-8}$			17
P	950–1250	10,5	42,8		2
Sb	1100–1350	5,6	45,8		
Tl	1100–1350	16,5	45,3		
Zn	1200	$D = 10^{-6}$		—	4

1. FAIRFIELD, J. M. & B. J. MASTERS, J. Appl. Phys. **38**, 3148 (1967).

2. FULLER, C. S. & J. A. DITZENBERGER, J. Appl. Phys. **25**, 1439 (1954); **27**, 544 (1956).

3. MILLER, R. C. & A. SAVAGE, J. Appl. Phys. **27**, 1430 (1956).

4. FULLER, C. S. & F. J. MORIN, Phys. Rev. **105**, 379 (1957).

5. BOLTAKS, B. I., Diffusion in Semiconductors, übersetzt von CARASSO, J. I., S. 219 (London 1965).

6. STRUTHERS, J. D., J. Appl. Phys. **27**, 1560 (1956).

7. BOLTAKS, B. I., G. S. KULIKOV & R. S. MALKOVICH, Fiz. Tverd. Tela **2**, 181 (1960).

8. SPROKEL, G. J., J. electrochem. Soc. **112**, 200, 807 (1965).

9. WILCOX, W. R., T. J. LA CHAPELLE, & D. H. FORBES, J. electrochem. Soc. **111**, 1377 (1964).

10. BOLTAKS, B. I. & I. SOZINOV, J. techn. Phys. UdSSR **28**, 3 (1958).

11. GALLAGHER, C. J., J. Phys. Chem. Solids **3**, 82 (1957).

12. KURTZ, A. D. & C. L. GRAVEL, J. Appl. Phys. **29**, 1456 (1958).

13. VAN WIERINGER, A. & N. WARMOLTZ, Physica **22**, 849 (1956).

14. FULLER, C. S. & J. A. DITZENBERGER, Phys. Rev. **91**, 193 (1953).

15. FULLER, C. S. & J. C. SEVERIENS, Phys. Rev. **92**, 1322 (1953); **96**, 21 (1954).

16. BONZEL, H. P., Phys. Stat. Solidi **20**, 493 (1967).

17. LOGAN, R. A. & A. J. PETERS, J. Appl. Phys. **28**, 819, 1419 (1957).

Anmerkung bei der Korrektur zu Kap. VI, Flüssigkeiten

Als Verfahren zur schnellen Messung von Diffusionskoeffizienten und zur schnellen Trennung durch Diffusion in Lösung ist die Pulsationsmethode entwickelt worden (1, 2, 3, 4, 5, 6, 7, 8, 9, 10). Dabei kann der Stofftransport gegenüber üblichen Verfahren um mehrere Zehnerpotenzen vergrößert werden, die Messungen sind bei einer angegebenen Genauigkeit von 1–2% auf ca. $\pm$ 0, 25% reproduzierbar.

1. LANGE, FR. u. G. DREYER, DWP Nr. 54 339 (Kl. 12e, 3/04).

2. DREYER, G., Inaugural-Diss. (TH-Ilmenau 1967).

3. DREYER, G., E. KAHRIG, J. ERPENBECK u. FR. LANGE, Z. Naturforsch. **23a**, Heft 4, 498 (1968): Die Steigerung des Diffusionstransportes durch Pulsationsdiffusion, Teil I.

4. DREYER, G., E. KAHRIG, D. KIRSTEIN, J. ERPENBECK u. FR. LANGE, Z. Naturforsch. **24a**, Heft 6, 883 (1969): Die Bestimmung von Diffusionskoeffizienten nach der Pulsationsmethode, Teil II.

5. ERPENBECK, J., E. KAHRIG, G. DREYER, D. KIRSTEIN u. FR. LANGE, Mber. Dtsch. Akad. Wiss. **10**, Heft 1, 65 (1968): Über einige Ergebnisse zur Pulsationsdiffusion mit überlagertem Gegenstrom.

6. ERPENBECK, J., E. KAHRIG, G. DREYER, D. KIRSTEIN u. FR. LANGE, Mber. Dtsch. Akad. Wiss. **12**, Heft 5, 368 (1970): Pulsationsdiffusion bei Gegenstrom und Zirkulationsvervielfachung – ein neues Trennverfahren in flüssiger Phase.

7. DREYER, G., E. KAHRIG, J. ERPENBECK u. D. KIRSTEIN, Mber. Dtsch. Akad. Wiss. **12**, Heft 5, 365 (1970): Zur biologischen Bedeutung der Strukturanomalien des Wassers in Grenzflächen.

8. DREYER, G., E. KAHRIG, D. KIRSTEIN, J. ERPENBECK u. FR. LANGE, Naturwiss. **11**, 558–559 (1969): Über Strukturanomalien des Wassers.

9. KIRSTEIN, D., E. KAHRIG, J. ERPENBECK u. G. DREYER, Studia biophys. **26**, 57–64 (1971): Zur Bestimmung der Diffusionskopplung im System
$$NaCl - CaCl_2 - H_2O$$
mit Hilfe radioaktiver Isotope.

10. KLEMM, A. u. K. P. MÜLLER, Z. Naturforsch. **249**, 1031–1032 (1969): Zur Pulsationsdiffusion.

Weitere Nachträge

HILDEBRAND, J. H., Motions of Molecules in Liquids: Viscosity and Diffusivity. Science **174**, 490 (1971).

POWELL, R. J. & J. H. HILDEBRAND, Diffusivity of ^{3}He, ^{4}He, H_2, D_2, Ne, CH_4, Ar, Kr and CF_4 in $(C_4F_9)_3N$. J. Chem. Phys. **55**, 4715 (1971).

BYUNG CHAN EU, Cluster Expansion and Autocorrelation Functions: Self-Diffusion Coefficient. J. Chem. Phys. **55**, 4613 (1971).

CRANK, J. & G. S. PARK, Diffusion in Polymers (London-New York 1968).

BITTAR, E. E. (ed.), Membranes and Ion Transport, Vol. 3 (New York 1971).

KATCHALSKY, A. & P. F. CURRAN, Nonequilibrium Thermodynamics in Biophysics Harvard Books Biophysics, 1. (Cambridge, Mass. 1965).

Namenverzeichnis

Abragam, A. 171, 236, 238
Achter, M. R. 264, 265
Adamson, A. W. 238
Agar, J. N. 256
Agarwala, R. P. 292, 295, 297
Ainslie, N. G. 265, 297
Aitken, A. 112
Akeley, B. D. F. 135
Akeley, D. F. 238, 241
Albers, W. 305
Albrecht, W. M. 295
Albright, L. F. 242
Alder, B. J. 153, 155, 158, 160, 241, 245
Alexander, K. F. 256
Allen, R. L. 301
Allison, H. W. 208
Allnat, A. R. 157, 236, 256
Alpert, N. L. 211
Amar, H. 263, 265
Amdur, I. 216, 217, 220
Amelinckx, S. 265
Anand, M. S. 292, 295, 297
Anderson, A. C. 207
Anderson, D. K. 238, 241
Anderson, E. W. 243
Andersson, J. 156, 159
Andreen-Svedberg, A. 245
Andrew, K. F. 295
Angell, C. A. 156, 157
Anson, J. 24, 115, 224
Anson, M. L. 243
Anthony, T. R. 293
Archibald, W. J. 112
Argue, G. R. 186, 210
Arnikar, H. J. 298
Arnold, K. R. 217
Asaro, F. 291
Askill, J. 294

Aurivilllius, B. 211
Auskern, A. B. 300
Austin, A. E. 291
Averbach, B. L. 291, 292, 296, 297

Babb, A. L. 238, 241, 242
Bagnall, K. W. 243
Bak, T. A. 7, 112, 115, 238
Baker, H. D. 115
Baldwin, R. L. 112, 135, 158, 238
Ballay, M. 251, 252, 256
Balluffi, R. W. 211
Bambynek, W. 238
Banerje, J. E. 207
Bardeen, J. 197, 199, 207, 267, 287
Barnes, C. 224, 238
Barnes, R. S. 265
Barrer, R. M. 24, 27, 72, 73, 112, 189, 199, 207
Barry, M. L. 268, 288
Barson, F. 287
Bartschat, 284
Basset, G. A. 207
Batabyal, A. K. 159
Batchelor, G. K. 108, 112
Batra, A. P. 7, 112, 292
Batschinski, 153, 154, 157
Baule, B. 112
Beach, A. L. 291
Becker, E. W. 248, 249, 257, 259
Becker, J. A. 288
Beeler, J. R. 165, 207
Belle, J. 300
Belokurova, I. 300
Belyankin, I. 300
Bénard, J. 298
Bendt, P. J. 157, 217

Benedek, G. B. 238
Bennett, C. O. 218
Bennet, J. A. R. 238
Benson, R. 297
Berman, A. S. 218
Bernard, J. 217
Berne, E. 156, 157
Bertram, I. 241
Beyrich, W. 259
Biancheria, A. 238
Bianchi, E. 244
Bierlein, J. A. 157
Biermann, W. 175, 189, 207, 207, 209, 291
Bijvoet, J. M. 207
Biltz, W. 238
Biot, Maurice A. 114
Birchenall, C. E. 269, 288, 291, 297, 301
Bird, R. B. 114, 158, 217, 218, 237
Blatt, F. J. 207
Blatz, W. 288
Blau, H. H. 298
Blinkin, A. M. 295
Bloem, J. 276, 288, 303
Bloembergen, N. 171, 207
Bloom, M. 243
Blüh, G. 248, 257
Blüh, O. 207, 248, 257
Boardman, L. E. 212, 217
Bockris, J. O. M. 235, 238
Böhmer, H. 292
de Boer, J. 238
Boersma-Klein, V. 259
Bogomolov, V. N. 112, 300, 301
Bokshtein, S. Z. 292
Boltaks, B. I. 7, 112, 278, 288, 303, 304, 305, 306
Boltzmann, L. 57, 62, 157

Sachverzeichnis

Stoff- und Formelverzeichnis

FORTSCHRITTE DER PHYSIKALISCHEN CHEMIE

Herausgegeben von

Prof. Dr. Dres. h. c. WILHELM JOST – Göttingen

Band 2: **Ausgewählte moderne Trennverfahren mit Anwendungen auf organische Stoffe**

Von H. RÖCK – Trostberg/Obb.
2. Auflage von W. Köhler – Ludwigshafen
X, 210 S., 148 Abb. 38 Tab. 1965. Kart. DM 44,–

Band 3: **Chemische Reaktionen in Stoßwellen**

Von E. F. GREENE – Providence/USA und J. P. TOENNIES – Bonn. Übersetzt von H. G. WAGNER – Göttingen
XV, 202 S., 85 Abb., 15 Tab. 1959. Kart. DM 25,–

Band 4: **Gleichgewichts- und Wachstumsformen von Kristallen**

Von B. HONIGMANN – Ludwigshafen
XII, 161 S., 79 Abb., 12 Tab. 1958. Kart. DM 26,–

Band 5: **Destillation im Laboratorium**
Extraktive und azeotrope Destillation

Von H. RÖCK – Trostberg/Obb.
XIII, 164 S., 65 Abb., 24 Tab. 1960. Kart. DM 26,–

Band 6: **Fortschritte in der Kinetik der homogenen Gasreaktionen**

Von Z. G. SZABÓ – Szeged
XII, 239 S., 15 Abb., 53 Tab. 1961. Kart. DM 40,–

Band 7: **Magnetische Kernresonanz und chemische Struktur**

Von H. STREHLOW – Göttingen
2. Auflage. XII, 176 S., 99 Abb., 22 Tab. 1968. Kunststoff DM 34,–

Band 8: **Thermodynamik der irreversiblen Prozesse**

Von R. HAASE – Aachen
XII, 552 S., 40 Abb., 23 Tab. 1963. Kart. DM 90,–, Ganzl. DM 95,

Band 9: **Stofftransport durch Membranen**

Von R. SCHLÖGL – Frankfurt/M.
XII, 123 S., 19 Abb. 1964. Kart. DM 24,–

Zu beziehen durch jede Buchhandlung

DR. DIETRICH STEINKOPFF VERLAG · DARMSTADT